技能应用速成系列

MATLAB R2018a 从入门到精通
（升级版）

魏 鑫 编著

电子工业出版社

Publishing House of Electronics Industry

北京·BEIJING

内 容 简 介

MATLAB 是适合多学科、多种工作平台的功能强大、界面友好且开放性很强的大型数学应用软件。本书以 MATLAB R2018a 软件为基础，全面阐述 MATLAB 的主要功能，通过大量实例向读者讲解如何编写高效的 MATLAB 代码。

全书共 33 章，其中第 1～9 章讲解 MATLAB 基础知识，包括 MATLAB 入门、数组运算、关系运算、逻辑运算以及数据类型等内容；第 10～20 章讲解 MATLAB 编程技能，包括 MATLAB 的编程语法、编译器、代码调试、操作代码函数、可视化控制、符号数学编程、时间函数和输入输出函数等功能；第 21～28 章介绍 MATLAB 强大的数学计算和数据分析功能，包括矩阵计算、数理统计、多项式、微积分、微分方程、插值计算、信号处理中的数学方法以及线性系统与最优化等；第 29～33 章介绍 MATLAB 的高级功能，主要包括图像影音、句柄图形、图形用户界面、MATLAB 编程接口及 Simulink 应用等内容。

本书结构体系完整、讲解深入浅出、操作实例丰富，既可作为理工科院校相关专业研究生、本科生系统学习 MATLAB 的教材，也可作为广大科技人员和教师的参考书。

图书在版编目（CIP）数据

MATLAB R2018a 从入门到精通：升级版 / 魏鑫编著. —北京：电子工业出版社，2019.6
（技能应用速成系列）
ISBN 978-7-121-36551-5

Ⅰ. ①M⋯　Ⅱ. ①魏⋯　Ⅲ. ①Matlab 软件－高等学校－教材　Ⅳ. ①TP317

中国版本图书馆 CIP 数据核字（2019）第 092390 号

责任编辑：许存权（QQ：76584717）
特约编辑：谢忠玉　等
印　　刷：北京七彩京通数码快印有限公司
装　　订：北京七彩京通数码快印有限公司
出版发行：电子工业出版社
　　　　　北京市海淀区万寿路 173 信箱　邮编　100036
开　　本：787×1 092　1/16　印张：31　字数：798 千字
版　　次：2019 年 6 月第 1 版
印　　次：2023 年 9 月第 3 次印刷
定　　价：89.00 元

凡所购买电子工业出版社图书有缺损问题，请向购买书店调换。若书店售缺，请与本社发行部联系，联系及邮购电话：（010）88254888，88258888。

质量投诉请发邮件至 zlts@phei.com.cn，盗版侵权举报请发邮件至 dbqq@phei.com.cn。

本书咨询联系方式：（010）88254484，xucq@phei.com.cn。

前　言

　　MATLAB 是 MathWorks 公司早期主要针对数学这门古老的学科开发的，现在已经应用于各种行业，主要包括算法开发、数据采集、数学建模、数学计算、系统仿真、数据分析、科学和工程绘图、应用软件开发等。

　　MATLAB 作为一门编程语言和可视化工具，提供了丰富的方法和技术平台来解决工程、科学、计算和数学等学科中的问题。通过对本书的学习，读者无论是否使用过 MATLAB 软件，都可以轻松解决看似复杂的数学问题。

　　MATLAB 作为软件工具，其版本在不断升级，本书集中讨论 MATLAB R2018a 版。本书中的大部分实例同样可以在 MATLAB 较早期版本中使用。

1．本书特点

　　循序渐进、通俗易懂：本书完全按照初学者的学习规律和习惯，由浅入深，由易到难地安排每个章节的内容，可以让初学者在实战中掌握 MATLAB 的所有基础知识及其应用。

　　案例丰富、技术全面：本书的每一章都是 MATLAB 的一个专题，每个实例都包含了相应的知识点。读者按照本书进行学习，可以举一反三，达到入门并精通的目的。

　　实例丰富、轻松易懂：本书讲解过程辅以丰富的实例，通过精心讲解，并进行相关点拨，使读者领悟并轻松掌握每个功能命令的操作，进而提高学习效率。

2．本书内容

　　作者根据多年的工作经验，从全面、系统、实用的角度出发，以基础知识与大量实例相结合的方式，详细介绍了 MATLAB 的各种操作、技巧、常用命令及其应用，本书在结构上具体安排如下。

　　（1）第 1~9 章，主要介绍 MATLAB 的基础知识，包括 MATLAB 入门，数组运算、关系运算、逻辑运算及数据类型等内容，章节安排如下。

　　第 1 章　MATLAB 入门　　　　　　　　第 2 章　MATLAB 界面
　　第 3 章　MATLAB 基本功能　　　　　　第 4 章　关系和逻辑运算
　　第 5 章　数组运算　　　　　　　　　　第 6 章　高维数组
　　第 7 章　字符串　　　　　　　　　　　第 8 章　结构体
　　第 9 章　单元数组

　　（2）第 10~20 章，主要介绍 MATLAB 的编程部分，包括 MATLAB 的编程语法、编译器、代码调试、操作代码函数、可视化控制、符号数学编程、时间函数及输入输出函数等功能，章节安排如下。

　　第 10 章　编程语句　　　　　　　　　　第 11 章　M 脚本文件

（3）第 21～28 章，主要介绍 MATLAB 的数学计算和数据分析功能，包括矩阵计算、数理统计、多项式、微积分、微分方程、插值计算、信号处理中的数学方法及线性系统与最优化等，章节安排如下。

（4）第 29～33 章，主要介绍 MATLAB 的高级应用，包括图像影音、句柄图形、图形用户界面、MATLAB 编程接口以及 Simulink 仿真等内容，章节安排如下。

本书并没有集中讨论各类工具箱（Toolbox）、模块集（Blockset）以及其他一些需要通过额外付费才能得到的库（Library），但在适当的地方引用了其中的部分内容并适时地介绍了相关工具箱中基本函数的使用，还列举了大量的实例。

提示：本书中涉及的所有程序代码可以到作者的博客（http://blog.sina.com.cn/caxbook）中下载。

3．读者对象

本书适合 MATLAB 的初中级读者，尤其适合理工科院校相关专业的学生学习，同时也适合从事科研工作的技术人员使用，具体包括如下。

- ★ 相关从业人员。　　　　　　　　　　★ 初学 MATLAB 的技术人员。
- ★ 理工科院校的教师和在校生。　　　　★ 相关培训机构的教师和学员。
- ★ 广大科研工作人员。　　　　　　　　★ MATLAB 爱好者。

4．本书作者

本书主要由魏鑫编著，另外丁金滨以及青岛凯斯文化传媒有限公司也参与了部分章节的编写。虽然作者在编写过程中力求叙述准确、完善，但由于水平有限，书中欠妥之处，请读者及各位同行批评指正，在此表示诚挚的谢意。

5．读者服务

为方便解决有关本书内容的疑难问题，读者如在学习过程中遇到技术问题，可以发邮件到 caxbook@126.com，或访问作者博客（http://blog.sina.com.cn/caxbook）并留言，也可以加QQ 群（362871881）进行交流，编者会尽快给予解答，竭诚为读者服务。

特别说明：本书程序代码及生成的图表中的矩阵、变量、坐标等符号，为统一考虑，不用黑斜体和斜体表示。

编　者

目 录

第1章

MATLAB 入门

MATLAB 是一款以数学计算为主的高级编程软件，提供了各种强大的数组运算功能用于对各种数据集合进行处理。矩阵和数组是 MATLAB 数据处理的核心，因为 MATLAB 中所有的数据都是用数组来表示和存储的。

虽然 MATLAB 是面向矩阵的编程语言，但它还具有一种与其他计算机编程语言（如 C、FORTRAN）类似的编程特性。在进行数据处理的同时，MATLAB 还提供了各种图形用户接口（GUI）工具，便于用户进行各种应用程序开发。

本书将详细介绍 MATLAB 的上述几大特点。为了方便学习，书中还介绍了大量详细的实例代码。本章将系统地介绍 MATLAB 的发展及其功能。

学习目标

(1) 了解 MATLAB 的语言平台。
(2) 熟悉 MATLAB 的工作环境。
(3) 了解 MATLAB 的帮助系统。
(4) 练习 MATLAB 的实例操作。

1.1 MATLAB 概述

MATLAB 译为矩阵实验室，最初用来提供通往 LINPACK 和 EISPACK 矩阵的软件包接口。后来，它渐渐发展成为通用的科技计算图形交互系统和程序语言。

1.1.1 MATLAB 简介

MATLAB 的基本数据单位是矩阵，它的指令表达与数学工程中常用的习惯形式十分相似。例如，矩阵方程 $Ax=b$ 在 MATLAB 中被写成 A*x=b，而若要通过 A、b 求 x，那么只要写 x=b\A 即可完全不需要对矩阵的乘法和求逆进行编程。因此用 MATLAB 解决计算问题比用 C、Fortran 等语言简捷得多。

MATLAB 发展到现在已经成为一个系列产品：MATLAB 主程序包和各种可选的 toolbox 工具包。主包中有数百个核心内部函数。迄今所有的四十几个工具包又可分为两类——功能性工具包和学科性工具包。

功能性工具包主要用来扩充 MATLAB 的符号计算功能、图形建模仿真功能、文字处理功能以及硬件实时交互功能。这种功能性工具包可用于多种学科。

学科性工具包是专业性比较强的工具包，如控制工具包（Control Toolbox）、信号处理工具包（Signal Processing Toolbox）、通信工具包（Communication Toolbox）等都属此类。

开放性是 MATLAB 最重要且最受人欢迎的特点。除内部函数外，所有 MATLAB 主包文件和各工具包文件都是可读可改的源文件。用户可通过对源文件进行修改或加入自己的编写文件来构成新的专用工具包。

MATLAB 已经经过用户的多年考验。在欧美发达国家，MATLAB 已经成为应用线性代数、自动控制理论、数理统计、数字信号处理、时间序列分析、动态系统仿真等高级课程的基本教学工具，成为攻读学位的大学生、硕士生、博士生必须掌握的基本技能。在设计研究单位和工业部门，MATLAB 被广泛用于研究和解决各种具体工程问题。

MATLAB 的强大功能从本质上讲分为以下三类：

- 内部函数。
- 系统附带各种工具包中的 M 文件所提供的大量函数。
- 用户自己增加的函数。

这一特点是其他许多软件平台无法比拟的。

MATLAB 提供的通用数理类函数包括如下：

- 基本数学函数。
- 特殊函数。
- 基本矩阵函数。
- 特殊矩阵函数。
- 矩阵分解和分析函数。

- 数据分析函数。
- 微分方程求解。
- 多项式函数。
- 非线性方程及其优化函数。
- 数值积分函数。
- 信号处理函数。

本书还利用 MATLAB 语言开发了相应的 MATLAB 专业工具箱函数供读者直接使用。这些工具箱应用的算法是开放、可扩展的，读者不仅可以查看其中的算法，还可以针对一些算法进行修改，甚至允许开发自己的算法扩充工具箱的功能。

目前，MATLAB 产品的工具箱有四十多个，分别涵盖了数据获取、科学计算（如偏微分方程、最优化、数理统计、样条函数、神经网络等）、控制系统设计与分析、数字信号处理、数字图像处理、金融财务分析以及生物遗传工程等专业领域。

Simulink 是基于 MATLAB 的框图设计环境，可以用来对各种动态系统进行建模、分析和仿真，它的建模范围广泛，可以针对任何能够用数学描述的系统进行建模，如航空航天动力学系统、卫星控制制导系统、通信系统、船舶及汽车等，其中包括连续、离散、条件执行、事件驱动、单速率、多速率和混杂系统等。

Simulink 提供了系统框图模型的图形界面，而且 Simulink 还提供了丰富的功能模块以及不同的专业模块集合，利用 Simulink 几乎可以做到不书写任何代码即可完成整个动态系统的建模工作。

Stateflow 是一个交互式的设计工具，它基于有限状态机的理论，可以用来对复杂的事件驱动系统进行建模和仿真。Stateflow 与 Simulink 和 MATLAB 紧密集成，可以将 Stateflow 创建的复杂控制逻辑有效地结合到 Simulink 的模型中。

1.1.2　MATLAB 语言平台

MATLAB 支持许多操作系统，提供了大量的平台独立措施。在本书编写时，Windows XP、Windows 7、Windows 8 、Windows 10 和许多版本的 UNIX 系统都支持它。在一个平台上编写的程序，在其他平台上一样可以正常运行；在一个平台上编写的数据文件，在其他平台上一样可以编译。因此，用户可以根据需要把 MATLAB 编写的程序移植到新平台。

任何一个 MATLAB 程序的基本组成单元都是数组。数组是一组数据值的集合，这些数据被编上行号和列号，拥有唯一的名称。

数组中的单个数据可以通过带有小括号的数组名访问，括号内有这个数据的行标和列标，中间用逗号隔开。标量也被 MATLAB 当作数组，只不过只有一行和一列。在第 2 章将学习如何创建和操作 MATLAB 数组。

当 MATLAB 运行时，有多种类型的窗口，有的用于接收命令，有的用于显示信息。三个重要的窗口有命令行窗口、图像窗口、编辑/调试窗口，它们的作用分别为输入命令、显示图形、允许使用者创建和修改 MATLAB 程序。

当 MATLAB 程序启动时，会出现 MATLAB 桌面窗口。默认的 MATLAB 桌面结构如图 1-1 所示。

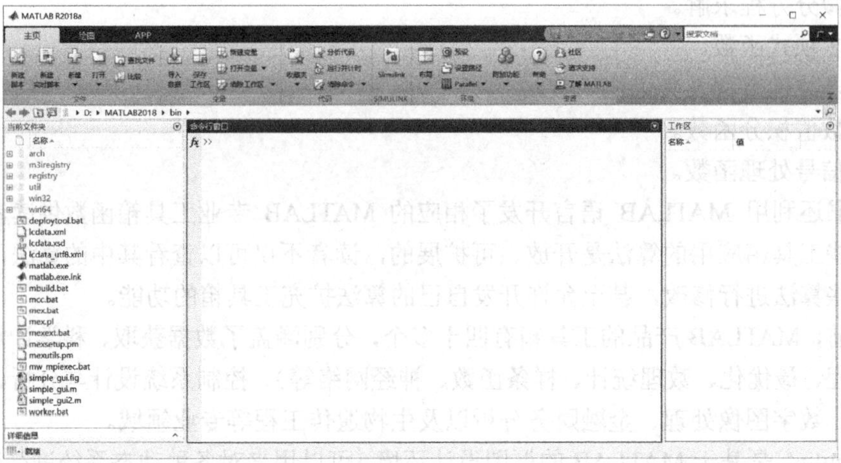

图 1-1　默认的 MATLAB 桌面结构

在 MATLAB 集成开发环境下，它集成了管理文件、变量和应用程序的许多编程工具。

1.2　MATLAB 工作环境

本节通过介绍 MATLAB 工作环境界面，使用户初步掌握 MATLAB 软件的基本操作方法。

1.2.1　MATLAB 的工作界面

MATLAB 的工作界面主要由工具栏、当前文件夹窗口、工作区窗口、命令历史记录窗口和命令行窗口组成，其中部分界面构成如图 1-1 所示。

1.2.2　命令行窗口

在 MATLAB 的命令行窗口中，"＞＞"为运算提示符，表示 MATLAB 处于准备状态。当在提示符后输入一段程序或一段运算式后按【Enter】键，MATLAB 会给出计算结果，并再次进入准备状态（所得结果将被保存在工作区窗口中）。

单击命令行窗口右上角的按钮，可以使命令行窗口脱离主窗口而成为一个独立的窗口，如图 1-2 所示。

在该窗口中选中某一表达式，然后右击，弹出如图 1-3 所示的快捷菜单，通过不同的命令可以对选中的表达式进行相应的操作。

命令历史记录窗口主要用于记录所有执行过的命令，在默认设置下，该窗口会保留自安装后所有使用过的命令的历史记录，并标明使用时间。同时，可以通过双击某一历史命令来重新执行该命令。

图 1-2　命令行窗口

图 1-3　命令行窗口中的快捷菜单

在文件夹窗口中可显示或改变当前文件夹，还可以显示当前文件夹下的文件，以及搜索功能。与命令行窗口类似，该窗口也可以成为一个独立的窗口，如图 1-4 所示。

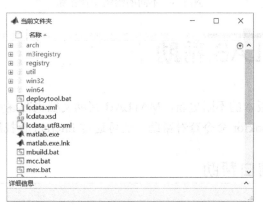

图 1-4　当前文件夹窗口

在工作区窗口中将显示目前内存中所有的 MATLAB 变量的变量名、数据结构、字节数以及类型等信息，不同的变量类型分别对应不同的变量名图标，如图 1-5 所示。

图 1-5　工作区窗口

使用工具栏中绘图标签下的按钮可以绘制变量，如图 1-6 所示。

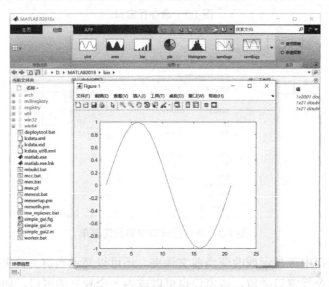

图 1-6　不同的绘制变量按钮

1.3　MATLAB 帮助

随着 MATLAB 版本的不断更新，MATLAB 帮助文档也在逐步改进。用户能在命令行窗口使用 help 和 lookfor 命令查看帮助，还可通过 Internet 查找所需资源。

1.3.1　命令行窗口帮助

在 MATLAB 的图形用户接口（GUI）出现之前，只能使用 help 和 lookfor 函数在命令行窗口中查看帮助。这两个函数至今仍在使用。例如，下面的代码用于查看 sqrt 函数的帮助文本。

```
>> help sqrt
SQRT Square root.
```

Note

```
      SQRT(X) is the square root of the elements of X. Complex
      results are produced if X is not positive.
      See also SQRTM.
```

如果不知道具体的函数名，但知道与该函数相关的某个关键字，则可以使用 lookfor 函数进行查找。例如，如果想使用某个与关键字 inverse 有关的函数，可以使用下面的代码进行查找：

```
>>lookfor inverse
INVHILB   Inverse Hilbert matrix.
ACOS      Inverse cosine.
ACOSH     Inverse hyperbolic cosine.
ACOT      Inverse cotangent.
ACOTH     Inverse hyperbolic cotangent.
ACSC      Inverse cosecant.
ACSCH     Inverse hyperbolic cosecant.
ASEC      Inverse secant.
ASECH     Inverse hyperbolic secant.
ASIN      Inverse sine.
ASINH     Inverse hyperbolic sine.
ATAN      Inverse tangent.
ATAN2     Four quadrant inverse tangent.
ATANH     Inverse hyperbolic tangent.
ERFCINV   Inverse complementary error function.
ERFINV    Inverse error function.
INV       Matrix inverse.
PINV      Pseudoinverse.
IFFT Inverse discrete Fourier transform.
IFFT2 Two-dimensional inverse discrete Fourier transform.
IFFTN N-dimensional inverse discrete Fourier transform.
IFFTSHIFT Inverse FFT shift.
IPERMUTE Inverse permute array dimensions.
UPDHESS Performs the Inverse Hessian Update.
INVHESS Inverse of an upper Hessenberg matrix.
```

lookfor 函数在执行时将打开 MATLAB 搜索路径中的所有 M 函数文件，然后在文件中的第一行注释（即 H1 帮助行）中寻找给定的关键字，最后返回所有匹配的 H1 帮助行。

常见的帮助命令如表 1-1 所示。

表 1-1　常用 MATLAB 帮助命令

帮助命令	功　　能	帮助命令	功　　能
demo	运行 MATLAB R2018a 演示程序	lookfor	按照指定的关键字查找所有相关的 M 文件
help	获取在线帮助	which	显示指定函数或文件的路径

Note

续表

帮助命令	功　　能	帮助命令	功　　能
who	列出当前工作空间中的变量	whos	列出当前工作空间中变量的更多信息
helpwin	运行帮助窗口	helpdesk	运行 HTML 格式帮助面板 helpdesk
tour	运行 MATLAB R2018a 漫游程序	exist	检查指定变量或文件的存在性
what	列出当前文件夹或指定目录下的 M 文件、MAT 文件和 MEX 文件	doc	在网络浏览器中显示指定内容的 HTML 格式帮助文件，或启动 helpdesk

1.3.2　帮助浏览器

除了 help 和 lookfor 命令外，MATLAB 还提供了相对分离的帮助浏览器或帮助窗口。要打开 MATLAB 帮助窗口，用户可以单击 MATLAB 界面中帮助菜单下的示例标签，或在 MATLAB 命令行窗口中直接输入 helpwin、helpdesk 或 doc。

帮助窗口不仅用于显示帮助文本，还提供了帮助导航功能。帮助导航提供了 4 个选项卡：contents、index、search 和 demo。其中，contents 选项卡中提供了 MATLAB 和所有工具箱的在线文档的内容列表；index 选项卡提供了所有在线帮助条目的索引；search 选项卡允许用户在在线文档中进行搜索；demo 选项卡则提供了 MATLAB 演示函数命令的接口。

help 命令和 helpwin 命令在显示帮助内容上是等效的，只不过 helpwin 命令将帮助内容显示在一个帮助窗口中，而不是在命令行窗口中直接显示。例如，下面的代码将打开一个帮助窗口用于显示 sqrt 命令的帮助文本。

```
>>helpwin sqrt
```

实际上，MATLAB 在执行上述代码时，首先打开 sqrt.m 文件，读取帮助文本，然后将文件转换成 HTML 格式，并在帮助窗口中显示该 HTML 文本。在该过程中，大写字母的函数命令都将被转换成小写格式，列在"See also"后面的参考函数命令都被转换成能够链接到相应的 HTML 链接。

doc 命令会绕过 M 文件的帮助文本，直接连接到在线帮助文档。例如，下面的代码将显示 print 命令的在线文档。

```
>>doc print
```

在线帮助文档包含了比帮助文本更多、更详细的信息。

whatsnew 命令和 whatsnew toolbox 语句用于在帮助窗口中显示 MATLAB 或某个选定工具箱的发布信息和最后修改时间。实际上，whatsnew toolbox 语句在后台打开了工具箱的 Readme.m 文件，并在帮助窗口中显示出来。

1.3.3　Internet 资源

Mathworks Inc.（MATLAB 的制造商）的网站是互联网上排名在前 100 名的商业网站，其网址是 http://www.mathworks.com。该网站提供了涵盖 MATLAB 各个方面的信息。

由于该网站内容繁多，并且会经常更新，不停地添加新内容、删除旧链接。因此，本书无法、也没有必要对网站上的具体内容进行讲解，有兴趣的读者可以到该网站上一饱眼福。不过，Mathworks Inc.的网站上有两个最有用的工具需要提示一下，一个是解决方案搜索引擎（Solution Search Engine），另一个是 MATLAB 中心（MATLAB Central）。

1.4　MATLAB 操作实例

下面将通过简单的实例向读者展示如何使用 MATLAB 进行简单的计算。

1.4.1　数与表达式实例

MATLAB 的数值采用习惯的十进制表示，可以带小数点或负号，如下是合法的数值：

3，-99，0.0013，9.2445154，1.2434e-6，4.673e33

表达式由下列运算符构成，并按习惯的优先次序进行运算：

+- 加法减法，* 乘法，/ 右除，\ 左除，^ 乘方

　设置两种除法是为了方便矩阵的运算，对标量而言两者作用相同。

例如，在命令行窗口中输入：

```
>>x=2*pi/3+2^3/5-0.3e-3

x =

3.6941
```

例如，输入无穷大，那么在命令行窗口中输入：

```
>>s=1/0

s=Inf
```

1.4.2　变量实例

who 和 whos 这两个命令的作用为可以列出在 MATLAB 工作间中已经存在的变量名清单，不过 whos 在给出变量名的同时，还给出它们的维数及性质。

例如，用 who 检查内存变量，那么在命令行窗口中输入：

```
>>who

Your variables are:

ans c1  c1i  c1r  c2  s   x   x1  x2  y1  y2
```

例如，用 whos 检查驻留变量的详细情况，那么在命令行窗口中输入：

```
>>whos
   Name      Size          Bytes  Class       Attributes
   ans       1x1               8  double
   c1        1x1              16  double       complex
   c1i       1x1               8  double
   c1r       1x1               8  double
   c2        1x1              16  double       complex
   s         1x1               8  double
   x         1x21            168  double
   x1        1x41            328  double
   x2        1x41            328  double
   y1        1x41            328  double
   y2        1x41            328  double
```

在 MATLAB 工作内存中，还驻留了几个由系统本身在启动时定义的变量，如表 1-2 所示，称为永久变量（Permanent variables）或预定义变量（Predefined variables）。

表 1-2　系统预定义变量

变　量	说　明
eps	计算机的最小正数
pi	圆周率 π 的近似值 3.14159265358979
inf 或 Inf	无穷大
NaN	不定量
i,j	虚数单位定义 i
flops	浮点运算次数用于统计计算量

1.4.3　图形

图形是 MATLAB 的主要特色之一。MATLAB 图形命令具有自然、简洁、灵活及易扩充的特点，MATLAB 的命令很多，这里仅介绍简单的绘图命令，详见后面章节。

例如，要制作多条曲线，那么在命令行窗口中输入：

```
>>t=0:pi/40:2*pi;
>>y0=exp(t/3);
>>y=exp(t/3).*sin(2*t);
>>plot(t,y,t,y0,t,-y0)
>>grid
```

结果如图 1-7 所示。

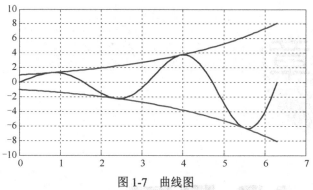

图 1-7　曲线图

1.5　本章小结

　　本章介绍了 MATLAB 的入门基础，并概要地介绍了 MATLAB 软件的发展及在各个领域的应用，同时还介绍了 MATLAB 的工作环境、帮助系统及基本操作等，让初学者感受到 MATLAB 实用之广、领域之宽、功能之大。

　　在阅读完本章后，希望不同层次的用户对于学好 MATLAB、用好 MATLAB 具有更大的信心和成就。接下来的章节将和 MATLAB 软件爱好者们一同畅游 MATLAB R2018a。

第2章

MATLAB 界面

第一章提到，MATLAB 的工作环境中包括不同的窗口，其中有一个标题为 MATLAB 的窗口即为 MATLAB 桌面。该窗口是管理 MATLAB 其他窗口的主窗口。根据用户对 MATLAB 的设置不同，MATLAB 的有些窗口可见，有些则不可见，有些可以嵌入 MATLAB 窗口的内部，有些则不可以。

本章将重点介绍 MATLAB 工作区及其浏览器，包括搜索路径和格式显示。

学习目标

(1) 了解 MATLAB 搜索路径。
(2) 熟悉 MATLAB 工作区。
(3) 了解格式显示。

2.1　MATLAB 搜索路径

成功安装 MATLAB 后，在安装目录下将包含如表 2-1 所示的文件夹。

表 2-1　MATLAB 的目录结构

文件夹	描　　述
\BIN	MATLAB 系统中可执行的相关文件
\DEMOS	MATLAB 实例程序
\EXTERN	创建 MATLAB 外部程序接口的工具
\JAMATLAB	国际化文件
\HELP	帮助系统
\JAVA	MATLAB 的 Java 支持程序
\NOTEBOOK	Notebook 是用来实现 MATLAB 数学工作环境与 Word 字处理环境信息交互的软件，是一个兼备数学计算、图形显示和文字处理能力的集成环境
\SYS	MATLAB 所需要的工具和操作系统库
\TOOLBOX	MATLAB 的各种工具箱
\UNINSTALL	MATLAB 的卸载程序
\WORK	默认的当前文件夹
RTW	Real-TimeWorkshop 软件包
SIMULINK	Simulink 软件包，用于动态系统的建模、仿真和分析
STATEFLOW	Stateflow 软件包，用于状态机设计的功能强大的图形化开发和设计工具
License.txt	该文件为软件许可协议的内容

查看 MATLAB 的搜索路径，可以通过菜单命令和函数两种方法来进行。通过选择 MATLAB 主窗口中的设置路径，进入"设置路径"对话框，如图 2-1 所示。通过该对话框可为 MATLAB 添加或删除搜索路径。

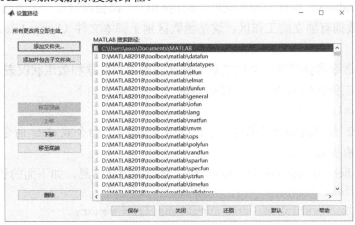

图 2-1　设置路径对话框

MATLAB 文件都存储在硬盘上的众多目录和子目录下，MATLAB 用设置路径来获取存储在硬盘上的文件信息。

当在 MATLAB 提示符后输入 cow 之后，MATLAB 就完成如下操作：

① 检查 cow 是不是 MATLAB 工作区中的变量名，如果不是，执行下一步。

② 检查 cow 是不是一个内置函数，如果不是，执行下一步。

③ 检查当前文件夹下是否存在一个名为 cow.m 的文件，如果没有，执行下一步。

④ 按顺序检查在所有 MATLAB 搜索路径中是否存在 cow.m 文件。

⑤ 如果到目前为止还没有找到这个 cow，MATLAB 就给出一条错误信息。

MATLAB 在执行相应的指令时都是基于上述的搜索策略完成的。如果 cow 是一个变量，MATLAB 就使用这个变量。如果 cow 是一个内置函数，MATLAB 就调用这个函数。如果 cow.m 是当前文件夹或 MATLAB 搜索路径中的一个文件，MATLAB 就打开这个文件夹或文件，然后执行这个文件中的指令内容。

实际上，由于 MATLAB 高级特性的存在，MATLAB 的搜索过程比上面所描述的要复杂得多。但大部分情况下，上述搜索过程已能满足大多数 MATLAB 操作。

2.2　MATLAB 工作区

第一章中已经列举了查询变量个数的演示实例操作，本节将详细介绍 MATLAB 工作区。

2.2.1　工作区

像 z=10 这样的语句是创建了一个变量 z，把 10 存储在其中，它保存在计算机的一段内存中，就是常说的工作区。当一个专门的命令、M 文件或函数运行时，工作区是 MATLAB 所需要的所有变量和数组的集合。

所有在命令行窗口（Command Windows）中执行的命令，和所有在命令行窗口（Command Windows）执行的脚本文件（Script files）都会被分配一个普通的分配空间。MATLAB 函数拥有独立的工作区，这是函数区别于脚本文件（Script Files）的一个重要特征。

用 whos 命令将会产生一个在当前工作区内的所有变量和数组状况表。

对于删除工作区中的变量，可以用 clear 命令，格式如下：

```
clear var1,var2…
```

var1、var2 是要删除变量的变量名。clear variables 命令或 clear 命令用于清除当前工作区中的所有变量。

可以使用 help 或 helpwin 命令显示 clear 命令的用法信息，如下面的代码所示：

```
>>help clear
clear  Clear variables and functions from memory.
clear removes all variables from the workspace.
```

```
clear VARIABLES does the same thing.
clear GLOBAL removes all global variables.
clear FUNCTIONS removes all compiled MATLAB and MEX-functions.
...

    Examples for pattern matching:
clear a*                    % Clear variables starting with "a"
clear -regexp ^b\d{3}$      % Clear variables starting with "b" and
                            %    followed by 3 digits
clear -regexp \d            % Clear variables containing any digits

    See also clearvars, who, whos, mlock, munlock, persistent, import.

Overloaded methods:
mbcstore/clear
cgrules/clear
cgoptimexprgroup/clear
xregdesign/clear
cgexprgroup/clear
xregtable/clear

    Reference page in Help browser
doc clear
```

clear 命令不仅仅具有删除变量的功能，随着对 MATLAB 各种特性的逐渐熟悉，用户会对其功能有更深入的了解。

2.2.2　工作区浏览器

当前工作区的内容可以通过基于 GUI 的工作空间窗口检测到。工作空间窗口默认出现在 MATLAB 桌面的左上角，它提供了与使用 whos 命令可得到的相同信息，并且当工作区内的内容发生改变时，其内的信息也会随之更新。

工作空间窗口（The workspace browser）允许用户改变工作区内的任何一个变量的内容。典型的工作空间窗口如图 2-2 所示，可以看出它显示的信息和 whos 命令得到的信息是一样的。双击这个窗口任一变量便产生了一个数组编辑器，这个编辑器允许用户修改保存在变量中的信息。

一个或多个变量可在工作空间内删除：先选择它们，然后按 Delete 键或右击选择 Delete 选项。

2.2.3　内存清理

当用户创建一个变量或运行一个 M 文件的函数时，MATLAB 就会为这些变量和函数分配相应的内存空间。根据用户计算机配置的不同，MATLAB 有可能会出现内存溢出现象，使用户无法从事进一步的工作。

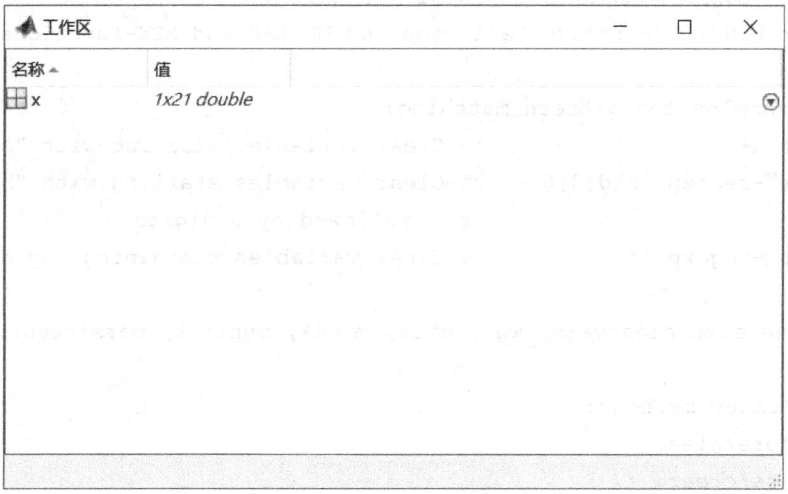

图 2-2　工作区间窗口

当用户用 clear 命令删除变量时，MATLAB 就释放这个变量所占用的内存。然而，这样多次操作以后，就有可能使得内存碎片化，也就是说，这时 MATLAB 的内存空间充斥着由大量碎小闲置内存包围的许多变量。

由于 MATLAB 总是在内存的连续区域保存变量，因此这些内存碎片对 MATLAB 而言不可再用。为了缓解这个问题，可以用 pack 命令来完成内存碎片收集工作。该命令先将 MATLAB 工作区中所有的变量保存到硬盘上，然后清空工作区，再将原有变量重新载入工作区。这项操作完成之后，所有的内存碎片就被合并成一个大的、可用的内存块。

2.3　格式显示

MATLAB 在显示数值结果时是有章可循的。在默认情况下，如果结果是整数，MATLAB 就将结果显示成整数。类似地，如果结果是实数，MATLAB 就显示成一个具有 4 位小数位的实数。

表 2-2 列出了不同格式命令下所产生的不同的数字显示格式。

表 2-2　不同格式命令下所产生的不同的数字显示格式

MATLAB 格式命令	pi	注　释
format short	3.1416	5 位
format long	3.14159265358979	16 位
format short e	3.1416e+000	5 位+指数
format long e	3.14159265358979e+000	16 位+指数
format short g	3.1416	短紧缩格式

续表

MATLAB 格式命令	pi	注　释
format long g	3.14159265358979	长紧缩格式
format hex	400921fb54442d18	16 进制，浮点
format bank	3.14	2 位小数
format +	+	正（+）负（−）或者 0（0）
format rat	355/113	有理数近似
format debug	Structure address=1214830 m=1 n=1 pr=11d60d0 pi=0 3.1416	短紧缩格式的内部存储信息

选择不同的显示格式并不会改变 MATLAB 数值的内部存储方式，只改变数值的显示方式。所有的计算仍旧用双精度数进行。

2.4　本章小结

　　本章主要介绍了关于 MATLAB 主界面中的基本功能，其中包括搜索路径、工作区、格式显示。这些内容看似复杂，但对于初学者而言，它们都是相当重要的。其中，对于 MATLAB 工作区，用户要相当熟悉，它不仅可以记录数据变量，同时还记录了变量输出的详细信息。

第 3 章

MATLAB 基本功能

本章将介绍 MATLAB 的基本功能，包括命令行窗口的使用方法，数据类型中的基本数据类型和常见的初等函数运算等。其中初等函数运算是 MATLAB 数学运算的重要组成部分。希望初学者将自己学过的数学函数与 MATLAB 对应的函数操作结合在一起学习，有针对性地解决实际问题。

学习目标

(1) 了解命令行窗口。
(2) 熟悉数据类型。
(3) 熟悉初等函数运算。

3.1　MATLAB 窗口

运行 MATLAB 后，用户的计算机显示器上将弹出一个或多个窗口。其中有一个标题为 MATLAB 的窗口，它是 MATLAB 的主用户界面，称为 MATLAB 桌面。

3.1.1　命令行窗口

MATLAB 桌面中有一个标题为命令行窗口的窗口，是 MATLAB 与用户的主交互区，称为命令行窗口。

命令行窗口中会显示一个提示符"＞＞"，并且当该窗口处于激活状态时，提示符的右侧会显示一个闪动的光标，这表明 MATLAB 正等待用户输入指令，以便执行一项数学运算或其他操作。

MATLAB 还提供了许多通过键盘输入的控制命令，如表 3-1 所示。

表 3-1　MATLAB 工作窗口中的部分通用命令

命　令	说　明	命　令	说　明
cd	显示或改变当前文件夹	load	加载指定文件的变量
dir	显示当前文件夹或指定目录下的文件	diary	日志文件命令
clc	清除工作窗口中的所有显示内容	!	调用 DOS 命令
home	将光标移至命令行窗口的最左上角	exit	退出 MATLAB
clf	清除图形窗口	quit	退出 MATLAB
type	显示文件内容	pack	收集内存碎片
clear	清理内存变量	hold	图形保持开关
echo	工作窗信息显示开关	path	显示搜索目录
disp	显示变量或文字内容	save	保存内存变量到指定文件

在 MATLAB 命令行窗口中，为了便于对输入的内容进行编辑，MATLAB 提供了一些控制光标位置和进行简单编辑的常用编辑键和组合键，掌握这些可以在输入命令的过程中起到事半功倍的效果。表 3-2 所示为一些常用键盘按键及其作用。

表 3-2　命令行中的键盘按键

键盘按键	说　明	键盘按键	说　明
↑	Ctrl+P，调用上一行	Home	Ctrl+A，光标置于当前行开头
↓	Ctrl+N，调用下一行	End	Ctrl+E，光标置于当前行末尾
←	Ctrl+B，光标左移一个字符	Esc	Ctrl+U，清除当前输入行
→	Ctrl+F，光标右移一个字符	Del	Ctrl+D，删除光标处的字符

续表

键盘按键	说　明	键盘按键	说　明
Ctrl+←	Ctrl+L，光标左移一个单词	Backspace	Ctrl+H，删除光标前的字符
Ctrl+→	Ctrl+R，光标右移一个单词	Alt+Backspace	恢复上一次删除

　　启动 MATLAB 后就可以利用命令行窗口工作了，由于 MATLAB 是一种交互式语言，输入命令即给出运算结果。

3.1.2　计算器功能

　　使用 MATLAB 就像使用计算器一样可以进行基本的数学运算。下面来看一个简单的例子：现在有 4 个苹果，每个 2 元；6 个香蕉，每个 1.5 元；那么，这两种水果总共花了多少钱？

　　在 MATLAB 中，可以按照与使用计算器相同的方法直接在 MATLAB 提示符后输入，如下所示：

```
>>4*2+6*1.5
ans=
17
```

在大多数情况下，输入行中的空格不会对 MATLAB 运算产生影响。另外，在 MATLAB 中，乘法的优先级高于加法。还有，在前面两次运算中，由于没有指定输出结果的名称，MATLAB 将运算结果默认命名为 ans，这是单词 answer 的简写。

　　MATLAB 提供的基本数学运算如表 3-3 所示。

表 3-3　数学运算表

运　算	符　号	运　算	符　号
加法	+	除法	/ 或 \
减法	−	乘方	^
乘法	*		

　　在一个给定的表达式中，上述运算的优先级与常用的优先级规则是一样的，这个规则可以概括如下：

　　表达式将按从左到右的顺序进行运算，其中指数运算的优先级最高；乘法和除法次之，两者具有相同的优先级；加法和减法的优先级最低，两者也具有相同的优先级。圆括号将改变上述优先级顺序，但上述优先级在同一圆括号内仍旧适用，表达式具有多重圆括号时，其优先级从外到内依次升高。

　　要想查看更多关于优先级顺序的信息，可以在命令行窗口中输入：

```
>>help precedence
precedence Operator Precedence in MATLAB.
```

MATLAB has the following precedence for the built-in operators when
evaluating expressions (from highest to lowest):
    1. transpose (.'), power (.^), complex conjugate
transpose ('), matrix power (^)
    2. unary plus (+), unary minus (-), logical negation (~)
    3. multiplication (.*), right division (./), left
division (.\), matrix multiplication (*), matrix right
division (/), matrix left division (\)
    4. addition (+), subtraction (-)
    5. colon operator (:)
    6. less than (<), less than or equal to (<=), greater than
      (>), greater than or equal to (>=), equal to (==), not
equal to (~=)
    7. element-wise logical AND (&)
    8. element-wise logical OR (|)
    9. short-circuit logical AND (&&)
    10. short-circuit logical OR (||)
See also syntax, arith.

3.1.3　简单矩阵的输入

在 MATLAB 中矩阵输入的方法有多种，此处只简单介绍矩阵的直接输入法。在
MATLAB 中，不必对矩阵维数做任何说明，存储时将自动配置。在直接输入矩阵时，矩
阵元素用空格或逗号分隔，矩阵行用"；"隔离。整个矩阵放在方括号"[ ]"中。
例如，输入矩阵：

```
>>A=[1,2,3;4,5,6;7,8,9;10,11,12]
A =
1    2    3
4    5    6
7    8    9
10  11  12
```

指令执行后，矩阵 A 被保存在 MATLAB 的工作间 Workspace 中以备后用，
如果用户不用 clear 指令清除它或对它重新定义，该矩阵会一直保存在工作间
中，直到本 MATLAB 指令窗被关闭为止。

另外，矩阵还可以分行输入，例如：

```
>>A=[1 2 3 4
    5 6 7 8
    0 1 2 3]
A=1 2 3 4
```

Note

```
   5 6 7 8
   0 1 2 3
```

矩阵元素输入，例如：

```
>>B(1,2)=3;
>>B(4,4)=6;
>>B(4,2)=11
B= 0 3 0 0
   0 0 0 0
   0 0 0 0
   0 11 0 6
```

> **提 示** 命令执行后，在命令行窗口中显示输出时，数值结果为黑色字体。若运行过程中有警告信息和出错信息，则为红色字体。

标点在 MATLAB 中的地位极其重要，表 3-4 所示为 MATLAB 常用标点的功能。

表 3-4　MATLAB 常用标点

名　　称	标　　点	作　　用
逗号	,	用作要显示计算结果的指令与其后指令之间的分隔； 用作输入量与输入量之间的分隔符； 用作数组元素分隔符号
黑点	.	数值表示中，用作小数点； 用于运算符号前，构成"数组"运算符
分号	;	用于指令的"结尾"，抑制计算结果的显示； 用作不显示计算结果指令与其后指令的分隔； 用作数组的行间分隔符
冒号	:	用于生成一维数值数组； 用作单下标援引时，表示全部元素构成的长列； 用作多下标援引时，表示该维上的全部元素
注释号	%	代表注释行，即起解释的作用，由它开头的所有物理行均为非执行部分
单引号对	''	字符串记述符
圆括号	()	改变运算次序； 在数组援引时用； 函数指令输入宗量列表时用
方括号	[]	输入数组时用； 函数指令输出宗量列表时用
花括号	{}	胞元数组记述符； 图形中被控特殊字符括号
下连符	–	用作一个变量、函数或文件名中的连字符； 图形中被控下脚标前导符

名　　称	标　点	作　　用
续行号	...	由三个以上连续黑点构成。它把其下的物理行看作该行的"逻辑"继续，以构成一个"较长"的完整指令
"At"号	@	放在函数名前，形成函数句柄； 匿名函数前导符； 放在目录名前，形成"用户对象"类目录
空格		用作输入量与输入量之间的分隔符； 数组元素分隔符

说明 为确保指令正确执行，以上符号一定要在英文状态下输入。因为 MATLAB 不能识别含有中文标点的指令。

3.2　数据类型

MATLAB 中定义了很多种数据类型，包括整数、浮点数、复数、字符、字符串和逻辑类型等。用户甚至可以定义自己的数据类型。本章将讨论数值数据类型，包括整数、浮点数据和复数类型，以及在 MATLAB 中它们使用的方法。

3.2.1　整数数据类型

在 MATLAB 中，整数类型包含四种有符号整数和四种无符号整数。有符号整数可以用来表示负数、零和正整数，而无符号整数则只可以用来表示零和正整数。

MATLAB 支持 1、2、4 和 8 字节的有符号整数和无符号整数。这八种数据类型的名称、表示方法和类型转换函数如表 3-5 所示。应用时要尽可能用字节数少的数据类型表示数据，这样可以节约存储空间和提高运算速度。

例如，最大值为 100 的数据可以用一个字节的整数来表示，而没有必要用八个字节的整数来表示。

表 3-5　整数的数据类型和表示范围

数据类型名称	数据类型表示范围	类型转换函数
有符号 1 字节整数	$-2^7 \sim 2^7-1$	int8( )
有符号 2 字节整数	$-2^{15} \sim 2^{15}-1$	int16( )
有符号 4 字节整数	$-2^{31} \sim 2^{31}-1$	int32( )
有符号 8 字节整数	$-2^{63} \sim 2^{63}-1$	int64( )
无符号 1 字节整数	$0 \sim 2^8-1$	uint8( )
无符号 2 字节整数	$0 \sim 2^{16}-1$	uint16( )
无符号 4 字节整数	$0 \sim 2^{32}-1$	uint32( )
无符号 8 字节整数	$0 \sim 2^{64}-1$	uint64( )

在表 3-5 中的类型转换函数可以用于把其他数据类型的数值强制转换为整数类型。此外，类型转换函数还可以用于生成整数类型的数值。例如，如果需要产生一个无符号 2 字节整数的数值，可以用如下语句实现：

```
>>x=unit16(36524)
```

下面的代码演示了基于相同整数数据类型之间的数学运算：

```
>> k=int8(1:7) % create new data
k=
    1   2   3   4   5   6   7
>> m=int8(randperm(7)) % more new data
m=
    7   2   3   6   4   1   5

>>k+m % addition
ans=
    8   4   6   10   9   7   12
>>k-m % subtraction
ans=
   -6   0   0   -2   1   5   2
>>k.*m % element by element multiplication
ans=
    7   4   9   24   20   6   35
>>k./m % element by element division
ans=
    0   1   1   1   1   6   1
>>k % recall data
k=
    1   2   3   4   5   6   7

>>k/k(2)
ans=
    1   1   2   2   3   3   4
```

在这些代码中，加法、减法和乘法都比较容易理解，除法稍微复杂一些，因为多数情况下，整数的除法并不一定得到整数结果。

由于每种整数数据类型都有相应的取值范围，因此数学运算有可能产生结果溢出。MATLAB 利用饱和处理此类问题，即当运算结果超出了由 intmin 和 intmax 指定的上下限时，就将该结果设置为 intmin 或 intmax 的返回值，到底是哪一个，主要看溢出的方向，代码如下：

```
>>k= cast('hellothere','uint8')% convert a string to uint8
k=
   104  101  108  108  111  116  104  101  114  101
>>double(k)+150     % perform addition in double precision
```

```
ans=
    254    251    258    258    261    266    254    251    264    251
>>k+150 % perform addition in uint8, saturate at intmax('uint8')=255
ans=
    254    251    255    255    255    255    254    251    255    251
>>k-110 % perform subtraction in uint8, saturation at intmin('uint8')=0
ans=
    0 0 0 0 1 6 0 0 4 0
```

　　总之，MATLAB 支持各种整数数据类型。除 64 位整数数据类型外，其他整数数据类型都具有比双精度类型更高的存储效率。基于同一整数数据类型的数学运算将产生相同数据类型的结果。

　　混合数据类型的运算仅限于在一个双精度标量和一个整数数据类型数组之间进行。有一点在前面的例子中没有演示，就是整数数据类型中不存在双精度数据类型中常见的 inf 和 NaN。

3.2.2　浮点数据类型

　　MATLAB 有双精度浮点数和单精度浮点数两种浮点数。双精度浮点数为 MATLAB 默认的数据类型。

1．浮点数据

　　如果某个数据没有被指定数据类型，那么 MATLAB 会用双精度浮点数来存储它。为了得到其他类型的数值类型，可以使用类型转换函数。

　　MATLAB 中的双精度浮点数和单精度浮点数均采用 IEEE 754 中规定的格式来定义。其表示范围、存储大小和类型转换函数如表 3-6 所示。

表 3-6　浮点数的数据类型和表示范围

数据类型名称	存储大小	表示范围	类型转换函数
双精度浮点数	4 字节	$-1.79769 \times 10308 \sim +1.79769 \times 10308$	double()
单精度浮点数	8 字节	$-3.40282 \times 10338 \sim +3.40282 \times 10338$	single()

单精度数据的创建与前述整数数据的创建方法相同，例如：

```
>>a=zeros(1,5,'single') % specify data type as last argument
a=
    0    0    0    0    0
>>b=eye(3,'single') % specify data type as last argument
b=
    1    0    0
    0    1    0
    0    0    1
>>c=single(1:7) % convert default double precision to single
```

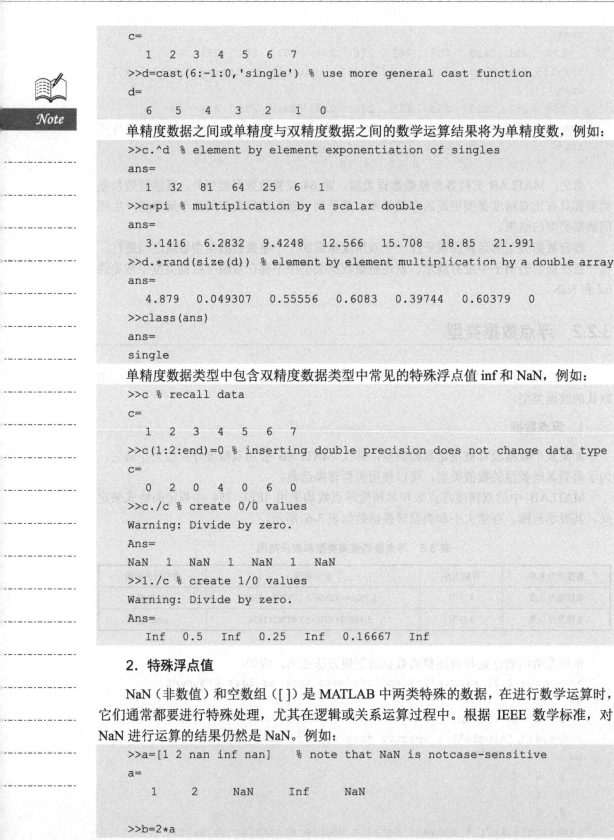

```
c=
    1   2   3   4   5   6   7
>>d=cast(6:-1:0,'single') % use more general cast function
d=
    6   5   4   3   2   1   0
```

单精度数据之间或单精度与双精度数据之间的数学运算结果将为单精度数，例如：

```
>>c.^d % element by element exponentiation of singles
ans=
    1   32  81  64  25  6   1
>>c*pi % multiplication by a scalar double
ans=
    3.1416  6.2832  9.4248  12.566  15.708  18.85  21.991
>>d.*rand(size(d)) % element by element multiplication by a double array
ans=
    4.879  0.049307  0.55556  0.6083  0.39744  0.60379  0
>>class(ans)
ans=
single
```

单精度数据类型中包含双精度数据类型中常见的特殊浮点值 inf 和 NaN，例如：

```
>>c % recall data
c=
    1   2   3   4   5   6   7
>>c(1:2:end)=0 % inserting double precision does not change data type
c=
    0   2   0   4   0   6   0
>>c./c % create 0/0 values
Warning: Divide by zero.
Ans=
NaN  1  NaN  1  NaN  1  NaN
>>1./c % create 1/0 values
Warning: Divide by zero.
Ans=
    Inf  0.5  Inf  0.25  Inf  0.16667  Inf
```

2. 特殊浮点值

NaN（非数值）和空数组（[ ]）是 MATLAB 中两类特殊的数据，在进行数学运算时，它们通常都要进行特殊处理，尤其在逻辑或关系运算过程中。根据 IEEE 数学标准，对 NaN 进行运算的结果仍然是 NaN。例如：

```
>>a=[1 2 nan inf nan]    % note that NaN is notcase-sensitive
a=
    1   2   NaN   Inf   NaN

>>b=2*a
```

```
b=
    2    4    NaN    Inf    NaN
>>c=sqrt(a)
c=
    1.0000    1.4142    NaN    Inf    NaN
>>d=(a==nan)
d=
    0    0    0    0    0
>>f=(a~=nan)
f=
    1    1    1    1    1
```

上面例子中，第一条语句生成了一个含有 NaN 的向量 a，第二和第三条语句分别对 a 进行乘法和开方运算，从运算结果可以看到，对 NaN 进行数学运算的结果仍然是 NaN。

第四条和第五条语句的结果或许有些出乎意料：a==nan 得到的结果全部都是 0（false），而 a~=nan 却得到了全部是 1（true）的结果。这一结果表明，在 MATLAB 中，不同的 NaN 之间是不相等的。

鉴于 NaN 的这种特性，我们在进行关系运算时，就必须确定数组中是否含有 NaN。MATLAB 为我们提供了一个内置函数 isnan()，专门用来寻找数组中是否含有 NaN。下面的代码便是利用 isnan() 函数寻找 a 中的 NaN。

```
>>g=isnan(a)
g=
    0    0    1    0    1
```

由结果可知，isnan() 函数在数组中 NaN 的位置返回 1（true）。另外，将 isnan() 和 find() 函数联合使用可以寻找数组中 NaN 的位置索引。例如，下面的代码为找到数组 a 中 NaN 的位置，然后在这些位置上用 0 替代 NaN。

```
>>i=find(isnan(a))                        % find indices of NaN
i=
    3    5
>>a(i)=zeros(size(i))                      %changes NaN in a to zeros
a=
    1    2    0    Inf    0
```

空数组是开发人员定义的一个数据类型（这一点与 NaN 不同，因为 NaN 是由 IEEE 标准定义的），它指有一维或多维的长度为 0 的数组变量。空数组的表达方式也很多，最简单的一种是直接用两个方括号表示的数组，即 [ ] 数组。例如，下面的代码给出了几种空数组的创建方式，并用 size 或 length 查看了它们的维数或长度。

```
>>size([])          % simplest empty array
ans=
        0    0
>>c = zeros(0,5)    % how about an empty array with multiple columns!
c=
    Empty matrix: 0-by-5
>>size(c)
```

```
 ans=

     0    5
>>d =ones(4,0)      % an empty array with multiple rows!
 d=

    Empty matrix: 4-by-0
>>size(d)
 ans =
     4    0
>>length(d)         % it's length is zero even though it has 4 rows
 ans=
     0
```

使一个数组的维数为 0 也许会让读者感到困惑，但这在许多运算中是非常有用的，随着本书的深入，读者会对其有更深的了解。

空数组有时也出现在一些函数的返回参数中。在 MATLAB 中，很多函数在无法返回适当结果时，往往会返回空数组。其中最典型的一个函数就是 find()函数，下面给出了一个具体的例子。

```
>>x=-2:2    %new data
x=
    -2  -1  0  1  2
>>y=find(x>2)
y=
    Empty matrix: 1-by-0
```

在这个例子中，数组 x 中不存在大于 2 的值，因此找不到正确的索引值，于是 find 就返回一个空数组。可以使用 isempty()函数测试一个返回值是否是空数组，例如：

```
>>isempty(y)
ans=
    1
```

由于空数组也存在维数（如前面创建的 c 为 0×5 的数组），在 MATLAB 7 中，不同维数的空数组之间是不能进行比较的，因此，验证一个数组是否是空数组时，最好不要使用关系运算，建议使用 isempty()函数。例如，要验证前面创建的 c 是否是空数组，只能采用 isempty()函数，代码如下：

```
>>c==[]      % comparing0-by-5 to 0-by-0 arrays produces an error
??? Error using ==> eq
Matrix dimensions must agree.

>>isempty(c)    % isempty returns the desired result.
ans=

    1
```

当用户确认空数组是最简单的空数组（[ ]）时，关系运算也成立，只不过运算结果仍是空数组，例如：

```
>>a=[];      % create an empty variable
>>a==[]      % comparing equal size empties gives empty results
```

```
ans=
    []
```

也可以将一个非空数组与一个空数组进行比较，结果返回一个空数组，例如：

```
>>b=1;        % create nonempty variable
>>b==[]       % comparing nonempty to empty produces an empty result.
ans=
    []
>>b~=[]       % even not equal comparison produces an empty result.
ans=
    []
```

由上面的例子可以看出，对空数组执行关系运算时，要么返回一个错误信息（如在两个不同维数的空数组之间进行比较时），要么返回一个空数组（如前面的两个例子），这通常都不是我们想要的结果，因此，当有空数组出现时，建议用户使用 isempty() 函数，尽量不要使用关系运算。

Note

3.2.3　复数类型

复数是指既包含实部又包含虚部的数，复数出现在许多科研工作问题上。例如，在电力工程中，可以用复数代表交变电压、交变电流和阻抗。描述电气系统行为的公式经常用到复数。

作为一个工程师，如果没有很好地理解和运用复数，将无法工作。复数的一般形式如下：

```
C=a+bi
```

其中 C 为复数，a 和 b 均为实数，i 代表-1。a、b 分别为 C 的实部和虚部。由于复数有两个部分，所以它能在平面内标出。这个平面的横轴是实轴，纵轴是虚轴，所以复数在这个平面内为一个点，横轴为 a，纵轴为 b。用上面的方式表示一个复数，称为直角坐标表示，坐标的横轴与纵轴分别代表复数的实部与虚部。

若复数在一个平面内，则有另一种表达方式，即极坐标表示，公式如下：

$$c = a + bi = z\angle\theta$$

其中 z 代表向量的模，θ 代表辐角。直角坐标中的 a、b 和极坐标 z、θ 之间的关系为：

$a = z\cos\theta$

$b = z\sin\theta$

$z = (a^2+b^2)^{1/2}$

$\theta = \tan^{-1}(b/a)$

复数包含独立的两部分，即实部和虚部。虚部的单位是-1 的开平方根，在 MATLAB 中可以用 i 或者 j 来表示。

可以用如下赋值语句来产生复数：

```
>>a=2+4i
```

也可以用函数 complex() 来产生复数，代码如下：

```
>>x=2
>>y=4
>>z=complex(x,y)
```

其中 x、y 为实数，得到的 z 是以 x 为实部，y 为虚部的复数。

也可以这样使用 complex() 函数，具体代码如下：

```
>>x=2
>>z=complex(x)
```

其中 x 为实数，得到的 z 是以 x 为实部，以 0 为虚部的复数。

表 3-7 所示为常见的支持复数运算的 MATLAB 函数。

表 3-7　复数运算函数

函 数 名	描　　述
conj(c)	计算 c 的共轭复数。如果 c=a+bi，那么 conj(c)=a-bi
real(c)	返回复数 c 的实部
imag(c)	返回复数 c 的虚部
isreal(c)	如果数组 c 中没有一个元素有虚部，函数 isreal(c) 将返回 1；所以如果一个数组 c 是复数组成，那么 isreal(c) 将返回 0
abs(c)	返回复数 c 的模
angle(c)	返回复数 c 的幅角

在本节的最后，将上述介绍过的数据类型汇总成表（见表 3-8），给出适合 MATLAB 支持的数据类型函数。

表 3-8　数据类型函数

函 数 名	描　　述
double	创建或转化为双精度数据类型
single	创建或转化为单精度数据类型
int8, int16, int32, int64	创建或转化为有符号整数数据类型
uint8, uint16, uint32, uint64	创建或转化为无符号整数数据类型
isnumeric	若是整数或浮点数据类型，返回 true
isinteger	若是整数数据类型，返回 true
isfloat	若是单精度或双精度数据类型，返回 true
isa(x, 'type')	type 包括 numeric、integer 和 float（下同），当 x 类型为 type 时，返回 true
cast(x, 'type')	将 x 类型置为 type
Intmax('type')	type 数据类型的最大整数值
intmin('type')	type 数据类型的最小整数值
realmax('type')	type 数据类型的最大浮点实数值
realmin('type')	type 数据类型的最小浮点实数值

续表

函 数 名	描　　述
eps('type')	type 数据类型的 eps 值（浮点值）
eps(x)	x 的 eps 值，即 x 与 MATLAB 能表示的和其相邻的同数据类型的那个数之间的距离
zeros(...,'type')	创建数据类型为 type 的全 0 阵列
ones(...,'type')	创建数据类型为 type 的全 1 阵列
eye(...,'type')	创建数据类型为 type 的单位阵列

Note

3.3　初等函数运算

本节介绍初等函数运算，包括三角函数、指数对数函数、截断函数和求余函数。这些函数共同的特点是函数的运算都是针对矩阵的元素。

3.3.1　三角函数

MATLAB 提供的三角函数及其功能如表 3-9 所示。

表 3-9　三角函数

函 数 名	功能描述	函 数 名	功能描述
sin	正弦	sec	正割
sind	正弦，输入以度为单位	secd	正割，输入以度为单位
sinh	双曲正弦	sech	双曲正割
asin	反正弦	asec	反正割
asind	反正弦，输出以度为单位	asecd	反正割，输出以度为单位
asinh	反双曲正弦	asech	反双曲正割
cos	余弦	csc	余割
cosd	余弦，输入以度为单位	cscd	余割，输入以度为单位
cosh	双曲余弦	csch	双曲余割
acos	反余弦	acsc	反余割
acosd	反余弦，输出以度为单位	acscd	反余割，输出以度为单位
acosh	反双曲余弦	acsch	反双曲余割
tan	正切	cot	余切
tand	正切，输入以度为单位	cotd	余切，输入以度为单位
tanh	双曲正切	coth	双曲余切
atan	反正切	acot	反余切
atand	反正切，输出以度为单位	acotd	反余切，输出以度为单位
atan2	四象限反正切	acoth	反双曲余切

例如，计算 0~2π 的正弦函数、余弦函数，具体操作命令如下：

```
>>x=0:pi/10:2*pi;
>>y1=sin(x);
>>y2=cos(x);
>>figure(1);
>>plot(x,y1,'b-',x,y2,'ro-');
>>xlabel('X取值');
>>ylabel('函数值');
>>legend('正弦函数','余弦函数');
```

得到的图形如图 3-1 所示。

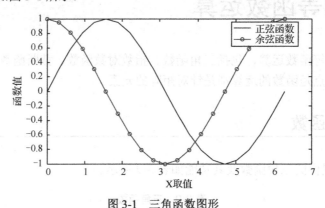

图 3-1　三角函数图形

3.3.2　指数和对数函数

MATLAB 提供的指数、对数函数及其功能如表 3-10 所示。

表 3-10　指数和对数函数

函 数 名	功能描述	函 数 名	功能描述
exp	指数	realpow	对数，若结果是复数则报错
expm1	准确计算 exp(x)-1 的值	reallog	自然对数，若输入不是正数则报错
log	自然对数（以 e 为底）	realsqrt	开平方根，若输入不是正数则报错
log1p	准确计算 log(1+x)的值	sqrt	开平方根
log10	常用对数（以 10 为底）	nthroot	求 x 的 n 次方根
log2	以 2 为底的对数	nextpow2	返回满足 2^P>=abs(N)的最小正整数 P，其中 N 为输入

例如，计算 e^{x+1} 和 $\log_2 x$ 的值，具体代码如下：

```
>>x1=0:.1:4;
>>y1=exp(x1+1);
>>subplot(1,2,1);
>>plot(x1,y1,'b-')
```

```
>>xlabel('自变量取值');
>>ylabel('函数值');
>>x2=0:.1:4;
>>y2=log(x2);
>>figure(1);
>>subplot(1,2,2);
>>plot(x2,y2,'ro-')
>>xlabel('自变量取值');
>>ylabel('函数值');
>>legend('log^x');
```

得到的图形如图 3-2 所示。

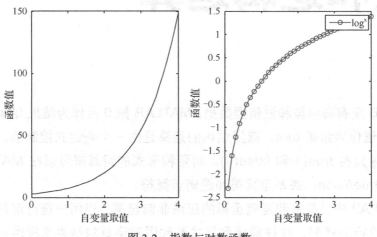

图 3-2　指数与对数函数

MATLAB 还提供了截断和求余函数。由于篇幅所限，这里不一一列举，其功能如表 3-11 所示，感兴趣的读者可以查阅 MATLAB 帮助文档。

表 3-11　截断和求余函数

函 数 名	功能描述	函 数 名	功能描述
fix	向零取整	mod	除法求余（与除数同号）
floor	向负无穷方向取整	rem	除法求余（与被除数同号）
ceil	向正无穷方向取整	sign	符号函数
round	四舍五入		

3.4　本章小结

本章主要介绍了 MATLAB 的基本功能，包括命令行窗口的使用方法，数据类型中的基本数据类型和常见的初等函数运算等。这些内容较简单，可作为用户入门的初步内容。

第4章

关系和逻辑运算

MATLAB 没有布尔型和逻辑型数据，MATLAB 把 0 值作为结果 false，把所有的非 0 值作为结果 ture。选择结构的运算是由一个表达式控制的，这个表达式的结果只有 true(1)和 false(0)。有两种形式的运算符可以在 MATLAB 中运算得到 true/false：关系运算符和逻辑运算符。

在 MATLAB 中，关系和逻辑运算的应用非常普遍，当用户进行流程控制和确定指令执行顺序时，往往需要利用关系和逻辑运算的结果来提供正确的控制信息。

学习目标

(1) 了解关系运算符。
(2) 了解逻辑运算符。
(3) 掌握运算符的优先级。

4.1 关系运算符

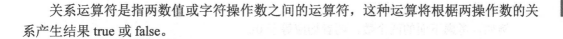

关系运算符是指两数值或字符操作数之间的运算符，这种运算将根据两操作数的关系产生结果 true 或 false。

4.1.1 关系运算符基本形式

关系运算的基本形式如下：

```
a1 op a2
```

其中 a1 和 a2 是算术表达式、变量或字符串，op 代表表 4-1 中关系运算符中的一个。如果两者的关系为真（true）时，那么这个运算将会返回 1 值；否则将会返回 0 值。

表 4-1 关系运算符

关系运算符	描　　述	关系运算符	描　　述
<	小于	>=	大于或等于
<=	小于或等于	==	等于（请不要和赋值等号=混淆）
>	大于	~=	不等于

下面是一些关系运算和它的运算结果：

运算	结果
3 < 4	1
3 <= 4	1
3 == 4	0
3 > 4	0
4 <= 4	1
'A' < 'B'	1

最后一个运算得到的结果为 1，是因为字符之间的求值要按照 ASCⅡ表中的顺序。

 不要混淆了等于关系运算符（==）和赋值运算符（=）的运用。

在运算的层次中，关系运算在所有数学运算之后进行。所以下面两个表达式是等价的，均产生结果 1：

```
7+3<2+11
(7+3)<(2+11)
```

4.1.2 ==和~=运算符

等于运算符（==）：如果两变量值相同将会返回 1，如果不同将返回 0。

不等运算符（~=）：如果两变量值不同则返回 1，相同则返回 0。

用这两个运算符比较两个字符串是安全的，不会出现错误。但对两个数字数据的比较，将可能产生意想不到的错误。两个理论上相等的数不能有一丝一毫的差别，而在计算机计算的过程中出现了近似的现象，从而可能在判断相等与不相等的过程中产生错误，这种错误称为 round off 错误。

例如，考虑下面的两个数，两者均应等于 0：

```
a=0;
b=sin(pi);
```

因为这两个数在理论上相等，所以关系式 a==b 应当返回值 1。但在事实上，MATLAB 计算所产生的结果是：

```
>>a=0;
>>b=sin(pi);
>>a==b
ans=
0
```

MATLAB 报告了 a 和 b 不同，因为它产生了一个 round off 错误，在计算中，sin(pi) 产生的结果是 1.2246×10^{-16}，而不是 0。两个理论上相等的值因为 round off 错误而发生了细微的差别。

可以通过检测两数之间在一定的范围内是否近似相等，在这个精确范围内可能会产生 round off 错误。例如：

```
>>abs(a-b)<1.0E-14
ans=
1
```

将产生正确的结果，不管 a 与 b 在计算中是否产生 round off 错误。

 在检测两数值是否相等时一定要小心，因为 round off 错误可能会使两个本来应该相等的值不相等。这时可以比较确认在 round off 错误的范围内它是不是近似相等。

4.2 逻辑运算符

逻辑运算符是联系一个或两个逻辑操作数并能产生一个逻辑结果的运算符。有三种二元逻辑运算符：分别为 AND、OR 和异或运算符，此外，还有一个一元逻辑运算符 NOT。二元逻辑运算的基本形式如下：

```
a1 op a2
```

一元逻辑运算的基本形式为：

```
op a1
```

a1 和 a2 代表表达式或变量，op 代表表 4-2 中的逻辑运算符。如果 a1 和 a2 的逻辑运算关系为 true，那么运算将会返回值 1，否则将会返回值 0。

表 4-2　常见的逻辑运算符

逻辑运算符	描　述
&	在两个逻辑数组之间进行逐元素的与操作
|	在两个逻辑数组之间进行逐元素的或操作
~	对一个逻辑数组进行取反操作

运算的结果总结在真值表 4-3 中，它展示每种运算所有可能的结果。如果一个数的值不为 0，那么 MATLAB 将把它看作 true。如果它为 0，则将其看作 false。所以~5 的结果为 0；而~0 的结果为 1。

表 4-3　逻辑真值表

输　入		与	或	异　或	非
11	12	11& 12	11 | 12	xor(11,12)	~11
0	0	0	0	0	1
0	1	0	1	1	1
1	0	0	1	1	0
1	1	1	1	0	0

在运算顺序中，逻辑运算在所有的数学运算和关系运算之后进行。

表达式中的运算顺序如下：

（1）所有的数学运算按照前面描述的顺序进行。

（2）从左向右依次进行关系运算。

（3）执行所有~运算。

（4）从左向右依次进行&运算。

（5）从左向右依次进行|运算，和数学运算一样，括号能改变括号中的默认顺序。

下面是关于逻辑运算的一些例子，假设下面有三个变量有初始值，一些表达式及其运算结果如下。

```
value1 = 1
value2 = 0
value3 = -10
```

逻辑表达式：	结果
(a) ~value1	0
(b) value1 | value2	1
(c) value1 & value2	0
(d) value1 & value2 | value3	1
(e) value1 & (value2 | value3)	1
(f) ~(value1 & value3)	0

因为~运算在其他逻辑运算之前进行，那么(f)中的括号是必需的。如果去掉括号，(f)

表达式将等价于(~value1) & value3。

Note

4.3 运算符优先级

MATLAB 在执行含有关系运算和逻辑运算的数学运算时，同样遵循一套优先级原则。原则规定：MATLAB 首先执行具有较高优先级的运算，其次执行具有较低优先级的运算；如果两个运算的优先级相同，则按从左到右的顺序执行。

表 4-4 所示为 MATLAB 中各运算符的优先级顺序。

表 4-4　运算符的优先级

运 算 符	优 先 级
圆括号()	最高
转置 (.')，共轭转置 (')，乘方 (.^)，矩阵乘方 (^)	
一元加法 (+)，一元减法 (−)，取反 (~)	
乘法 (.*)，矩阵乘法 (*)，右除 (./)，左除 (.\)，矩阵右除 (/)，矩阵左除 (\)	
加法 (+)，减法 (−)，逻辑非 (~)	
冒号运算符 (:)	
小于 (<)，小于等于 (<=)，大于 (>)，大于等于 (>=)，等于 (==)，不等于 (~=)	
逐元素逻辑与 (&)	
逐元素逻辑或 (|)	
"避绕式" 逻辑与 (&&)	
"避绕式" 逻辑或 (||)	最低

用过其他编程语言的用户可以知道，表 4-4 中的优先级顺序与大多数计算机编程语言基本相似。用户可以使用括号任意改变表 4-4 中的运算优先级顺序，但同一级括号内部仍遵循表 4-4 中的优先级顺序。

可以利用下面的代码验证逻辑与（&）和逻辑或（|）的优先级：

```
>>4|2&1
ans=
        1
>>5|(3&2)
ans=
        1
```

4.4 关系和逻辑函数

除前面提到的关系运算符和逻辑运算符之外，MATLAB 还提供了几个函数进行关系和逻辑运算，表 4-5 所示为这些函数的名称和功能描述。

表 4-5　关系和逻辑运算函数

函　数	描　　述
xor(x,y)	逻辑异或函数，当 x 和 y 一个为 0、一个不为 0 时返回 true，当 x 和 y 同时为 0 或同时为 1 时返回 false
any(x)	如果 x 是向量，则当 x 的任意一个元素不为 0 时返回 true，否则返回 false；如果 x 是数组，则对于 x 的每一列，如果有一个元素不为 0，就在该列返回 true，否则返回 false
all(x)	如果 x 是向量，则只有当 x 中所有元素都不为 0 时返回 true，否则返回 false；如果 x 是数组，则对于 x 的每一列，只有当该列所有元素都为 0 时，才在该列返回 true，否则返回 false

除这些函数之外，MATLAB 还提供了一些函数用于检验某个特定的值是否存在或者某一条件是否成立，并返回相应的逻辑结果。由于这些函数大都以"is"开头，因此它们又称为"is 族"函数，表 4-6 所示为这些函数的名称和功能描述。

表 4-6　检验函数

函数名	描　　述
isstudent	检测用户所使用的 MATLAB 版本，如果是学生版本，该函数返回 true，否则返回 false
ispc	检测用户所使用的 MATLAB 版本，如果是 PC（Windows）版本，该函数返回 true，否则返回 false
isunix	检测用户所使用的 MATLAB 版本，如果是 UNIX 版本，该函数返回 true，否则返回 false
ismember	检测一个值或变量是否是某个集合中的元素，如果是，就返回 true，否则返回 false
isglobal	检测一个变量是否是全局变量，如果是，就返回 true，否则返回 false
mislocked	检测一个 M 文件是否被锁定（即不能被清除），如果是，就返回 true，否则返回 false
isempty	检测一个矩阵是否为空矩阵，如果是，就返回 true，否则返回 false
isequal	检测两个数组是否相等，如果相等，就返回 true，否则返回 false
isequalwitheq ualNaN	检测两个数组是否相等，如果相等，就返回 true，否则返回 false。若数组中含有 NaN 值，也认为所有的 NaN 值是相等的
isfinite	检测数组中的各元素是否为有限值，该函数在有限值的位置返回 true，在非有限值的位置返回 false
isfloatpt	检测数组中的各元素是否为浮点值，该函数在浮点值的位置返回 true，在非浮点值的位置返回 false
isscalar	检测一个变量是否为标量，若是，返回 true，否则返回 false
isinf	检测数组中的各元素是否为无穷大值，该函数在无穷大值的位置返回 true，在有限值的位置返回 false
islogical	检测一个数组是否为逻辑数组，若是，返回 true，否则返回 false
isnan	检测一个数是否为非数值（NaN 值），若是，返回 true，否则返回 false
isnumeric	检测一个数组是否为数值型数组，如果是，返回 true，否则返回 false
isreal	检测一个数组是否为实数数组，如果是，返回 true，否则返回 false
isprime	检测一个数是否为素数，如果是，返回 true，否则返回 false
issorted	检测一个数组是否按顺序排列，如果是，返回 true，否则返回 false
automesh	如果输入参数是不同方向的向量，就返回 true，否则返回 false
inpolygon	检测一个点是否位于一个多边形区域内，如果是，返回 true，否则返回 false

续表

函 数 名	描　　述
isvarname	检测一个变量名是否是一个合法的变量名，如果是，返回 true，否则返回 false
iskeyword	检测一个变量名是否是 MATLAB 的关键词或保留字，如果是，返回 true，否则返回 false
issparse	检测一个矩阵是否为稀疏矩阵，如果是，返回 true，否则返回 false
isvector	检测一个数组是否为一个向量，如果是，返回 true，否则返回 false
isappdata	检测应用程序定义的数据是否存在，如果存在，返回 true，否则返回 false
ishandle	检测是否为图形句柄，如果是，返回 true，否则返回 false
ishold	检测一个图形的 Hold 状态是否为 On，如果是，返回 true，否则返回 false
figflag	检测一个图形是否是当前屏幕上显示的图形，如果是，返回 true，否则返回 false
iscellstr	检测一个数组是否为字符串单元数组，如果是，返回 true，否则返回 false
ischar	检测一个数组是否为字符串数组，如果是，返回 true，否则返回 false
isletter	检测一个字符是否是英文字母（包括大、小写），如果是，返回 true，否则返回 false
isspace	检测一个字符是否是空格字符，如果是，返回 true，否则返回 false
isa	检测一个对象是否是指定的类型，如果是，返回 true，否则返回 false
iscell	检测一个数组是否为单元数组，如果是，返回 true，否则返回 false
isfield	检测一个名称是否是结构体中的域，如果是，返回 true，否则返回 false
isjava	检测一个数组是否为 Java 对象数组，如果是，返回 true，否则返回 false
isobject	检测一个名称是否为一个对象，如果是，返回 true，否则返回 false
isstruct	检测一个名称是否为一个结构体，如果是，返回 true，否则返回 false
isvalid	检测一个对象是否是可以连接到硬件的串行端口对象，如果是，返回 true，否则返回 false

4.5 本章小结

　　MATLAB 中提供了丰富的运算符，非常便于满足用户的各种应用。这些运算符包括算术运算符、关系运算符和逻辑运算符三种运算符。本章主要介绍了关系和逻辑运算符，并且相应地介绍了运算符的优先级和关系与逻辑函数。本章以诸多表格的方式列举了这些函数的作用，清楚明了地呈现给广大爱好 MATLAB 软件的初学者，希望能起到抛砖引玉的作用，通过本章的介绍能快速找到自己的学习途径。

第5章

数组运算

在 MATLAB 中，向量和矩阵主要是由数组表示的。数组运算始终是 MATLAB 的核心内容，并且 MATLAB 区别于其他编程语言最大的优势就是数组计算。这种编程的优势使得计算程序简单、易读，程序命令更接近教科书上的数学公式，而且提高程序的向量化程度和计算效率，节省计算机的开销。

本章主要介绍数组的一些基本知识，其中包括简单数组、数组的寻址、结构、方向四个方面。

学习目标

（1）熟练掌握一维、二维数组的创建。

（2）熟练数组的寻址等其他的运用。

（3）熟练运用数组运算在大型程序中的编写。

5.1 简单数组

简单的数组顾名思义就是平常建立的一维和二维的向量，本节从创建方法的角度来描述简单数组并介绍数组转置函数。

5.1.1 一维向量的创建

一维的数组就是向量，本小节主要从输入的角度阐述一维向量，介绍以下几种方法。

1. 直接输入

（1）行向量。

```
>>a=[1,3,2,4]

a=
1    3    2    4
```

（2）列向量。

```
>>a=[1;3;2;4]

a=
1
3
2
4
```

直接输入是针对小型的一维数组；由上述的例子可知，行向量与列向量之间的区别仅仅是元素之间的符号区别，所以在使用直接输入创建一位数组或向量时应注意向量中元素之间的符号。

2. 用 ":" 生成向量

（1）a=j:k 生成的向量是 $a=[j,j+1,\cdots,k]$。

```
>>a=2:6

a=
2    3    4    5    6
```

（2）a=j:d:k 生成行向量 $a=[j,j+d,\cdots,j+m*d]$，其中 $m=\text{fix}((k-j)/d)$。

```
>>a=2:3:12

a=
5    8    11
```

说明　这里建立的向量都是属于等差向量，在编程时可以使用这种快捷的方式建立一个等差向量。

3．函数linspace用来生成按等差形式排列的行向量

在 X1 和 X2 之间默认生成 100 个线性分布的数据，相邻两个数据的差保持不变，构成等差数列。

```
x=linspace(X1,X2)
```

这里会自动生成在 1～2 之间 100 个线性分布的向量，向量第一个数为 1，向量的最后一个数为 2。

```
>>a=linspace(1,2)
```

4．x=linspace(X1,X2,n)

在 X1 和 X2 间生成 n 个线性分布的数据，相邻两个数据的差保持不变，同样能构成等差数列。

```
>>a=linspace(1,2,15)
a=
  Columns 1 through 7
    1.0000    1.0714    1.1429    1.2143    1.2857    1.3571    1.4286
  Columns 8 through 14
    1.5000    1.5714    1.6429    1.7143    1.7857    1.8571    1.9286
  Column 15
    2.0000
```

用 linspace 得出来的是一个线性分布的等差数列数组，在编程时有时需要得到按等比形式排列的一维数组，这时可以使用 logspace，具体使用方法可以参考 logspace 的用法。

5.1.2　行向量转置为列向量

上述都是关于如何创建一维数组，接下来针对创建的一维数组进行相关的转置，即如何让一个行向量转置成列向量。一共有两种方法：直接转置和使用 transpose。

1．直接转置

```
>>a=1:10
a'
a=
     1     2     3     4     5     6     7     8     9    10
ans=
     1
     2
     3
     4
     5
     6
     7
```

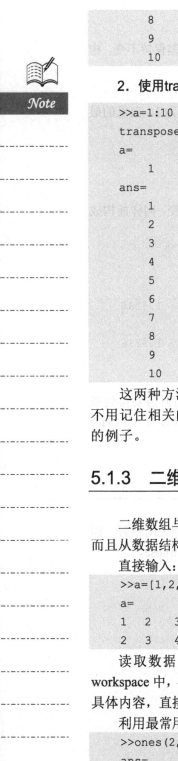

```
                    8
                    9
                   10
```

2. 使用transpose

```
>>a=1:10
transpose(a)
a=
     1    2    3    4    5    6    7    8    9    10
ans=
     1
     2
     3
     4
     5
     6
     7
     8
     9
    10
```

这两种方法都可以使用，但第一种方法比较受大家的欢迎，因为比较简便而且不用记住相关的函数，这两种方法同样适用于二维数组，具体可以参考帮助文件中的例子。

5.1.3　二维数组的创建

二维数组与矩阵之间有很大的相关性，二维数组是由实数或复数排列成矩形构成的，而且从数据结构上看，矩阵和二维数组没有区别。

直接输入：

```
>>a=[1,2,3;2,3,4]
a=
1    2    3
2    3    4
```

读取数据，可以通过读取相关格式的文件将其中的数值保存在 MATLAB 的 workspace 中，在 workspace 中都是以二维或者三维数组的形式进行存储的，如果想查看具体内容，直接双击 workspace 中相对应的变量即可。

利用最常用标准数组生成函数产生标准数组的演示如下：

```
>>ones(2,4) %产生（2×4）全1数组
ans=
1 1 1 1
1 1 1 1
>>randn('state',0) %把正态随机数发生器置 0
```

```
>>randn(2,3) %产生正态随机阵
ans=
-0.4326 0.1253 -1.1465
-1.6656 0.2877 1.1909
>>D=eye(3) %产生 3×3 的单位阵
D=
1 0 0
0 1 0
0 0 1
>>diag(D) %取 D 阵的对角元
ans=
    1
    1
    1
>>diag(diag(D)) %外 diag 利用一维数组生成对角阵
ans=
    1    0    0
    0    1    0
    0    0    1
>>randsrc(3,20,[-3,-1,1,3],1) %在[-3,-1,1,3]上产生 3×20 均布随机数组，随机
发生器的状态设置为 1
ans=
   -1   -1   -3    1   -3    1   -3    3    3   -3   -3    1    1
    3   -1   -1   -1    1   -1   -3
    1   -3   -1   -1    3   -1   -3   -1    3   -3   -1    1    3
    3    3    3   -3   -3   -3    1
   -3   -3   -1    1   -3    1    3    1   -3    3    3   -1   -3
    1   -3   -1   -3   -1    1    1
```

5.2 数组寻址

数组中总是包含多个元素，因此在对数组的单个元素或者多个元素进行访问时，需要对数组进行寻址运算。

5.2.1 对一维数组进行寻址

一维数组寻址很简单，因为下标可以只写成一个数或者一个一维数组，即可寻址得到想要得到的元素，具体可参考下面的实例。

对一维数组的其中一个元素进行访问：

```
>>a=[1,3,4,5,6,7]
a(5)
```

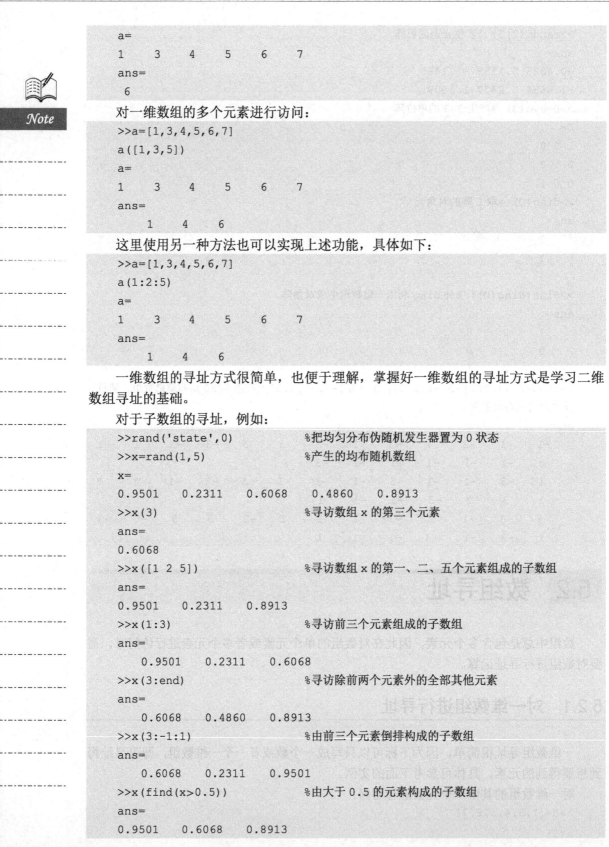

```
a=
1    3    4    5    6    7
ans=
 6
```

对一维数组的多个元素进行访问：

```
>>a=[1,3,4,5,6,7]
a([1,3,5])
a=
1    3    4    5    6    7
ans=
    1    4    6
```

这里使用另一种方法也可以实现上述功能，具体如下：

```
>>a=[1,3,4,5,6,7]
a(1:2:5)
a=
1    3    4    5    6    7
ans=
    1    4    6
```

一维数组的寻址方式很简单，也便于理解，掌握好一维数组的寻址方式是学习二维数组寻址的基础。

对于子数组的寻址，例如：

```
>>rand('state',0)            %把均匀分布伪随机发生器置为 0 状态
>>x=rand(1,5)                %产生的均布随机数组
x=
0.9501    0.2311    0.6068    0.4860    0.8913
>>x(3)                       %寻访数组 x 的第三个元素
ans=
0.6068
>>x([1 2 5])                 %寻访数组 x 的第一、二、五个元素组成的子数组
ans=
0.9501    0.2311    0.8913
>>x(1:3)                     %寻访前三个元素组成的子数组
ans=
    0.9501    0.2311    0.6068
>>x(3:end)                   %寻访除前两个元素外的全部其他元素
ans=
    0.6068    0.4860    0.8913
>>x(3:-1:1)                  %由前三个元素倒排构成的子数组
ans=
    0.6068    0.2311    0.9501
>>x(find(x>0.5))             %由大于 0.5 的元素构成的子数组
ans=
0.9501    0.6068    0.8913
```

```
%对元素可以重复寻访，使所得数组长度允许大于原数组
>>x([1 2 3 4 4 3 2 1])
ans=
  Columns 1 through 7
    0.9501    0.2311    0.6068    0.4860    0.4860    0.6068    0.2311
  Column 8
    0.9501
```

5.2.2　对二维数组进行寻址

二维数组寻址与一维数组寻址一样，只不过需要考虑二维数组的行和列，而一维数组只需要考虑一个行或者列，所以对于二维数组寻址有下面的三种方法，其基本思想与一维数组是一样的。

下面举例说明对于二维数组元素及子数组的各种标识和寻址格式。

```
>>A=zeros(2,6)
>>A(:)=1:12                % 单下标法：单下标全元素寻访
A=
    1     3     5     7     9     11
    2     4     6     8    10     12
>>A(2,4)                   % 全下标法：指定行、指定列
ans=
    8
>>A(8)                     % 单下标法：单下标寻访
ans=
    8
>>A(:,[1,3])               % 全下标法：全部行、指定列
ans=
    1     5
    2     6
>>A([1,2,5,6]')            % 单下标法:生成指定的一维行（或列）数组
ans=
    1
    2
    5
    6
>>A(:,4:end)              % 全下标法：全部行、指定列，end 表示最后一列
ans=
    7     9     11
    8    10     12
>>A(2,1:2:5)=[-1,-3,-5]   % 全下标法：指定行、指定列
A=
    1     3     5     7     9     11
```

```
     -1      4      -3      8      -5      12
>>B=A([1,2,2,2],[1,3,5] )    % 全下标法：指定行、指定列
B=
    1    5    9
   -1   -3   -5
   -1   -3   -5
   -1   -3   -5
```

基于行和列寻址：

```
>>a=[1,2,3;4,5,6;6,7,8]
a(2,3)
a=
    1    2    3
    4    5    6
    6    7    8
ans=
    6
```

基于行或者列寻址：

```
>>a=[1,2,3;4,5,6;6,7,8]
b=a(:)
b(8)
a=
1    2    3
4    5    6
6    7    8
b=
1
4
6
2
5
7
3
6
8
ans=
 6
```

使用 sub2ind()函数读取数组中凌乱排序的元素。

sub2ind()函数是将一个二维数组的下标变成索引，然后用索引对二维数组进行寻址，这种操作直接省略前面所说的方法，方便简单而且便于理解。例如：

```
>>a=[1,2,3;4,5,6;6,7,8]
a=
1    2    3
4    5    6
```

```
6    7    8
```

读取其中的第二行、第二列和第三行、第一列的两个元素，有两种方式：一种方式是使用第二种方法将二维数组变成一维数组，然后读取一维数组的两个元素；另一种方法是使用 sub2ind() 函数。（第一种方法在此不介绍）

```
>>b=sub2ind(size(a),[2,3],[2,1])
a(b)
b=
5    3
ans=
5    6
```

5.3　数组排序

MATLAB 提供数组排序的函数 sort()，该函数可对任意给定的数组进行排序。本节主要介绍一维数组和二维数组的排序，所用的函数均是 sort()。

1. 一维数组排序

```
b=sort(A)
```

其中，A 是一个待排序的一维数组，得到的 b 是排序后的一维数组。例如：

```
>>a=10*rand(1,7)
b=sort(a)
a=
5.4688    9.5751    9.6489    1.5761    9.7059    9.5717    4.8538
b=
1.5761    4.8538    5.4688    9.5717    9.5751    9.6489    9.7059
```

```
[b,index]=sort(A)
```

其中，A 是一个待排序的一维数组，得到的 b 是排序后的一维数组，index 是排序后的一维数组的各个元素在原一维数组中的位置。例如：

```
>>a=10*rand(1,7)
[b,index]=sort(a)
a=
   8.0028    1.4189    4.2176    9.1574    7.9221    9.5949    6.5574
b=
   1.4189    4.2176    6.5574    7.9221    8.0028    9.1574    9.5949
index=
2    3    7    5    1    4    6
```

对一维数组进行排序直接使用 sort() 函数即可，并且能得到排序后的数组中的元素在原数组中的位置，函数使用起来简单便捷。

2. 二维数组排序

Note

```
[b,index]=sort(A,dim,mode)
```

其中，dim=1 进行每一列排序，但可以省略；dim=2 进行每一行排序，如果进行行排序，此项不能省略；mode='descend'进行降序排序，mode='ascend'进行升序排序；得出的 b 是排序后的二维数组，index 是排序后的元素在原数组中行或者列的具体位置。

具体可以参考下面两个例子。

```
>>a=10*rand(2,3)
[b,index]=sort(a,1,'descend')
a=
0.3571    9.3399    7.5774
8.4913    6.7874    7.4313
b=
8.4913    9.3399    7.5774
0.3571    6.7874    7.4313
index=
2    1    1
1    2    2
```

这个例子采用的是对一个二维数组进行列降序排序，这里的第二个输入参数可以省略，默认为1，所以可以直接写成[b,index]=sort(a,'descend')。

```
>>a=10*rand(2,3)
[b,index]=sort(a,2,'ascend')
a=
3.9223    1.7119    0.3183
 6.5548    7.0605    2.7692
b=
0.3183    1.7119    3.9223
2.7692    6.5548    7.0605
index=
3    2    1
3    1    2
```

这个例子说明的是对一个二维数组的行升序排序，这里的第二个输入参数不能省略。省略第三个输入参数，默认为升序排序。

本节主要从一维数组和二维数组两个方面对数组排序进行阐述，与一维数组相比，二维数组有点复杂，如果掌握 sort()函数各个输入参数和各个输出参数的意义，就能够很快掌握二维数组排序的技巧。

5.4 数组检测

数组的结构指的是数组中元素的排列方式，MATLAB 中提供多种检测函数来判定数组属于什么类型的数据。

5.4.1 isempty()函数

isempty()函数主要用来检测某个数组是否为空数组，其调用形式如下：

```
TF=isempty(A)
```

其中，A 是待检测的数组，如得到输出参数 TF=1，则表示待检测的数组为空数组，否则表示待检测的数组不为空数组。

```
>>a=rand(2,3)
TF=isempty(a)
a=
    0.0462    0.8235    0.3171
    0.0971    0.6948    0.9502
TF=
0
```

5.4.2 isscalar()函数

isscalar()函数主要用来检测某个数组是否为单元素的标量数组，调用形式如下：

```
TF=isscalar(A)
```

其中，A 是待检测的数组，输出的参数是一个逻辑变量，TF=1 代表待检测数组只有一个元素，否则为多个元素或空数组。

```
>>a=rand(2,3)
TF=isscalar(a)
isscalar(a(2,2))
a=
    0.4898    0.6463    0.7547
    0.4456    0.7094    0.2760
TF=
0
ans=
 1
```

5.4.3 isvector()函数

isvector()函数主要用来检测某个数组是否为具有一行或一列元素的一维向量数组，其调用形式如下：

```
TF=isvector(A)
```

其中，A 是待检测的数组，输出参数是一个逻辑变量，TF=1 代表待检测的数组具有一行或者一列元素的一维向量数组，否则反之。

```
>>a=randi(2,3)
TF=isvector(a)
TF1=isvector(a(1,:))
a=
    2    1    1
    2    1    2
    1    2    1
TF=
  0
TF1=
  1
```

5.4.4　issparse()函数

issparse()函数用来检测某个数组是否为稀疏数组，调用形式如下：

```
TF=issparse(A)
```

其中，A 是待检测的数组，得到的输出变量是一个逻辑变量，TF=1 代表该检测的数组为稀疏数组，否则反之。

```
>>a=rand(2,3)
TF=issparse(a)
a=
    0.7513    0.5060    0.8909
    0.2551    0.6991    0.9593
TF=
 0
```

本节介绍了数组的多种结构，并给出了检测它们是属于什么结构的函数，通过对这些函数的熟练掌握，可以在编写大型 MATLAB 程序时，特别是在处理一些技巧性问题时有很大的帮助。

5.5　数组结构

一维数组可以认为是一个行向量或者一个列向量，其数组的大小是这个数组元素的个数；二维数组就是一个矩阵，对于二维数组应该从行和列两个角度考虑。

5.5.1　数组的长度

数组的长度，就是一个数组的行数和列数的最大值。这个值使用 MATLAB 自带的

length()函数即可求解，其调用形式如下：

```
b=length(A)
```

其中，A 是待求长度的数组，得到的输出参数 b 就是数组的长度。

```
>>a=rand(5,1)
>>b=length(a)
>>c=rand(2,3)
>>d=length(c)
a=
    0.2543
    0.8143
    0.2435
    0.9293
    0.3500
b=
    5
c=
    0.1966    0.6160    0.3517
    0.2511    0.4733    0.8308
d=
    3
```

根据上述例子可以看出，当待求数组是一维数组时，得到的数组长度就是待求数组的元素个数；二维数组得到的则是行数和列数的最大值。

5.5.2　数组元素的总数

数组元素的总数可以通过由数组的行数和列数相乘得到，对于一维数组，其元素的总数即为数组的长度；对于二维数组，其元素总数就是行数和列数的乘积。

用 MATLAB 中的 numel()函数可以求数组元素的总数，具体可参考下面的例子：

```
>>a=rand(5,1)
b=numel(a)
c=rand(2,3)
d=numel(c)
a=
    0.1656
    0.6020
    0.2630
    0.6541
    0.6892
b=
```

```
      5
c=
   0.7482      0.0838      0.9133
   0.4505      0.2290      0.1524
d=
      6
```

从上述例子可以看出，一个数组的元素总数就是元素的个数，使用 MATLAB 自带的函数比较容易求取，而且很便捷。

5.5.3　数组的行数和列数

对于一维数组，数组的行数或列数必有一个为 1，而对于二维数组，行数和列数不一定为 1。MATLAB 也有自带的函数可以求取数组的行数和列数，这个函数就是 size()，其调用形式如下：

```
[a,b]=size(A)
```

或者

```
a=size(A)
```

如果使用前者，得到的 a 和 b 是都是一个元素的数组，而使用后者得到的 a 是一个有两个元素的行向量。具体可以参考下面的例子：

```
>>a=rand(5,1)
b=size(a)
c=rand(2,3)
[e,f]=size(c)
a=
   0.0844
   0.3998
   0.2599
   0.8001
   0.4314
b=
   5      1
c=
   0.9106      0.2638      0.1361
   0.1818      0.1455      0.8693
e=
   2
f=
   3
```

本节主要是从数组的长度、总数和行数与列数分别对数组的大小进行阐述，上述这些函数的用法都需要熟练掌握，掌握这些知识可以更深入地理解数组的结构。

5.6 数组元素运算

前几节着重介绍了数组的基本知识，本节开始介绍数组有关的一些处理方法。

5.6.1 算术运算

1. 数组的加减

数组的加减跟普通数字的加减一样。如果一个数组加或减一个数，则数组的所有元素都加或减这个数；一个数组加或减一个数组，则这两个数组的大小应该保持一致，并且相对应的元素进行相加减。具体看下面的例子：

```
>>a=rand(2,3)
b=a+2
c=a+[1 2 3;3 4 5]
a=
    0.8147    0.1270    0.6324
    0.9058    0.9134    0.0975
b=
2.8147    2.1270    2.6324
2.9058    2.9134    2.0975
c=
    1.8147    2.1270    3.6324
    3.9058    4.9134    5.0975
```

2. 数组的乘除

数组的乘除可分为矩阵乘除和矩阵元素之间的乘除。矩阵乘除就是矩阵之间的乘除；矩阵元素的乘除是 MATLAB 区别于其他编程语言的一个较大的优势，这可以避免像 C 语言中通过循环对数组中的元素逐一进行乘除运算。下面对数组相乘和数组的元素之间的相乘各举一个例子：

```
>>a=rand(2,3)
b=rand(3,2)
c=a*b
a=
0.7922    0.6557    0.8491
0.9595    0.0357    0.9340
b=
0.6787    0.3922
```

```
    0.7577    0.6555
    0.7431    0.1712
c=
    1.6656    0.8859
    1.3724    0.5596
```

根据上述例子可以得知，这属于矩阵之间的相乘。

```
>>a=rand(2,3)
b=[1,2,3;2,3,4]
c=a.*b
a=
    0.7060    0.2769    0.0971
    0.0318    0.0462    0.8235
b=
    1    2    3
    2    3    4
c=
    0.7060    0.5538    0.2914
    0.0637    0.1385    3.2938
```

数组元素之间的相乘是元素之间的相乘，并且相乘后得到新的数组的维数一样，这与数组相乘有本质的区别。

5.6.2 逻辑运算

矩阵的比较关系是针对两个矩阵对应元素而言的，所以在使用关系运算时，首先应该保证这两个矩阵的维数一致或其中一个矩阵为标量。

比较关系运算是对逻辑矩阵的对应运算进行比较的，若关系满足，则将比较结果矩阵中该位置的元素置为 1，否则置为 0。关系运算一共有四种。

1．与运算

A 与 B 对应元素进行与运算，若两个数均非 0，则结果元素的值为 1，否则为 0。其调用形式如下：

```
A&B
```

或者

```
and(A,B)
```

具体可以看下面的例子：

```
>>a=[1,2,3;3,4,5]
b=[1,0,2;2,5,0]
c=a&b
d=and(a,b)
```

```
a=
     1      2      3
     3      4      5
b=
     1      0      2
     2      5      0
c=
     1      0      1
     1      1      0
d=
     1      0      1
     1      1      0
```

两个矩阵进行与运算，只要其中一个矩阵的一个元素为 0，得到与运算后的矩阵相应的位置上为逻辑值 0。

2. 或运算

A 与 B 对应元素进行或运算，若两个数只要有一个数不为 0，则结果元素的值为 1，否则为 0。其调用形式如下：

```
A|B
```

或者

```
or(A,B)
```

具体可以看下面的例子：

```
>>a=[1,2,3;0,4,0]
b=[1,0,2;2,5,0]
c=a|b
d=or(a,b)
a=
     1      2      3
     0      4      0
b=
     1      0      2
     2      5      0
c=
     1      1      1
     1      1      0
d=
     1      1      1
     1      1      0
```

两个矩阵进行或运算，只有相对应的元素都为 0，得到或运算的结果才为逻辑值 0。

3．非运算

如待运算矩阵的元素为 0，则结果元素为 1，否则为 0。其调用形式如下：

```
~A
```

或

```
not(A)
```

具体的例子可以参考帮助文件。

4．异或运算

两个矩阵进行异或运算，若相应的两个数中一个为 0，另一个不为 0，则结果是逻辑值 1，否则为 0。其调用形式如下：

具体可以看下面的例子：

```
xor(A,B)
>>a=[1,2,3;0,2,1]
b=[0,2,0;0,0,1]
c=xor(a,b)
a=
    1    2    3
    0    2    1
b=
    0    2    0
    0    0    1
c=
    1    0    1
    0    1    0
```

上述所说的逻辑运算需要熟练掌握，这样有助于编写大型程序。

5.6.3　比较运算

MATLAB 中的比较运算有六种，这里的比较运算与 C 语言的一样，具体的用法读者可以查看帮助文件中的相关例子。具体的指令和含义可以参考表 5-1。

表 5-1　比较运算

指　　令	含　　义	指　　令	含　　义
<	小于	>=	大于等于
<=	小于等于	==	等于
>	大于	~=	不等于

本节着重介绍了多种运算，在 MATLAB 中编程，必须明白什么是矩阵运算与什么是矩阵之间元素的运算。

5.7 数组的基本运算

本节主要介绍与数组有关的一系列函数，即数组的求和、乘法及其他一些运算。

5.7.1 求和

数组求和一般分为两种：数组的累加及数组的求和，所使用的函数分别是 cumsum() 和 sum()。

1. 使用cumsum()函数求数组的累加和

Cumsum() 函数对于求取一个数组的累加和，如果数组是一个向量，得到的仍然是一个向量；如果数组是一个矩阵，需要从行和列两个方面进行考虑。其调用形式如下：

```
B=cumsum(A)
```

如果这里 A 是一个向量，返回的也是一个向量，该向量中第 m 行的元素是第 1 行到第 m 行的所有元素累计的和；如果这里 A 是一个矩阵，返回一个和原矩阵同行同列的矩阵，矩阵中第 m 行第 n 列的元素是 A 中第 1 行到第 m 行的所有第 n 列元素的累加和。具体可查看下面的例子：

```
>>a=[1,2,3,4,5]
b=[1,2,3;4,5,6]
c=cumsum(a)
d=cumsum(b)
a=
    1    2    3    4    5
b=
    1    2    3
    4    5    6
c=
    1    3    6   10   15
d=
    1    2    3
    5    7    9
```

这种调用格式返回 A 中由标量 dim 所指定的维数的累加和。例如，cumsum(A,1) 返回的是沿着第一维（各列）的累加和，cumsum(A,2) 返回的是沿着第二维（各行）的累加和。具体可查看帮助文档。

2. 使用sum()函数求数组的和

sum() 函数的使用很简单，它同样有两种格式，分别是针对向量和矩阵的。如果针对一个向量，得到的是一个数；如果针对一个矩阵，得到的是一个向量。其调用格式如下：

```
B=sum(A)
B=sum(A,dim)
```

含义跟上述的累加函数一样，具体请看下面的例子：

```
>>a=[1,2,3,4,5]
b=[1,2,3;4,5,6]
c=sum(a)
d=sum(b)
a=
1    2    3    4    5
b=
    1    2    3
    4    5    6
c=
15
d=
5    7    9
```

5.7.2 相乘

数组相乘分为点乘和叉乘，这两种乘法都有相关的函数。其中点乘是上节所说的数组元素之间的相乘，其函数为 dot()。该函数也有两种调用形式：

```
B=dot(a,b)
```

或

```
B=dot(a,b,dim)
```

其中 a 与 b 是需要相乘的数组。具体可以查看下面的例子：

```
>>a=[1 2 3];
b=[2,3,4];
c=dot(a,b)
d=[1 2 3;2 3 4];
e=[1 5 6;3 6 7];
f=dot(d,e)
g=dot(d,e,2)
c=
    20
f=
    7    28    46
g=
```

```
    29
    52
```

可以看出，如果是两个相同长度的向量做点乘，就是数组之间的元素相乘然后再加起来。两个拥有相同行和列的矩阵进行点乘，有两种调用方法：如果选择 dim=1，则是列之间的元素相乘再相加，但这个可以忽略；如果选择 dim=2，则是行之间的元素进行相乘，再相加得到一列向量。

叉乘就是空间解析几何中所说的笛卡儿积，MATLAB 中也有一个现成的函数进行求解，这个函数就是 cross()，其调用形式如下：

```
C=cross(A,B)
C=cross(A,B,dim)
```

其中 A 与 B 是进行叉乘的两个向量，并且 A 与 B 必须是三元向量，其数学表达式可以表示为 C=A×B；对于后者的调用形式，这里的 A 与 B 是多维数组，且 size(A,dim) 和 size(B,dim) 的维数一定为 3，返回的向量叉积维与 A 和 B 的维数一样。具体可参考下面的例子：

```
>>A=[1 2 3]
B=[2,3,4]
C=cross(A,B)
A=

    1    2    3

B=

    2    3    4

C=

   -1    2   -1
```

上面的例子是对两个一维的数组求取叉积，下面的例子是对多维数组求取叉积：

```
>>A=[1 2 3;2 3 4]
B=[3 4 5;7 8 9]
C=cross(A,B,2)
A=

    1    2    3
    2    3    4

B=

    3    4    5
    7    8    9

C=

   -2    4   -2
   -5   10   -5
```

上面的两个例子详细说明了函数 cross() 的具体用法。

5.7.3 其他处理函数

1. prod()函数

prod()函数可用于求数组元素的乘积，具体调用形式如下：

```
B=prod(A)
B=prod(A,dim)
```

这里的 A 是待求解的数组。前者是数组 A 每一列的元素相乘，得到的是一个行向量；后者是指定对数组行或者列的元素进行相乘，当 dim=1 时与前者功能一样，当 dim=2 时代表对数组 A 每一行的元素相乘，得到一个列向量。具体可参考下面的例子：

```
>>A=magic(3)
>>B=prod(A)
>>C=prod(A,2)
A=
    8    1    6
    3    5    7
    4    9    2
B=
    96   45   84
C=
    48
    105
    72
```

2. cumprod()函数

cumprod()函数与前面所说的 cumsum()函数的调用形式一样，只不过 cumprod()是进行累积运算的函数。其调用形式如下：

```
B = cumprod(A)
B = cumprod(A,dim)
```

其中，A 是待求解的数组，dim=1 为求取数组 A 每一列元素的累积，函数返回的是一个行向量；dim=2 为求取数组 A 每一行元素的累积，函数返回的是一个列向量。具体可参考下面的例子：

```
>>A=1:5
>>B=cumprod(A)
>>A1=[1 2 3;2 3 4]
>>B1=cumprod(A1,1)
>>C=cumprod(A1,2)
A=
    1    2    3    4    5
```

```
B=
    1    2    6   24   120
A1=
    1    2    3
    2    3    4
B1=
    1    2    3
    2    6   12
C=
    1    2    6
    2    6   24
```

当使用前者函数或者使用后者函数且 dim=1 时，计算数组累积连乘时，每列中第 n 个元素是原矩阵每列中前 n 个元素之积；当使用后者函数且 dim=2 时，计算数组累积连乘时，每行中第 n 个元素是原矩阵每行中前 n 个元素之积。

3. triu()函数

triu()函数是 MATLAB 中提取上三角矩阵的函数，其调用形式如下：

```
U = triu(X)
U = triu(X,k)
```

其中，X 是待求解的数组，前者函数返回的结果，为数组 X 的主对角线及其右上方的数，且其余位置上的元素为 0。后者函数返回的结果取决于 k 的值，当 k<0 时，得到主对角线下面的第-k 条对角线及其右上方的元素，剩下的元素都为 0；当 k>0 时，则往上取对角线。具体看下面的例子：

```
>>a=[1 2 3;2 3 4;4 5 6;5 6 7]
b=triu(a)
c=triu(a,2)
d=triu(a,-1)
a=
    1    2    3
    2    3    4
    4    5    6
    5    6    7
b=
    1    2    3
    0    3    4
    0    0    6
    0    0    0
c=
    0    0    3
    0    0    0
```

```
         0      0      0
         0      0      0
    d=
         1      2      3
         2      3      4
         0      5      6
         0      0      7
```

　　MATLAB 中提供了许多矩阵操作的函数，可以实现矩阵的三角矩阵的提取（triu、tril）、矩阵的翻转（flipud、fliplr）和旋转（rot90）等各种操作。这些函数的相关使用方法可查看 MATLAB 帮助文件，与前面所说的函数调用形式一样。

5.8 数组构作实例

　　前几节重点介绍了数组的创建、寻址、排序及比较大小等，本节通过一些具体的实例，加深和巩固数组的构作技巧。

　　例 5-1　数组的扩展。

　　第一，创建数组，然后扩展数组。

　　第二，多次寻访扩展。

　　第三，合成扩展。

　　将代码保存到 eg5_1.m 中，代码如下：

```
clear
clc
A=reshape(1:9,3,3)          %创建数组 A
A(5,5)=111                  %扩展为数组。扩展部分除(5,5)元素为 111 外，其余均为 0
A(:,6)=222                  %标量对子数组赋值，并扩展为数组

AA=A(:,[1:6,1:6])           %相当于指令 repmat(A,1,2)，读者可自行尝试
B=ones(2,6)                 %创建全 1 数组
AB_r=[A;B]                  %行数扩展合成

AB_c=[A,B(:,1:5)']          %列数扩展合成
```

　　运行结果如下：

```
A=
    1      4      7
    2      5      8
    3      6      9
A=
    1      4      7      0      0
```

2	5	8	0	0	
3	6	9	0	0	
0	0	0	0	0	
0	0	0	0	111	

A=

1	4	7	0	0	222
2	5	8	0	0	222
3	6	9	0	0	222
0	0	0	0	0	222
0	0	0	0	111	222

AA=

1	4	7	0	0	222	1	4	7	0	0	222
2	5	8	0	0	222	2	5	8	0	0	222
3	6	9	0	0	222	3	6	9	0	0	222
0	0	0	0	0	222	0	0	0	0	0	222
0	0	0	0	111	222	0	0	0	0	111	222

B=

1	1	1	1	1	1
1	1	1	1	1	1

AB_r=

1	4	7	0	0	222
2	5	8	0	0	222
3	6	9	0	0	222
0	0	0	0	0	222
0	0	0	0	111	222
1	1	1	1	1	1
1	1	1	1	1	1

AB_c=

1	4	7	0	0	222	1	1
2	5	8	0	0	222	1	1
3	6	9	0	0	222	1	1
0	0	0	0	0	222	1	1
0	0	0	0	111	222	1	1

例 5-2 要求画一个矩形域，其中矩形域中每个小格的间隔为 0.1。在所有水平线和垂直线交点上计算函数 tanxy 的值，并作图。

代码保存到 eg5_2.m 中，代码如下：

```
clc
clear
x=-3:0.1:3;
```

Note

```
y=(-2:0.1:2)';
N=length(x);
M=length(y);
for ii=1:M
for jj=1:N
    X0(ii,jj)=x(jj);                        %所有格点的 x 坐标
    Y0(ii,jj)=y(ii);                        %所有格点的 y 坐标
    Z0(ii,jj)=sin(abs(x(jj)*y(ii)));        %所有格点的函数值
end
end


x=-3:0.1:3;
y=(-2:0.1:2)';
[X,Y]=meshgrid(x,y);      % 指定矩形域内所有格点的（x,y）坐标
Z=tan(abs(X.*Y));         % 数组运算计算矩形域所有格点坐标（x,y）对应的函数值


norm(Z-Z0)                %接近 eps，认为相等
surf(X,Y,Z)
xlabel('x')
ylabel('y')
shading interp
view([190,70])
```

结果如图 5-1 所示。

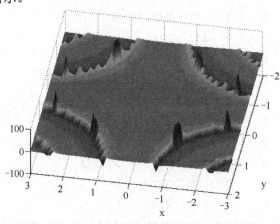

图 5-1 效果图

例 5-3 已知方程组 $\begin{cases} 2x_1 - x_2 + 3x_3 = 5 \\ 3x_1 + x_2 - 5x_3 = 5 \\ 4x_1 - x_2 + x_3 = 9 \end{cases}$，用矩阵除法来解线性方程组。

解：将该方程变换成 $\boldsymbol{AX}=\boldsymbol{B}$ 的形式。

其中，

$$A = \begin{bmatrix} 2 & -1 & 3 \\ 3 & 1 & -5 \\ 4 & -1 & 1 \end{bmatrix}, \quad B = \begin{bmatrix} 5 \\ 5 \\ 9 \end{bmatrix}$$

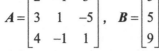

 在线性方程组 $A*X=B$ 中，$m×n$ 阶矩阵 A 的行数 m 表示方程数，列数表示未知数的个数。n=m，A 为方阵，$A\backslash B = \text{inv}(A)*B$；m>n，是最小二乘解，$X=\text{inv}(A'*A)*(A'*B)$；m<n，则是令 X 中的 n−m 个元素为零的一个特殊解，$X=\text{inv}(A'*A)*(A'*B)$。

代码保存到 eg5_3.m 中，代码如下：

```
A=[2 -1 3;3 1 -5;4 -1 1]
B=[5;5;9]
X=A\B   %解方程组
A=
    2   -1    3
    3    1   -5
    4   -1    1
B=
    5
    5
    9
X=
    2
   -1
    0
```

例 5-4　矩阵的除法和乘方运算。

代码保存到 eg5_4.m 中，代码如下：

```
clear
clc
x1=[1 2;3 4];
x2=eye(2)
x1/x2                    %矩阵右除
inv(x1)                  %求逆矩阵
x1\x2                    %矩阵左除
x1./x2                   %数组右除
x1.\x2                   %数组左除
x1^2                     %矩阵乘方
x1^-1                    %矩阵乘方，指数为-1与inv相同
x1^0.2                   %矩阵乘方，指数为小数
```

```
    2^x1                                          %标量乘方
    2.^x1                                         %数组乘方
    1.^x2                                         %数组乘方
```

结果如下：

```
x2=
    1    0
    0    1
ans=
    1    2
    3    4
ans=
   -2.0000    1.0000
    1.5000   -0.5000
ans=
   -2.0000    1.0000
    1.5000   -0.5000
ans=
    1   Inf
   Inf    4
ans=
    1.0000         0
         0    0.2500
ans=
    7   10
   15   22
ans=
   -2.0000    1.0000
    1.5000   -0.5000
ans=
    0.8397 + 0.3672i   0.2562 - 0.1679i
    0.3842 - 0.2519i   1.2239 + 0.1152i
ans=
   10.4827   14.1519
   21.2278   31.7106
ans=
    2    4
    8   16
ans=
    1    1
```

1   1

5.9 ▶ 本章小结

Note

　　本章主要介绍了数组运算的基础知识，其中包括简单数组、数组寻址、数组结构、数组运算等方面的内容。标量运算是数学的基础，但是，当用户希望同时对多个数据执行相同运算时，重复的标量运算则显得既耗时又麻烦。为了解决这个问题，MATLAB 定义了基于数据数组的运算。数组操作即为 MATLAB 的最大特点，解释性地说明了编程的基本规律，不像其他高级语言那样需要诸多的转化，并且在处理数学运算方面也显得游刃有余。

第6章

高维数组

前几章主要阐述了一维数组和二维数组的处理方法。对于高维数组的处理方法（包括使用的函数和引用方式），MATLAB 提供了与一维和二维数组相同的函数。所谓高维数组，即三维（含）以上的数组。因此，一个高维数组是二维数组的扩展。

尽管数组的维数可以任意选取，但为了在验证过程中便于显示和观察，本章主要以三维数组为例，详细说明高维数组是如何进行处理的。

学习目标

(1) 熟练掌握高维数组的创建。
(2) 熟悉数组的寻址等其他运用。
(3) 熟练运用数组运算在大型程序中的编写。

6.1　高维数组的创建

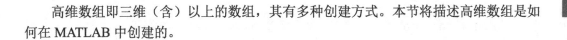

高维数组即三维（含）以上的数组，其有多种创建方式。本节将描述高维数组是如何在 MATLAB 中创建的。

6.1.1　函数创建法

可以利用标准数组函数创建多维数组，代码如下：

```
>>A=zeros(2,3,4)
A(:,:,1)=
     0     0     0
     0     0     0
A(:,:,2)=
     0     0     0
     0     0     0
A(:,:,3)=
     0     0     0
     0     0     0
A(:,:,4)=
     0     0     0
     0     0     0
```

上面的代码生成了一个三维全 0 数组。从结果可以看出，该数组是按最后一维显示的，首先显示第 1 个，然后显示第 4 个。除 zeros() 之外，ones()、rand() 和 randn() 等函数也可以按照相同的方法生成多维数组。

6.1.2　索引方法

高维数组还可以利用直接索引方式来生成，例如：

```
>>A=zeros(2,3)
A=
     0     0     0
     0     0     0
>>A(:,:,4)=zeros(2,3)
A(:,:,1)=
     0     0     0
     0     0     0
```

```
A(:,:,2)=
     0     0     0
     0     0     0
A(:,:,3)=
     0     0     0
     0     0     0
A(:,:,4)=
     0     0     0
     0     0     0
>>A(:,:,3)=4
A(:,:,1)=
     0     0     0
     0     0     0
A(:,:,2)=
     0     0     0
     0     0     0
A(:,:,3)=
     4     4     4
     4     4     4
A(:,:,4)=
     0     0     0
     0     0     0
```

6.1.3 专有函数生成法

还可以利用函数 reshape()和 repmat()生成高维数组。利用 reshape()函数生成高维数组的代码如下：

```
>>A=[
     1     4     7    10
     2     5     8    11
     3     6     9    12];
>>B=reshape(A,2,6)
B=
     1     3     5     7     9    11
     2     4     6     8    10    12
>>B=reshape(A,2,[])
B=
     1     3     5     7     9    11
     2     4     6     8    10    12
```

reshape()函数可以将任何维数的数组转变成其他维数的数组。

利用 repmat()函数生成多维数组的代码如下：

```
>>B=repmat(eye(2),3,4)
B=
    1    0    1    0    1    0    1    0
    0    1    0    1    0    1    0    1
    1    0    1    0    1    0    1    0
    0    1    0    1    0    1    0    1
    1    0    1    0    1    0    1    0
    0    1    0    1    0    1    0    1
```

 repmat()是通过数组复制方式来创建数组的。

cat()函数也可以创建高维数组，例如：

```
>>A=[1    2
3    4];
>>B=[5    6
 7    8];
>>A=magic(3);
>>B=pascal(3);
>>C=cat(4,A,B)
C(:,:,1,1)=
    8    1    6
    3    5    7
    4    9    2
C(:,:,1,2)=
    1    1    1
    1    2    3
    1    3    6
```

6.2　高维数组处理

当创建更高维的数组时，随着数组维数的增加，数组运算就会变得越来越难。

MATLAB 专门提供了一些函数来完成对高维数组的处理。squeeze()函数用于删除高维数组中的单一维，也就是说，它删除大小为 1 的那一维。

例如，通过 squeeze()函数将 6.1 节中的四维数组 C 变为三维数组 E，代码如下：

```
>>size(C)
ans=
    3    3    1    2
>>E=squeeze(C)
E(:,:,1)=
    8    1    6
    3    5    7
    4    9    2
E(:,:,2)=
    1    1    1
    1    2    3
    1    3    6
>>size(E)
ans=
    3    3    2
```

函数 sub2ind()和 ind2sub()用于多维数组的直接引用，例如：

```
>>A=rand(3,4,2)
A(:,:,1)=
    0.9501    0.4860    0.4565    0.4447
    0.2311    0.8913    0.0185    0.6154
    0.6068    0.7621    0.8214    0.7919
A(:,:,2)=
    0.9218    0.4057    0.4103    0.3529
    0.7382    0.9355    0.8936    0.8132
    0.1763    0.9169    0.0579    0.0099
>>linearInd=sub2ind(size(A), 2, 1, 2)
linearInd=
14
```

函数 permute()可以用来重构数组，例如：

```
>>A=[1 2; 3 4];
>>permute(A,[2 1])
ans=
    1    3
    2    4
>>X=rand(12,13,14);
>>Y=permute(X,[2 3 1]);
>>size(Y)
ans=
    13    14    12
```

6.3　高维数组常用函数

计算数组大小的函数是 size() 函数，该函数将返回数组相应维上的大小，例如：

```
>>m=size(rand(2,3,4),2)
m=
    3
```

当不知道一个数组的维数或者数组维数不确定时，可以利用函数 ndims() 获得该数组的维数值，例如：

```
>>ndims(m)
ans=
    2
```

表 6-1 总结了高维数组中常用的函数。

表 6-1　高维数组中常用的函数

函　　数	描　　述
ones(r,c,…)	创建多维数组的基本函数，分别创建全 1、全 0、随机（介于 0~1 之间）和随机正态分布的多维数组
zeros(r,c,…)	
rand(r,c,…)	
randn(r,c,…)	
reshape(B,2,3,3)	将一个数组变形为任意维数的数组
reshape(B,[2 3 3])	
repmat(C,[1 1 3])	将一个数组复制成一个任意维数的数组
cat(3,a,b,c)	沿着一个指定的维将数组连接起来
squeeze(D)	删除大小等于 1 的维，也就是单一维
sub2ind(size(F),1,1,1)	将下标转化为单一索引值，或将单一索引值转化为下标
[r,c,p]=ind2sub(size(F),19)	
flipdim(M,1)	沿着一个指定的维轮换顺序，等效于二维数组中的 flipud() 和 fliplr() 函数
shiftdim(M,2)	循环轮换。第二个参数为正的情况下，进行各维的循环轮换；第二个参数为负的情况下，将使数组的维数增加
permute(M,[2 1 3])	多维数组的转置操作，其中前者为转置操作，后者为取消转置操作
ipermute(M,[2 1 3])	
size(M)	返回数组各维的大小
[r,c,p]=size(M)	
r=size(M,1)	返回数组的行数
c=size(M,2)	返回数组的列数
p=size(M,3)	返回数组的页数
ndims(M)	获取数组的维数
numel(M)	获取数组的元素总个数

6.4 高维数组构作实例

本节将结合前几节所介绍的内容，给出几个构作高维数组的实例。

例 6-1 数组元素对称交换（指令 flipdim）的实例。

代码保存到 eg6_1.m 中，代码如下：

```
clc
clear
A=reshape(1:18,2,3,3)          %创建三维数组
flipdim(A,1)                   %关于"行平分面"交换对称位置上的元素
flipdim(A,3)                   %关于"页平分面"交换对称位置上的元素
```

结果如下：

```
A(:,:,1)=
    1     3     5
    2     4     6

A(:,:,2)=
    7     9    11
    8    10    12

A(:,:,3)=
   13    15    17
   14    16    18

ans(:,:,1)=
    2     4     6
    1     3     5

ans(:,:,2)=
    8    10    12
    7     9    11

ans(:,:,3)=
   14    16    18
   13    15    17

ans(:,:,1)=
   13    15    17
   14    16    18

ans(:,:,2)=
    7     9    11
    8    10    12

ans(:,:,3)=
    1     3     5
```

```
    2     4     6
```

例 6-2 数组的"维序号左移"重组。

代码保存到 eg6_2.m 中，代码如下：

```
A=reshape(1:18,2,3,3)
shiftdim(A,1)        %"维号左移 1 位"重组
shiftdim(A,2)        %"维号左移 2 位"重组
```

结果如下：

```
A(:,:,1)=
    1     3     5
    2     4     6
A(:,:,2)=
    7     9    11
    8    10    12
A(:,:,3)=
   13    15    17
   14    16    18
ans(:,:,1)=
    1     7    13
    3     9    15
    5    11    17
ans(:,:,2)=
    2     8    14
    4    10    16
    6    12    18
ans(:,:,1)=
    1     2
    7     8
   13    14
ans(:,:,2)=
    3     4
    9    10
   15    16
ans(:,:,3)=
    5     6
   11    12
   17    18
```

例 6-3 对高维数组进行撤销和降维。

代码保存到 eg6_3.m 中，代码如下：

```
clc
```

```
clear
A=reshape(1:18,2,3,3)
B=cat(4,A(:,:,1),A(:,:,2),A(:,:,3))        %串接为四维数组
size(B)             %测量数组B的大小
C=squeeze(B)        %撤销长度为1的"孤维"，使原四维数组减为三维数组
size(C)
```

结果如下：

```
A(:,:,1)=
    1    3    5
    2    4    6
A(:,:,2)=
    7    9   11
    8   10   12
A(:,:,3)=
   13   15   17
   14   16   18
B(:,:,1,1)=
    1    3    5
    2    4    6
B(:,:,1,2)=
    7    9   11
    8   10   12
B(:,:,1,3)=
   13   15   17
   14   16   18
ans=
    2    3    1    3
C(:,:,1)=
    1    3    5
    2    4    6
C(:,:,2)=
    7    9   11
    8   10   12
C(:,:,3)=
   13   15   17
   14   16   18
ans=
    2    3    3
```

例6-4 赋空的数组操作。

代码保存到 eg6_4.m 中，代码如下：

```
clear
clc
A=reshape(1:18,2,3,3)        %创建三维数组
A(:,2:3,:)=[]                %赋"空"，使原A数组的第二、三列消失
B=A;
size(A)
A_1=squeeze(A)              %数组由三维降为二维
size(B)                    %B数组与A同样存在
B(:,1,:)=[]                %赋"空"
```

结果如下：

```
A(:,:,1)=
     1     3     5
     2     4     6
A(:,:,2)=
     7     9    11
     8    10    12
A(:,:,3)=
    13    15    17
    14    16    18
A(:,:,1)=
     1
     2
A(:,:,2)=
     7
     8
A(:,:,3)=
    13
    14
ans=
     2     1     3
A_1 =
     1     7    13
     2     8    14
ans=
     2     1     3
B=
   Empty array: 2-by-0-by-3
```

6.5 本章小结

本章主要介绍了高维数组的基础知识，其中包括高维数组创建、高维数组的处理及数组大小三个方面的内容。

第7章

字符串

MATLAB 提供了很多有关字符串的操作，包括字符串的创建、合并、比较、查找以及与数值之间的转换，本章将介绍字符串处理函数。

字符串是指 1×n 的字符数组。MATLAB 能够很好支持字符串数据，用户可以用两种不同的方式来表示字符串，即字符数组和字符串单元数组。用户可以用 m×n 的字符数组来表示多个字符串，只要这些字符串的长度是一样的。当需要保存多个不同长度的字符串时，可以用单元数组来实现。

学习目标

（1）熟悉字符串的构造。
（2）熟悉字符串的比较。
（3）熟悉字符串的查找及替换。
（4）熟悉字符串与数值的相互转换。
（5）了解利用正则表达式进行搜索。

7.1 字符串的构造

一个 MATLAB 字符串是一个 char 型数组，每一个字符占两个字节。当字符串被赋值于一个变量时，这个变量将被自动创建为字符变量。

7.1.1 创建字符数组

可以用一对单引号来表示字符串，例如下面的代码：

```
str='I am a great person ';
```

也可以用字符串合并函数 strcat() 来得到一个新的字符串，例如下面的代码：

```
a='My name is ';
b='Clayton Shen';
c=strcat(a,b)
```

上述语句得到的输出结果如下：

```
c=
    My name isClayton Shen
```

注意 函数 strcat() 在合并字符串的同时会把字符串结尾的空格删除。要保留这些空格，可以用矩阵合并符 [] 来实现字符串合并，例如下面的代码：

```
a='My name is ';
b='Clayton Shen';
c=[a b]
```

上述语句得到的输出结果如下：

```
c=
My name is Clayton Shen
```

用户也可以构造二维字符数组，不过要注意保持二维字符数组的每一行具有相同的长度。例如，下面的字符串是合法的，因为它的每行都有 6 个字符。

```
str=['second';'string']
```

上述语句得到的输出结果如下：

```
str=
    second
    string
```

当构造的多个字符串具有不同长度时，可以在字符串的尾部添加空格来强制实现字符串具有相同的长度。例如下面的代码：

```
str=['name ';'string']
```

上述语句得到的输出结果如下：

```
str=
    name
    string
```

　　一个更简单的方法是利用函数 char() 来创建字符串。使用该函数创建字符串数组时，如果字符串不具有相同的长度，则函数 char() 自动用空格把字符串补足到最长的字符串的长度。例如下面的代码：

```
c=char('first','second')
```

　　上述语句得到的输出结果如下：

```
c=
    first
    second
```

　　与函数 char() 具有类似功能的函数是 strvcat()。函数 strvcat() 把多个字符串合并为一个字符串数组。当字符串不具有相同长度时，函数 strvcat() 自动在尾部添加空格补足到最长的字符串的长度。例如下面的代码：

```
c=strvcat('name','string')
```

　　上述语句得到的输出结果如下：

```
c=
    name
    string
```

　　下面语句的功能是把上述字符数组转换成字符串单元数组，代码如下：

```
celldata=cellstr(data)
```

　　上述语句得到的输出结果如下：

```
celldata=
    'name'
    'string'
```

 函数 cellstr() 可以把字符串尾部的空格截去。可以查看 celldata 的第一个字符串长度，如下：

```
length(celldata{1})
```

　　上述语句得到的输出结果如下：

```
ans=
    4
```

　　可以用函数 char() 把一个字符串单元数组转换成一个字符数组，代码如下：

```
chararray=char(celldata)
```

　　上述语句得到的输出结果如下：

```
chararray=
    name
    string
```

使用如下的代码可以得到其第一个字符串的长度：

```
length(chararray(1,:))
```

上述语句得到的输出结果如下：

```
ans=
    6
```

7.1.2   创建二维字符数组

MATLAB 中还可以创建二维字符数组，但一个数组中每一行的长度都必须相等。如果其中的一行比其他行短，那么这个字符数据将无效，并产生一个错误。例如，下面的语句是非法的，因为两行的长度不同。

```
name=['Stephen J. Chapman'; 'Senior Engineer'];
```

创建二维字符数组最简单的方法是用 char()函数，该函数将会自动寻找所有字符串中最长的那一个。

```
>>name=char('Stephen J. Chapman','Senior Engineer')
name=
    Stephen J. Chapman
    Senior Engineer
```

可以应用 deblank()函数去除多余空格。例如，下面的语句去除 name 数组中第二行的多余空格，产生的结果与原来的进行比较。

```
>>line2=name(2,:)
line2=
    Senior Engineer
>> line2_trim=deblank(name(2,:))
line2_trim=
    Senior Engineer
>>size(line2)
ans=
    1 18
>>size(line2_trim)
ans=
    1 15
```

7.2   字符串的比较

字符串与子字符串可以通过许多方式进行比较。如两个字符串或两个字符串的部分，看两者是否相同；两个独立的字符相比较，看两者是否相同。

7.2.1　比较两字符串

可以利用 MATLAB 函数比较两字符串整体是否相同，方法如下：

- strcmp()判断两字符串是否等价。
- strcmpi()忽略大小写判断两字符串是否等价。
- strncmp()判断两字符串前 n 个字符是否等价。
- strncmpi()忽略大小写判断两字符串前 n 个字符是否等价。

使用函数 strcmp()比较字符串，包括字符串前面或后面的空格。如果两字符串完全相同，那么这个函数将返回 1，否则返回 0。strcmpi()与 strcmp()类似，但它忽略大小写（即视"a"与"A"相同）

函数 strncmp()用来比较两字符串前 n 个字符，包含开头的空格，如果这 n 个字符是相同的，它将会返回 1，否则返回 0。函数 strncmpi()与它相似，但忽略大小写。

为了更好地理解这些函数，考虑下面的字符串：

```
str1='hello';
str2='Hello';
str3='help';
```

字符串 str1 和 str2 相同，但第一个字母大小写不同。所以 strcmp()将返回 0，strcmpi()将返回 1。

```
>>c= strcmp(str1,str2)
c=
     0
>>c=strcmpi(str1,str2)
c=
     1
```

字符串 str1 和 str3 不相同，所以 strcmp()与 strcmpi()将返回 0。但是 str1 和 str3 的前三个字符相同，所以按照下面的方式调用将会返回 1。

```
>>c=strncmp(str1,str3,2)
c=
     1
```

7.2.2　判断单个字符是否相等

可以利用 MATLAB 的关系运算符对字符数组中的每一个元素进行检测，看是否相同，但要保证它们的维数是相同的，或其中一个是标量。例如，可以用相等运算符（==）来检测两字符串是否相匹配。

```
>>a='fate';
>>b='cake';
>>result=a==b
```

```
result=
    0 1 0 1
```

所有的关系运算符（>，>=，<，<=，==，~=）都是字符所对应的 ASCII 值进行比较。与 C 语言不同，MATLAB 中没有一个内建函数，对两字符串整体进行"大于"或"小于"的关系运算。

7.2.3　在一字符串内对字符进行判断

有两个函数可以对一个字符串内的字符逐个进行分类。

- isletter()判断一个字符是否为字母。
- isspace()判断一个字符是否为空白字符（空格、tab、换行符）。

例如，创建一个字符串 mystring，代码如下：

```
mystring = 'Room 23a'
```

函数 isletter()检测字符串中的每一个字符，将产生一个与字符串 isletter 相同长度的输出向量，一个字符对应一个 1。

```
>>a=isletter(mystring)
a=
1 1 1 1 0 0 0 1
```

在 a 中，前四个元素和最后一个元素是 1，因为它们对应的 mystring 中的字符是字母。函数 isspace()检测字符串中的每一个字符，将产生一个和字符串长度相同的输出变量，对应于空字符的向量元素为 0。

因为向量的第五个元素对应的是空格，所以向量的第五个元素的值为 0。

MATLAB 提供的字符串比较函数如表 7-1 所示。

表 7-1　字符串比较函数

函 数 名	功能描述	基本调用格式
strcmp	比较两个字符串是否相等	strcmp(S1,S2)，如果字符串相等则返回 1，否则返回 0
strncmp	比较两个字符串的前 n 个字符是否相等	strncmp(S1,S2,N)，如果字符串的前 N 个字符相等则返回 1，否则返回 0
strcmpi	与 strcmp()函数功能相同，只是忽略字符串的大小写	strcmpi(S1,S2)，如果字符串相等则返回 1，否则返回 0（忽略大小写）
dstrncmpi	与 strncmp()函数功能相同，只是忽略字符串的大小写	strncmpi(S1,S2,N)，如果字符串的前 N 个字符相等则返回 1，否则返回 0（忽略大小写）

7.3　字符串查找和替换函数

MATLAB 提供了许多函数，用来对字符串中的字符进行查找或替换。考虑如下所示的字符串 test：

```
test='This is a test!';
```

函数 findstr() 返回短字符串在长字符串中所有的开始位置。例如为了寻找 test 内的所有 "is"：

```
>>position=findstr(test,'is')
position=
3 6
```

字符串 "is" 在 test 内出现两次，开始位置分别为 3 和 6。

MATLAB 提供了一般字符串查找和替换函数，如表 7-2 所示。

表 7-2　字符串查找和替换函数

函 数 名	功能描述	基本调用格式
strrep	字符串替换	str=strrep(str1,str2,str3)，把 str1 中的 str2 子串替换成 str3
findstr	字符串内查找（两个输入对等）	k=findstr(str1,str2)，查找输入中较长的字符串中较短字符串的位置
strfind	字符串内查找	k=strfind(str,pattern)，查找 str 中 pattern 出现的位置； k=strfind(cellstr,pattern)，查找单元字符串 cellstr 中 pattern 出现的位置
strtok	获得第一个分隔符之前的字符串	token=strtok('str')，以空格符（包括空格、制表符（Tab）和换行符）为分隔符； token=strtok('str',delimiter)，输入 delimiter 为指定的分隔符； [token,rem]=strtok(…)，返回值 rem 为第一个分隔符之后的字符串
strmatch	在字符串数组中匹配指定字符串	x=strmatch('str',STRS)，在字符串数组 STRS 中匹配字符串 str，返回匹配上的字符串所在行的指标； x=strmatch('str',STRS,'exact')，在字符串数组 STRS 中精确匹配字符串 str，返回匹配上的字符串的所在行指标。只有完全匹配上时，才返回字符串的行指标

下面的例子用于实现字符串替换：

```
>>s1='I am a teacher.';
>>str=strrep(s1,'teacher','student')
```

上述语句得到的输出结果如下：

```
str=
    Iamastudent.
```

下面的例子用于实现字符串查找：

```
>>str='I am a teacher.';
>>index=strfind(str,'e')
```

上述语句得到的输出结果如下：

```
index=
    9    13
```

下面的例子用于获得第一个分隔符之前的字符串：

```
>>s='I am a teacher.';
```

```
>>[a,b]=strtok(s)
```

上述语句得到的输出结果如下：

```
a=
    I
b=
    amateacher.
```

7.4 字符串与数值的转换

在很多情况下，需要把一个数值数组转换成一个字符串，或把一个字符串转换成一个数值数组。MATLAB 提供了一系列函数完成这些操作。

7.4.1 大小写转换

函数 upper()和 lower()分别把一个字符串中所有的字母转化为大写和小写。例如：

```
>>result=upper('This is test 1!')
result=
THIS IS TEST 1!
>>result=lower('This is test 2!')
result=
    this is test 2!
```

在大小写转换时，数字和符号不受影响。

7.4.2 字符串转换为数字

MATLAB 把由数字组成的字符串转化为数字要用到函数 eval()。例如，字符串"3.141592"能用下面的语句把它转换为数字。

```
>>a='3.141592';
>>b=eval(a)
b=
    3.1416
>>whos
Name Size Bytes Class
a 1x8 16 char array
Grand total is 8 elements using 16 bytes
```

字符串可以用 sscanf()函数转化为数字。这个函数根据格式化转义字符转化为相应的数字，此函数最简单的形式如下：

```
value = sscanf(string, format)
```

其中，string 是要转化的字符串，format 是相应的转义字符。函数 sscanf()两种最普通的转义序列是 "%d"，"%g"，它们分别代表输出为整数和浮点数。下面的例子说明了函数 sscanf()的应用：

```
>>value1=sscanf('3.141593','%g')
value1=
    3.1416
>>value2=sscanf('3.141593','%d')
value2=
    3
```

7.4.3　数字转化为字符串

MATLAB 中有许多字符串/数字转换函数可以把数字转化为相应的字符串，这里只例举两个函数 num2str()和 int2str()。考虑如下所示标量 x：

```
x = 5317;
```

默认情况下，MATLAB 把 x 作为一个 1×1 的 double 数组，它的值为 5317。函数 int2str(integer to string)把这个标量转化为 1×4 的字符数组，包含有字符串 "5317"。

```
>>x=5317;
>>y=int2str(x);
>>whos
Name Size Bytes Class
x 1x1 8 double array
y 1x4 8 char array
Grand total is 5 elements using 16 bytes
```

函数 num2str()为输出字符串的格式提供了更多的控制。第二个可选择的参数可以对输出字符串的数字个数进行设置或指定一个实际格式，例如：

```
>>p=num2str(pi,7)
p=
    3.141593
>>p=num2str(pi,'%10.5e')
    3.14159e+000
```

函数 int2str()和 num2str()对作图标签是非常有用的。例如，下面的语句用 num2str()生成图像的标签。

```
function plotlabel(x,y)
plot(x,y)
str1=num2str(min(x));
str2=num2str(max(x));
out=['Value of f from ' str1 ' to ' str2];
```

```
xlabel(out);
```

还有一些转换函数，用于把数字值从十进制转化为另一种数制，例如二进制或十六进制。函数 dec2hex()把一个十进制数转化为相应的十六进制字符串。此类函数还有 hex2num()、hex2dec()、bin2dec()、dec2bin()、base2dec()，可以通过 MATLAB 帮助文档来获取这些函数的作用和使用方法。

MATLAB 函数 mat2str()可以把一个数组转化为相应的 MATLAB 运算字符串。这个字符串可以是 eval()函数的输入，函数 eval()对这个字符串的运算与直接在命令行窗口中输入的效果是一样的。例如，定义如下一个数组：

```
>>a=[1 2 3; 4 5 6]
a=
    1 2 3
    4 5 6
```

运行函数 mat2str()得到的结果为：

```
>>b=mat2str(a)
b=
    [1 2 3;4 5 6]
```

另外，MATLAB 中有一个专门的函数 sprintf()等价于函数 fprintf()，唯一不同的是它的输出是一个字符串。这个函数完全支持对字符串的格式化操作。例如：

```
>>str=sprintf('The value of pi = %8.6f',pi)
str=
    The value of pi=3.141593
```

在图像中，用这些函数创建复杂的标题或标签将会非常有用。

MATLAB 提供的把数值转换为字符串的函数，如表 7-3 所示。

表 7-3　数值转换为字符串的函数

函 数 名	功能描述
char	把一个数值截取小数部分，然后转换为等值的字符
int2str	把一个数值的小数部分四舍五入，然后转换为字符串
num2str	把一个数值类型的数据转换为字符串
mat2str	把一个数值类型的数据转换为字符串，返回的结果是 MATLAB R2018a 能识别的格式
dec2hex	把一个正整数转换为十六进制的字符串
dec2bin	把一个正整数转换为二进制的字符串
dec2base	把一个正整数转换为任意进制的字符串

MATLAB 提供的把字符串转换为数值的函数，如表 7-4 所示。

表 7-4　字符串转换为数值的函数

函 数 名	功能描述
uintN	把字符转换为等值的整数
str2num	把一个字符串转换为数值类型

续表

函 数 名	功能描述
str2double	与 str2num 相似，但比 str2num 性能优越，同时提供对单元字符数组的支持
hex2num	把一个 IEEE 格式的十六进制字符串转换为数值类型
hex2dec	把一个 IEEE 格式的十六进制字符串转换为十进制整数
bin2dec	把一个二进制字符串转换为十进制整数
base2dec	把一个任意进制的字符串转换为十进制整数

7.5　字符串函数

　　MATLAB 提供了许多与字符串有关的函数，其中一些函数已经讨论过了。表 7-5 所示是一些函数的简要描述。

表 7-5　字符串函数

函 数	描 述
char(S1,S2, …)	利用给定的字符串或单元数组创建字符数组
double(S)	将字符串转换成 ASCII 形式
cellstr(S)	利用给定的字符数组创建字符串单元数组
blanks(n)	生成由 n 个空格组成的字符串
deblank(S)	删除尾部的空格
eval(S),evalc(S)	使用 MATLAB 解释器求字符串表达式的值
ischar(S)	判断 S 是否是字符串数组，若是，就返回 true，否则返回 false
iscellstr(C)	判断 C 是否是字符串单元数组，若是，就返回 true，否则返回 false
isletter(S)	判断 S 是否是字母，若是，就返回 true，否则返回 false
isspace(S)	判断 S 是否是空格字符，若是，就返回 true，否则返回 false
isstrprop(S, 'property')	判断 S 是否为给定的属性，若是，就返回 true，否则返回 false
strcat(S1,S2,…)	将多个字符串进行水平串连
strvcat(S1,S2,…)	将多个字符串进行垂直串连，忽略空格
strcmp(S1,S2)	判断两个字符串是否相同，若是，就返回 true，否则返回 false
strncmp(S1,S2,n)	判断两个字符串的前 n 个字符是否相同，若是，就返回 true，否则返回 false
strcmpi(S1,S2)	判断两个字符串是否相同（忽略大小写），若是，就返回 true，否则返回 false
strncmpi(S1,S2,n)	判断两个字符串的前 n 个字符是否相同（忽略大小写），若是，就返回 true，否则返回 false
strtrim(S1)	删除字符串前后的空格
findstr(S1,S2)	在一个较长的字符串中查找另一个较短的字符串
strfind(S1,S2)	在字符串 S1 中查找字符串 S2

函　数	描　述
strjust(S1,type)	按指定的方式调整一个字符串数组，type 分为左对齐、右对齐或者居中对齐
strmatch(S1,S2)	查找符合要求的字符串的下标
strrep(S1,S2,S3)	将字符串 S1 中出现的 S2 用 S3 代替
strtok(S1,D)	查找 S1 中第一个给定的分隔符之前和之后的字符串
upper(S)	将一个字符串转换成大写
lower(S)	将一个字符串转换成小写
num2str(x)	将数字转换成字符串
int2str(k)	将整数转换成字符串
mat2str(X)	将矩阵转换成字符串，供 eval 使用
str2double(S)	将字符串转换成双精度值
str2num(S)	将字符串数组转换成数值数组
sprintf(S)	创建含有格式控制的字符串
sscanf(S)	按照指定的控制格式读取字符串

接下来，通过几个例子对上表中出现的部分函数进行说明。例如，函数 findstr()将返回一个字符串在另一字符串中出现的位置，如下所示：

```
>>b='Peter Piper picked a peck of pickled peppers';
>>findstr(b,' ')
ans=
        6   12   19   21   26   29   37
>>findstr(b,'p')
ans=
        9   13   22   30   38   40   41
>>find(b=='p')
ans=
        9   13   22   30   38   40   41
>>findstr(b,'cow')
ans=
        []
>>findstr(b,'pick')
ans=
       13   30
```

函数 findstr()是区分大小写的；如果没有找到匹配的字符串，findstr()就返回空矩阵；findstr()不能用于具有多个行的字符串数组。

表 7-5 中还包含了一些逻辑判断函数（以 is 开头的函数），其用法如下所示：

```
>>c='a2 : b_c'
c=
a2:b_c
>>ischar(c)
ans=
          1
>>isletter(c)
ans=
     1    0    0    0    0    1    0    1
>>isspace(c)
ans=
     0    0    1    0    1    0    0    0
```

7.6 利用正则表达式进行搜索

利用标准字符串函数，例如 findstr()，就可以在一个字符串中查找指定的字符序列，以及替换这些字符序列。不过，有时用户需要进行特殊的查找。例如，查找重复的字符、查找所有的大写字母、查找以大写字母拼写的单词，或者查找所有的以美元表示的金额（即以美元符号开头，后面是含有小数点的十进制数）等。

在进行字符串查找时，MATLAB 支持具有强大功能的正则表达式（Regular Expression）。正则表达式是指在某种查找模式下，进行字符串匹配所使用的公式。正则表达式在 UNIX 系统中得到了广泛应用，如 grep、awk、sed、vi 等工具函数。

另外，熟悉 Perl 或其他编程语言的用户也会或多或少地用到正则表达式。在 MATLAB 中，实现正则表达式的方法很容易理解，并具有许多特性，包括一些所谓的扩展正则表达式（Extended Regular Expression）。

如果对正则表达式的概念不是十分了解，可以由浅入深，先从其简单的特性用起，然后再使用更为复杂的特性。

为了使读者循序渐进地了解正则表达式的概念，先介绍几个使用正则表达式的简单规则。可以创建一个字符串公式（又称为表达式），用来描述标识字符串匹配部分的准则。该表达式由一系列字符和可选的修正符组成，修正符通常用于定义子字符串匹配的准则。

最简单的字符串表达式是一个完全由文字符号组成的字符串，如下面的代码：

```
>>str='Peter Piper picked a peck of pickled peppers.'; % create a string

>>regexp(str,'pe')     % return the indices of substrings matching 'pe'
ans=
         9    22    38    41
```

上例在 str 中寻找到了四处'pe'，分别位于 Piper、Peck 和 peppers 中（其中 peppers

中含有两个'pe')。

也可以使用字符类来匹配指定类型的字符，如一个字母、一个数字或一个空格符，也可以用来匹配一个指定的字符集。最有用的字符类是一个句点（.），用来表示任意的单个字符。

另外一个有用的字符类是位于方括号（[]）中的字符序列或某一部分字符，这一语法通常用来表示寻找与方括号中任何一个字符元素匹配的字符串子集。

例如，要在 str 中寻找第一个字符为 p，最后一个字符为 r 或 c 的三字符组合，可使用下面的代码：

```
>>regexpi(str,'p.[cr]')

ans=

          9    13    22    30    41

>>regexp(str,'p.[cr]','match')                    % list the substring
matches

ans=

          'per'  'pic'  'pec'  'pic'  'per'
```

还可以使用下面的代码寻找 str 中所有的大写字母：

```
>>regexp(str,'[A-Z]')          % match any uppercase letter

ans=

          1    7
```

表 7-6 所示是一些在字符串中查找单个字符的字符串表达式。

表 7-6 查找单个字符的字符串表达式

字符串表达式	描述和用法
.	用于查找任意的单个字符（包括空格符）
[abcd35]	用于查找方括号中给出的任何一个字符
[a-zA-Z]	用于查找任意的字母，包括大写字母和小写字母，其中的连接符（-）表示字符范围
[^aeiou]	用于查找非小写的任意一个元音字母，其中的^表示对集合进行取反
\s	用于查找任意的空白符，包括空格符、制表符、换页符、换行符或回车符，相当于组合表达式[\t\f\n\r]
\S	用于查找任意非空白符，相当于组合表达式[^\t\f\n\r]
\w	查找任意的文字字符，包括大写和小写的字母、数字和下画线，相当于[a-zA-Z_0-9]
\W	查找任意的非文字字符，相当于[^a-zA-Z_0-9]
\d	查找任意的数字，相当于[0-9]
\D	查找任意的非数字字符，相当于[^0-9]
\xN 或\x{N}	查找十六进制值为 N 的字符
\oN 或\o{N}	查找八进制值为 N 的字符
\a	查找告警、提示或发声字符，相当于\o007 或\x07
\b	查找退格字符，相当于\o010 或\x08
\t	查找横向制表符，相当于\o011 或\x09

续表

字符串表达式	描述和用法
\n	查找换行符，相当于\o012 或\x0A
\v	查找纵向制表符，相当于\o013 或\x0B
\f	查找换页符，相当于\o014 或\x0C
\r	查找回车符，相当于\o015 或\x0D
\e	查找退出符，相当于\o033 或\x1B
\	使用单个反斜线符号表示要查找其后面的那个字符，主要用来查找正则表达式中具有特殊意义的字符，例如，字符串表达式\.*\?\\表示要查找句点、星号、问号和反斜线符号

表 7-6 中的字符表达式可以使用正则表达式修正符或数量词进行修改。例如，下面的代码用于在 str 中查找所有的单词，其中使用到了修正符+。

```
>>regexp(str,'\w+','match')     % find all individual words
ans=
            'Peter''Piper''picked''a''peck''of'
'pickled''peppers'
```

由上例可以看出，修正符使字符表达式的含义发生了变化：不含+的表达式表示查找所有的单个文字字符，而含有+的表达式表示查找所有的单词，即由一个或多个文字字符组成的字符组合。

下面的代码用在 str 中查找由两个 p 包围的所有最短的字符串。

```
>>regexp(str,'p.*?p','match')
ans=
            'per p'     'peck of p'     'pep'
```

在上面的代码中没有字符串'picked a p'。这是因为 MATLAB 从前向后查找字符串，当发现匹配的字符串后，继续从下一个字符开始向后查找，之前已查找过的字符将不会被重新查找。

用户可以使用圆括号将多个模式组合起来进行复合查找。例如，下面的代码用在 str 中查找以 p 开头，而不以 i 结尾的所有最长字符串。

```
>>regexp(str,'p[^i]+','match')
ans=
            'per p'     'peck of p'     'peppers'
```

在上面的代码中使用了修正符+。如果在上面的代码中加入圆括号，则表达式的意义将会发生细微的变化。例如，下面的代码在查找时，每次都会同时查找两个字符，将返回所有由双字符 px（×为不是 i 的所有字符）构成的最长的字符串。

```
>>regexp(str,'(p[^i])+','match')
ans=
            'pe'   'pe'   'pepp'
```

由于在表达式中加入了圆括号，所以修正符"+"将作用于括号内的两个字符。

也可以再利用正则表达式在字符串中进行条件查找。MATLAB 提供了两种条件查找所用的操作符：逻辑操作符和范围操作符。范围操作符通常为查找限定了如下条件：被查找的字符串之后（或之前）具有（或不具有）另一个匹配字符串。

例如，下面的代码用在 str 中查找所有以 d 结尾的单词之后的单词。

```
>>regexp(str,'(?<=d\s)\w+','match')
ans=
        'a'      'peppers'
```

上面的代码实际上返回的是位于字符 d 之后，到下一个空格符之前的那部分字符序列。

表 7-7 所示是 MATLAB 提供的标记表达式。

表 7-7 标记表达式

标记表达式	描述和用法
(p)	查找符合标记中表达式 p 的所有字符
(?:p)	将所有符合表达式 p 的字符组合在一起，但不保存在一个标记中
(?>p)	逐个元素进行组合，但不保存在一个标记中
(?#A Comment)	在表达式中插入注释（注释在执行时将被忽略）
\N	表示与该表达式中的第 N 个标记相同（例如，\1 是第一个标记，\2 是第二个标记等）
$N	在一个替换字符串中插入一个与第 N 个标记相匹配的字符串（仅适用于 regexprep 函数）
(?<name>p)	查找符合标记中表达式 p 的所有字符，并将标记命名为 name
\k<name>	表示与名为 name 的标记相匹配
(?(T)p)	如果标记 T 已产生（即已成功完成标记 T 的匹配），就查找符合模式 p 的字符串。该表达式实际上是一个 IF/THEN 结构，其中的标记既可以是已命名的标记，也可以是一个位置标记
(?(T)p|q)	如果标记 T 已产生，就查找符合模式 p 的字符串，否则查找符合模式 q 的字符串。该表达式实际上是一个 IF/THEN/ELSE 结构，其中的标记既可以是已命名的标记，也可以是一个位置标记

在 MATLAB 中，有 3 种不同类型的正则表达式：第一种是前面使用的 regexp()；第二种是 regexpi()，该函数在查找时忽略大小写；第三种是 regexprep()，该函数使用正则表达式替换字符串。

例如，下面的代码用于查找以'pi'开头的单词，并将这些单词保存起来，最后返回得到的字符串结果。

```
>>regexprep(str,'(pi\w*)(.*)(pi\w*)','$3$2$1')
ans=
        'Peter Piper pickled a peck of picked peppers'
```

上例产生了三个标记：标记 1 是字符串'picked'，标记 2 是字符串'a peck of'，标记 3 是字符串'pickled'。替换字符串'$3$2$1'告诉 regexprep()函数去掉原始字符串中与第一个参数相匹配的字符串，并使用与替换字符串标记相匹配的字符串来替换去掉的字符串。原始字符串剩余部分将原封不动地返回。

上例中，查找模式中的数字标记使用 \N 语法，而替换字符串中的标记则使用 $n 语法。

表 7-8 是 MATLAB 中的正则表达式函数。

表 7-8　正则表达式函数

函 数 名	描述和用法
regexp	使用正则表达式查找子字符串
regexpi	使用正则表达式查找子字符串，忽略大小写
regexprep	使用正则表达式查找并替换子字符串

在使用和修改上述正则表达式函数时，也可以使用多个选项，其中一个选项是前面已经用过的'match'参数。

在通常情况下，regexprep()是区分大小的，并且将替换它所查找到的所有的子字符串，用户可以使用选项来改变该函数的这一默认设置。

以上三个函数既可以用于字符串单元数组，也可以用于单个字符串。用户既可以利用一个模式查找多个字符串，也可以利用多个模式查找多个字符串。

在编程时，这些函数的部分或全部的输入参数均可以使用字符串单元数来表示。有关这些函数更详尽的信息，请参考相应的 MATLAB 帮助文档。

7.7　本章小结

MATLAB 有很多字符串操作功能，本章的内容主要包括字符串的创建、合并、比较、查找、与数值之间的转换、字符串函数以及利用正则表达式进行搜索。

尽管 MATLAB 的主要功能在于对数值的处理能力，但有时也不可避免会遇到处理文本的情形，例如在画图时需要插入坐标轴标签和标题等。因此，MATLAB 中的字符串主要是针对文本处理的数据类型。

第8章

结构体

像 C 语言一样，MATLAB 也有结构体。结构体是根据属性名组织起来的不同类型数据的集合。有一种容易与结构体类型混淆的数据类型是单元数组类型，它是一种特殊类型的 MATLAB 数组，已经介绍过了，本章将介绍结构体数组。

和其他的数据类型一样，结构体也是一种数组。一个单独的结构体就是一个 1×1 的结构体数组。用户可以构造任意维数和形状的结构体数组，包括多维结构体数组。

学习

(1) 熟悉结构体数组的构造。

(2) 了解如何访问结构体数据。

8.1 结构体的构造

构造一个结构体数组有如下两种方法：利用赋值语句和利用函数 struct() 来进行定义。

8.1.1 利用赋值语句构造结构体数组

结构体（structures）在很大程度上与单元数组非常相似，它也允许用户将类型不同的数据集中在一个单独的变量中。与单元数组不同的是，结构体是用称为字段的名称来对其元素进行索引，而不是通过数字索引。

另外，从原理上讲，MATLAB 也可以创建任意维数的结构体，但在大多数情况下，为了处理方便，用户通常只需要创建一个简单的结构体向量（一维结构体）即可。

结构体与单元数组不同，它采用点号来访问字段中的数据变量，这一点与 C 语言中的类有些相似。我们只要采用点号，为结构体中的各个字段赋上初值，便创建了这个结构体。

下面就通过为结构体中的每一个属性赋值来构造一个结构体数组。例如，建立结构体数组 Personel，可以用如下语句：

```
Personel.Name='klj';
Personel.Score=98;
Personel.Salary=[4500 5100 5600 5200 4800];
Personel %在命令行输出 Personel 变量的信息
```

上述语句得到的输出结果如下：

```
Personel=
Name: 'klj'
Score: 98.000
Salary: [4500 5100 5600 5200 4800]
```

还可以用如下语句把结构体数组扩展成 1×2 的结构体，代码如下：

```
Personel(2).Name='Dana';
Personel(2).Score=92;
Personel(2).Salary=[6700 9000];
```

上述语句使结构体数组 Personel 的维数变为 1×2。当用户扩展结构体数组时，MATLAB 对未指定数据的属性自动赋值成空矩阵，使其满足以下规则：

- 数组中的每个结构体都具有同样多的属性名。
- 数组中的每个结构体都具有相同的属性名。

例如，下面语句使结构体数组 Personel 的维数变为 1×3，此时 Personel(3).Score 和 Personel(3). Salary 由于未指定数据，MATLAB 将其设为空矩阵。

```
Personel(3).Name='Lp';
```

> **注意**　结构体数组中元素属性的大小并不要求一致，例如结构数组 Personel 中的 Name 属性和 Salary 属性都具有不同的长度。

8.1.2　利用函数构造结构体数组

除了使用赋值语句构造结构体数组外，还可以用函数 struct() 来实现构造结构体数组。函数 struct 的基本调用格式如下：

```
strArray = struct('field1',val1,'field2',val2, ...)
```

上面语句中的输入变量为属性名和相应的属性值。函数 struct() 可以有不同的调用方法来实现构造结构体矩阵，例如实现一个 1×3 的结构数组 Personel 的方法如表 8-1 所示。

表 8-1　使用 struct() 函数的方法

方　　法	调用格式	初始值状况
单独使用 struct() 函数	Personel(3)=struct('Name','John','Score', 85.5,'Salary',[4500 4200])	Personel(1)和 Personel(2)的属性值都是空矩阵，Personel(3)的值如输入
struct() 函数与 repmat() 函数配合使用	repmat(struct('Name','John','Score',85.5,' Salary',[4500 4200]),1,3)	数组的所有元素具有和输入一样的值
struct() 函数的输入为单元数组	struct('Name',{'klj','Dana','John'},'Score', {98,92,85.5},'Salary',{[45004200],[],[]})	结构数组的属性值由单元数组指定

另外，结构体还有一个方便之处，就是函数的参数传递问题。例如，如果人员组成的信息存储在一个结构体中，那么一个函数要想获得某人员组成的信息，只需将该人员所在的结构体作为参数传递给函数即可，即 myfunc(Personel)。

如果采用前面讲的数组变量方法存储这个人员的信息，那么一个函数要想获得该人员的信息，就需要传递 3 个参数，即 myfunc (Name, Score, Salary)。

8.2　访问结构体的数据

使用结构体数组的下标引用可以访问结构体数组中的任何元素及其属性。同样也可以给任何元素及其属性赋值。例如有一个结构体数组，可以通过下面语句来生成：

```
Personel=struct('Name',{'klj','Dana','Lp'},'Score',{98,92,]
          },'Salary',{[4500 5100 5600 52004800],[6700 9000],[]})
```

用户可以访问结构数组的任意子数组。例如，下面的命令行生成一个 1×2 的结构数组：

```
NewPersonel=Personel(1:2)
```

上述语句得到的输出结果如下：

```
NewPersonel=
1x2 struct array with fields:
Name
```

```
Score
Salary

Personel(2).Name
```

上述语句得到的输出结果如下：

```
ans=
Dana
```

如果要访问结构体数组的某个元素的某个属性的元素值，可以使用如下格式：

```
Personel(1).Salary(3)
```

上述语句得到的输出结果如下：

```
ans=
5600
```

如果想得到结构体数组的所有元素的某个属性值，可以使用如下格式：

```
Personel.Name
```

上述语句得到的输出结果如下：

```
ans=
klj
ans=
Dana
ans=
Lp
```

以上结果表明 Personel.Name 格式的输入将返回结构体数组的所有元素的属性值。可以使用矩阵合并符[]来合并这些结果，程序语句如下：

```
Salary=[Personel.Salary]
```

上述语句得到的输出结果如下：

```
Salary=
4500 5100 5600 5200 4800 6700 9000
```

也可以把它们合并在一个单元数组中，代码如下：

```
Salary={Personel.Salary}
```

上述语句得到的输出结果如下：

```
Salary=
[1x5 double] [1x2 double] []
```

8.3　本章小结

本章介绍了结构体数据类型，它可以存储任何类型的数据，甚至包括它本身。例如，结构体中一个字段又包含另一个结构体，而这个结构体又包含一个字段，这个字段又包含一个单元数组，这个单元数组的单元又包含另一个单元数组。

第9章

单元数组

为了使数据管理变得更容易，MATLAB 提出了单元数组这个概念。它以每个元素为一个单元的数组，每个单元都可以包含任意数据类型的 MATLAB 数组。例如，单元数组的一个单元可以是一个实数矩阵，或是一个字符串数组，也可以是一个复向量数组。

单元数组（cell array）允许用户将不同但是相关的数据组集成到一个单一的变量中，这使得大量相关数据的处理与引用变得简单而方便。这样，相关数据组可以通过一个单元数组或者结构进行组织和访问。

学习

(1) 熟悉单元数组的构造。

(2) 熟悉单元数组的处理。

(3) 了解单元内容的获取。

9.1 单元数组的构造

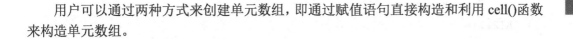

用户可以通过两种方式来创建单元数组，即通过赋值语句直接构造和利用 cell()函数来构造单元数组。

9.1.1 赋值构造单元数组

单元数组中的每一个元素称为单元（cell）。在单元数组中的每一个单元都可以包含任何类型的 MATLAB 数据类型，这些数据类型包括数值型数组、字符、符号对象，甚至是其他的单元数组。

不同的单元可以包含不同的数据，例如，在一个单元数组中，一个单元可以包含一个数值型数组，另一个单元可以包含一个字符串数组，而第三个单元可以包含一个复数向量。

从原理上讲，MATLAB 可以创建任意维数的单元数组，就像数值型数组一样。但是，在大多数情况下，为了处理方便，用户通常只需要将单元数组创建成一个简单的单元向量（一维单元数组）即可。

下面来看一下单元数组的第一种创建方式：直接赋值法。根据在赋值时对单元访问方式的不同，又分两种赋值方法。

（1）如果用标准数组的数组语法来索引进行赋值数组，赋值时则必须将赋给单元的值用花括号（即{}）括起来，这个花括号表明其中的表达式是单元中的内容，而不是一个普通的数组或字符串，我们称这种方法为按单元索引法。

例如，下例创建了一个 2×2 的单元数组，并利用"按单元索引法"对每一个单元进行直接赋值。

```
>>clear A
>>A(1,1)={ [1 2 ; 34; 5 6;7 8]};
>>A(1,2)={ 1+2i };
>>A(2,1)={ 'A string'};
>>A(2,2)={ 10:-2:0 }
A=
    [4x2 double]    [1.0000 + 2.0000i]
'A string'          [1x6 double]
```

从上例可以看到，MATLAB 并没有将 A 中所有的单元内容显示出来，这是因为 A 中有些单元（例如 A(1,1)和 A(2,2)）占有比较大的显示空间，MATLAB 为了显示方便，只显示了这些内容的大小和数据类型。

要想完全显示所有单元的内容，可以使用 celldisp()函数强制 MATLAB 以通常的方式显示单元的值。例如，下面的代码将单元数组 A 的所有单元都显示出来。

```
>>celldisp(A)
```

```
A{1,1}=
     1     2
     3     4
     5     6
     7     8
A{2,1}=
A string
A{1,2}=
   1.0000 + 2.0000i
A{2,2}=
10    8    6    4    2    0
```

（2）按内容索引法是将花括号写在等号左边，右边是将要赋的值。例如，下面的代码利用按内容索引法将这些语句生成了与前面相同的单元数组 A。

```
>>A{1,1}=[1 2 ; 34; 5 6;7 8];
>>A{1,2}=1+2i;
>>A{2,1}='A  string';
>>A{2,2}=10:-2:0;
A=
    [4x2 double]    [1.0000 + 2.0000i]
'A  string'            [1x6 double]
```

同样，利用函数 celldisp()可以显示单元数组的内容。

9.1.2　利用 cell()函数构造单元数组

单元数组还有另外一种创建方法：cell()函数法，即对单元数组也可以进行同样的操作。先利用 cell()函数生成一个空的单元数组，然后再向其中添加所需的数据，用空的数值型数组[]填充这个单元数组。例如，下面的代码生成了一个 2×3 的空单元数组。

```
>>C=cell(2,3)
C=
    []    []    []
    []    []    []
```

利用 cell()函数生成空单元数组，该数组被定义后，可以采用按内容索引和按单元索引方法对其进行赋值。在赋值时，用户一定要注意花括号和圆括号的正确用法，单元索引和内容寻址都可以用来填充这些单元。例如，下面的代码即是括号使用不当所造成的错误。

```
>>C(1,1)='Mabiq'
??? Conversion to cell from char is not possible.
```

上例中，等号左边使用了按单元索引法，因此等号的右边必须是一个单元，而实际上等号右边并不是一个单元，因为单元的值不必用一对花括号括起来。所以，MATLAB

最终发出了一条出错信息。下例给出正确的赋值方法。

```
>>C(1,1)={'Mab' }
C=
    'Mab'     []           []
              []      []        []
>>C{2,3}='iq'
C=
    'Mab'     []                []
              []      []      'iq'
```

上例的第二条语句使用了按内容索引法，因为花括号出现在最后一条语句的等号左侧，MATLAB 就把等号右侧的字符串视为这个左侧单元的值直接赋给该单元。

9.2 单元数组的处理

从某种程度上讲，单元数组的处理仅仅是不同类型数值数组的处理技术的自然扩展，只不过其包含的内容由单一类型扩展到多种类型。

用户可以利用方括号将多个单元数组组合在一起，形成一个维数更大的单元数组，就像在数值型数组中方括号被用来创建更大的数值型数组一样。例如，下面的代码将 A、B 依据列的方向组合在一起，形成了 C。

```
>>B(1,1)={ [5 2 ; 3 2; 5 6;7 9]};
>>B(1,2)={ 4+2i };
>>B(2,1)={ 'B'};
>>B(2,2)={ 0:2:10 };
>>B
B=
    [4x2 double]    [4.0000 + 2.0000i]
    'B'                  [1x6 double]
>>A(1,1)={ [1 2 ; 3 4; 5 6;7 8]};
>>A(1,2)={ 1+2i };
>>A(2,1)={ 'A string'};
>>A(2,2)={ 10:-2:0 }
A=
    [4x2 double]    [1.0000 + 2.0000i]
'A string'               [1x6 double]
>>C=[A;B]
C=
    [4x2 double]    [1.0000 + 2.0000i]
'A string'               [1x6 double]
```

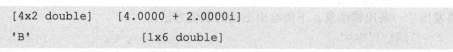
```
    [4x2 double]    [4.0000 + 2.0000i]
    'B'                  [1x6 double]
```

想要获得一个单元数组中的子数组时，利用传统的数组寻址技术的索引方法即可将一个单元数组的子集提取出来生成一个新的数组放到单元数组中。例如，抽取 C 的第一行和第三行组成 D。

```
>>D=C([1 3],:)
D=
    [4x2 double]    [1.0000 + 2.0000i]
 [4x2 double]    [4.0000 + 2.0000i]
```

另外，将单元数组的某一部分设置为空数组。例如，下例将 C 的第三行删除。

```
>>C(3,:)=[]
C=
    [4x2 double]    [1.0000 + 2.0000i]
 'A string'              [1x6 double]
 'B'                     [1x6 double]
```

MATLAB 还提供了其他函数用于处理单元数组。下面就一些重要的函数举例说明。

函数 cellfun() 将一个指定的函数应用到一个单元数组的所有单元上，这样就不用再针对每个单元调用函数。例如：

```
>>A
 [4x2 double]    [1.0000 + 2.0000i]
 'A string'              [1x6 double]
>>cellfun('isreal',A)
ans=
    1    0
    1    1
>>cellfun('length',A)
ans=
    4    1
    9    6
>>cellfun('prodofsize',A)
ans=
    8    1
    9    6
>>cellfun('isclass',A,'char')
ans=
    0    0
    1    0
```

在很多情况下，在单元数组中应用比较广泛的函数是 num2cell() 函数。这个该函数从一个任何类型的数组（可以是任何数据类型）中提取指定的元素，然后再填充到一个单元数组中。

例如，下例创建了一个随机数组 a，然后利用 num2cell() 函数提取 a 的相应元素构造单元数组 c、d。

```
>>a=rand(3,6)
a=

    0.8147    0.9134    0.2785    0.9649    0.9572    0.1419
    0.9058    0.6324    0.5469    0.1576    0.4854    0.4218
    0.1270    0.0975    0.9575    0.9706    0.8003    0.9157
>>c=num2cell(a)
c=

[0.8147]    [0.9134]    [0.2785]    [0.9649]    [0.9572]    [0.1419]

[0.9058]    [0.6324]    [0.5469]    [0.1576]    [0.4854]    [0.4218]

[0.1270]    [0.0975]    [0.9575]    [0.9706]    [0.8003]    [0.9157]
>>d=num2cell(a,1) % d{i}= a(:,i)

  [3x1 double]    [3x1 double]    [3x1 double]    [3x1 double]    [3x1
double]    [3x1 double]
```

注意　虽然上例中的 a 是数值数组，但 num2cell() 函数支持各种类型的数组，例如字符串数组、逻辑数组等。

9.3 单元内容的获取

为了获取单元数组中某一个单元的值，必须使用按内容索引这种方式，即使用花括号进行索引。例如，下例将单元数组 B 的第二行、第二列的值赋给 x。

```
>>B(1,1)={ [5 2 ; 3 2; 5 6;7 9]};
>>B(1,2)={ 4+2i };
>>B(2,1)={ 'B' };
>>B(2,2)={ 0:2:10 };
>>B
B=

    [4x2 double]    [4.0000 + 2.0000i]
    'B'             [1x6 double]
>>x=B{2,2}
x=

    0    2    4    6    8    10
```

用函数 class() 查看标量的类型，如下所示。

```
>>class(x)
ans=
```

```
double
```

从上面的例子可以看出，按内容索引法获得的是单元的值。

除了用前面的 class()函数外，还有其他函数也可以检测单元数组各单元变量的数据类型，如 iscell()、isa()、isnumeric()等，这些函数均为逻辑判断函数，将返回逻辑结果（即 true(1)或 false(0)）。例如：

Note

```
>>iscell(x)
ans=
    0
>>isnumeric(B{1})
ans=
    1
>>isa(B{1},'cell')
ans=
    0
```

9.4 单元数组构作实例

本节将结合前几节所介绍的内容，给出几个单元数组构作的实例。

例 9-1　创建单元数组归类。

代码保存在 eg9_1.m 中，具体方法如下。

（1）直接使用{}创建单元数组。

```
clear
A={'This is the first Cell.',[1 2;3 4];eye(3),{'Tom','Jane'}}
A=
    [1x23 char ]    [2x2 double]
    [3x3  double]    {1x2 cell  }
whos
  Name      Size                    Bytes  Class
  A         2x2       524  cell array
Grand total is 49 elements using 524 bytes
```

> **说明**　创建的单元数组中的单元 A(1,1)是字符串，A(1,2)是矩阵，A(2,1)是矩阵，而 A(2,2)为一个单元数组。

（2）由各单元创建。

```
B(1,1)={'This is the second Cell.'}
B=
    'This is the second Cell.'
```

```
B(1,2)={5+3*i}
B=
    [1x24 char]    [5.0000+ 3.0000i]
B(1,3)={[1 2;3 4; 5 6]}
B=
    [1x24 char]    [5.0000+ 3.0000i]    [3x2 double]
```

（3）由各单元内容创建。

```
C{1,1}='This is the third Cell.';
C{2,1}=magic(4)
C=
    'This is the third Cell.'
    [4x4  double]
```

例 9-2 单元数组的内容显示。在 MATALB 命令行窗口中输入单元数组的名称，并不直接显示出单元数组的各元素内容值，而是显示各元素的数据类型和维数。如例 9-1中，显示单元数组 A 如下：

```
A=
    [1x23 char ]    [2x2 double]
    [3x3  double]   {1x2 cell  }
```

使用 celldisp 命令显示单元数组的内容如下：

```
celldisp(A)
A{1,1}=
This is the first Cell.
A{2,1}=
    1    0    0
    0    1    0
    0    0    1
A{1,2}=
    1    2
    3    4
A{2,2}{1}=
Tom
A{2,2}{2}=
Jane
celldisp(B)

B{1}=
This is the second Cell.
B{2}=
    5.0000 + 3.0000i
```

```
B{3}=
    1    2
    3    4
    5    6
celldisp(C)

C{1}=
This is the third Cell.
C{2}=
   16    2    3   13
    5   11   10    8
    9    7    6   12
    4   14   15    1
```

 {}表示单元数组的单元元素内容，A{2,2}{1}表示第2行第2列的单元元素中存放的单元数组的第1个单元元素的内容。

例9-3 单元数组的内容获取。取出例9-1中的A(1,2)单元元素的内容以及矩阵中的元素内容。

```
x1=A{1,2}                    %取A(1,2) 单元元素的内容
x1=
    1    2
    3    4
    x2=A{1,2}(2,2)           %取A(1,2) 单元元素的矩阵第二行第二列内容
x2=
    4
```

 x1 是矩阵，x2 是标量。

接下来，取单元数组的元素，如下：
```
x3=A(1,2)
x3=
    [2x2 double]
```

 x3 是单元数组。

使用 deal()函数取多个单元元素的内容，如下：
```
[x4,x5,x6]=deal(A{[2,3,4]})
x4=
    1    0    0
```

```
        0     1     0
        0     0     1
x5=
        1     2
        3     4
x6=
    'Tom'       'Jane'
```

9.5 ▶ 本章小结

　　本章主要介绍了单元数组。用户可以通过两种方式创建一个单元数组：一是可以通过赋值语句直接创建；二是用预先分配数组来创建单元数组，并分配一个内存空间，然后再给各个单元赋值。在本章中，举了大量创建单元数组的实例。

　　接下来又介绍了单元数组的处理和单元内容的获取。单元数组是 MATLAB 的又一种数据类型。它涵盖广，其中包含了所有类型的数据，如数值型、字符型等。对于初学者来说，本章内容可以与后面章节中介绍的结构体相结合来学习。最终达到触类旁通，举一反三的效果！

编程语句

在前面的章节中，列举了几个完整的 MATLAB 程序，都十分简单，包括一系列的 MATLAB 语句，语句按照固定的顺序一个接一个地执行，这样的程序被称为顺序结构程序。MATLAB 的主要功能虽然是数值运算，但也是一种完整的程序语言，有各种语句格式。

本章将介绍 MATLAB 语句，这些语句用于控制语句的执行顺序。有两大类控制顺序结构：一是选择结构，用于选择执行特定的语句；二是循环结构，用于重复执行特定部分的语句。

学习

(1) 熟练掌握选择结构中的 if 结构。
(2) 熟练掌握选择结构中的 switch 结构。
(3) 熟练掌握循环结构中的 for 结构。
(4) 熟练掌握循环结构中的 while 结构。
(5) 掌握 continue 和 break 语句。

10.1　选择结构

选择结构可以使 MATLAB 选择性执行指定区域内的语句（称为语句块 blocks），而跳过其他区域的语句。

10.1.1　if 结构

选择结构在 MATLAB 中有三种具体的形式：if 结构、switch 结构和 try/catch 结构。if 结构的基本形式如下：

```
if control_expr_1

Statement 1            ⎫
Statement 2            ⎬ 语句1
                       ⎭
...

elseif control_expr_2

Statement 1            ⎫
Statement 2            ⎬ 语句2
                       ⎭
...

else

Statement 1
Statement 2

...

end
```

其中 control expression 控制 if 结构的运算。如果 control_expr_1 的值非 0，那么程序将会执行语句 1，然后跳到 end 后面的第一个可执行语句继续执行。

否则，程序将会检测 control_expr_2 的值。如果 control_expr_2 的值非 0，那么程序将会执行语句 2，然后跳到 end 后面的第一个可执行语句继续执行。

如果所有的控制表达式（control expression）均为 0，那么程序将会执行与 else 相关的语句块。

在一个 if 结构中，可以有任意个 elseif 语句，但 else 语句最多有一个。只要上面每一个控制表达式均为 0，那么下一个控制表达式将会被检测。一旦其中的一个表达式的值非 0，对应的语句块就要被执行，然后跳到 end 后面的第一个可执行语句继续执行。如果所有的控制表达式（control expression）均为 0，那么程序将会执行 else 语句。如果没有 else 语句，程序会执行 end 后面的语句，而不执行 if 结构中的部分。

Note

MATLAB 通过 end 在 M 文件中的上下文来区分它的用途。在大多数情况下，控制表达式均可以联合应用关系运算符和逻辑运算符。当对应的条件为真时，关系运算和逻辑运算将会产生 1，否则产生 0。所以当一个运算条件为真时，运算结果为非 0，对应的语句块就会被执行。

例如，一元二次方程的基本形式如下：

$$ax^2 + bx + c = 0$$

其解为：

$$x = (-b \pm (b^2 - 4ac)^{1/2})/2a$$

其中 $b^2 - 4ac$ 是我们熟知的判别式，当 $b^2 - 4ac > 0$ 时，方程式有两个不同的实数根；当 $b^2 - 4ac = 0$ 时，有两个相同的实数根；当 $b^2 - 4ac < 0$ 时，方程式有两个不同的复数根。

假设我们检测某一元二次根的情况，并告诉使用者这个方程是有两个复数根，还是两个相等的实数根或两个不相等的实数根。用伪代码表示这个结构的形式如下：

```
if (b^2 - 4*a*c) < 0
Write msg that equation has two complex roots.
elseif (b^2 - 4*a*c) ==0
Write msg that equation has two identical real roots.
else
Write msg that equation has two distinct real roots.
end
```

转化为 MATLAB 语言如下：

```
if (b^2 - 4*a*c) < 0
disp('This equation has two complex roots.');
elseif (b^2 - 4*a*c) == 0
disp('This equation has two identical real roots.');
else
disp('This equation has two distinct real roots.');
end
```

回忆一下，当判断为真时，关系运算符将会返回一个非 0 值，从而导致对应语句的执行。

为增加程序的可读性，在 if 结构中的语句块中最好缩进 2 到 3 个空格，但实际上没有必要。

可以在一行内写完一个完整的 if 结构，只需把结构的每一部分后面加上分号或逗号，所以下面的两个结构是等价的：

```
if x < 0
y = abs(x);
end
和
if x < 0; y = abs(x); end
```

但是这种方式只适用于简单的结构。

例 10-1 求一元二次方程的根,设计并编写一个程序,用来求解一元二次方程的根。

(1)陈述问题。这个问题的陈述非常简单,要求一元二次方程的根,不管它的根是实根还是复根,有一个根还是两个根。

(2)定义输入和输出。本程序的输入应为系数 a、b、c。

$$ax^2 + bx + c = 0$$

输出量应为两个不相等的实数、两个相等的实数或两个复数。

(3)写出算法。本程序可分为三大块,它的函数分别为输入、运算过程和输出。

我们把每一个大块分解成更小的、更细微的工作。根据判别式的值,可能有三种计算途径:读取输入的数据、计算出根、输入出根,所以要用到有三种选项的 **if** 结构。产生的伪代码如下:

```
Prompt the user for the coefficients a, b, and c.
Read a, b, and c
discriminant ← b^2 - 4*a*c
if discriminat > 0
x1 ← (-b + sqrt(discriminant))        / (2*a)
x1 ← (-b - sqrt(discriminant))        / (2*a)
Write msg that equation has two distinct real roots.
Write out the two roots.
elseif discriminant == 0
x1 ← -b                               / (2*a)
Write msg that equation has two identical real roots.
Write out the repeated roots.
else
real_part ← -b                        / (2*a)
imag_part ← sqrt(abs(discriminant))   / (2*a)
Write msg that equation has two complex roots.
Write out the two roots.
end
```

(4)把算法转化为 MATLAB 语言,保存为 eg10_1.m,代码如下:

```
%Script file: eg10_1.m
%
% 目的
% 本程序是求方程:
%  a*x^2+b*x+c=0. 的根
%
% ====== =========== =================
%定义变量:
% a - x^2 系数
```

```
% b - x 系数
% c -常数
% 方程变量
% imag_part -虚部
% real_part -实部
% x1 -根1
% x2 -根2
% 显示
disp('This program solves for the roots of a quadratic ');
disp('equation of the form A*X^2 + B*X + C = 0.');
a=input('Enter the coefficient A: ');
b=input('Enter the coefficient B: ');
c=input('Enter the coefficient C: ');
% 计算
discriminant=b^2 - 4 * a * c;
% 解方程
if discriminant>0 % there are two real roots, so ...
x1=(-b+sqrt(discriminant)) / (2*a);
x2=(-b-sqrt(discriminant)) / (2*a);
disp('This equation has two real roots:');
fprintf('x1=%f\n',x1);
fprintf('x2=%f\n', x2);
elseif discriminant==0 % there is one repeated root, so ...
x1=(-b)/(2*a);
disp('This equation has two identical real roots:');
fprintf('x1=x2=%f\n',x1);
else % there are complex roots, so ...
real_part=(-b)/(2*a);
imag_part=sqrt(abs(discriminant))/(2*a);
disp('This equation has complex roots:');
fprintf('x1=%f+i %f \n',real_part, imag_part);
fprintf('x1+%f-i %f \n', real_part, imag_part);
end
```

（5）检测这个程序。这一步，必须输入实数来检测这个程序。因这个程序有三个可能的路径，所以在确信每一路径都正常工作之前，必须把这三个路径检测一遍。可以用下面的方法来验证程序的正确性：

$$x^2 + 5x + 6 = 0 \qquad x = -2, \ x = -3$$
$$x^2 + 4x + 4 = 0 \qquad x = -2$$
$$x^2 + 2x + 5 = 0 \qquad x = -1 \pm 2i$$

如果输入上面三个方程的系数得到对应的结果，则说明程序是正确的。

```
>>ceg10_1.m
This program solves for the roots of a quadratic
equation of the form A*X^2+B*X+C=0.
Enter the coefficient A: 1
Enter the coefficient B: 5
Enter the coefficient C: 6
This equation has two real roots:
x1=-2.000000
x2=-3.000000
>>eg10_1.m
This program solves for the roots of a quadratic
equation of the form A*X^2 + B*X + C = 0.
Enter the coefficient A: 1
Enter the coefficient B: 4
Enter the coefficient C: 4
This equation has two identical real roots:
x1=x2=-2.000000
>>ceg10_1.m
This program solves for the roots of a quadratic
equation of the form A*X^2 + B*X + C = 0.
Enter the coefficient A: 1
Enter the coefficient B: 2
Enter the coefficient C: 5
This equation has complex roots:
x1=-1.000000+i 2.000000
x1+-1.000000-i 2.000000
```

在三种不同的情况下，程序都给出了正确的结果。

接下来，介绍关于 if 结构使用的注意事项。

if 结构是非常灵活的，它必须含有一个 if 语句和一个 end 语句。中间可以有任意个 elseif 语句，也可以有一个 else 语句。联合它的这些特性，可以创建出需要的各种各样的选择结构。

还有 if 语句是可以嵌套的。如果 if 结构完全是另一个 if 结构的一个语句块，就称两者为嵌套关系。下面是两个 if 语句的嵌套：

```
if x > 0
...
if y < 0
...
end
```

```
    ...
    end
```

MATLAB 翻译器经常把已知的 end 语句和它最近的 if 语句联合在一起，所以第一个 end 语句和 if y<0 最近，而第二个 end 与 if x>0 配对。对于一个编写正确的程序，它能工作正常。但如果程序员编写错误，它将会使编译器出现错误信息提示。例如，假设编写一个大的程序，包括如下的一个结构：

```
    ...
    if (test1)
    ...
    if (test2)
    ...
    if (test3)
    ...
    end
    ...
    end
    ...
    end
```

这个程序包括了三个嵌套的 if 结构，在这个结构中可能有上千行的代码。现在假设第一个 end 在编辑区域突然被删除，那么 MATLAB 编译器会自动将第二个 end 与最里面的(test3)结构联合起来，第三个 end 将会和中间的 if(test2)联合起来。

当编译器翻译到达文件结束时，将发现第一个 if(test1)结构将永远没有结束，然后编译器就会产生一个错误提示信息，即缺少一个 end。

但是，它不能告诉你问题发生在什么地方，就必须回过头查看整个程序来寻找问题。在大多数情况下，执行一个算法，即可以用多个 else if 语句，也可以用 if 语句的嵌套。在这种情况下，程序员可以选择他喜欢的方式。

对于有许多选项的选择结构来说，最好在一个 if 结构中使用多个 elseif 语句，尽量不用 if 的嵌套结构。

10.1.2 switch 结构

switch 结构是另一种形式的选择结构。程序员可以根据一个单精度整型数、字符或逻辑表达式的值来选择执行特定的代码语句。

```
switch (switch_expr)
case case_expr_1,
Statement 1
Statement 2
...
```

```
case case_expr_2

Statement 1
Statement 2
...

...
otherwise,

Statement 1
Statement 2
...
end
```

如果 switch_expr 的值与 case_expr_1 相符，那么第一个代码块将会被执行，然后程序将会跳到 switch 结构后的第一个语句。如果 switch_expr 的值与 case_expr_2 相符，那么第二个代码块将会被执行，然后程序会跳到 switch 结构后的第一个语句。

在这个结构中，用相同的方法来对待其他的情况。otherwise 语句块是可选的。如果它存在，当 switch_expr 的值与其他所有的选项都不相符时，这个语句块将会被执行。如果它不存在，且 witch_expr 的值与其他所有的选项都不相符，那么这个结构中的任何一个语句块都不会被执行。这种情况下的结果可以看作没有选择结构，直接执行 switch 结构后的第一个语句。

如果 switch_expr 有很多值可以导致相同代码的执行，那么这些值可以括在同一括号内。如下代码所示，如果这个 switch 表达式和表中任何一个表达式相匹配，那么这个语句块将会被执行。

```
switch (switch_expr)
case {case_expr_1, case_expr_2, case_expr_3},

Statement 1
Statement 2
...
otherwise,

Statement 1
Statement 2
...
```

switch_expr 和每一个 case_expr 既可以是数值，也可以是字符值。

在大多情况下只有一个语句块会被执行。当一个语句块被执行后，编译器就会跳到 end 语句后的第一个语句开始执行。如果 switch 表达式和多个 case

表达式相对应，那么只有他们中的第一个会被执行。

下面请看一个简单的关于 switch 结构的例子。

例 10-2　判断 1 到 10 之间的数是奇数还是偶数。它用来说明一系列 case 选项值的应用和 otherwise 语块的应用。

程序代码保存为 eg10_2.m，代码如下：

```
switch(value)
case {1, 3, 5, 7, 9},
disp('The value is odd.');
case {2, 4, 6, 8, 10},
disp('The value is even.');
otherwise,
disp('The value is out of range.');
end
```

10.1.3　try/catch 结构

try/catch 结构是选择结构的一种特殊形式，用于捕捉错误。一般地，当一个 MATLAB 程序在运行时遇到了一个错误，这个程序就会中止执行。try/catch 结构修改了这种默认行为。

如果一个错误发生在这个结构的 try 语句块中，那么程序将会执行 catch 语句块，程序将不会中断。它将帮助程序员控制程序中的错误，而不必使程序中断。

Try/catch 结构的基本形式如下：

```
try
Statement 1
Statement 2
...
catch
Statement 1
Statement 2
...
end
```

当程序运行到 try/catch 语句块，try 语句块中的一些语句将会被执行。如果没有错误出现，catch 语句块将会被跳过。另外，如果错误发生在一个 try 语句块中，那么程序将中止执行 try 语句块，并立即执行 catch 语句块。

下面有一个包含 try/catch 结构的程序，它能创建一个数组，并询问用户显示数组中的哪一个元素。用户提供一个下标，这个程序将会显示对应的数组元素，try 语句块一般会在这个程序中执行，只有当 try 语句块执行出错时，catch 语句块才会执行。

例 10-3　利用 Try-Catch 语句。

首先保存代码文件为 eg10_3.m，代码如下：

```
% 初始化
a=[ 1 -3 2 5];
try
% 显示元素
index=input('Enter subscript of element to display: ');
disp(['a(' int2str(index) ')=' num2str(a(index))] );
catch
% I 报错
disp(['Illegal subscript: ' int2str(index)] );
end
```

这个程序的执行结果如下：

```
>>eg10_3
Enter subscript of element to display: 3
a(3)=2
>>eg14_3
Enter subscript of element to display: 8
Illegal subscript: 8
```

10.2　循环结构

循环（loop）是一种 MATLAB 结构，它允许我们多次执行一系列语句。循环结构有两种基本形式：while 循环和 for 循环。

while 循环和 for 循环两者之间的最大不同在于代码的重复是如何控制的。在 while 循环中，代码的重复次数是不能确定的，只要满足用户定义的条件，重复就进行下去。

相对地，在 for 循环中，代码的重复次数是确定的，在循环开始之前就知道代码重复的次数。

10.2.1　while 循环

While 循环是一个重复次数不能确定的语句块，它的基本形式如下：

```
while expression
...
end
```

如果 expression 的值非零（true），程序将执行代码块，然后返回到 while 语句执行。如果 expression 的值仍然非零，那么程序将会再次执行代码。直到 expression 的值变为 0，这个重复过程才结束。当程序执行到 while 语句且 expression 的值为 0 之后，程序将会执行 end 后面的第一个语句。

下面将用 whlie 循环编写一个统计分析的程序。

统计分析在科学工程计算中，与大量的数据打交道是非常多的事，这些数据中的每一个数据都是一些特殊值的度量。大多数时侯，我们并不关心某一单个数据，可以通过总结得到几个重要的数据，以此告诉我们数据的总体情况。

例 10-4　求一组数据的平均数（数学平均数的定义期望）。如下：

$$\bar{x} = \frac{1}{N} \sum_{i=1}^{N} x_i$$

其中 x_i 代表 n 个样本中的第 i 个样本。如果所有的输入数据都可以在一个数组中得到，这些数据的平均数就可以通过上面公式直接计算出来，或应用 MATLAB 的内建函数 mean() 来计算。

程序必须能读取一系列的测量值，并能计算出这些测量值的数学期望。在进行计算之前，用 while 循环来读取这些测量值。

当所有的测量值输入完毕，必须通过一定的方法来告诉程序没有其他的数据输入。在这里，我们假设所有测量值均为非负数，用一个负数来表示数据输入完毕。当一个负数输入时，程序将停止读取输入值，并开始计算这些数据的数学期望。

（1）陈述问题。因为我们假设所有的输入数据为非负数，则合适的问题陈述为：假设所有测量值为非负数，计算一组测量数的平均数；假设我们事先不知道有多少个测量数，一个负数的输入值将代表测量值输入的结束。

（2）定义输入值和输出值。这个程序的输入是未知数目的非负数。输出为这些非负数的平均数。同时还要打印出输入的数据，以便于检测程序的正确性。

（3）设计算法。

（4）输入代码。

保存代码文件为 eg10_4.m，最终的 MATLAB 程序如下：

```
% Script file:eg10_4.m
%
% 目的:计算平均值
%
% ====  ==========  =====================
% 定义变量:
% n -输入样本数
% sum_x -求和
% x -输入数据
% xbar -输入数据的平均值
% 初始化
n=0; sum_x=0;
% 输入
x=input('Enter first value: ');
% 循环
while x>=0
```

```
% 累加和
n=n+1;
sum_x=sum_x+x;
% 输入下一个值
x=input('Enter next value: ');
end
% 计算平均值
x_bar=sum_x/n;
% 输出
fprintf('The mean of this data set is: %f\n', x_bar);
```

（5）检测程序。为检测这个程序，我们将手工算出一组简单数据的平均数。如果用三个输入值：3、4、5，则得到的平均值为 4。

```
>>eg10_4
Enter first value: 3
Enter next value: 4
Enter next value: 5
Enter next value: -6
The mean of this data set is: 4.000000
```

10.2.2　for 循环

for 循环结构是另一种循环结构，它以指定的数目重复执行特定的语句块。for 循环的形式如下：

```
for index = expr
Statement 1
...
Statement n
end
```

其中 index 是循环变量（就是我们所熟知的循环指数），expr 是循环控制表达式。变量 index 读取的是数组 expr 的行数，然后程序执行循环体，所以 expr 有多少列，循环体就循环多少次。expr 经常用捷径表达式的方式，即 first:incr:last。

for 和 end 之前的语句称为循环体。在 for 循环运转的过程中，它将被重复执行。for 循环结构的循环步骤如下：

（1）在 for 循环开始之时，MATLAB 产生了控制表达式。

（2）第一次进入循环，程序把表达式的第一列赋值于循环变量 index，然后执行循环体内的语句。

（3）在循环体的语句被执行后，程序把表达式的下一列赋值于循环变量 index，程序将再一次执行循环体语句。

（4）只要在控制表达式中还有剩余的列，步骤 3 将会一遍一遍地重复执行。

接下来，将上面的例子改为 for 循环来操作。

例 10-5　求一组数据的平均数。

代码文件为 eg10_5.m，设置如下：

```
% Script file: eg10_5.m
%
% 目的：
% 计算样本数据的平均值和标准差
%
% ==== ========== ====================

% 定义变量：
% ii 循环指标
% n 输入样本个数
% sum_x 求和
% x 输入的样本数据
% xbar 平均值
% 初始化
sum_x=0;
% 输入样本个数
n=input('Enter number of points: ');
%检查
if n<2 % Insufficient data
disp ('At least 2 values must be entered.');
else % we will have enough data, so let's get it.
% 循环
for ii=1:n
% 读取
x=input('Enter value: ');
% 累加和
sum_x=sum_x+x;
end
% 统计计算
x_bar=sum_x/n;
% 输出
fprintf('The mean of this data set is: %f\n', x_bar);
end
```

（5）检测程序。为检测这个程序，我们将手工算出一组简单数据的平均数。如用三个输入值：3、4、5，则得到的平均值为 4。

```
>> eg10_5
```

```
Enter number of points: 3
Enter value: 3
Enter value: 4
Enter value: 5
The mean of this data set is: 4.000000
```

10.3　continue 和 break 语句

有两个附加语句可以控制 while 和 for 循环：break 和 continue 语句。break 语句可以中止循环的执行并跳到执行 end 后面的第一句；而 continue 只中止本次循环，然后返回到循环的顶部。

如果 break 语句在循环体中执行，那么循环体的执行中止，然后执行循环体后的第一个可执行语句。

1. continue语句

此语句的作用是结束本次循环，跳过循环体中尚未执行的语句，接着进行下一次是否执行循环的判断。代码设置如下：

```
fid=fopen('magic.m','r');
count=0;
while feof(fid)
line=fgetl(fid);
if isempty(line)|strncmp(line,'%',1)
continue
end
count=count+1;
end
disp(sprintf('%d lines',count));
```

结果显示：

```
0 lines
```

2. Break语句

此语句的作用是终止循环，跳出最内层循环，即不必等到循环结束而是根据条件退出循环，它的用法和 continue 类似，常常和 if 语句配合，用来强制终止循环。

需要注意的是，当 break 命令碰到空行时，将退出 while 循环。

与 if 语句配合使用来强制终止循环的语句还有 return，它与 break 语句相似，只不过 return 语句是跳出最外层循环来终止循环。

前面介绍的语法结构几乎涵盖了 MATLAB 所有的编程语法结构。不难发现，MATLAB 是一种自上而下的编程，这种方法是正规编程设计的基础。下面将结合以上所举例子总结编程的步骤。

（1）清晰地陈述你所要解决的问题。大多数情况下编写的程序要满足一些感觉上的需要，但这种需要不一定能够被人清晰地表达出来。对问题清晰的描述可以防止误解，并能帮助程序员合理组织思路。

（2）定义程序所需的输入量和程序所产生的输出量。

（3）设计程序得以实现的算法。算法是程序的灵魂，只有找准适合程序的算法方能事半功倍。

（4）把算法转化为代码。

（5）检测程序。

10.4 编程实例

本节将列举三个综合实例，让初学者了解 MATLAB 编程的具体过程和设计方法。

10.4.1 矩阵相乘实例

例 10-6 现有一个 8×8 的单位矩阵 **B** 和一个 16×16 的矩阵 **AS**。其中，**AS_OUT** 是从矩阵 **AS** 中输出的值，即为 **AS_OUT**=AS(X)，0≤X≤255。在矩阵 **B** 的基础上要找到 6 个 8×8 的非奇异矩阵，并且分别与 **AS_OUT** 相乘，输出其运算结果。

```
B=[1 0 0 0 0 0 0 0;
   0 1 0 0 0 0 0 0;
   0 0 1 0 0 0 0 0;
   0 0 0 1 0 0 0 0;
   0 0 0 0 1 0 0 0;
   0 0 0 0 0 1 0 0;
   0 0 0 0 0 0 1 0;
   0 0 0 0 0 0 0 1;];
AS = [99,124,119,123,242,107,111,197,48,1,103,43,254,215,171,118,
      202,130,201,125,250,89,71,240,173,212,162,175,156,164,114,192,
      183,253,147,38,54,63,247,204,52,165,229,241,113,216,49,21,
      4,199,35,195,24,150,5,154,7,18,128,226,235,39,178,117,
      9,131,44,26,27,110,90,160,82,59,214,179,41,227,47,132,
      83,209,0,237,32,252,177,91,106,203,190,57,74,76,88,207,
      208,239,170,251,67,77,51,133,69,249,2,127,80,60,159,168,
      81,163,64,143,146,157,56,245,188,182,218,33,16,255,243, 210,
      205,12,19,236,95,151,68,23,196,167,126,61,100,93,25,115,
```

```
96,129,79,220,34,42,144,136,70,238,184,20,222,94,11,219,
224,50,58,10,73,6,36,92,194,211,172,98,145,149,228,121,
231,200,55,109,141,213,78,169,108,86,244,234,101,122,174,8,
186,120,37,46,28,166,180,198,232,221,116,31,75,189,139,138,
112,62,181,102,72,3,246,14,97,53,87,185,134,193,29,158,
225,248,152,17,105,217,142,148,155,30,135,233,206,85,40,223,
140,161,137,13,191,230,66,104,65,153,45,15,176,84,187,22];
```

此程序需要注意的问题是：在进行 **AS_OUT**=**AS**(X)，$1 \leqslant X \leqslant 255$ 运算时，每输入一个 X 时，所输出的 **AS_OUT** 都要转化成 8×1 的列向量，然后再与 8×8 的非奇异矩阵相乘，才能得到所要的结果。

将一个 0~256 的数转化成 8 位列向量需要利用十进制向二进制转化函数 dec2bin()。注意，转化后的结果是一个字符型数据，还需要进一步转化，直到生成数值型数据才能进行矩阵与向量的乘法。

下面给出具体代码，其代码保存在 eg10_6.m 文件中。

```
%{
作者：***
功能：***
参数：***
%}
%**************************************************************%
clc
clear
%初始化
%初始矩阵
%单位矩阵
 B=[1 0 0 0 0 0 0 0;
    0 1 0 0 0 0 0 0;
    0 0 1 0 0 0 0 0;
    0 0 0 1 0 0 0 0;
    0 0 0 0 1 0 0 0;
    0 0 0 0 0 1 0 0;
    0 0 0 0 0 0 1 0;
    0 0 0 0 0 0 0 1;];

AS=[99, 124, 119, 123, 242, 107, 111, 197, 48, 1, 103, 43, 254, 215, 171,118,
    202,130,201,125,250,89,71,240,173,212,162,175,156,164,114,192,
    183,253,147,38,54,63,247,204,52,165,229,241,113,216,49,21,
    4,199,35,195,24,150,5,154,7,18,128,226,235,39,178,117,
```

```
9,131,44,26,27,110,90,160,82,59,214,179,41,227,47,132,
83,209,0,237,32,252,177,91,106,203,190,57,74,76,88,207,
208,239,170,251,67,77,51,133,69,249,2,127,80,60,159,168,
81,163,64,143,146,157,56,245,188,182,218,33,16,255,243,210,
205,12,19,236,95,151,68,23,196,167,126,61,100,93,25,115,
96,129,79,220,34,42,144,136,70,238,184,20,222,94,11,219,
224,50,58,10,73,6,36,92,194,211,172,98,145,149,228,121,
231,200,55,109, 41,213,78,169,108,86,244,234,101,122,174,8,
186,120,37,46,28,166,180,198,232,221,116,31,75,189,139,138,
112,62,181,102,72,3,246,14,97,53,87,185,134,193,29,158,
225,248,152,17,105,217,142,148,155,30,135,233,206,85,40,223,
140,161,137,13,191,230,66,104,65,153,45,15,176,84,187,22];


for i=1:16
    for j=1:16
      S((i-1)*16+j,1)=AS(i,j);        % 将矩阵转换成列向量
    end
end


%**********************************************************%


count=0;                                %计数器
A0=B;
  for i=1:8


    for a=2:20                          % [edit]


    for j=1:8
        str=dec2bin(a,8);
        t=str(9-j);
        temp=str2double(t);
        A0(i,j)=temp;
      end
      if det(A0)~=0                     % 计算非奇矩阵
        disp(A0)                        % 命令行窗口中显示
        count=count+1;
        disp(count)                     % 命令行窗口中显示
      %遍历 X
      for X=1:256
```

```
        S_out=S(X);

            %将字节转化成列向量
                for j=1:8
                    st=dec2bin(S_out,8);
                    T=st(j);
                    tep=str2double(T);
                    ASOUT(j,1)=tep;
                end
            %计算矩阵相乘
            tt=A0*ASOUT;
            ttt=mod(tt,2);
            y_out=ttt
            y(1:8,X,count)=mod(y_out,2);
        end
    end


    if count==6                %只要有 6 个非奇异矩阵，就终止循环
    return
    end

  end

end   %程序终止
```

运行此程序后，输出的 6 个非奇异矩阵如下：

```
    1    1    0    0    0    0    0    0
    0    1    0    0    0    0    0    0
    0    0    1    0    0    0    0    0
    0    0    0    1    0    0    0    0
    0    0    0    0    1    0    0    0
    0    0    0    0    0    1    0    0
    0    0    0    0    0    0    1    0
    0    0    0    0    0    0    0    1


    1


    1    0    1    0    0    0    0    0
    0    1    0    0    0    0    0    0
    0    0    1    0    0    0    0    0
```

```
0    0    0    1    0    0    0    0
0    0    0    0    1    0    0    0
0    0    0    0    0    1    0    0
0    0    0    0    0    0    1    0
0    0    0    0    0    0    0    1

2

1    1    1    0    0    0    0    0
0    1    0    0    0    0    0    0
0    0    1    0    0    0    0    0
0    0    0    1    0    0    0    0
0    0    0    0    1    0    0    0
0    0    0    0    0    1    0    0
0    0    0    0    0    0    1    0
0    0    0    0    0    0    0    1

3

1    0    0    1    0    0    0    0
0    1    0    0    0    0    0    0
0    0    1    0    0    0    0    0
0    0    0    1    0    0    0    0
0    0    0    0    1    0    0    0
0    0    0    0    0    1    0    0
0    0    0    0    0    0    1    0
0    0    0    0    0    0    0    1

4

1    1    0    1    0    0    0    0
0    1    0    0    0    0    0    0
0    0    1    0    0    0    0    0
0    0    0    1    0    0    0    0
0    0    0    0    1    0    0    0
0    0    0    0    0    1    0    0
0    0    0    0    0    0    1    0
0    0    0    0    0    0    0    1
```

```
      5

   1   0   1   1   0   0   0   0
   0   1   0   0   0   0   0   0
   0   0   1   0   0   0   0   0
   0   0   0   1   0   0   0   0
   0   0   0   0   1   0   0   0
   0   0   0   0   0   1   0   0
   0   0   0   0   0   0   1   0
   0   0   0   0   0   0   0   1

      6
```

最后，所有计算的结果和变量可以到 workspace 中去查找。

不难发现，MATLAB 编程语句简洁、方便，而且在处理矩阵形式的数据时显得格外便捷，在计算矩阵之间的乘法时，只需要一个"*"运算即可完成，在求矩阵的行列式时，也只不过用了一个 det()函数而已。

10.4.2　比较循环结构实例

例 10-7　用逻辑数数组进行屏蔽运算，比较循环结构、选择结构与应用逻辑数组运算的快慢。

进行下面两个计算，并对它进行计时：

（1）创建一个含 10000 个元素的数组，其值依次为 1 到 10000 之间的整数。用 for 循环和 if 结构计算大于 5000 的元素的平方根。

（2）创建一个含 10000 个元素的数组，其值依次为 1 到 10000 之间的整数。用逻辑数组计算大于 5000 的元素的平方根。

该例的程序必须创建一个含 10000 个元素的数组，其值依次为 1 到 10000 之间的整数。用两种不同的方法计算出大于 5000 的元素的平方根。

比较两种方法运行的速度，下面给出具体代码，其代码保存在 eg10_7.m 文件中。

```
% 定义变量：
% a --输入值
% b --逻辑数组
% average1 --计时 1
% average2 --计时 2
% maxcount --计数器
% month --月(mm)
% year --年 (yyyy)
%

maxcount=1;
```

```
tic;                           % 开始计时
for jj=1:maxcount
a=1:10000;
for ii=1:10000
if a(ii)>5000
a(ii)=sqrt(a(ii));
end
end
end
average1=(toc)/maxcount;       %计算时间
%
maxcount=10;                   %
tic;                           %开始计算
for jj=1:maxcount
a=1:10000;
b=a>5000;
a(b)=sqrt(a(b));               %计算根号
end
average2=(toc)/maxcount;       %计算时间
%
%显示结果
fprintf('Loop/if approach=%8.4f\n',average1);
fprintf('Logical array approach=%8.4f\n',average2);
```

结果显示为：

```
Loop/if approach=0.0004
Logical array approach=0.0004
```

正如看到的那样，两种方法速度一样。

10.4.3 拟合曲线实例

例 10-8   用最小二乘法画噪声数据的近似曲线。已知有一系列含有噪声的数据(x,y)，编写程序用最小二乘法计算出 *m* 和 *b*。数据要求从键盘输入，画出每一个数据点，还要画出最适合的直线。

下落物体将会作均加速度运动，它的速度符合下面的公式：

$$v(t) = at + v_0$$

$v(t)$ 代表物体在 t 时刻的速度。加速度为 g，初速度 v_0 为 0。如果要画出下落物体的速度-时间图像，我们得到的 (v,t) 测量值应当在同一条直线上。但是，学习物理的同学都知道，在实验室得到的测量值不一定是直线。为什么会这样呢？因为所有的测量都有误差。在所有测量值中都有一定的噪声。

在工程和科研方面，有许多像这个例子一样带有噪声，而我们希望得到最符合预期的结果。

这个问题称为线性待定问题。给出一系列带噪声的测量值(x,y)，遵循一条直线，如何确定"最符合"这条直线的解析式呢？

如果确定了待定系数 m 和 b，那么就能确定解析式：

$$y=mx+b$$

确定待定系数 m 和 b 的标准方法为最小二乘法。之所以称为最小二乘法，是因为根据偏差的平方和为最小的条件来选择系数 m 和 b 的。公式如下：

$$m=\frac{(\sum xy)-(\sum x)\bar{y}}{(\sum x^2)-(\sum x)\bar{x}}$$

$$b=\bar{y}-m\bar{x}$$

其中，Σx 代表所有测量值 x 之和，Σy 代表所有测量值 y 之和，Σxy 代表所有对应的 x 与 y 的乘积之和，$\bar{x}$ 代表测值量 x 的数学期望。$\bar{y}$ 代表测值量 y 的数学期望。

（1）陈述问题。已知有一系列含有噪声的数据(x,y)用最小二乘法计算 m 和 b。数据要求从键盘输入，画出每一个数据点，还要画出最适合的直线。

（2）定义输入输出值。这个程序所需的输入值为点的个数，以及点的坐标。输出是用最小二乘法得到的斜率以及 y 上的截距。

（3）设计算法。第一步是读取输入量的个数，所以我们要用到 input() 函数。下一步要在 for 循环中使用 input() 函数读取输入量(x,y)。每一个输入值将会产生一个数组($[x,y]$)，然后这个函数将会返回这个数组到调用程序。这里应用 for 循环是合适的，因为已事先知道循环要执行多少次。

下面给出具体代码，其代码保存在 eg10_8.m 文件中。

```
% 定义变量：
% n_points 个点在 [x y]上
% sum_x 输入 x 的总合
% sum_x2 输入 x^2 的总合
% sum_xy 输入 x*y 的总合
% sum_y 输入 x 的总合
% x x数组
% x_bar x 的平均值
% y y 数组
% y_bar y 的平均值
% y_int y 轴插值
disp('This program performs a leastsquares fit of an ');
disp('input data set to a straight line.');
n_points=input('Enter the number of input [x y] points: ');
% 读取输入数据
for ii=1:n_points
```

```
temp=input('Enter [x y] pair: ');
x(ii)=temp(1);
y(ii)=temp(2);
end
% 统计计算
sum_x=0;
sum_y=0;
sum_x2=0;
sum_xy=0;
for ii=1:n_points
sum_x=sum_x+x(ii);
sum_y=sum_y+y(ii);
sum_x2=sum_x2+x(ii)^2;
sum_xy=sum_xy+x(ii)*y(ii);
end
%计算插值点
x_bar=sum_x/n_points;
y_bar=sum_y/n_points;
slope=(sum_xy-sum_x*y_bar)/(sum_x2-sum_x*x_bar);
y_int=y_bar-slope*x_bar;
% 报告
disp('Regression coefficients for the leastsquares line:');
fprintf(' Slope(m)=%8.3f\n', slope);
fprintf(' Intercept(b)=%8.3f\n', y_int);
fprintf(' No of points=%8d\n', n_points);
% 画图
% 连接行
plot(x,y,'bo');
hold on;
%拟合曲线
xmin=min(x);
xmax=max(x);
ymin=slope*xmin + y_int;
ymax=slope*xmax + y_int;
% 画线
plot([xmin xmax],[ymin ymax],'r','LineWidth',2);
hold off;
%标题
```

```
title ('\bfLeastSquaresFit');
xlabel('\bf\itx');
ylabel('\bf\ity');
legend('Input data','Fitted line');
grid on
```

结果如下：

```
This program performs a leastsquares fit of an
input data set to a straight line.
Enter the number of input [x y] points: 7
Enter [x y] pair: [1.1 1.1]
Enter [x y] pair: [2.2 2.2]
Enter [x y] pair: [3.3 3.3]
Enter [x y] pair: [4.4 4.4]
Enter [x y] pair: [5.5 5.5]
Enter [x y] pair: [6.6 6.6]
Enter [x y] pair: [7.7 7.7]
Regression coefficients for the leastsquares line:
 Slope (m)=1.000
 Intercept (b)=0.000
 No of points=7
```

用最小二乘法画出的噪声数据图如图 10-1 所示。

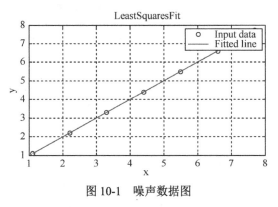

图 10-1　噪声数据图

10.5　本章小结

本章介绍了 MATLAB 最基本的编程语句，即选择结构和循环结构。选择结构的基本类型是 if 结构。这个结构非常灵活。这个结构可以跟任意多个 elseif 语句、if 结构进行嵌套组成更复杂的结构。第二种选择结构是 switch 结构，它提供了多项选择。第三种选择结构是 try/catch 结构，用于跳过错误以保证程序继续执行。

Note

　　循环结构的基本类型有 while 循环和 for 循环。在 while 循环中，执行循环体的重复次数是不能确定的，只要满足用户定义的条件，循环就进行下去。相对地，在 for 循环中，执行循环体的重复次数是确定的，在循环开始之前就知道循环重复的次数。在两种循环中均可使用 break 语句以跳出循环。

第11章

M 脚本文件

前面的章节已经介绍了如何利用 MATLAB 的命令行窗口直接输入命令以实现简单编程的目的。但是，在实际应用中往往需要输入上百甚至上千行命令，这在 MATLAB 中若逐行输入就显得不方便了。

MATLAB 提供了一个合理的方法，该方法允许用户将一系列 MATLAB 命令输入到一个简单的文本文件中，只要在 MATLAB 命令行窗口中打开这个文件，文件中所有的命令都会依次执行，其结果和用户在命令行窗口中逐条输入命令完全一样。这样的文本文件在 MATLAB 中称为 M 脚本文件。

学习目标

(1) 了解 M 脚本文件的基本用法。
(2) 熟悉 MATLAB 中的变量类型命令。
(3) 了解如何启动与终止程序。

11.1 M 脚本文件概述

"脚本"一词意味着 MATLAB 仅仅从这个文件中读取脚本语句，又由于这些文件都以".m"作为文件后缀名，因此也称为 M 文件。

11.1.1 什么是 M 脚本文件

所谓 M 脚本文件，是指：

（1）该文件中的指令形式和前后位置，与解决同一个问题时在指令窗中输入的那组指令没有任何区别。

（2）MATLAB 在运行这个文件时，只是简单地从文件中读取一条条指令，送到 MATLAB 中执行。

（3）文件扩展名是".m"。

当使用 M 文件编辑调试器保存文件时，或在 MATLAB 指令窗中运行 M 文件时，不必写出文件的扩展名。在 M 文件编辑调试器中，可以采用汉字注释，并可以获得正确显示。

通常，M 文件是文本文件，所以可使用一般的文本编辑器编辑 M 文件，存储时以文本模式存储。此外，MATLAB 内部自带了 M 文件编辑器与编译器，可点击"新建脚本"按钮，进入 M 文件编辑/编译器。

如图 11-1 所示，它是一个集编辑与调试两种功能于一体的工具环境。进行代码编辑时，可以用不同的颜色来显示注解、关键词、字符串和一般程序代码，使用非常方便。在书写完 M 文件后，也可以像一般的程序设计语言一样，对 M 文件进行调试、运行。

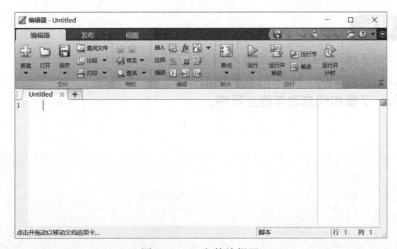

图 11-1　M 文件编辑器

例如，假设当前文件夹下有一个脚本文件，如图 11-2 所示。

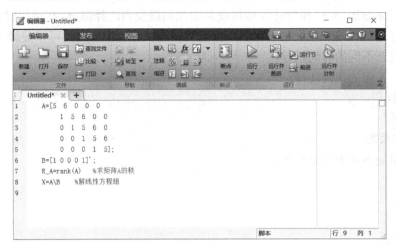

图 11-2   M 文件

其内容如下：

```
%求线性方程组 AX=B 及矩阵 A 的秩
A=[5 6 0 0 0
   1 5 6 0 0
   0 1 5 6 0
   0 0 1 5 6
   0 0 0 1 5];
B=[1 0 0 0 1]';
R_A=rank(A)        %求矩阵 A 的秩
X=A\B              %解线性方程组
```

在上面的代码中以%开头的行是注释行，上面的代码保存为 example.m；在命令行窗口中执行 example 命令，即可得到方程组的解，具体代码如下：

```
R_A=
    5
X=
    2.2662
   -1.7218
    1.0571
   -0.5940
    0.3188
```

11.1.2 注释

从上面的内容可以看出，用户可以方便快捷地书写多行注释。另外，在创建和调试大型 M 文件时，注释还可以帮助用户控制 M 文件中任意一行或多行程序的解释与执行。

对于一行一行的注释，用户可以在每一行的开头添加"%"即可，还有一种是在一块文字的首尾添加"%{"和"%}"，即可使其由代码段变为注释部分，在运行时，MATLAB就不再执行这些代码。应用这一特性，在编辑和调试过程中，用户可以使脚本文件中的不同代码段在不同的时间执行。

例如，下面的代码注释：

```
% 作者：
% 时间：
% 参数设置：
```

可利用如下的方法来替代：

```
%{
作者：
时间：
参数设置：
%}
```

在 MATLAB 中，用户可以使用代码单元完成这一操作。一个代码单元是指用户在 M 文件中指定的一段代码，它以一个代码单元符号（双百分号加空格，即"%% "）为开始标志，到另一个代码单元符号结束，如果不存在第二个代码单元符号，则直到该文件结束。

代码单元只能在 MATLAB 编辑器窗口中创建和使用，在 MATLAB 命令行窗口中是无效的。也就是说，如果用户在 MATLAB 命令行窗口中输入含有代码单元的 M 文件并运行时，文件中的代码单元语法是被忽略的，MATLAB 将执行所有的代码（包括代码单元中的语句）。

11.1.3　M 脚本文件的用法

按照路径搜索优先级原则，MATLAB 在接收到上节中的 example 这条语句时，首先检查 example 是不是当前 MATLAB 工作区中存在的变量名和 MATLAB 的内置函数名，若都不是，再检查其有效搜索路径下是否存在一个 M 脚本文件名为 example.m，如果存在，MATLAB 就打开这个文件，然后执行文件中的命令。

M 文件被打开后，文件中的命令就可以访问当前 MATLAB 工作区中的所有变量，并且这个 M 文件所创建的新变量也将被增加到 MATLAB 工作区中。通常情况下，MATLAB 在执行 M 文件时，文件中的命令并不显示出来。如果用户需要显示，则可用 echo on 命令指示 MATLAB 在执行 M 文件中的命令时将这些命令显示在命令行窗口中。

当不需要显示时，利用 echo off 即可取消显示（本节最后给出了这两个命令的具体应用）。另外，反复执行单个命令 echo，可以实现命令显示状态的来回转换（相当于交替执行 echo on 和 echo off）。

有时用户在解决某类问题时，需要改变其中的一个或多个变量的值进行重复验证（通常称这类问题为 what if 问题），这时利用 M 脚本文件就可以使问题的解决变得简单易行。

例如，用户可以反复打开 example.m 文件，改变变量值，然后保存并运行这个文件，就可以得到不同的结果。

从 example.m 中可以看到，使用脚本文件进行 MATLAB 运算时，注释是非常必要的。注释是指用户对脚本文件中的命令添加的说明性文字，便于用户日后阅读和理解。另外，在一条命令语句后添加分号意味着在执行该语句时不显示执行结果，这一特点可以用来控制是否显示脚本文件的输出，以便只在屏幕上显示重要的结果。

在 MATLAB 脚本文件中，有一些函数对于控制文件执行十分有用，表 11-1 所示为这些函数的名称和功能描述。

表 11-1　M 脚本文件使用的函数

函 数 名	描　　述
beep	让计算机发出"嘟嘟"声
disp(variablename)	只显示结果，而不显示变量名
echo	在 M 脚本文件被执行时，控制 M 脚本文件内容是否在 Command 窗口中显示
input	提示用户输入数据
keyboard	临时终止 M 文件的执行，让键盘获得控制权。按回车（Return）键就将控制权交还给正在执行的 M 脚本文件
pause 或 pause(n)	暂停，直到用户按下任何一个按键为止，或者暂停 n 秒后继续执行
waitforbuttonpress	暂停，直到用户按下鼠标键或者其他按键为止

当一条 MATLAB 命令不是以分号结尾时，那么该命令的执行结果连同变量名同时显示在 Command 窗口中。当不需要显示变量名，只需要显示结果时，可以用 disp 函数实现，如下所示：

```
>>disp(X)
    2.2662
   -1.7218
    1.0571
   -0.5940
    0.3188
```

11.2　MATLAB 中的变量类型

MATLAB 能识别一般常用的加、减、乘、除和幂等运算，对于简单的计算可以在命令行窗口中输入表达式后，按【Enter】键即可完成。MATLAB 会将运算结果存入默认变量 ans 中，并显示其结果（如果表达式后加上分号";"，则不会显示），用户也可自行设定自己的变量。

与 C 语言不同的是，MATLAB 中的变量不需要事先定义。但 MATLAB 中的变量也有自己的命名规则，即必须以字母开头，之后可以是任意字母、数字或下画线，不能有空格；变量名区分大小写。

在 MATLAB 中，变量名不能超过 63 个字符，第 63 个字符之后的部分将被忽略。除上述命名规则外，MATLAB 还包括一些特殊的变量，如表 11-2 所示。

表 11-2　MATLAB 中的特殊变量

变 量 名	变 量 含 义	变 量 名	变 量 含 义
ans	MATLAB 中默认变量	i(j)	复数中的虚数单位
pi	圆周率	nargin	所用函数的输入变量数目
eps	返回某数的最小浮点数精度	nargout	所用函数的输出变量数目
inf	无穷大	realmin	最小可用正实数
NaN	非数	realmax	最大可用正实数

通常定义的变量有局部变量和全局变量两种类型。每一个函数在运行时，均占用单独的一块内存，此工作空间独立于 MATLAB 的基本工作空间和其他函数的工作空间。

因此，不同工作空间的变量完全独立，不会相互影响，这些变量称为局部变量。有时为了减少变量的传递，可使用全局变量，它是通过 global 指令来定义的，格式为：

```
global var1 var2;
```

通过上述指令，可以使 MATLAB 允许几个不同的函数空间以及基本工作空间共享同一个变量。每个希望共享全局变量的函数或 MATLAB 基本工作空间必须逐个对具体变量加以专门定义，没有采用 global 定义的函数或基本空间将无权使用全局变量。

如果某个函数的运行使得全局变量发生了变化，则其他函数空间及基本工作空间内的同名变量随之变化。只要与全局变量相联系的工作空间有一个变量存在，则全局变量就存在。

在使用全局变量时需要注意以下几个方面：

- 在使用之前必须首先定义，建议将定义放在函数体的首行位置。
- 虽然对全局变量的名称并没有特别的限制，但为了提高程序的可读性，建议采用大写字符命名全局变量。
- 全局变量会损坏函数的独立性，使程序的书写和维护变得困难，尤其是在大型程序中，不利于模块化，不推荐使用。

11.3　启动与终止

对于一个完整的测试程序而言，必然包含若干个时间计量。本节将简要介绍 M 文件的启动与终止过程。

11.3.1 设置执行时间

在正常情况下，当用户在 MATLAB 命令行窗口中输入一个 M 文件的文件名并回车后，该文件是被立即执行的。但有些情况，例如在大型工程项目或长时间执行才能得到所需结果时，用户并不希望文件立即执行，而希望能够控制 M 文件的执行时间。

在 MATLAB 中，这一功能可以通过使用计时器对象实现。计时器对象可以使用 timer 函数创建，下例创建了一个名为 my_timer 的计时器对象变量：

```
>>my_timer=timer('TimerFcn','MfileName','StartDelay',100)
```

上例计时器对象表明，当用户使用 start()函数启动计时器 100 秒后，名为 MfileName 的 M 文件将被执行。启动计时器的命令如下：

```
>>start(my_timer) % start the timer in the variable my_timer
```

timer()函数的一般语法定义为：

```
t=timer('PropertyName1',PropertyValue1,'PropertyName2',
        PropertyValue2,...)
```

该定义中，参数总是成对出现的，分别表示属性的名称和属性值。

上例中，当计时器启动后，MATLAB 并不立即执行代码，用户可以利用这一空闲时间从事其他操作。100 秒后，计时器对象开始执行，这时它将代替 MATLAB 对代码进行控制，当代码执行结束后，计时器释放对代码的控制权，MATLAB 重新将控制权交给命令行窗口。

计时器对象还有许多其他特性。首先，MfileName 可以是任何可执行语句，例如，一个 M 脚本文件、一个函数句柄、一个 M 函数文件或一系列 MATLAB 命令等。其次，用户可以利用计时器对象使指定的代码按周期循环执行或一次执行数个周期。最后，一个计时器中可以同时对 4 个 M 文件或代码序列进行不同的定时操作。例如，可以创建如下的计时器对象：

```
>>my_timer=timer('TimerFcn','Mfile1',...
                 'StartFcn','Mfile2',...
                 'StopFcn','Mfile3',...
                 'ErrorFcn','Mfile4');
```

该计时器对象将执行如下操作：

（1）将'Mfile1'作为基本计时器代码循环周期执行。

（2）当使用 start()函数启动计时器时执行 Mfile2。

（3）当使用 stop()函数终止计时器时执行 Mfile3。

（4）当 MATLAB 出错时执行 Mfile4。

更多关于计时器对象的信息请参考相应的 MATLAB 帮助文档。

11.3.2 启动和终止

当 MATLAB 启动时，将运行两个 M 脚本文件 MATLABrc.m 和 startup.m。第一个文

Note

件 MATLABrc.m 主要用于设置图形显示（Figure）窗口的默认大小和位置，以及一些其他默认特性，该文件是和 MATLAB 一起被安装在硬盘上的，通常不能进行修改。

另外，MATLABrc.m 文件还用于设置默认的 MATLAB 搜索路径，这一工作是通过调用脚本文件 pathdef.m 来完成的。当用户用路径浏览器和一些命令函数重新设置搜索路径时，都无形中更改了文件 pathdef.m 的内容，因此用户没有必要专门编辑和修改这个文件。

当 MATLABrc.m 文件运行时，通常要检测 MATLAB 搜索路径中是否存在 startup.m 脚本文件，如果存在，就执行文件中的命令。startup.m 是一个可选文件，通常包含用户添加的一些默认特性。

例如，用户可以在 startup.m 文件中添加一个或多个 addpath 或 path 命令，将更多的目录添加到 MATLAB 的搜索路径中；另外，还可以用诸如 format compact 的命令来改变默认的数字显示格式。因为 startup.m 是一个标准的 M 脚本文件，所以几乎所有的命令都可以添加到该文件中（但建议用户不要将 quit 命令添加到该文件中）。

在单用户安装版本中，startup.m 文件通常保存在 MATLAB 安装目录下的 toolbox/local 子目录中；在网络安装版本中，为了调用方便，startup.m 文件通常在用户启动 MATLAB 时的默认目录中。

在 MATLAB 命令行窗口中，输入 exit 或者 quit 命令可以结束 MATLAB 的运行。MATLAB 将在其搜索路径中寻找一个名为 finish.m 的文件。如果找到该文件，MATLAB 在结束运行之前将执行这个文件中的命令。

11.4 本章小结

本章主要介绍了 M 脚本文件的使用以及相关技巧。对于一些简单的问题，当所需命令数量很少时，快捷而有效的方法是在 MATLAB 的命令行窗口中直接输入这些命令。但是，对于有些问题，当所需命令数量较多，或者用户需要改变其中的一个或多个变量的值进行重复验证时，直接输入命令的方法就不方便了，可以使用 M 脚本文件。

第 **12** 章

M 函数文件

M 文件有函数和脚本两种格式。上一章已经介绍了 M 脚本文件的使用方法，两者的相同之处在于它们都是以.m 作为扩展名的文本文件，不进入命令行窗口，而是由编辑器来创建外部文件。

但是两者在语法和使用上还是有区别的，M 函数文件形式上更像 C 语言，有输入参数，也有输出参数。

学习目标

(1) 了解 M 函数文件的基本构建规则。

(2) 了解 M 函数句柄。

(3) 了解嵌套 M 函数。

12.1 M 函数

函数能够把大量有用的数学函数或命令集中在一个模块中，因此，它们对某些复杂问题具有很强的解决能力。

12.1.1 什么是 M 函数

MATLAB 是由 C 语言开发而成的，M 文件的语法规则与 C 语言几乎一样，简单易学。

MATLAB 中许多常用的函数（如 sqrt、inv 和 abs 等）都是函数式 M 文件，在使用函数时，利用操作系统所给的输入，MATLAB 获取并传递给它的变量，运算得到所需的结果，然后返回这些结果。

M 函数文件类似于一个黑箱，由函数执行的命令以及这些命令所创建的中间变量都是隐含的。运算过程中的中间变量都是局部变量（除特别声明外），存放在函数本身的工作空间内，不会和 MATLAB 基本工作空间（Baseworkspace）的变量相互覆盖。

 函数接口中只有输入和输出，因此易于使程序模块化，特别适合于编写大型程序。

下面通过一个 M 函数的例子来说明其结构：

```
function f=function1(v)
f=tan(v);
```

此 M 函数的第一行为函数定义行，以 function 语句作为引导，定义了函数名称（function1）输入自变量（v）和输出自变量（f），函数执行完毕返回结果。

 函数名和文件名必须相同。调用此函数时指定变量的值如自变量（v），类似于 C 语言的形式参数。

function 为关键词，说明此 M 文件为函数。第二行则为函数主体，规范函数的运算过程，并指出输出自变量的值。若调用此函数，可输入以下命令：

```
>>f=function1(0)
f=
0
```

 还可在函数定义行下加入注解，以%开头，即函数的在线帮助，若在 MATLAB 中输入"help 函数主文件名"，即可看到这些帮助，需要注意的是，在线帮助和 M 函数定义行之间可以有空行，但是在线帮助的各行之间不应有空行。

与 M 脚本文件的编辑器一样，M 函数也同样在这个编辑器中工作。

12.1.2　M 函数文件的构建规则

本节主要阐述创建 M 函数文件必须满足的一些标准，以及具有的一些特性，我们将这些标准和特性总结如下。

（1）M 函数文件名必须和 function 声明行中的函数名（例如 mmempty）一致。实际上，当用户输入一个 M 函数并执行时，MATLAB 寻找的是以这个函数的名字命名的.m 文件，而不是 function 声明语句中的函数名。

（2）在 MATLAB 中，一个 M 函数文件名最多可包含 63 个字符。当然，这只是 MATLAB 允许的最大值，根据用户的操作系统不同，M 函数文件名的有效字符数有可能小于 63 个字符。

当一个 M 函数文件名的长度多于 63 字符时，MATLAB 将忽略第 63（或者由用户操作系统决定的最大字符数）个字符之后的所有字符。因此建议用户在命名一个 M 函数文件时，使用稍长一些的名字，这样就可以为每一个 M 函数文件提供一个唯一的名称。

（3）在 MATLAB 版本中，M 函数文件名在 Windows 操作系统平台上区分大小写。

（4）M 函数文件名的命名规则与变量名相同，即必须以字母开头，后面可以是任意的字母、数字和下画线的组合，空格和标点符号不能用作文件名。

（5）M 函数文件的第一行必须是以 function 关键字开头的声明语句，称为函数声明行。function 之后的语句定义了该函数的调用方式，包括函数名、输入参数和输出参数。其中输入参数和输出参数均是该函数的局部变量，也就是说，这些参数名只在函数体内部有效。在函数执行时，通过输入变量获得数据，通过输出变量输出结果。

（6）介于函数声明行和第一行命令之间的若干行注释是函数的帮助文档，当使用 help 或者 helpwin 命令查看时，将显示这些内容。其中，第一行注释称为 H1 行，通常包含对函数功能的简要描述，当使用 lookfor 命令查看时，显示的便是这行内容。H1 行之后的帮助文档内容可对该函数进行详细描述，包括函数调用方法、函数所使用的算法、一些简单实例等。

（7）为了使函数名在帮助文档中一目了然，帮助文档中的函数名通常都是大写的，但在函数调用时，必须使用与函数文件名相同的小写字母。

（8）函数帮助文档之后的所有语句称为函数体。函数体根据输入参数，通过一系列运算命令得出结果，并通过输出参数输出给用户。

（9）如果 M 函数文件中包含 return 语句，则函数执行到该语句即终止；如果不包含 return 语句，则执行到文件的最后一行才终止。当 M 函数文件中包含嵌套函数时，每个嵌套函数都必须有一个 end 语句来终止该嵌套函数的执行。

（10）当函数执行时出现异常或错误时，用户可以通过调用 error() 函数来终止函数执行并返回到命令行窗口。例如，当函数中某个函数或命令使用不正确时，可以使用 error() 函数指出非法使用的原因或纠正办法。

（11）在 M 文件函数中也可以调用 warning() 函数，对函数执行时出现的异常行为和意外情况发出告警信息。Warning() 函数与前面讲到的 error() 函数在语法定义和使用方法上十分相似，如参数中都可以包含简单的字符串、格式化数字以及一个可选的初始信息指示符。

Warning()函数与 error()函数的区别如下：

① 当函数执行遇到 warning()函数时，不是立即返回，而是继续执行，只不过会立即在命令行窗口中显示一条告警信息。

② 用户可以通过全局设置关闭告警功能，或关闭与某个特定指示符相关的告警功能。有关 warning()函数的其他用法请读者参考 MATLAB 帮助文档。

（12）M 函数文件内部也可以调用 M 脚本文件。此时，M 脚本文件所创建的所有变量都作为函数的内部变量，不会出现在 MATLAB 工作区中。

（13）在 M 函数文件内部可以创建一个或多个子函数，又称为局部函数。这些函数通常出现在主函数体的后面，同样以一个标准的函数声明语句开始，并且遵循所有的函数创建规则。

（14）子函数可以被主函数调用，也可以被同一文件内的其他子函数调用，但不能被文件之外的其他函数调用。

（15）子函数也含有像主函数那样的帮助文档，并通过以下格式查看：>>helpwin func/subfunc，其中 func 是主函数名，subfunc 是子函数名。

（16）除子函数之外，M 函数文件还可调用私有函数。私有 M 函数文件也是标准的.m 文件，保存在主函数所在目录的子目录中，主要包含主函数所需的一些子功能。注意，只有父目录下的主函数才能调用这些私有 M 函数。

（17）同子函数一样，私有 M 函数文件名也没有什么特殊要求，其命名规则与子函数相同。但同样为了显示和调用方便，建议私有 M 函数文件名都以 private 开头，例如，private_myfun。

12.1.3 MATLAB 的函数文件搜索路径

M 函数文件是 MATLAB 给用户提供的一项基本工具，它使得用户可以对一组有用的命令进行封装，然后反复调用。M 函数文件与 M 脚本文件一样，也存储在计算机硬盘，MATLAB 在调用某个函数时，也需要在硬盘上搜索相应的.m 文件。因此，为了提高搜索效率和执行速度，MATLAB 在搜索、打开并执行 M 函数文件时也采取了一些特有的技术和手段，这些技术和手段主要包括如下。

（1）当 MATLAB 第一次打开并执行一个 M 函数文件时，函数中的命令将被编译（compile）成内部伪码（internal pseudocode）格式存储在内存中，以提高对该函数后续调用时的执行速度。如果函数中还包含了对其他 M 函数文件和 M 脚本文件的调用，这些文件也被编译成内存中的内部伪码格式。

（2）使用函数 inmem()可以查看被编译成内存伪码格式的各个函数和脚本文件名，这些文件名被保存在该函数返回的一个字符串单元数组中。

（3）当一个函数被编译到内存中后，可以使用 mlock 命令将该函数锁定在内存中，这样就保证它不会从内存中清除，也就是说，利用 clear 命令不会将该函数从内存中清除出去。

如果一个 M 函数文件被锁定，则该函数中声明的永久变量就会驻留在内存中，以便

Note

被其他函数反复调用。与 mlock 命令相对应的命令是 munlock，它将一个锁定的函数解锁，使其可以从内存中清除。Mislocked 命令用于检查一个函数是否被锁定，如果函数被锁定，就返回 true，否则返回 false。

 如果用户不在 M 函数文件中使用任何锁定命令，则该函数的默认设置为未锁定。

（4）用户可以使用 pcode 命令将编译后的伪码存储到硬盘上。该命令执行后，MATLAB 将会把编译后的函数，而不是 M 文件载入到内存。对于大多数函数来说，伪码文件在第一次运行时，并不能明显缩短函数的执行时间。

但是，当用户反复调用该函数，或者当该函数需要与复杂的图形用户界面进行交互时，采用伪码文件的确可以大大提高函数的运行速度。可以使用下面的命令来创建伪码文件：

```
>>pcode myfunction
```

其中，myfunction 是需要编译的 M 文件的名字。伪码文件是一个经过加密的、与操作系统无关的二进制文件，该文件与原始 M 文件具有相同的文件名，但其后缀是.p，而不是.m。

利用伪码文件运行函数可以确保函数源码本身的安全性，因为所有的伪码文件都是由一些特殊的二进制代码构成的，一般的浏览器是无法解释这些代码的。

另外，伪码文件是无法转换成 M 文件的。由于伪码文件所具有的二进制特性，伪码文件在 MATLAB 各版本中是无法后向兼容的。

（5）当启动 MATLAB 时，会把存储在 toolbox 目录及其子目录中的所有 M 文件的名字和位置存入高速缓冲区中，以提高函数的运行速度。toolbox 目录及其子目录中的文件存入缓冲区后，这些文件都被视为具有只读属性。

也就是说，当一个函数被执行后，再对其进行修改，则 MATLAB 只执行原来的函数，忽略对这个函数所做的改变。另外，如果一个新的 M 文件在 MATLAB 启动之后才被加到 toolbox 目录或其子目录下，那么它们并不会被载入到高速缓冲区中。

因此，在 M 函数文件开发完成之前，最好把它们保存在 toolbox 以外的目录中，例如 MATLAB 安装目录；当这些函数开发完成后，再把它们存储到只读的 toolbox 目录或其子目录中。

最后，修改 MATLAB 的搜索路径，以便 MATLAB 下次启动时能够找到这些 M 函数文件，并把它们载入到高速缓冲区中。

（6）一个新的 M 函数文件被载入到高速缓冲区中以后，并不能立即被调用，只有使用 rehash toolbox 命令对高速缓冲区进行刷新后，MATLAB 才能找到并调用它。

另一方面，当一个已被载入高速缓冲区中的文件被修改时，MATLAB 也不能立即识别这些修改，只有通过 clear 命令将原来的函数从内存中清除之后，MATLAB 才能知道这些变化。

要将一个未锁定的文件从内存中清除，可以使用>>clear myfun 命令，也可以使用>>clear functions 命令将所有未锁定的函数从内存中清除。

Note

> clear 命令只能清除未锁定的函数文件，不能清除已锁定的函数文件。

（7）对于 toolbox 目录之外的 M 文件，MATLAB 通过辨别其修改日期来判断是执行新函数还是原来的函数。如果一个 M 文件函数已经被编译到内存，当 MATLAB 再次调用该函数时，将会比较此时硬盘上的 M 函数文件的修改日期与内存中 M 函数文件的修改日期。

如果这两个日期是一样的，MATLAB 将会执行内存中的 M 函数文件，如果硬盘上的 M 函数文件比内存中的 M 函数文件要新，MATLAB 就会将原来的编译文件清除，然后编译经过修改后的新文件并执行。

（8）利用 depfun() 函数，可以检查一个 M 函数文件与其他所有文件之间的文件相关性。该函数严格列出了一个 M 文件对其他 M 文件函数、内置函数的调用以及 eval 字符串中的函数调用和回调，还指出了函数所用到的变量和 Java 类。

当安装了不同 Toolboxes 的用户之间共享 M 函数文件时，用该函数标识出一个函数与另一用户的所有函数之间的相关性是非常有用的。另外，函数 depdir() 用来返回一个 M 函数文件相关目录的列表，该函数内部用到了 depfun() 函数。

12.1.4 输入和输出参数

MATLAB 函数对输入和输出参数的数量没有限制，可以有任意多个输入和输出参数。这些参数通常需要遵循一定规则，并表现出特有的属性，具体规则和属性如下。

（1）M 文件函数可以没有输入和输出参数。

（2）用户在调用 M 文件函数时，可以提供少于函数定义中规定个数的输入、输出参数，但不能提供多于函数定义中规定个数的输入、输出参数。

（3）如果一个函数声明了一个或者多个输出参数，但用户在使用时又不想要输出参数，则只需在调用该函数时不给函数提供输出变量即可。另外，在函数体内部，用户也可以在函数结束之前使用 clear 命令删除不需要的输出变量。

在（2）中规定，用户不能提供多于函数定义中规定个数的输入、输出参数。因此，MATLAB 提供了 nargchk() 和 nargoutchk() 函数，分别用于对有效的输入和输出参数个数进行判断。

当函数声明时定义了固定个数的输入输出参数（即不出现 varargin 和 varargout），而用户没有正确指定参数个数时，MATLAB 会自动报错，此时 nargchk() 和 nargoutchk() 函数作用不大。

但当函数声明时定义任意个数的输入输出参数时，这两个函数是非常有用的（因为此时 MATLAB 通常不会自动报错）。

用户可以通过分别调用 nargin() 和 nargout() 函数来确定一个 M 函数在调用时用到了几个输入和输出参数。

nargin 和 nargout 是函数不是变量，因此用户不能对它们进行赋值操作，如 nargin=nargin−1 是不对的。

12.2　函数工作区

MATLAB 函数是一个黑箱，它通过输入参数接受数据，通过输出参数将计算结果输出，在函数体内部创建的任何变量都不会在 MATLAB 工作区中显示。

其实，MATLAB 函数在每次执行时都会创建一个临时工作区，称为函数工作区，函数内部创建的变量都会存储在该工作区中，当函数执行完毕后该工作区连同里面的变量一起被删除。

在函数调用时，函数内部的变量通常通过输入和输出参数与 MATLAB 工作区进行数据交换，除此之外，MATLAB 还提供了其他一些方法和技术用于函数工作区之间以及函数工作区和 MATLAB 工作区之间的数据交换，这些技术主要包括如下。

（1）如果函数体内的一个变量被声明为 global，该变量就可以被其他函数、MATLAB 工作区以及函数本身反复调用。要访问函数或 MATLAB 工作区中定义的全局变量，必须在每个工作区中都将该变量声明为 global，声明格式为 global variablename。

（2）除了通过全局变量共享数据外，M 函数文件还定义了另一种可共享的变量类型，即 persistent 变量，其声明格式为 persisitent variablename，该变量又称为永久变量。永久变量与全局变量类似，但是它只能被声明该变量的函数反复调用，不能被其他函数或 MATLAB 工作区调用。

一旦一个包含永久变量的 M 函数文件被调用，永久变量就会保留下来，供下次调用该函数时使用。

（3）如果希望在其他工作区执行一个表达式，然后将结果返回到当前工作区，则可以使用 evalin()函数。evalin()函数与 eval()函数类似，只不过 evalin()函数中的表达式既可以在调用工作区（caller workspace）执行，又可以在基本工作区（base workspace）执行。

（4）既然用户可以在另一个工作区中执行一个表达式，并将结果赋给当前工作区中的一个变量，也可将当前工作区中的一个表达式的结果赋值给另一个工作区中的一个变量。

函数 assignin()便提供了这项功能，其语法格式为 assignin('workspace', 'vname',x)，其中'workspace'可以是'caller'，也可以是'base'，该函数将当前工作区中变量 x 的值赋给'workspace'工作区中的名为'vname'的变量。

（5）当在一个函数内部使用 inputname()函数时，就可以检测当该函数被调用时，调用工作区中都有哪些变量被使用（从函数名称上也可以看出，该函数将返回输入变量的名称）。

（6）当前正被执行的 M 函数文件的文件名可以通过该函数内部工作区中的一个变量 mfilename 得到。例如，对于 M 函数文件 myfunction.m，当该文件被执行时，其函数工作区中就创建一个 mfilename 变量，变量值为字符串'myfunction'。另外，对于 M 脚本文件也存在这样一个变量，用于保存正在执行的脚本文件的文件名。

12.3 函数文件的使用

前面几节主要介绍 M 函数文件的编写规则以及工作的基本原理，本节将介绍如何使用 M 函数文件。

12.3.1 函数文件实例

前面已经详细介绍了编写 M 函数文件要注意的基本规则，其实在使用 MATLAB 的过程当中，经常调用的一些 MATLAB 自带函数库中的函数就是一个函数文件，例如 sin(x) 函数等。

接下来，列举一个比较简单的、自编的 M 函数文件。

例如，计算一个复杂的指数函数，输入参数是一个变量 x，输出参数为 y。代码保存为 myfun1.m，代码设置如下：

```
function F=myfun1(x)
Iph=1;
I0=1;
q=1;
U0c=1;
A=1;
k=1;
T=1;
F=Iph-I0*(exp(q*(U0c+x)/(A*k*T))-1)-x;
```

如果想要计算这个指数函数的值，例如，想要知道 x=3 时 y 的值，可以在命令行窗口中输入：

```
>>F=myfun1(3)
```

结果为：

```
F=
 -55.5982
```

在很多情况下，用户需要将一个函数的标识作为参数传递给另一个函数。MATLAB 的许多数值分析函数就需要将用户提供的一个函数作为函数输入参数进行验证，例如 fsolve()函数，它的一个调用方式为 x=fsolve(fun,x0)，其功能是利用初值 x0 点来计算非线性方程的值。

12.3.2 函数句柄

函数句柄是 MATLAB 提供给用户的一个强有力的工具。首先，当一个函数句柄被创建时，它将记录函数的详细信息，因此，当使用一个函数的句柄调用该函数时，MATLAB 会立即执行，不再需要进行文件搜索。尤其是当反复调用一个文件时，可以节省大量搜索时间，从而提高函数的执行效率。

例如，利用 fsolve()函数解上一节中那个非线性指数函数的值，可在命令行窗口中输入：

```
>>x=fsolve(@myfun1,0);
```

结果为：

```
ans =

    -0.2079
```

其中，@符号意味着函数 F 等号左边是一个函数句柄。@后面定义了函数的输入参数 x0。

函数句柄的另一个重要特性是它们可以用来标识子函数、私有函数和嵌套函数。一般情况下，这些函数对于用户来说都是"隐蔽"的，这些标识对用户正确使用这些函数非常有用。

例如，当我们在编写一个含有子函数的 M 文件函数时，可以为子函数创建一个句柄，并作为主函数的一个输出参数提供给用户，这样就使本来"隐蔽"的子函数"显现"出来，便于用户对其进行验证和使用。

12.3.3　嵌套函数

上面例子中是首先单独编写了一个函数文件 myfun1.m，然后在命令行窗口中输入 x=fsolve(@myfun1,0)，便得到想要的结果。但是，是否可以将其写入到一个函数文件中呢？

当然可以，MATLAB 提供这样的方式称为函数嵌套。嵌套函数是 MATLAB 的又一种函数类型，这种函数对于熟悉它的编程人员是十分有用的，但如果用户对该函数类型不是十分了解，对其使用不当，反而会造成程序质量的下降。

例如，将上述两个过程写入一个名为 fs.m 的文件，代码如下：

```
function x=fs(x0)
x=fsolve(@myfun1,x0);

function F=myfun1(x)
Iph=1;
I0=1;
q=1;
U0c=1;
A=1;
k=1;
T=1;
F=Iph-I0*(exp(q*(U0c+x)/(A*k*T))-1)-x;
```

在命令行窗口中输入：

```
>>fs(0)
```

结果为：

```
ans=
    -0.2079
```

第一个 function x=fs()相当于 C 语言中的主函数（main()），而第二个 function F=myfun1() 是子函数。

一个程序中只能有并且仅有一个主函数，其他的函数都是子函数。与 C 语言略微的区别就在于，在 MATLAB 这种调用子函数的过程中，不用声明这个子函数。

原则上，一个函数可以包含任意多个嵌套函数，并且嵌套函数还可以包含嵌套函数。一个嵌套函数既可以通过输入参数访问主函数工作区中的变量，还可以直接访问主函数工作区中的其他变量。

这些内容也许会令人费解，实际上，嵌套函数使得 M 文件的调试变得非常复杂，并且初学者基本上无法感觉到它的优势究竟在什么地方。

只不过是往往在编写较大程序库，需要诸多人来参与时，就需要这样的嵌套关系，另一个程序员只需要知道其他程序员编写的程序中函数的接口是什么就可以，而不必关心其内容。例如，要想调用 MATLAB 库中的函数（MATLAB 开发人员已编写好），只需要知道其调用格式即可，而不需要了解代码内容。

12.4 本章小结

本章主要介绍了 M 函数文件的使用以及相关规则。在编写函数文件的过程中，首先要注意的是，一个 M 函数文件的第一行都是一个以关键字 function 开头的声明行，表明该文件为一个 M 函数文件，声明行中包含了函数名称、输入参数和输出参数。

另外，为了使别的用户了解该函数的功能特点和使用方法，通常需要为其加入适当的注释，M 函数文件的注释是有一定规律的。对于广大 MATLAB 用户应当熟悉如何使用 M 函数文件，逐步熟练掌握 MATLAB 软件，向着更高的目标而迈进。

第13章

M 文件的调试

对于编程人员来说，程序运行时出现 bug 在所难免，尤其是在大规模、多人共同参与的情况下，因此掌握程序调试的方法和技巧对提高工作效率很重要。

为此，MATLAB 提供了几种有助于调试 M 文件的方法和函数。另外，MATLAB 还提供了一个有效工具——剖析器，帮助用户提高 M 文件的执行速度。M 文件剖析器在分析一个 M 文件的执行方面，MATLAB 能够通过标识出哪一行代码的运行时间最长，来优化 M 文件的执行，提高其执行速度。

学习目标

（1）了解 M 文件的两种调试方法。
（2）了解语法检查。

13.1　调试方法

前面章节主要介绍如何完成程序的编译，本节将介绍两种调试方法，即直接调试法和工具调试法，来解决程序中经常遇到的错误。

13.1.1　直接调试法

在 MATLAB 中，表达式可能会存在两种类型的错误：语法错误和运行错误。语法错误一般是由用户的错误操作造成的（例如未声明的变量或者函数名拼写错误、缺少引号或者括号等），只有在 MATLAB 运行一个表达式时或者一个函数被编译进入内存时才会发现这些错误。

MATLAB 发现错误后，便立即标识出这些错误，并向用户提供关于所遇到的错误的类型以及错误在 M 文件中所在的位置（行的标号）的信息。利用这些返回信息，用户就能方便地对错误进行定位，并纠正它。

有一种语法错误例外，它是出现在 GUI 回调字符串中的语法错误。如果用户将 GUI 回调字符串拼错，这些错误在 GUI 运行的过程中，如果该字符串本身不被执行，MATLAB 就无法发现这些错误，直到字符串本身被执行才会检测到错误。

另外，运行时错误能被 MATLAB 发现并标记出来。但用户在通常情况下很难发现这些错误到底发生在何处，即使 MATLAB 会将它们标记出来，当 MATLAB 运行时错误被发现后，MATLAB 便将控制权立刻返回到命令行窗口和 MATLAB 工作区。

这时，用户无法访问错误发生时函数工作区内的值，也不能通过查询这个函数工作区的方法来筛查错误来源，并试图隔离出现的问题。因此，检查运行错误的最好方法是依靠编程经验和他人的指导。

M 函数文件的调试方法有好几种，对简单的问题，可以直接使用下述之一方法来调试解决。

（1）将函数中要调试的语句行后面的分号去掉，这样运算的中间结果就可以在命令行窗口中显示出来。

（2）在函数中添加额外的语句，用于显示所要查看的变量语句。

（3）在 M 函数文件中选定位置添加 keyboard 命令，当函数执行到 keyboard 命令时，便停止执行，以便将临时控制权交给键盘。这时，用户就可以查看函数工作区中的变量，可以进行查询，还可以根据需要改变变量的值。

如要恢复函数的执行，只要在键盘提示符（K>>）后输入 return 命令，函数即可恢复执行。

（4）在 M 函数文件开头的函数定义声明语句（即第一行语句）之前插入%，可以将第一行变为注释行，同时也把 M 函数文件变为一个 M 脚本文件。

这样，在以脚本文件执行时，其工作区就是 MATLAB 的工作区，在出现错误时用户就可以查看这个工作区中的变量。

当一个 M 函数文件容量很大时，M 文件是可递归调用的，或者是高度嵌套的，也就是说该函数调用其他的 M 函数文件，而这些函数又调用其他的函数。

当然，用户也可以将这些函数在命令行窗口中直接输入与这些调试函数等价的函数，只不过相对要麻烦得多。用户可以通过输入下面的命令来查看这些等价函数的联机帮助；如果用户坚持用这些函数，而不是用图形化的调试器，请参看联机帮助文档中的 debug 部分，也就是说，在 MATLAB 提示符下输入：

Note

```
>>helpwin    doc debug
```

用户可以通过 MATLAB 的图形化调试工具来设置函数的运行和停止，例如，用户可以使函数在已设定的断点处停止运行，或者使函数在出现 MATLAB 报警和错误的地方停止运行，以及在得到了 NaN 和 Inf 的结果表达式的地方中断程序的运行等。

如果用户在程序中设置了断点，则当程序运行到断点时，MATLAB 在执行完断点所在的行之后进行运算，并在返回结果之前立即停止执行，在 MATLAB 工作区中显示当前各内部变量的值。

一旦程序停止运行后，命令行窗口会出现键盘提示符 K>>，这时用户可以查询函数工作区，改变工作区中变量的值等，还可以根据需要进行跟踪调试。

但是对于文件规模大，相互调用关系复杂的程序，直接调试是很困难的，这时可以借助 MATLAB 的专门调试器工具（Debugger），即工具调试法。

13.1.2   工具调试法

对于大型程序，直接调试已经不能满足调试要求，可以考虑采用工具调试法。所谓工具调试法是指利用 MATLAB 的 M 文件编辑器中集成的程序调试工具对程序进行调试的方法。

工具调试法的步骤如下：

（1）准备文件。将需要调试的文件最好单独放置到新的文件夹中，并将该文件夹设置为工作目录；使用 M 文件编辑器打开文件。

（2）调试前，如对文件有所改动，应该及时保存。保存后，才能安全地进行调试。

（3）单击 run 对程序进行试运行，查看程序的运行情况。

（4）设置断点。断点的类型包括：标准断点、条件断点和错误断点。

（5）在断点存在的情况下运行程序，会在命令窗口出现 K>>提示符。程序运行过程中碰到断点时，会在 M 文件编辑器和命令窗口给出提示。

（6）检查变量的值。根据这些值判断程序当前的正误情况。

（7）按需要单击 M 文件编辑器的 Continue、Step、Step In、Step Out 等按钮。

（8）结束调试，修改程序，再继续以上的步骤，直至程序完美。

13.2   检查语法

当用户创建和调试 M 文件时，适时地检查代码中的语法错误和运行错误是非常必要的。过去，通常需要执行完 M 文件，然后从命令行窗口中返回的警告和错误信息判断是否存在语法错误或运行错误，或者使用 pcode 命令创建一个 P 码文件来寻找错误根源。

在 MATLAB 中，用户可以使用 mlint()函数来分析 M 文件中的语法错误以及其他可能存在的问题或不完善的地方。

例如，mlint()函数可以检查出文件中是否有变量虽然被定义但却从未调用，是否有输入参数未使用，是否有输出参数未赋值，是否存在已不再使用的函数或命令，是否存在 MATLAB 根本执行不到的语句等。该函数通常都是以命令的形式调用的，其调用格式为：

```
>>mlint myfunction
```

其中，myfunction 是要检查的 M 文件名称。当然，该函数也可以以函数的形式进行调用，用户可以通过多种方式获得其输出结果。例如，下面的代码将 mlint()的输出结果赋给了一个结构体变量 out：

```
>>out= mlint('myfunction','-struct');
```

除了可以利用 mlint()检查文件外，用户还可以利用 mlintrpt()函数检查某一目录下的所有文件，并生成一个新的 HTML 类型的窗口显示每个文件的检查结果。另外，在 MATLAB 桌面的当前路径窗口中，用户也可以使用这一特性。

13.3　本章小结

本章简要介绍了调试 M 文件的基本方法。在开发 M 文件的过程中，不可避免地会"报错"，也就是所谓的 bug。

一般来说，错误可分为两种，即语法错误和运行错误。语法错误是在调试的过程中常出现的错误，主要有变量名与函数名的误写、标点符号的缺漏和 end 的漏写等，对于这类错误，在程序运行或 P 码编译时一般都能被发现，而终止执行并报错，用户很容易发现并改正。

第14章

二维图形

视觉是人们感受世界、认识自然的重要途径。不管根据计算得到的数据堆或符号堆是多么的准确，人们仍很难从这一大堆原始的数据和符号中发现它们的具体物理含义或内在规律，而数据图形恰能使视觉感官直接感受到数据的许多内在本质，发现数据的内在联系。因此数据可视化是一项非常重要的技术。

MATLAB 可以表示数据的二维、三维和四维图形。通过对图形的线型、立面、色彩、光线、视角等属性的控制，可把数据的内在特征表现得更加细腻和完美。本章将介绍二维图形的绘制和图形的处理。

学习目标

(1) 熟练掌握 plot()函数的用法。
(2) 熟悉坐标控制和图形标识。
(3) 熟悉双坐标图。
(4) 了解其他二维绘图命令。
(5) 熟悉统计图命令。

14.1 plot()函数

plot()函数是图形绘制的基本函数，本节将系统介绍 plot()函数的使用及其衍生的函数和属性。

14.1.1 基本调用格式

绘制二维图形最常用的函数就是 plot()函数，通过不同形式的输入，该函数可以实现不同的功能。其调用格式如下：

```
plot(y)
```

此命令中参数 y 可以是向量、实数矩阵或复数向量。若 y 为向量，则绘制的图形以向量索引为横坐标值、以向量元素的值为纵坐标值；若 y 为实数矩阵，则绘制 y 的列向量对其坐标索引的图形；若 y 为复向量，则 plot(y)相当于 plot(real(y),imag(y))。

例如，用 plot(y)命令绘制向量，如图 14-1 所示，具体代码如下：

```
>>t=1:.1:2*pi;
>>y=sin(t);
>>plot(y)
```

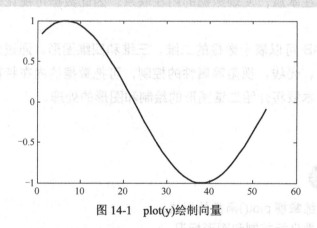

图 14-1　plot(y)绘制向量

例如，用 plot(y)命令绘制复向量，如图 14-2 所示，具体代码如下：

```
>>x=[1:1:10];
>>y=[10:10:100];
>>z=x+y.*i;
>>plot(z)
```

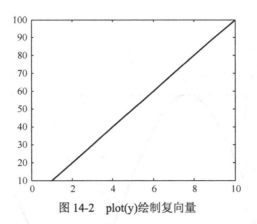

图 14-2　plot(y)绘制复向量

14.1.2　plot()的衍生调用格式

Plot()函数的衍生函数，其调用格式为：

```
plot(x, y)
```

x、y 均可为向量和矩阵，其中有 3 种组合用于绘制连线图。

当 x、y 均为 n 维向量时，绘制向量 y 对向量 x 的图形，即以 x 为横坐标，y 为纵坐标。

当 x 为 n 维向量，y 为 m×n 或 n×m 的矩阵时，该命令将在同一图内绘制 m 条不同颜色的连线。图中以向量 x 为 m 条连线的公共横坐标，纵坐标为 y 矩阵的 m 个 n 维分量。

当 x、y 均为 m×n 矩阵时，将绘制 n 条不同颜色的连线。绘制规则为：以 x 矩阵的第 i 列分量作为横坐标，矩阵 y 的第 i 列分量作为纵坐标，绘得第 i 条连线。

例如，用 plot(x, y)绘制双向量，如图 14-3 所示，代码如下：

```
>>x=1:.2:20
>>y=cos(x);
>>plot(x,y)
```

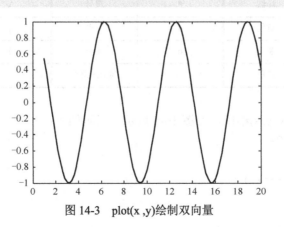

图 14-3　plot(x ,y)绘制双向量

例如，用 plot(x,y)绘制向量和矩阵，如图 14-4 所示，代码如下：

```
x=0:0.2:2*pi;
y=[sin(x);cos(x)];
plot(x,y)
```

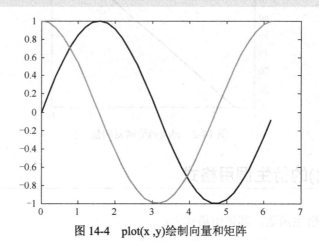

图 14-4　plot(x ,y)绘制向量和矩阵

Plot()函数的另一种衍生调用格式为：

```
plot(x, y, s)
```

此格式用于绘制不同的线型、点标和颜色的图形，其中 s 为字符，可以代表不同的线型、点标和颜色。常见的可用字符及其意义如表 14-1 所示。

表 14-1　二维绘图的图形常用设置选项

符　号	颜　色	符　号	标　记	符　号	线　型
b	蓝色	.	点号	-	实线
g	绿色	o	圆圈	:	点线
r	红色	×	叉号	-.	点划线
c	青色	+	加号	--	虚线
m	洋红	*	星号	∨	向下三角形
y	黄色	s	方形	p	五角星
k	黑色	d	菱形	h	六角星
w	白色	∧	向上三角形	<	向左三角形

例如，用 plot(x, y, s)绘图，如图 14-5 所示，代码如下：

```
>>x=0:0.2:2*pi;
>>y=tan(x);
>>plot(x,y,'--r*')
```

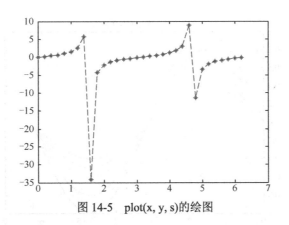

图 14-5 plot(x, y, s)的绘图

14.1.3 plot()的属性可控调用格式

```
plot(x, y, 's', 'PropertyName', PropertyValue, …)
```

其中属性的值和属性名可参见表 14-2。

表 14-2 线对象的常用属性名（PropertyName）和属性值（PropertyValue）

含　义	属性名	属性值	说　明
点、线颜色	Color	[vr,vg,vb]，RGB 三元组中每个元素可在[0,1]取任意值	最常用的色彩可通过表 14-1 中的字母表示，常用色彩可通过 s 设置，蓝色为默认色彩
线型	LineStyle	4 种线型	可通过 s 设置，细实线为默认线型
线宽	LineWidth	正实数	默认线宽为 0.5
数据点形	Marker	14 种点型	可通过 s 设置
点的大小	MarkerSize	正实数	默认大小为 6.0
点边界颜色	MarkerEdgeColor	[vr,vg,vb]，RGB 三元组中每个元素可在[0,1]取任意值	
点域色彩	MarkerFaceColor	[vr,vg,vb]，RGB 三元组中每个元素可在[0,1]取任意值	

例 14-1 二维曲线绘图属性控制。

代码保存在 eg14-1.m 中，具体如下：

```
clf
t=(0:pi/50:2*pi)';
k=0.4:0.1:1;
Y=sin(t)*k;
plot(t,Y,'LineWidth',1.5)
title('By plot(t,Y)'),xlabel('t')
```

结果如图 14-6 所示。

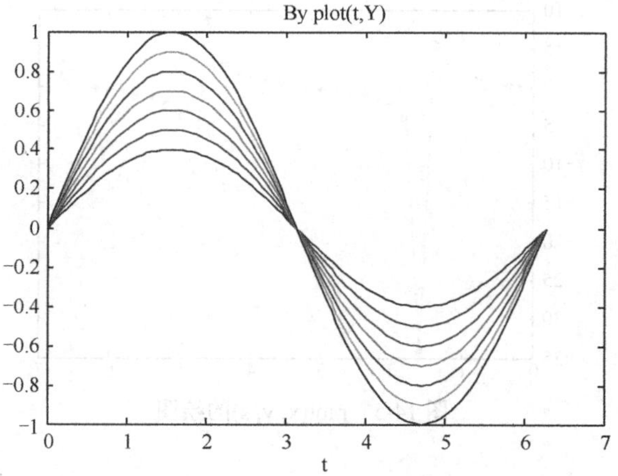

图 14-6 plot(t,Y)所绘曲线

14.1.4 绘制曲线的一般步骤

上述介绍了 plot()函数的使用，并结合实例说明了如何绘制二维图形，下面将归纳绘制二维曲线的一般步骤。

（1）曲线数据准备：对于二维曲线而言，要确定横坐标和纵坐标数据变量。

（2）指定图形窗口和子图位置：默认时，打开 Figure No.1 窗口或当前窗口、当前子图；也可以打开指定的图形窗口和子图。

（3）设置曲线的绘制方式：确定线型、色彩、数据点形。

（4）设置坐标轴：确定坐标的范围、刻度和坐标分格线。

（5）图形注释：确定图名、坐标名、图例、文字说明。

> **说明**
>
> 步骤（1）和（3）是最基本的绘图步骤，如果利用 MATLAB 的默认设置通常只需要这两个基本步骤就可以绘制出基本图形，而其他步骤并非完全必需。
>
> 步骤（2）一般在图形较多的情况下，需要指定图形窗口、子图时使用。
>
> 除了步骤（1）～（3），其他步骤可以根据需要改变前后顺序。

14.2 坐标控制和图形标识

MATLAB 对图形风格的控制比较完善。无论在通用层面上还是用户层面上，都给出了令人满意的画面。

14.2.1 坐标轴的控制

表 14-3 给出了 axis 最主要的特性。

表 14-3　axis 最主要的特性

命　令	描　述
axis([xmin xmax ymin ymax])	设置当前图形的坐标范围
V = axis	返回包含当前坐标范围的一个行向量
axis auto	将坐标轴刻度恢复为自动的默认设置
axis manual	冻结坐标轴刻度,此时如果 hold 被设定为 on,那么后边的图形将使用与前面相同的坐标轴刻度范围
axis tight	将坐标范围设定为被绘制的数据范围
axis fill	设置坐标范围和屏幕高宽比,使得坐标轴可以包含整个绘制的区域。该选项只在 PlotBoxAspectRatio 或 DataAspectRatioMode 被设置为 manual 模式时才有效
axis ij	将坐标轴设置为矩阵模式。此时水平坐标轴从左到右取值,垂直坐标轴从上到下取值
axis xy	将坐标轴设置为笛卡儿模式。此时水平坐标轴从左到右取值,垂直坐标轴从下到上取值
axis equal	设置屏幕高宽比,使得每个坐标轴具有均匀的刻度间隔
axis image	设置坐标范围,使其与被显示的图形相适应
axis square	将坐标轴框设置为正方形
axis normal	将当前的坐标轴框恢复为全尺寸,并将单位刻度的所有限制取消
axis vis3d	冻结屏幕高宽比,使得一个三维对象的旋转不会改变坐标轴的刻度显示
axis off	关闭所有的坐标轴标签、刻度和背景
axis on	打开所有的坐标轴标签、刻度和背景

可以同时给出 axis 的多个命令。例如,axis auto on xy 是默认的坐标轴刻度。这个 axis 命令只影响当前的图形。因此,它是在 plot 命令之后输入的,就像 grid、xlabel、ylabel、title 和 text 等命令一样,都是在 plot 已经在屏幕上显示之后输入的命令。

例 14-2　固定坐标限。

代码保存在 eg14_2.m 中,具体如下:

```
x=linspace(0,2*pi,30);
y=cos(2*x);
plot(x,y)
title(' Fixed Axis Scaling')
axis([0 2*pi -1.5 2])
```

结果如图 14-7 所示。

通过将 x 轴的最大值设定为 2*pi,这个图形的坐标轴就在 2*pi 的地方结束,而没有将这个坐标限向上进位到 7。

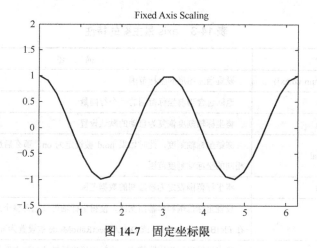

图 14-7　固定坐标限

14.2.2　标识指令中字符的精细控制

MATLAB 提供了特殊符号相应的字符转换功能，常见的字符转换如表 14-4 所示。

表 14-4　MATLAB 中常见的字符转换

字　符　串	符　　号	字　符　串	符　　号	字　符　串	符　　号
\alpha	α	\rfloor	⌋	\cong	≅
\beta	β	\lfloor	⌊	\approx	≈
\gamma	γ	\perp	⊥	\Re	ℜ
\delta	δ	\wedge	∧	\oplus	⊕
\epsilon	ε	\rceil	⌉	\cup	∪
\zeta	ζ	\vee	∨	\subseteq	⊆
\eta	η	\langle	<	\in	∈
\theta	θ	\upsilon	υ	\lceil	⌈
\vartheta	ϑ	\phi	φ	\cdot	·
\iota	ι	\chi	χ	\neg	¬
\kappa	κ	\psi	ψ	\times	×
\lambda	λ	\omega	ω	\surd	√
\mu	μ	\Gamma	Γ	\varpi	ϖ
\nu	ν	\Delta	Δ	\rangle	>
\xi	ξ	\Theta	Θ	\sim	~
\pi	π	\Lambda	Λ	\leq	≤
\rho	ρ	\Xi	Ξ	\infty	∞
\sigma	σ	\Pi	Π	\clubsuit	♣
\varsigma	ς	\Sigma	Σ	\diamondsuit	♦
\tau	τ	\Upsilon	Υ	\heartsuit	♥

续表

字　符　串	符　　　号	字　符　串	符　　　号	字　符　串	符　　　号
\equiv	≡	\Phi	Φ	\spadesuit	♠
\Im	ℑ	\Psi	Ψ	\leftrightarrow	↔
\otimes	⊗	\Omega	Ω	\leftarrow	←
\cap	∩	\forall	∀	\uparrow	↑
\supset	⊃	\exists	∃	\rightarrow	→
\int	∫	\ni	∍	\downarrow	↓
\circ	°	\neq	≠	\nabla	∇
\pm	±	\aleph	ℵ	\ldots	…
\geq	≥	\wp	℘	\prime	′
\propto	∝	\oslash	∅	\0	∅
\partial	∂	\supseteq	⊇	\mid		
\bullet	•	\subset	⊂	\copyright	©
\div	÷	\o	o		

例如，实现对坐标轴和图形的标注，可在命令行窗口中输入如下代码：

```
>>x=0:0.1*pi:3*pi;
>>y=sin(x);
>>plot(x,y)
>>xlabel('x(0-3\pi)','fontweight','bold');
>>ylabel('y(0-2)','fontweight','bold');
>>title('正弦函数 y=sin(x)','fontsize',14,'fontweight','bold','
fontname','宋体')
```

上述代码实现对坐标轴和图形的标注，如图 14-8 所示。

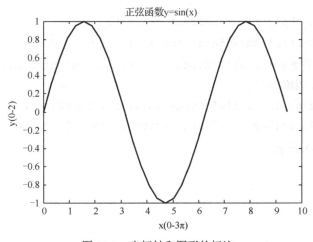

图 14-8　坐标轴和图形的标注

还可以对标注文字进行显示控制，具体方式如下：

- \bf：黑体。
- \it：斜体。
- \sl：透视。
- \rm：标准形式。
- \fontname{fontname}：定义标注文字的字体。
- \fontsize{fontsize}：定义标注文字的字体大小。

14.2.3　图形的文本标注

在 MATLAB 中可以使用 text 或 gtext 命令对图形进行文本注释。使用 text 进行标注时需要定义用于注释的文本字符串和放置注释的位置，而使用 gtext 命令进行标注时却可以使用鼠标来选择标注文字放置的位置。调用格式如下：

```
text(x,y,'string')
text(x,y,z,'string')
text(...'PropertyName',PropertyValue...)
gtext('string')
gtext({'string1','string2','string3',...})
gtext({'string1';'string2';'string3';...})
```

在定义标注放置的位置时，可以通过函数的计算值来确定，而且标注中还可以实时调用返回值为字符串的函数，如 num2str() 等，利用这些函数可以完成较为复杂的文本标注。

例 14-3　用 text 命令标注的图形。

代码保存在 eg14_3.m 中，具体如下：

```
x=0:0.1*pi:3*pi;
y=sin(x);
plot(x,y)
xlabel('x(0-3\pi)','fontweight','bold');
ylabel('y(0-2)','fontweight','bold');
title('正弦函数 y=sin(x)','fontsize',14,'fontweight','bold',
'fontname','宋体')
text(pi/2,sin(pi/2),'\leftarrowsin(x)=1','FontSize',12)
text(5*pi/4,sin(5*pi/4),'\rightarrow sin(x)=-0.7','FontSize',12)
```

结果如图 14-9 所示。

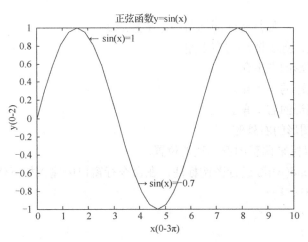

图 14-9　用 text 命令标注的图形

14.2.4　图例的标注

在对数值结果进行绘图时，经常会出现在一张图中绘制多条曲线的情况，这时读者可以使用 legend()函数为曲线添加图例以便区分它们。该函数能够为图形中所有的曲线进行自动标注，并以输入变量作为标注文本。其调用格式如下：

```
legend('string1','string2',...)
```

该函数中'string1'、'string2'等分别标注对应绘图过程中按绘制先后顺序所生成的曲线。

```
legend(...,'Location',location)
```

该函数中'Location',location 用于定义标注放置的位置。Location 可以是一个 $1×4$ 向量（[leftbottomwidthheight]）或任意一个字符串。

对图例位置标注定义如表 14-5 所示。

表 14-5　图例位置标注定义

字　符　串	位　　置	字　符　串	位　　置
North	绘图区内的上中部	South	绘图区内的底部
East	绘图区内的右部	West	绘图区内的左中部
NorthEast	绘图区内的右上部	NorthWest	绘图区内的左上部
SouthEast	绘图区内的右下部	SouthWest	绘图区内的左下部
NorthOutside	绘图区外的上中部	SouthOutside	绘图区外的下部
EastOutside	绘图区外的右部	WestOutside	绘图区外的左部
NorthEastOutside	绘图区外的右上部	NorthWestOutside	绘图区外的左上部
SouthEastOutside	绘图区外的右下部	SouthWestOutside	绘图区外的左下部
Best	标注与图形的重叠最小处	BestOutside	绘图区外占用最小面积

标注的位置还可以通过定位代号来定义，代号说明如下：

- 0：自动定位，使得标注图标与图形重叠最少。
- 1：默认值，置于图形的右上角。
- 2：置于图形的左上角。
- 3：置于图形的左下角。
- 4：置于图形的右下角。
- –1：置于图形的右外侧。

还可以通过鼠标来调整图例标注的位置。

例如，用 legend()函数进行图例标注，在命令行窗口中输入如下代码：

```
>>x=0:pi/30:3*pi;
>>y1=sin(x);
>>y2=cos(x);
>>plot(x,y1,'k-',x,y2,'r.')
>>h=legend('sin','cos',2);
```

结果如图 14-10 所示。

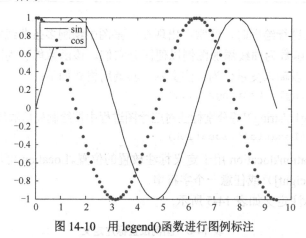

图 14-10   用 legend()函数进行图例标注

14.3   多次叠绘、双纵坐标和多子图

用户可以用 hold 命令在一个已经存在的图形上添加一个新的图形。当用户输入 hold on 命令时，用户输入新的 plot()函数，MATLAB 不会将现存的坐标轴删除。

14.3.1   多次叠绘 hold 命令

若在已存在的图形窗口中用 plot()函数继续添加新的图形内容，可使用图形保持指令 hold。发出 hold on 命令后，再执行 plot()函数，在保持原有图形的基础上添加新的绘制图形。而 hold off 命令则是关闭此功能，使当前轴及图形不再具备刷新的性质。

例 14-4   利用 hold 命令绘制离散信号经过后产生的波形。

代码保存在 eg14_4.m 中，具体代码如下：

```
t=2*pi*(0:20)/20;
y=cos(t).*tan(-0.4*t);
stem(t,y,'g','Color','k');
hold on
stairs(t,y,':r','LineWidth',3)
hold off
legend('\fontsize{14}\it stem','\fontsize{14}\it stairs')
box on
```

结果如图 14-11 所示。

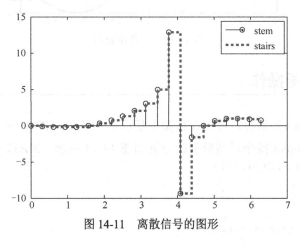

图 14-11　离散信号的图形

14.3.2　双纵坐标图

双纵坐标图可以利用下列函数获得。

```
plotyy(X1,Y1,X2,Y2)
```

以左、右不同纵轴绘制 X1-Y1、X2-Y2 两条曲线。

```
plotyy(X1,Y1,X2,Y2,'FUN')
```

以左、右不同纵轴把 X1-Y1、X2-Y2 绘制成 FUN 指定形式的两条曲线。

```
plotyy(X1,Y1,X2,Y2,'FUN1','FUN2')
```

以左、右不同纵轴把 X1-Y1、X2-Y2 绘制成 FUN1、FUN2 指定的不同形式的两条曲线。

例 14-5　画出三角函数 $y=\cos x$ 和 $y=\sin x$ 在区间[0,4]上的曲线。

代码保存在 eg14_5.m 中，具体代码如下：

```
clf;
x=0:0.2:4;
y=cos(x);
s=sin(x)
a=plotyy(x,y,x,s);
```

结果如图 14-12 所示。

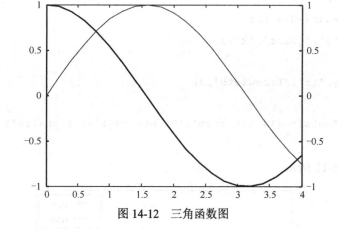

图 14-12　三角函数图

14.3.3　多子图操作

使用 subplot(m,n,k)函数，可以在视图中显示多个子图，其中 m*n 表示子图个数，k 表示当前图号。subplot 指令对图形窗的分割如图 14-13 所示，MATLAB 命令操作如下：

```
>>x=linspace(0,2*pi,40);
>>y=sin(x);
>>z=cos(x);
>>t=sin(x)./(cos(x)+eps);
>>ct=cos(x)./(sin(x)+eps);
>>subplot(2,2,1);
>>plot(x,y);
>>title('sin(x)');
>>subplot(2,2,2);
>>plot(x,z);
>>title('cos(x)');
>>subplot(2,2,3);
>>plot(x,t);
>>title('tangent(x)');
>>subplot(2,2,4);
>>plot(x,ct);
>>title('cotangent(x)');
```

当一个特定的子图被激活时，它是唯一一个对命令 axis、hold、xlabel、ylabel、title、grid 和 box 进行响应的子图，其他子图不受任何影响。

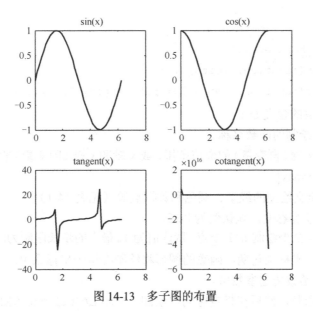

图 14-13　多子图的布置

14.4　其他二维绘图函数

在 MATLAB 二维曲线绘图函数中，fplot()、ezplot()也是常用的绘图函数，本节将介绍这两种函数。

14.4.1　fplot()函数

Plot()函数将从外部输入或通过函数数值计算得到的数据矩阵转化为连线图。在某些情况下，如果不知道某一个函数随自变量变化的趋势，此时采用 plot()来绘图，则有可能因为自变量的取值间隔不合理而使曲线图形不能反应自变量在某些区域内函数值的变化情况。

 如果将自变量间隔取得足够小，以体现函数值随自变量变化的精确曲线，会使数据量变得很大。

而 fplot()则可以很好地解决这个问题。Fplot()用于指导如何通过函数来取得绘图的数值点矩阵。该函数通过内部的自适应算法来动态决定自变量的取值间隔，当函数值变化缓慢时，间隔取大一点；变化剧烈时（即函数的二阶导数很大），间隔取小一点。

该函数的使用格式如下：

```
fplot(function,limits)
fplot(function,limits,LineSpec)
fplot(function,limits,tol)
fplot(function,limits,tol,LineSpec)
```

```
fplot(function,limits,n)
fplot(axes_handle,...)
[X,Y]=fplot(function,limits,...)
[...]=fplot(function,limits,tol,n,LineSpec,P1,P2,...)
```

其中各项参数的含义如下：

function：待绘制的函数名称。

limits：定义 x 轴（自变量）的取值范围，或 x 轴和 y 轴（因变量）的范围[xmin xmax]，[xmin xmax ymin ymax]。

LineSpec：定义绘图的线型、颜色和数据点等（见表 14-1）。

tol：相对误差容忍度，默认值为 2e-3。

n：当 n≥1 时，至少绘制 n+1 个点，默认值为 1。最大的步长限制为(1/n)*(xmax-xmin)。

axes_handle：坐标轴句柄，函数的图形将绘制在这个坐标系中。

P1,P2…：向函数传递参数值。

例如，创建函数，然后在指定区间内绘图，MATLAB 命令操作如下：

```
>>ff=@tan;
>>fplot(ff,[-3 6]);
```

结果如图 14-14 所示。

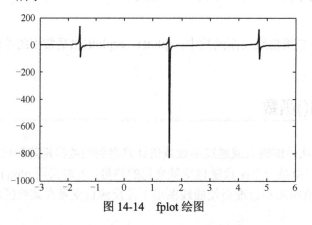

图 14-14　fplot 绘图

14.4.2　ezplot()函数

ezplot()函数也用于绘制某一自变量区域内的图形，使用格式如下：

```
ezplot(f)
ezplot(f,[min,max])
ezplot(f,[xmin,xmax,ymin,ymax])
ezplot(x,y)
ezplot(x,y,[tmin,tmax])
ezplot(...,figure_handle)
ezplot(axes_handle,...)
h=ezplot(...)
```

当 f=f(x)时，各参数的含义如下：

ezplot(f)：绘制表达式 f=f(x)在默认区域-2*pi<x<2*pi 内的图形，f 为函数句柄。

ezplot(f,[min,max])：绘制表达式 f=f(x)在 min<x<max 区域内的图形。

当 f=f(x,y)时，各参数的含义如下：

ezplot(f)：绘制函数 f(x,y)=0 在默认区域-2*pi<x<2*pi，-2*pi<y<2*pi 内的图形。

ezplot(f,[xmin,xmax,ymin,ymax])：绘制 f(x,y)=0 在区域 xmin<x<xmax，ymin<y<ymax 内的图形。

ezplot(f,[min,max])：绘制 f(x,y)=0 在区域 min<x<maxa，min<y<max 内的图形。

ezplot(x,y)：绘制参数方程组 x=x(t)，y=y(t)在默认区域 0<t<2*pi 内的图形。

ezplot(x,y,[tmin,tmax])：绘制 x=x(t)，y=y(t)在区域 tmin<t<tmax 内的图形。

ezplot(...,figure_handle)：在句柄为 figure_handle 的窗口中绘制给定函数在给定区域内的图形。

ezplot(axes_handle,...)：在句柄为 axes_handle 的坐标系上绘制图形。

h=ezplot(...)：返回直线对象的句柄到 h 变量中。

例如，绘制隐函数 $x^4 - y^6 = 0$ 的图形。

```
>>ezplot('x^4-y^6')
```

用 ezplot()绘制出来的结果如图 14-15 所示。

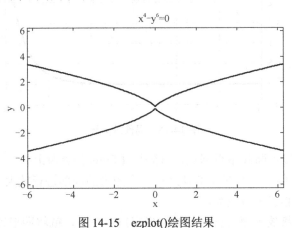

图 14-15 ezplot()绘图结果

14.4.3 ginput()函数

在某些情况下，从一个图形窗口的图形中选择坐标点是很方便的。在 MATLAB 中，这个特性是通过 ginput()函数实现的。ginput()就从当前的图形或者子图中获取 n 个点，具体是哪些点要依赖于鼠标在这个图形或者子图中点击的位置。

如果用户在所有的 n 个点被选取完之前按下了回车键，那么 ginput()就中断执行过程，即使所得到的数据点不足 n 个。在向量 x 和 y 中所返回的数据分别是所选择点的 x 坐标和 y 坐标值。返回的数据不需要一定来自绘制图形的点，它可以是鼠标点击的位置的显式 x 坐标和 y 坐标值。

如果在图形或者子图的坐标限之外选择了数据点，例如，在图形框外，那么返回的数据点就是推断出来的值。

获取二维图形数据的指令可以由函数 ginput()得到，其调用格式为：

```
[x,y]=ginput(n)
```

用鼠标从二维图形上获取 n 个点的数据坐标(x,y)。

例 14-6　采用图解法求$(x+3)^x=5$ 的解。

代码保存在 eg14_6.m 中，具体代码如下：

```
clf
x=-1:0.01:5;
y=(x+3).^x-5;
plot(x,y)
grid on
[x,y]=ginput(1); %缩小自变量范围和放大局部图形有利于获取点的坐标
```

在如图 14-16 所示的图中用鼠标点取坐标。

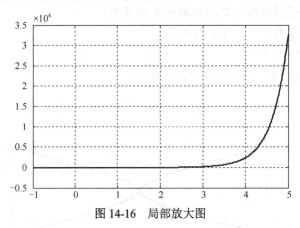

图 14-16　局部放大图

这里，用户可以不断收集数据点，直到按【Enter】键为止。

MATLAB 还提供了一个交互工具来将二维图形的局部进行放大，以便能够看得更详细，或者将一个关心的区域放大。

命令 zoom on 将放大模式打开。在图形窗口中单击，就将图形以 2 为倍数，以鼠标点击的点为圆心进行放大。用户每单击一次，图形就放大一次。右击则将图形以 2 为倍数缩小。用户还可以单击并拖动鼠标来将形成的特定方形区域进行放大。

命令 zoom(n)以 n 为倍数进行放大。zoom out 将图形返回到它的初始状态。zoom off 关闭放大模式。不带参数的 zoom 实现当前图形窗口放大模式打开与关闭之间的切换。图形工具栏和图形窗口菜单还提供了实现这些特性的 GUI 方法。

14.5　特殊二维图形

前面几节主要针对 plot()函数介绍如何绘制二维图形。MATLAB 还提供了其他一些基本二维绘图函数，以及一些特殊的绘图函数。

14.5.1 层叠与标志图

为了使用对数坐标轴绘制图形，MATLAB 提供了函数 semilogx()，用于将 x 轴转化为对数刻度；函数 semilogy()用于将 y 轴转化为对数刻度；函数 loglog()用于将 x、y 两个轴转化为对数刻度。这三个函数的基本用法与 plot()函数的用法完全一致。

MATLAB 还提供了 area()函数用于构建一个层叠的区域图。对于给定的向量 x 和 y，area(x,y)和 plot(x,y)将绘制相同的图形，只不过 area(x,y)将在所绘制的曲线下面填充颜色。用户可以设置填充区的下限，如果没有设置，默认值为 0。

要实现区域层叠，可使用 area(X,Y)的调用格式，其中 Y 是一个矩阵，X 可以是一个矩阵，也可以是一个长度等于 Y 的行数的向量。如果省略了 X，area 就将 X 默认为 X=1:size(Y,1)。下面给出了一个绘制层叠图形的例子，在命令行输入如下代码：

```
>>z=-pi:pi/3:pi;
>>area([tan(z);sin(z)])
```

结果如图 14-17 所示。

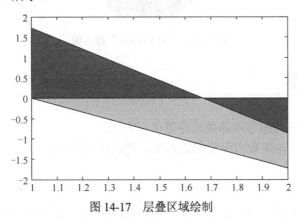

图 14-17　层叠区域绘制

MATLAB 提供了 fill()函数，用于绘制一个多边形并用指定的颜色填充。

fill()函数的基本调用方式如下：

```
fill(x,y, 'c')
```

该命令用指定的颜色 c 填充由向量 x 和 y 定义的二维多边形，其中，数据对(x(i), y(i))用于确定多边形的每个顶点位置。如果(x(i), y(i))中第一个和最后一个数据对不相同，MATLAB 就将最后一个点和第一个点连接起来形成一个封闭的多边形。

就像 plot()函数一样，fill()可以有任意数量的顶点对和对应的颜色。另外，当 x 和 y 是相同维数的矩阵时，x 和 y 的列都被假定为描述了不同的多边形。

例 14-7　在八边形中画出"MATLAB"标志，背景色为红色。

代码保存在 eg14_7.m 中，具体代码如下：

```
t=(1:2:15)'*pi/8;
x=sin(t);
y=cos(t);
```

```
fill(x,y,'r')
axis square off
text(0,0,'MATLAB',...
'Color',[1 1 1],...
'FontSize',50,...
'FontWeight','bold',...
'HorizontalAlignment','center')
```

结果如图 14-18 所示。

图 14-18 "MATLAB"标志图

14.5.2 统计图

下面介绍几个统计图常用函数命令的使用方法。

（1）pie()函数。该函数用于绘制饼形图，调用格式如下：

```
pie(x)
pie(x,y)
```

其中 x 是一个数值向量，y 是一个可选的逻辑向量，它描绘了 x 矩阵中的相应位置的元素在饼图中对应的扇形将向外移出一些，加以突出。例如，用 pie(x)绘制饼状图，在命令行输入如下代码：

```
>>x=[0.41 .20 .62 .51 .8];
>>pie(x)
```

结果如图 14-19 所示。

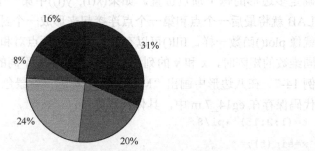

图 14-19 用 pie(x,y)绘制饼状图

（2）bar()函数。该函数用于绘制二维垂直条形图，用垂直条形图表示向量或矩阵中的值。调用格式如下：

```
bar(y)
```

该函数为每一个 y 中的元素画一个条状。

```
bar(x,y)
```

该函数在指定的横坐标 x 上画出 y，其中 x 为严格单增的向量。若 y 为矩阵，则 bar 把矩阵分解成几个行向量，在指定的横坐标处分别画出。

```
bar(...,width)
```

在该函数中，参数 width 用来设置条形的相对宽度和控制在一组内条形的间距。默认值为 0.8，所以如果没有指定 x，则同一组内的条形图间有很小的间距，若设置 width 为 1，则同一组内的条形图相互接触。例如，用 bar()绘制条形图，在命令行输入如下代码：

```
>>x=-2.5:0.25:2.5;
>>y=2*exp(-x.*x);
>>bar(x,y,'b')
```

结果如图 14-20 所示。

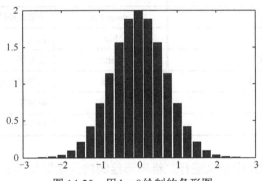

图 14-20　用 bar()绘制的条形图

（3）stem()函数。

该函数用于绘制离散数据序列，调用格式如下：

```
stem(z)
```

该函数生成一个向量 z 中的数据点图形，其中各个点用一条直线和水平坐标轴相连。可以用可选字符串参数声明线型。

```
stem(x,z)
```

该函数将 z 中数据点绘制在 x 值所声明的位置。例如，用 stem()绘制离散数据序列，在命令行输入如下代码：

```
>>z=randn(20,1);
>>stem(z,'-')
```

结果如图 14-21 所示。

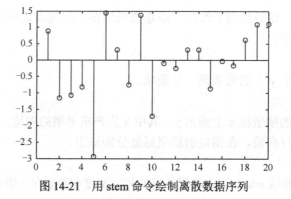

图 14-21　用 stem 命令绘制离散数据序列

常见的特殊二维图形函数如表 14-6 所示。

表 14-6　二维特殊图形函数

函 数 名	说　　明	函 数 名	说　　明
pie	饼状图	barh	水平条形图
area	填充绘图	bar	条形图
comet	彗星图	plotmatrix	分散矩阵绘制
errorbar	误差带图	hist	柱状图
feather	矢量图	scatter	散射图
fill	多边形填充	stem	离散序列火柴杆状图
gplot	拓扑图	stairs	阶梯图
quiver	向量场	rose	极坐标系下的柱状图

最后，将 MATLAB 中用来进行二维图形绘制的函数汇总如表 14-7 所示。

表 14-7　二维图形绘制函数

函 数 名	描　　述
plot	线性绘图
loglog	对数坐标轴绘图
semilogx	半对数坐标轴（x 轴）绘图
semilogy	半对数坐标轴（y 轴）绘图
polar	极坐标绘图
plotyy	双 y 轴线性绘图
axis	用于控制坐标轴的刻度和外观
xlim	设置 x 轴的坐标范围
ylim	设置 y 轴的坐标范围
zlim	设置 z 轴的坐标范围
daspect	设置和获取数据高宽比，例如，axis equal
pbaspect	设置和获取屏幕高宽比，例如，axis square
zoom	图形的放大和缩小
grid	显示和隐藏栅格线

续表

函 数 名	描　　述
Box	显示和隐藏坐标轴边框
hold	保持当前的图形
subplot	用于在同一图形窗口中生成多个坐标轴
figure	用于生成图形窗口
legend	添加图例
title	在图形的顶部添加标题
xlabel	添加 x 轴标注
ylabel	添加 y 轴标注
text	在图形中放置文本
gtext	在鼠标单击处放置文本
ginput	获得鼠标单击处的坐标
area	填充一个图形与横坐标之间的区域
bar	绘制条形图
barh	绘制水平条形图
bar3	绘制三维条形图
bar3h	绘制三维水平条形图
compass	绘制绕行曲线
errorbar	绘制误差线段
ezplot	利用字符串表达式轻松绘制线型图
ezpolar	利用字符串表达式轻松绘制极坐标图
feather	绘制羽状图
fill	绘制实心的二维多边形
fplot	利用给定的函数绘图
hist	绘制直方图
pareto	绘制 Pareto 图
pie	绘制饼状图
pie3	绘制三维饼状图
plotmatrix	绘制矩阵散布图
ribbon	将二维线以线性方式绘制成三维的带状
scatter	绘制分散数据图
stem	绘制离散序列的柄状图
stairs	绘制阶梯图

Note

14.6　二维图形绘制实例

前几节着重介绍了 MATLAB 绘制二维图形的基本方法，本节将通过具体的实例来介绍二维图形的绘制。

例 14-8　画椭圆方程 $\dfrac{x^2}{a^2} + \dfrac{y^2}{b^2} = 1$ 的图形。

将代码保存在 eg14_8.m 中，具体代码如下：

```
th=[0:pi/50:2*pi]';                        %列向量
a=[0:.2:4.5];                              %行向量
X=cos(th)*a;                               %矩阵 X
Y=sin(th)*sqrt(30-a.^2);                   %矩阵 Y
plot(X,Y),axis('equal'),xlabel('x'), ylabel('y')
title('椭圆曲线')
```

结果如图 14-22 所示。

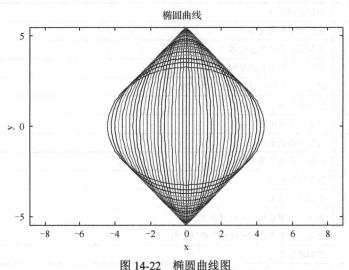

图 14-22　椭圆曲线图

例 14-9　观察各种轴控制指令的影响，采用长轴为 3.25，短轴为 1.15 的椭圆。采用多子图表现时，图形形状不仅受"控制指令"的影响，而且受整个图面"宽高比"及"子图数目"的影响。

将代码保存在 eg14_9.m 中，具体代码如下：

```
t=0:2*pi/99:2*pi;
x=1*cos(t);y=3*sin(t);                     %y 为长轴，x 为短轴
subplot(2,2,1),plot(x,y),axis normal,grid on,
title('Normal ')
subplot(2,2,2),plot(x,y),axis equal,grid on,
title('Equal')
subplot(2,2,3),plot(x,y),axis square,grid on,
title('Square')
subplot(2,2,4),plot(x,y),axis image,box off,
title('Image and Box off')
```

结果如图 14-23 所示。

例 14-10　利用双坐标轴画出函数 $y = x\cos x$ 和积分 $s = \int_0^x (x\cos x)dx$ 在区间 $[1,3]$ 上的曲线。

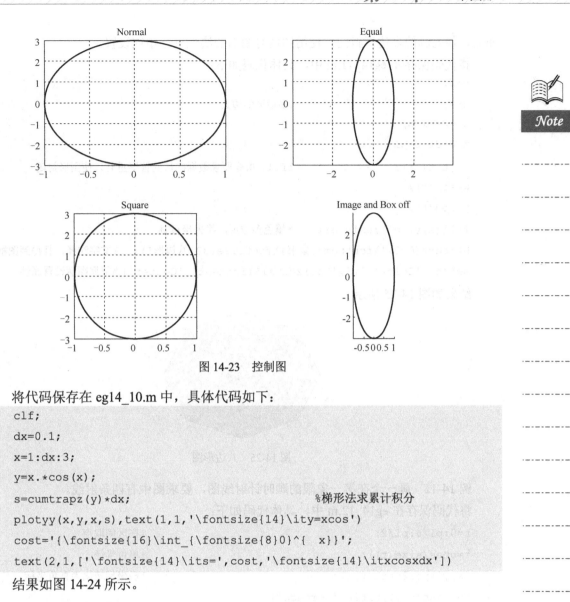

图 14-23　控制图

将代码保存在 eg14_10.m 中，具体代码如下：

```
clf;
dx=0.1;
x=1:dx:3;
y=x.*cos(x);
s=cumtrapz(y)*dx;                    %梯形法求累计积分
plotyy(x,y,x,s),text(1,1,'\fontsize{14}\ity=xcos')
cost='{\fontsize{16}\int_{\fontsize{8}0}^{ x}}';
text(2,1,['\fontsize{14}\its=',cost,'\fontsize{14}\itxcosxdx'])
```

结果如图 14-24 所示。

图 14-24　双坐标轴的曲线方程图

例 14-11　向八边形图形中填色。

在画此图形时需注意三点：MATLAB 画任意多边形的一种方法；保证绘图数据首尾

重合，使勾画的多边形封闭；使用图柄对图形的属性进行精细设置。

将代码保存在 eg14_11.m 中，具体代码如下：

```
clf;
n=8;                          %多边形的边数
dt=2*pi/n;
t=0:dt:2*pi
t=[t,t(1)];                   %fill 指令要求数据向量的首尾重合，使图形封闭
x=sin(t);
y=cos(t);
fill(x,y,'c');axis off        %填色多边形，隐去坐标轴
ht=text(0,0,'\fontname{隶书}\fontsize{32}八边形');    %文字注释，且得到图柄
set(ht,'Color','r','HorizontalAlignment','Center')   %依靠图柄设置属性
```

结果如图 14-25 所示。

图 14-25　八边形图

例 14-12　画一个在第一象限的顺时针射线图，要求图中有四条射线。

将代码保存在 eg14_12.m 中，具体代码如下：

```
t=0:pi/6:pi/2;                          %在区间取点
r=ones(size(t));                        %单位半径
[x,y]=pol2cart(t,r);                    %极坐标转化为直角坐标
compass(x,y),title('Compass')
```

结果如图 14-26 所示。

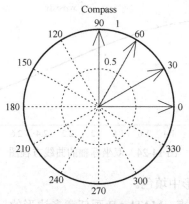

图 14-26　射线图

14.7　本章小结

Note

　　本章主要介绍了 MATLAB 的二维绘图函数。在本章和之后的几章中，将对 MATLAB 的图形特性进行更详细的阐述。本章所阐述的很多图形特性和功能都能在图形窗口顶端的菜单栏中找到。

　　本章主要是通过介绍 plot() 函数的基本使用方法，派生出绘图中经常使用的功能。并且对坐标控制和图形标识进行了详细介绍。在后面三节中，详细介绍了有关绘制二维图形的其他函数的使用方法，使得二维绘图更加丰富。

第15章

三维图形

　　MATLAB 可以表示出数据的二维、三维和四维图形。通过对图形的线型、立面、色彩、光线、视角等属性的控制，可以把数据的内在特征表现得更加细腻和完美。本章是继二维图形的绘制扩展至三维图形的绘制。

　　MATLAB 提供了多个函数来显示三维数据，其中有的函数用来绘制三维曲线，有的函数用来绘制三维曲面，而有的函数则用来绘制三维框架。除此以外，用户还可以使用颜色来表示数据的第四维。

学习目标

　　(1) 熟练掌握 plot3()函数的用法。
　　(2) 熟悉 mesh()和 surf()函数的用法。
　　(3) 熟悉特殊图形操作。
　　(4) 了解立体可视化函数。
　　(5) 熟悉视角控制命令。

15.1 三维绘图函数

最常用的三维绘图是绘制三维曲线图、三维网格图和三维曲面图，相应的 MATLAB 命令函数为 plot3()、mesh()和 surf()，下面分别介绍它们的使用方法。

15.1.1 plot3()基本命令函数

plot3()是三维绘图的基本函数，其用法和 plot()函数基本一样，只是在绘图时需要提供至少三个参数（一个数据组），其调用格式如下：

```
plot3(X1,Y1,Z1,...)
plot3(X1,Y1,Z1,LineSpec,...)
plot3(...,'PropertyName',PropertyValue,...)
```

其中 X1、Y1、Z1 为向量或矩阵，LineSpec 定义曲线线型、颜色和数据点等，PropertyName 为线对象的属性名，PropertyValue 为相应属性的值。

当 X1、Y1、Z1 为长度相同的向量时，plot3()将绘出一条分别以向量 X1、Y1、Z1 为 x、y、z 轴坐标值的空间曲线。

用 plot3()绘制螺旋线，如图 15-1 所示，命令操作如下：

```
>>t=0:pi/50:10*pi;
>>plot3(sin(t),cos(t),t)
t=0:pi/50:10*pi;
>>plot3(sin(t),cos(t),t)
```

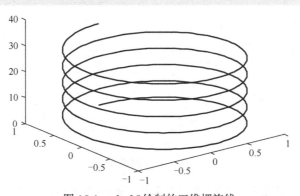

图 15-1 plot3()绘制的三维螺旋线

15.1.2 三维网线图的绘制

三维网线图的绘制函数是 mesh()。

MATLAB 用 x-y 平面上的 z 坐标来定义一个网格面，它通过将相邻的点用直线连接构成一个网格图，网格节点是 z 中的数据点。

Mesh() 的调用格式如下：

```
mesh(X,Y,Z)
mesh(Z)
mesh(...,C)
mesh(...,'PropertyName',PropertyValue,...)
mesh(axes_handles,...)
h=mesh(...)
hsurface=mesh('v6'...)
```

其中 C 用于定义颜色，如果没有定义 C，则 mesh(X,Y,Z) 绘制的颜色随 Z 值（即曲面高度）成比例变化。X 和 Y 必须均为向量，若 X 和 Y 的长度分别为 m 和 n，则 Z 必须为 m×n 的矩阵，也即 [m,n]=size(Z)，在这种情况下，网格线的顶点为（X(j)，Y(i)，Z(i,j)）；若参数中没有提供 X、Y，则将 (i,j) 作为 Z(i,j) 的 X、Y 轴坐标值。

下面给出一个绘制网格图的例子。

```
>>[X,Y,Z]=peaks(30);
>>mesh(X,Y,Z)
>>xlabel('X-axis'),ylabel('Y-axis'),zlabel('Z-axis')
```

结果如图 15-2 所示。

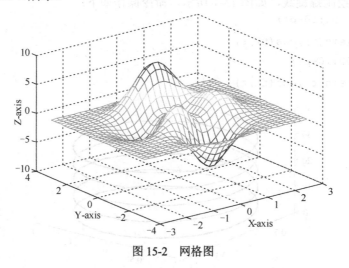

图 15-2　网格图

如果在显示器上观察图 15-2，可以发现随着网格图的高度不同，线条的颜色也不同。如果想改变线条的颜色，在 mesh() 函数的可选参数中设置该颜色值。有关颜色设置的内容将在下一章讨论。

另外还需要注意的是：图 15-2 中绘制的图形是显示栅格的。在 MATLAB 中，除了 plot3() 函数之外，其他大多数函数在绘制三维图形以及一些其他图形时都会将栅格属性默认设置为 grid on。

前面 mesh()函数的调用是最简单的一种调用方式，除了上面的调用方式外，mesh()函数还有其他一些调用方式。例如，具有单独输入参数的 mesh(Z)方式可以绘制出矩阵 Z 相对于其行索引和列索引的三维图形。

另外，也可以直接将 x 和 y 轴向量传递给 mesh()函数，而不需要使用 meshgrid()函数进行扩展，如 mesh(x,y,z)。

在图 15-2 中，可以发现网格图在默认情况下是不透明的，这样只能显示前面的网格线，后面的网格线则被遮挡。如果要使网格图透明显示，可以使用 hidden on 命令，当然，使用 hidden off 命令则使网格图不透明显示，下面的代码演示了网格图的透明属性。

```
>>[X,Y,Z]=sphere(12);
>>subplot(1,2,1)
>>mesh(X,Y,Z)
>>hidden on
>>axis square off
>>subplot(1,2,2)
>>mesh(X,Y,Z)
>>hidden off
>>axis square off
```

结果如图 15-3 所示，左边的图是不透明的，右边的图是透明的。

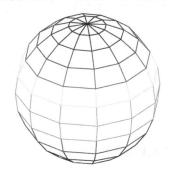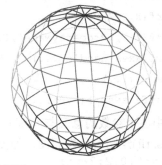

图 15-3　不透明与透明对照图

另外，MATLAB 还提供了两个变体函数，一个是 meshc()，用来绘制用等值线描述的网格图；另一个是 meshz()，用来绘制一个包含了 0 平面的网格图。下面给出了这两个函数的应用，代码如下：

```
>>[X,Y,Z]=peaks(20);
>>meshc(X,Y,Z)
>>pause(5)
>>meshz(X,Y,Z)
```

结果如图 15-4 和图 15-5 所示。

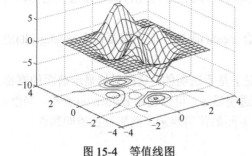

图 15-4　等值线图

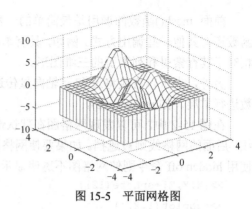

图 15-5　平面网格图

15.1.3　三维表面图的绘制

三维表面图绘制函数 surf() 的调用方法与 mesh() 类似，不同的是 mesh() 函数绘制的图形是一个网格图，而 surf() 绘制得到的是着色的三维表面图。着色的方法是在得到相应的网格后，对每一个网格依据该网格所代表的节点的色值（由变量 C 控制）来定义网格的颜色。调用方式如下：

```
surf(Z)
surf(X,Y,Z)
surf(X,Y,Z,C)
surf(...,'PropertyName',PropertyValue)
surf(axes_handle,...)
h=surf(...)
hsurface=surf('v6',...)
```

其中各个参数的意义与 mesh() 中的相同。

用 surf() 绘制着色表面图，如图 15-6 所示，MATLAB 命令操作如下：

```
>>x=0:0.2:2*pi;
>>y=0:0.2:2*pi;
>>z=sin(x')*cos(2*y);
>>surf(x,y,z)
```

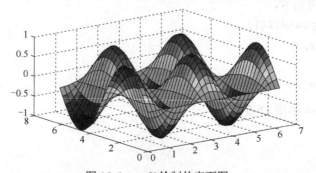

图 15-6　surf() 绘制的表面图

这个表面图与网格图在颜色绘制上具有某种形式的对应性。类型是一个复式的 mesh 图形。表面图就像 mesh 图形一样，网格的颜色也根据其高度不同而发生变化，这与网格图中的线条颜色变化特性一样。

另外，在默认情况下，表面图中含有栅格线，即栅格属性的默认设置也是 grid on。

在一个表面网格图中，不会像在一个 mesh 图中那样考虑是否将被隐藏的线条显示，而在表面图中，就要考虑如何使表面具有阴影效果来遮蔽表面的不同方法。

在前面的 surf 图形中，阴影就像大厦外面的一个彩色玻璃的窗户或者物体那样分成许多块面，其中黑色的线条就是在不变颜色的各方块碎片之间的接缝。

除了分成块面阴影外，MATLAB 还提供了平面阴影以及插值阴影。这些函数都可以通过使用 shading 来实现。例如，下面的代码分别实现了 surf 表面的平面阴影和插值阴影。

```
>>[X,Y,Z] = peaks(20);
>>surf(X,Y,Z)
>>shading flat
>>xlabel('X-axis'),ylabel('Y-axis'),zlabel('Z-axis')
>>pause(5)
>>shading interp
```

结果如图 15-7 和图 15-8 所示。

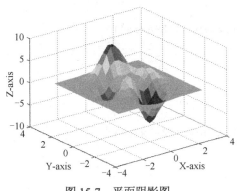
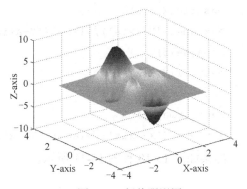

图 15-7　平面阴影图　　　　图 15-8　插值阴影图

表面图不像网格图可以通过设置透明属性来观察被遮挡的部分。在表面图中，要想看到被遮挡的部分，必须将前面的表面部分删除。

在 MATLAB 中，没有提供专门用于删除某一块表面图的函数，但却提供了一个在表面图上"打洞"的方法，即把想要出现的位置的数据值设定为 NaN 来实现。在绘图时，因为 NaN 没有值，因此所有的 MATLAB 绘图函数都会忽略 NaN 数据点，这样就在出现 NaN 的位置留出一个"空洞"。例如下面的这个例子，代码如下：

```
>>[X,Y,Z]=peaks(20);
>>x=X(1,:);
>>y=Y(:,1);
>>i=find(y>.5& y<1);
```

```
>>j=find(x>-.4& x<.8);
>>Z(i,j)=nan;
>>surf(X,Y,Z)
>>xlabel('X-axis'),ylabel('Y-axis'),zlabel('Z-axis')
```

结果如图 15-9 所示。

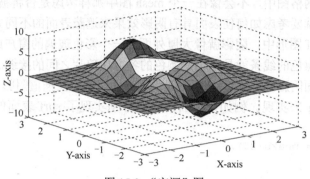

图 15-9 "空洞"图

Surf()函数也有两个同类变体函数：一个是 surfc()，它在绘制一个表面图时还绘制了底层等高线图；另一个是 surfl()，它在绘图时会考虑一个有光照效果的表面图。例如，下面的代码展示了这两个函数的应用：

```
>>[X,Y,Z]=peaks(20);
>>surfc(X,Y,Z)
>>xlabel('X-axis'),ylabel('Y-axis'),zlabel('Z-axis')
>>pause(5)
>>surfl(X,Y,Z)
>>shading interp
>>colormap pink
>>xlabel('X-axis'),ylabel('Y-axis'),zlabel('Z-axis')
```

结果如图 15-10 和图 15-11 所示。

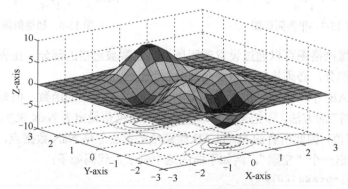

图 15-10 surfc()函数绘制的底层等高线图

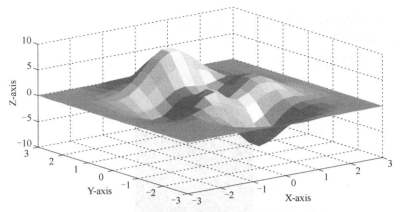

图 15-11　surfl()函数绘制的有光照效果的表面图

在图 15-11 中，函数 surfl()利用了一系列假设（如光照的方向、强度、阴影颜色等）来绘制与应用到表面的光照效果有关表面图。实际上，surfl()函数仅仅是将表面的颜色进行了修改，以便得到光照效果。

15.2　特殊图形的操作

除了前面讨论的绘图函数之外，MATLAB 还提供了一些专用的三维绘图函数，如 cylinder()、sphere()和 stem3()等。

15.2.1　三维特殊图形函数

三维特殊图形函数实现的功能和调用方法与对应的二维绘图函数基本相同，下面介绍其中几个常用命令函数的使用方法。

1．Cylinder()函数

该函数用于绘制圆柱图形。调用格式如下：

```
[X,Y,Z]=cylinder
```

此时该函数返回半径为 1、高度为 1 的圆柱体的 x、y、z 轴的坐标值，圆柱体的圆周有 20 个距离相同的点。

```
[X,Y,Z]=cylinder(r)
```

此时该函数返回半径为 r、高度为 1 的圆柱体的 x、y、z 轴的坐标值，圆柱体的圆周有 20 个距离相同的点。

```
[X,Y,Z]=cylinder(r,n)
```

此时该函数返回半径为 r、高度为 1 的圆柱体的 x、y、z 轴的坐标值，圆柱体的圆周有指定的 n 个距离相同的点。

```
cylinder(...)
```

此时该函数没有任何输出参量，直接画出圆柱体。

例如，用 cylinder()绘制圆柱图形，代码如下：

```
>>cylinder(3)
```

结果如图 15-12 所示。

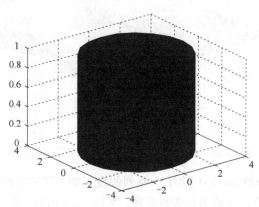

图 15-12　用 cylinder(r)绘制的圆柱体

2. Sphere()函数

该函数用于生成球体。调用格式如下：

```
sphere
```

此时该函数用于生成三维直角坐标系中的单位球体。该单位球体由 20×20 个面组成。

```
sphere(n)
```

此时该函数用于在当前坐标系中画出有 n×n 个面的球体。

```
[X,Y,Z]=sphere(...)
```

此时该函数用于返回三个阶数为(n+1)×(n+1)的，直角坐标系中的坐标矩阵。没有画图，只是返回矩阵。读者可以用 surf(x,y,z)或 mesh(x,y,z)画出球体。

例如，用 sphere()绘制球体，代码如下：

```
>>sphere(15)
```

结果如图 15-13 所示。

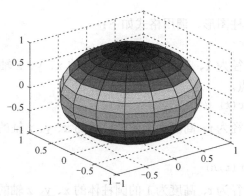

图 15-13　用 sphere()绘制的球体

3．stem3()函数

该函数用于绘制三维空间中的离散数据序列，调用格式如下：

```
stem3(x,y,z,c,'filled')
```

该函数用由 x-y 平面出发的线条以及一个圆圈标记绘制(x,y,z)指定的各个点，其中 c 用于指定线条和标记的颜色，**filled** 用于指定是否为标记填充颜色。如果只给 stem3()传递一个二维数组参数 z，则该函数将绘制 z 中的各个点，并以 z 的行和列作为 x 轴和 y 轴。

例如，绘制三维离散数据序列，代码如下：

```
>>z=rand(4);
>>stem3(z,'ro','filled')
```

结果如图 15-14 所示。

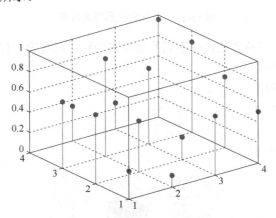

图 15-14　用 stem3()绘制的三维离散数据序列图

15.2.2　等高线和带状图

等高线用于绘制具有相同海拔或高度的曲线。在 MATLAB 中，二维等高线图和三维等高线图分别由函数 contour()和 countour3()绘制，如下所示：

```
>>[X,Y,Z]=peaks;
>>subplot(1,2,1)
>>contour(X,Y,Z,20)
>>axis square
>>xlabel('X-axis'),ylabel('Y-axis')
>>subplot(1,2,2)
>>contour3(X,Y,Z,20)
>>xlabel('X-axis'),ylabel('Y-axis'),zlabel('Z-axis')
```

结果如图 15-15 所示。

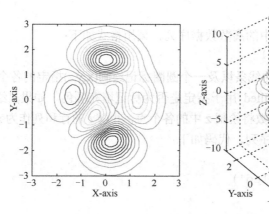

图 15-15　二维和三维等高线图

pcolor()函数用不同的颜色代表不同的高度来绘制等高线图，代码如下：

```
>>[X,Y,Z]=peaks;
>>pcolor(X,Y,Z)
>>shading interp
>>axis square
```

结果如图 15-16 所示。

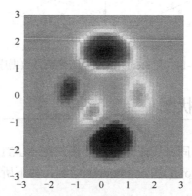

图 15-16　pcolor()函数用不同的颜色代表不同高度绘制的等高线

函数 ribbon(Y)用于将数组 Y 的各列画成一个个的带状，代码如下：

```
ribbon(x,Y)
```

绘制 Y 关于 x 的带状列图，代码如下：

```
ribbon(x,Y,width)
```

利用 width 参数设置各个带的宽度，如果用户不指定该参数，则默认的带宽度为 0.75。下面给出了 ribbon()函数的第一个用法：

```
>>Z=peaks;
>>ribbon(Z)
```

结果如图 15-17 所示。

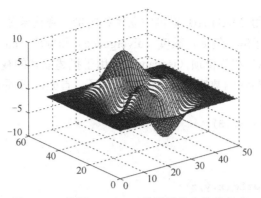

图 15-17　使用 ribbon()函数设置各个带的宽度

常见的三维特殊图形函数如表 15-1 所示。

表 15-1　三维特殊图形函数

函 数 名	说 　 明	函 数 名	说 　 明
bar3	三维条形图	stem3	三维离散数据图
comet3	三维彗星轨迹图	trisurf	三角形表面图
ezgraph3	函数控制绘制三维图	trimesh	三角形网格图
pie3	三维饼状图	sphere	球面图
scatter3	三维散射图	cylinder	柱面图
quiver3	向量场	contour3	三维等高线

15.3　立体可视化

除了前面介绍的常用网格图、表面图和等高线图外，MATLAB 还提供了一些立体可视化函数用于绘制较为复杂的立体和向量对象。

15.3.1　视觉化作图

立体可视化函数通常在三维空间中构建标量和向量的图形。由于这些函数构建的是立体而不是一个简单的表面，因此它们需要三维数组作为输入参数，其中三维数组的每一维分别代表一个坐标轴，三维数组中的点定义了坐标轴栅格和坐标轴上的坐标点。

如果要绘制的函数是一个标量函数，则绘图函数需要四个三维数组，其中三个数组各代表一个坐标轴，第四个数组代表了这些坐标处的标量数据，这些数组通常记作 X、Y、Z 和 V。

如果要绘制的函数是一个向量函数，则绘图函数需要六个三维数组，其中三个分别表示一个坐标轴，另外三个用来表示坐标点处的向量，这些数组通常记作 X、Y、Z、U、V 和 W。

要正确合理地使用 MATLAB 提供的立体和向量可视化函数，需要对与立体和向量有关的一些术语有所了解。例如，散度（divergence）和旋度（curl）用于描述向量过程，而等值面（isosurfaces）和等值顶（isocaps）则用于描述立体的视觉外观。

下面看一个利用标量函数构建立体图形的例子。首先，必须生成一个构建立体对象的坐标系，代码如下：

```
>>x=linspace(-3,3,13);
>>y=1:10;
>>z=-5:5;
>>[X,Y,Z]=meshgrid(x,y,z);
>>size(X)
ans=
     10     13     11
```

上面的代码演示了 meshgrid() 函数在三维空间中的应用。其中，X、Y、Z 为定义栅格的 3 个三维数组。

这三个数组分别是从 x、y 和 z 经过三维栅格扩展形成的。也就是说，X 是将 x 复制扩展成具有 length(y) 个行和 length(z) 个页的三维数组，Y 是先将 y 转置成一个列向量，然后复制扩展成具有 length(x) 个列和 length(z) 个页的三维数组，Z 则是先将 z 转换成一个 1×1×length(z) 的三维向量，最后复制扩展成具有 length(y) 个行和 length(x) 个列的三维数组。

然后，还需要定义一个以这三个数组为自变量的标量函数 V，代码如下：

```
>>V=sqrt(X.^2+sin(Y).^2+Z.^2);
```

这样，利用标量函数 v=f(x,y,z) 定义一个立体对象所需的数据已全部给出。为了使该立体对象可视化，可以利用下面的代码查看该立体对象的一些截面图。

```
>>slice(X,Y,Z,V,[0 3],[5 10],[-12])
>>xlabel('X-axis')
>>ylabel('Y-axis')
>>zlabel('Z-axis')
```

结果如图 15-18 所示。

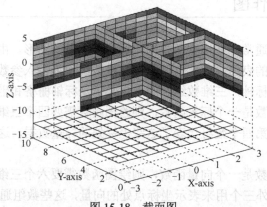

图 15-18　截面图

三维数据也可以用 smooth3()函数来过滤而实现其平滑化，例如：

```
>>data=rand(8,8,8);
>>datas=smooth3(data,'box',3);
>>p=patch(isosurface(data,.5),...
    'FaceColor','Blue','EdgeColor','none');
>>patch(isocaps(data,.5),...
    'FaceColor','interp','EdgeColor','none');
>>isonormals(data,p)
>>view(3); axis vis3d tight off
>>camlight; lighting phong
```

结果如图 15-19 所示。

图 15-19　平滑化图形

15.3.2　四维表现图

对于三维图形，可以利用 z=z(x,y)的确定或不确定的函数关系来绘制图形，但此时自变量只有两个，也即二维。当自变量有三个时，定义域是整个三维空间，而因人们所处的空间和思维局限性，在计算机的屏幕上只能表现出三个空间变量。因此再没有什么空间变量来表示函数的值。为此，MATLAB 用颜色来表示存在于第四维空间的值，它由函数 slice()来实现。其调用格式如下：

```
slice(V,sx,sy,sz)
```

该函数显示三元函数 V=V(X,Y,Z)确定的超立体形在 x 轴、y 轴和 z 轴方向上的若干点（对应若干平面）的切片图，各点的坐标由数量向量 sx、sy 和 sz 指定。其中 V 为三维数组（阶数为 m×n×p）。

```
slice(X,Y,Z,V,sx,sy,sz)
```

此时该函数也显示三元函数 V=V(X,Y,Z)确定的超立体形在 x 轴、y 轴和 z 轴方向上的若干点（对应若干平面）。即若函数 V=V(X,Y,Z)中有一变量如 X 取一定值 X0，则函数 V=V(X0,Y,Z)变成一立体曲面（只不过是将该曲面通过颜色表示高度 V，从而显示于一平面而已）的切片图，各点的坐标由参量向量 sx、sy 与 sz 指定。

参量 X、Y 与 Z 为三维数组，用于指定立方体 V 的坐标。参量 X、Y 与 Z 必须有单调的、正交的间隔（如同用命令 meshgrid 生成的一样）。在每一点上的颜色由超立体 V 的三维内插值确定。

```
slice(V,XI,YI,ZI)
```

此时该函数显示由参量矩阵 XI、YI 与 ZI 确定的超立体图形的切面图。参量 XI、YI 与 ZI 定义了一个曲面，同时会在曲面的点上计算超立体 V 的值。参量 XI、YI 与 ZI 必须为同型矩阵。

```
slice(X,Y,Z,V,XI,YI,ZI)
```

此时该函数沿着由矩阵 XI、YI 与 ZI 定义的曲面画穿过超立体图形 V 的切片。

```
slice(...,'method')
```

此时该函数可以指定内插值的方法。method 可以是如下方法之一：linear、cubic、nearest。其中 linear 为使用三次线性内插值法（该状态为默认的）；cubic 为使用三次立方内插值法；nearest 为使用最近点内插值法。

例如，在-2≤x≤2，-2≤y≤2，-2≤z≤2 区域内绘制可视化图，命令代码如下：

```
>>[x,y,z]=meshgrid(-2:.1:2,-2:.4:2,-2:.4:2);
>>v=sqrt(x.^2+sin(y).^2+z.^2);
>>xslice=[-1.2,.8,2];yslice=2;zslice=[-2,0];
>>slice(x,y,z,v,xslice,yslice,zslice)
>>colormap hsv
```

绘制出的切片图如图 15-20 所示。

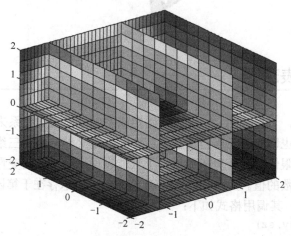

图 15-20　切片图

15.4　视角控制

三维视图表现的是一个空间内的图形，因此从不同的位置和角度观察图形会有不同的效果。下面将介绍一些常用的视觉控制命令。

15.4.1　视角控制命令

用于视觉控制的命令函数主要有 view()、viewmtx()和 rotate3d()命令函数，下面分别介绍它们的使用方法。

在 MATLAB 中，用于改变二维或三维图形的视角函数为 view()函数。该命令函数用于指定立体图形的观察点。观察者的位置决定了坐标轴的方向。读者可以用方位角（azimuth）和仰角（elevation）一起，或者用空间中的一点来确定观察点的位置，如图 15-21 所示，其调用格式如下：

```
view([x,y,z])
```

该函数在笛卡儿坐标系中将视角设为沿向量[x,y,z]指向原点。

```
view(2)
```

该函数设置默认的二维形式视点。其中 az=0，el=90，即从 z 轴上方观看所绘图形。

```
view(3)
```

该函数设置默认的三维形式视点。其中 az=-37.5，el=30。

```
view(T)
```

该函数根据转换矩阵 T 设置视点。其中 T 为 4×4 阶的矩阵，如同用 viewmtx 命令生成的透视转换矩阵一样。

```
[az,el]=view
```

该函数返回当前的方位角 az 与仰角 el。

```
T=view
```

此时返回当前的 4×4 阶的转换矩阵 T。

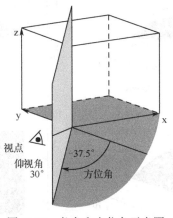

图 15-21　仰角和方位角示意图

请看下边的例子：

```
>>x=-7:.5:7; y=x;
>>[X,Y]=meshgrid(x,y);
>>R=sqrt(X.^2+Y.^2);
>>Z=cos(R)./R;
```

```
>>subplot(2,2,1)
>>surf(X,Y,Z)
>>view(-37.5,30)
>>xlabel('X-axis'),ylabel('Y-axis'),zlabel('Z-axis')

>>subplot(2,2,2)
>>surf(X,Y,Z)
>>view(-37.5+90,30)
>>xlabel('X-axis'),ylabel('Y-axis'),zlabel('Z-axis')

>>subplot(2,2,3)
>>surf(X,Y,Z)
>>view(-37.5,60)
>>xlabel('X-axis'),ylabel('Y-axis'),zlabel('Z-axis')

>>subplot(2,2,4)
>>surf(X,Y,Z)
>>view(0,90)
>>xlabel('X-axis'),ylabel('Y-axis')
```

结果如图 15-22 所示。

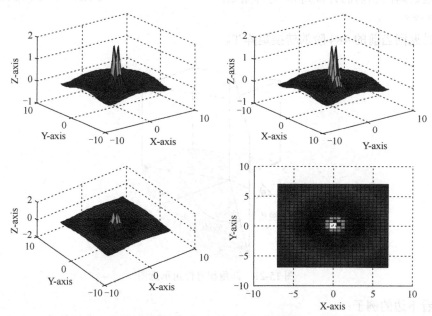

图 15-22　view()函数绘图结果

viewmtx()函数用于视点转换矩阵。计算一个 4×4 阶的正交或透视的转换矩阵，该矩阵将一个四维的、齐次的向量转换到一个二维的平面上。其调用格式如下：

```
T=viewmtx(az,el)
```

该函数返回一个与视点的方位角 az、仰角 el（单位都为度）对应的正交矩阵，并没有改变当前视点。

```
T=viewmtx(az,el,phi)
```

该函数返回一个透视的转换矩阵，其中参量 phi 是单位为度的透视角度，为标准化立方体（单位为度）的对象视角角度与透视扭曲程度。Phi 的取值如表 15-2 所示。

```
T=viewmtx(az,el,phi,xc)
```

该函数返回以标准化的图形立方体中的点 xc 为目标点的透视矩阵，目标点 xc 为视角的中心点。用户可以用一个三维向量 xc=[xc,yc,zc]指定该中心点，每一分量都在区间 [0,1]上，默认值为 xc=[000]。

表 15-2　phi 的取值

phi 的值	说　　明	phi 的值	说　　明
0 度	正交投影	25 度	类似于普通投影
10 度	类似于远距离投影	60 度	类似于广角投影

rotate3d 命令为三维视角变化函数，它的使用将触发图形窗口的 rotate3d 选项，用户可以方便地用鼠标来控制视角的变化，且视角的变化值也将实时显示在图中。

例如，不采用 rotate3d 命令，系统默认的视角如下：

```
>>a=peaks(30);
>>mesh(a);
```

结果如图 15-23 所示。

```
>>rotate3d on
```

采用 rotate3d on 命令后，按住鼠标左键不放调节视角得到的图形如图 15-24 所示。

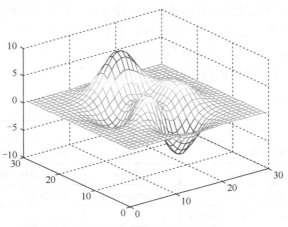

图 15-23　系统默认的视角图

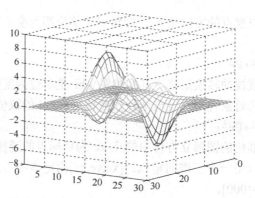

图 15-24　采用 rotate3d 命令调节视角得到的图形

15.4.2　摄像机控制

虽然用 view 对三维视角进行控制十分方便，但其功能却非常有限。为了能够对三维场景进行全面控制，需要用到摄像机功能。

在上述环境中，用户通常需要对两个三维坐标系统进行管理：一个是摄像机所在的坐标系，另一个是摄像机所指的坐标系，也就是摄像机的目标坐标系。

MATLAB 提供了一些摄像机函数用于管理和处理这两个坐标系统之间的关系，并且提供对摄像机镜头的控制。

对于初学者而言，MATLAB 摄像机函数的使用并不是一件容易的事情。因此，为了简化这些函数的使用，MATLAB 将大多数的函数以 Tools 菜单或图标工具栏的形式提供给用户。

利用这些交互式的摄像机工具，用户就可以避免在命令行窗口中输入大量的函数和输入输出参数。考虑到摄像机函数描述起来比较复杂，并且这些函数大多都可以使用交互式工具来完成，另外，真正深入使用这些函数的用户相对较少，因此本章没有对摄像机函数进行详细描述。MATLAB 的在线文档中有对这些函数详细的讨论。

在此列出 MATLAB 提供的摄像机函数，如表 15-3 所示。

表 15-3　摄像机函数

函 数 名	描　　述	函 数 名	描　　述
campos	摄像头位置	campan	固定窗口位置旋转对象
camtarget	摄像头目标	camdolly	固定对象移动摄像头
camva	摄像头视角	camzoom	放大摄像头
camup	设置窗口相对于显示对象的位置向量	camroll	滚动摄像头
camproj	摄像头投影	camlookat	查找特定的对象
camorbit	摄像头轨迹	camlight	生成摄像头光照对象并将其放置在合适的位置

在本章的最后将三维绘图所用到的函数汇总在表 15-4 中。

表 15-4 三维绘图函数

函 数 名	描　　述
plot3	在三维空间绘制线和点
mesh	绘制网格表面
meshc	绘制底面带等高线的网格图
meshz	绘制带零平面的网格图
surf	绘制表面图
surfc	绘制底面带等高线的表面图
surfl	绘制有基本光照属性的表面图
fill3	绘制填充颜色的三维多面体
shading	设置颜色投影模式
hidden	显示或隐藏被网格遮住的部分
surfnorm	绘制表面法线
axis	控制坐标轴刻度和外观
grid	显示或隐藏栅格线
box	显示或隐藏坐标轴边框
hold	保持当前的图形
subplot	在同一图形窗口中生成多个坐标轴
daspect	设定数据高宽比
pbaspect	设置屏幕高宽比
xlim	设置 x 坐标轴范围
ylim	设置 y 坐标轴范围
zlim	设置 z 坐标轴范围
view	指定三维视角
viewmtx	视角转换矩阵
rotate3d	交互式坐标轴旋转
title	为图形添加标题
xlabel	添加 x 轴标注
ylabel	添加 y 轴标注
zlabel	添加 z 轴标注
text	在图形中放置文本
gtext	在鼠标单击的位置放置文本
contour	绘制等高线图
contourf	填充等高线图
contour3	绘制三维等高线图

续表

函 数 名	描　述
clabel	添加等高线标注
pcolor	绘制伪色图
voronoi	绘制 Voronoi 分割图
trimesh	绘制三角形网格图
trisurf	绘制三角形表面图
scatter3	绘制三维分散数据图
stem3	绘制三维柄状图
waterfall	绘制瀑布图
ezmesh	利用字符串表达式轻松绘制网格图
ezmeshc	利用字符串表达式轻松绘制带等高线的网格图
ezplot3	利用字符串表达式轻松绘制三维曲线图
ezsurf	利用字符串表达式轻松绘制表面图
ezsurfc	利用字符串表达式轻松绘制带等高线的表面图
ezcontour	利用字符串表达式轻松绘制等高线图
ezcontourf	利用字符串表达式轻松绘制填充了颜色的等高线图
vissuite	有关可视化的帮助文档
isosurface	从立体图形中截取等值面
isonormals	绘制等值面法线
isocaps	绘制边缘等值面
isocolors	设置等值面和碎片颜色
contourslice	在截面中绘制等高线
slice	在立体图中截取曲面
streamline	数据的流线
stream3	三维数据流线
stream2	二维数据流线
quiver3	绘制三维箭头图
quiver	绘制二维箭头图
divergence	一个向量域的散度
curl	一个向量域的曲度和角速度
coneplot	绘制锥形图
streamtube	绘制流形管状图
streamribbon	绘制流形带状图
streamslice	在截面中绘制流形线
streamparticles	显示流粒子
interpstreamspeed	根据速度值对流线顶点进行插值

函 数 名	描　　述
subvolume	提取三维数据集合中的子集
reducevolume	减小三维数据集
volumebounds	返回体积和颜色范围
smooth3	三维数据平滑
reducepatch	在绘制时减少碎片的数量
shrinkfaces	在绘制时缩小碎片的大小

15.5　三维图形绘制实例

上面几节着重介绍了 MATLAB 绘制三维图形的基本功能，本节将继二维图形后，通过具体的实例来介绍三维图形的绘制。

例 15-1　画 $z = x^2 + y^2$ 的曲面图形。

将代码保存在 eg15_1.m 中，具体代码如下：

```
clf
x=-5:5;
y=x;
[X,Y]=meshgrid(x,y);                    %生成 x-y 坐标"格点"矩阵
Z=X.^2+Y.^2;                            %计算格点上的函数值
surf(X,Y,Z);
hold on
colormap(gray)
stem3(X,Y,Z,'bo')                       %计算函数值表现在格点上
```

结果如图 15-25 所示。

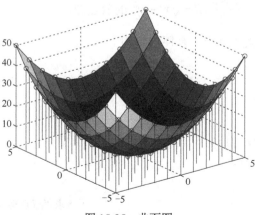

图 15-25　曲面图

例 15-2   用三维直方图表现数据。

将代码保存在 eg15_2.m 中，具体代码如下：

```
clf;
x=-2:2;                                              %注意：自变量要单调变化
Y=[5,4,3,2,5;3,5,2,4,1;3,4,5,2,1];                   %各因素的相对贡献份额
subplot(1,2,1),bar3(x',Y',1)                         %"队列式"直方图
xlabel('因素 ABC'),ylabel('x'),zlabel('y')
colormap(spring)                                     %控制直方图的用色
subplot(1,2,2),bar3h(x',Y','grouped')                %"分组式"水平直方图
ylabel('y'),zlabel('x')
```

结果如图 15-26 所示。

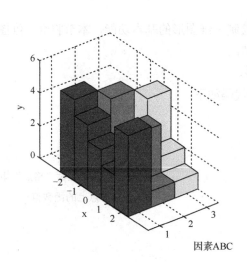
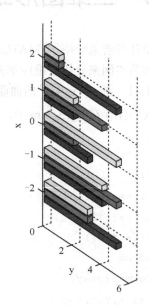

图 15-26   三维直方图

例 15-3   画函数 $z = \dfrac{\cos R}{R}, R = \sqrt{x^2 + y^2}$ 的散点图。

将代码保存在 eg15_3.m 中，具体代码如下：

```
clc
clear
x=-pi:pi/12:pi;
y=x;
[X,Y]=meshgrid(x,y);
R=sqrt(X.^2+Y.^2);
Z=cos(R)./R;
C=abs(del2(Z));                                      %求"五点格式"差分，反映曲面变化
meshz(X,Y,Z,C)                                       %由曲面变化决定用色
hold on,
```

```
scatter3(X(:),Y(:),Z(:),'filled')
hold off,colormap(summer)
```

结果如图 15-27 所示。

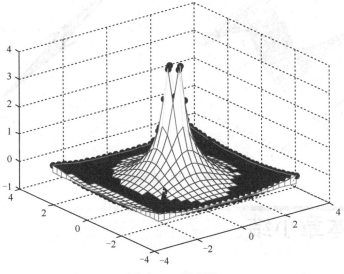

图 15-27 散点图

请注意本例中的两个命令：

（1）散点图命令 scatter3，标志三维数据点。它的前三个输入参数必须是同长的向量。

（2）带垂帘的网线图命令 meshz，它的调用格式与 mesh 相同。

例 15-4 旋转图形。将方程 $z = -ye^{(-x^2-y^2)}$ 进行旋转。

将代码保存在 eg15_4.m 中，具体代码如下：

```
shg;
clf;
[X,Y]=meshgrid([-2:.2:2]);
Z=-Y*exp(-X.^2-Y.^2);
G=gradient(Z);
subplot(1,2,1),
surf(X,Y,Z,G)
subplot(1,2,2),
h=surf(X,Y,Z,G);
rotate(h,[-2,-2,0],30,[2,2,0]),
colormap(jet)
```

结果如图 15-28 所示。

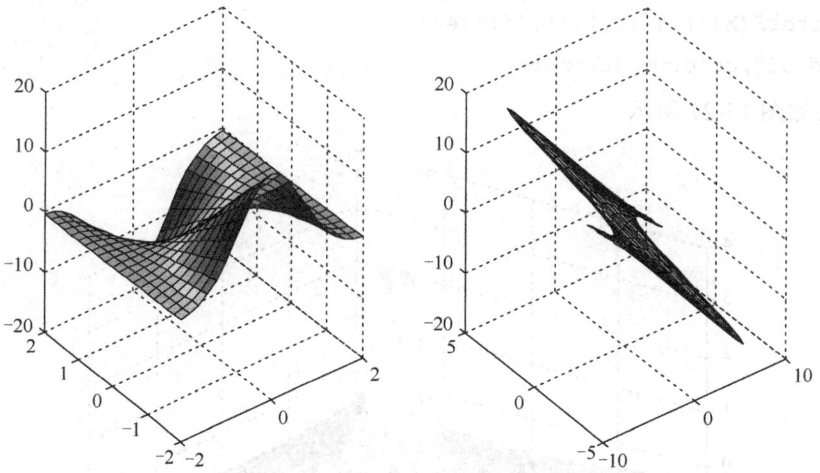

图 15-28　旋转图

15.6　本章小结

　　本章主要介绍了显示三维数据图像的 MATLAB 命令函数，其中有的函数用来绘制三维曲线，有的函数用来绘制三维曲面，还有的函数用来绘制三维网格。详细描述了这些函数的调用格式以及列举了相关实例。

　　除上面这些三维函数，后面的几节着重介绍了三维图形的其他辅助操作，也都非常的实用。例如，三维图形等高线的绘制，视角控制命令以及透视操作。

第16章

图形细节处理

利用图形和图表来表示数据集的技术称为数据可视化。MATLAB 提供了一系列工具和函数使二维或三维数据可视化，以便向用户提供更多的信息。

但是，与上一章的图形一样，本章所显示的图形也无法展示颜色的变化，但 MATLAB 提供了计算机屏幕上可以观察详细颜色变化信息的函数以及光照控制函数。因此了解图形的颜色和光照是进一步修改图形细节的必要手段。

学习目标

（1）熟悉图形颜色控制函数。

（2）了解光照控制函数。

16.1 图形色彩控制

图形的一个重要因素是图形的颜色，丰富的颜色变化能让图形更具表现力。在 MATLAB 中，色图 colormap 是完成这方面工作的主要命令。

16.1.1 色图 colormap

一般的线图函数（如 plot()、plot3()等）不需要色图来控制其色彩显示，而对于面图函数（如 mesh()、surf()等）则需要调用色图。色图设定的命令格式如下：

```
colormap(CM)
```

该命令设置当前图形窗的着色色图为 CM。表 16-1 中给出了色图矩阵 CM 对应的含义，即 MATLAB 提供的一些预先定义好的颜色表。

表 16-1 MATLAB 的预先定义色图矩阵 CM

CM 值	含 义	CM 值	含 义
autumn	红、黄浓淡色	jet	蓝头红尾饱和色
bone	蓝色调浓淡色	lines	采用 plot 绘线色
colorcube	三浓淡多彩交错色	pink	淡粉红色
cool	青、品红浓淡色	prism	光谱交错色
copper	纯铜色调线性浓淡色	spring	青、黄浓淡色
flag	红-白-蓝-黑交错色	summer	绿、黄浓淡色
gray	灰色调线性浓淡色	winter	蓝、绿浓淡色
hot	黑、红、黄、白浓淡色	white	全白色

例如，使用 bone 命令绘制蓝色调浓淡色图形。

```
>>[x,y,z]=peaks(30);
>>surf(x,y,z);
>>colormap(bone(128))
```

结果如图 16-1 所示。

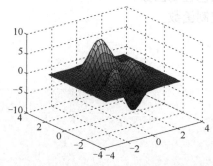

图 16-1 用 bone 命令绘制的图形

此语句是用于定义图形为蓝色调灰度色图，其颜色定义了 128 种。如果没有定义颜色的多少，那么色图的大小（颜色种数的数目）与当前色图的大小相同。

下面列举一个色图函数的图形控制实例。

例 16-1　画出关于 $z=x+y$ 红、白、蓝、黑交错色图形。

代码保存在 eg16_1.m 中，具体如下：

```
clf
x=-3:3;
y=x;
[X,Y]=meshgrid(x,y);
Z=X+Y;
surf(X,Y,Z);
colormap(flag)
colorbar
hold on
stem3(X,Y,Z,'bo')
hold off
xlabel('x'),ylabel('y'),zlabel('z')
axis([-10,10,-10,10,-10,inf])
```

结果如图 16-2 所示。

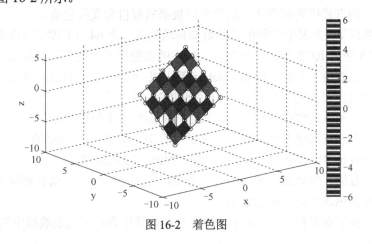

图 16-2　着色图

16.1.2　颜色表

MATLAB 使用一个行数为 3 的数组来表示颜色值，这个数组被称为颜色表。颜色表数组中的元素值均介于 0 和 1 之间，其中每一行元素代表一个不同的颜色，该行中的三个元素分别表示构成该行颜色的红、绿和蓝色的强度。表 16-2 给出了颜色表中部分数值与对应颜色之间的关系。

表 16-2　典型的配色方案

原　色			调得的颜色
红（R）	绿（G）	蓝（B）	
1	0	0	红色
1	0	1	洋红色
1	1	0	黄色
0	1	0	绿色
0	1	1	青色
0	0	1	蓝色
0	0	0	黑色
1	1	1	白色
0.5	0.5	0.5	灰色

表 16-2 表明，颜色表中的第一行数据表示红色强度，第四行数据表示绿色强度，第六行数据表示蓝色强度。颜色表中所有的值都被严格限制在 0 和 1 之间。

一个颜色表由多个代表红绿蓝（RGB）值的行组成，不同的颜色表从第一行到最后一行按照不同的方式排列和变化，用户可以根据需要自定义颜色表。

在默认情况下，上表中的颜色表函数都自动生成一个 64×3 的数组，该数组给出了颜色表中 64 种颜色的 RGB 描述。当然，上表中的颜色表函数也都可以接受一个参数，声明需要生成颜色数组的行数。例如，hot(m)就生成一个 m×3 的数组，该数组包含了从黑色、暗红、橙色、黄色到白色共 m 种颜色的 RGB 值。

总之，一个函数通常以下列三种方式之一来接受一个颜色参数：

（1）一个在 plot 颜色和线型表中定义的字符串，例如，r 或 red 表示红色。

（2）一个表示单个颜色的 RGB 行向量，例如，[.25 .50 .75]。

（3）一个数组。如果颜色参数是一个数组，那么 MATLAB 就会对该数组的元素进行作为对当前颜色表中颜色值的索引。

颜色表的显示有多种方法。其中一种方法就是直接查看颜色表数组中的元素，例如：

```
>>hot(8)
ans=
    0.3333         0         0
    0.6667         0         0
    1.0000         0         0
    1.0000    0.3333         0
    1.0000    0.6667         0
    1.0000    1.0000         0
    1.0000    1.0000    0.5000
    1.0000    1.0000    1.0000
```

这个颜色表是含有八个颜色值的 hot 颜色表。

为了更清楚地看到颜色表中的颜色，需要将颜色表进行可视化显示。这时，可以使用函数 pcolor()，如下所示：

```
>>n=15;
>>map=copper(n);
>>colormap(map)
>>[xx,yy]=meshgrid(0:n,[0 1]);
>>c=[1:n+1;1:n+1];
>>pcolor(xx,yy,c)
>>set(gca,'Yticklabel','')
```

结果如图 16-3 所示。

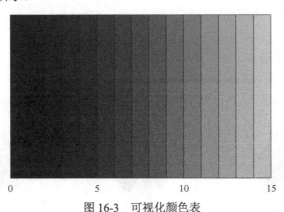

图 16-3 可视化颜色表

图 16-3 中显示了铜色颜色表的颜色变化情况，其中最左边的颜色带代表颜色表中的第一种颜色，最右边的颜色带代表颜色表中的最后一种颜色。

16.2 其他图形颜色控制命令

16.2.1 色彩浓淡处理

shading 命令。

该命令用于控制曲面图形的着色方式。常见调用格式如下：

```
shading options
```

该命令为图形对象着色进行浓淡处理。

```
shading flat
```

该命令为一整条线条或贴片用一种颜色处理。

```
shading interp
```

该命令用线性插值成色。

```
shading faceted
```

该命令勾画出网格线，在 flat 基础上再在贴片的四周勾画黑色网线。

例 16-2　画出函数 $z=x+y$ 图形，用三种浓淡处理方式进行比较。

代码保存在 eg16_2.m 中，具体如下：

```
clf
x=-4:4;y=x;
[X,Y]=meshgrid(x,y);
Z=X.^2+Y.^2;
surf(X,Y,Z)
colormap(jet)
subplot(1,3,1),surf(Z),axis off
subplot(1,3,2),surf(Z),axis off,shading flat
subplot(1,3,3),surf(Z),axis off,shading interp
set(gcf,'Color','w')
```

结果如图 16-4 所示。

图 16-4　浓淡处理

16.2.2　改变颜色表

正常情况下，MATLAB 将使用一个颜色表中所有的颜色来绘制用户的所有数据图，也就是说，MATLAB 将用颜色表中的第一个颜色绘制用户数据中最小的值，用颜色表中的最后一个颜色绘制用户数据中的最大值。

如果不想用上述方式使用颜色表，可以使用 caxis 来改变颜色表的使用方式，例如可以将整个颜色表用于用户数据的一个子集，或者将当前颜色表中的某一部分应用到整个用户数据集上。

该函数控制数值与色彩间的对应关系以及颜色的显示范围。常见调用格式如下：

```
caxis([cmin cmax])
```

该函数在[cmin cmax]范围内与色图的色值相对应，并依此为图形着色。若数据点的值小于 cmin 或大于 cmax，则按等于 cmin 或 cmax 来进行着色。

```
caxisauto
```

此时由 MATLAB 自动计算出色值的范围。

```
caxismanual
```

此时按照当前的色值范围设置色图范围。

```
caxis(caxis)
```

此时与 caxismanual 实现相同的功能。

```
v=caxis
```

此时返回当前色图的范围的最大和最小值[cmin cmax]。

下面这个简单的例子显示了 caxis 的典型用法：

```
>>a=peaks(20);
>>surf(a)
>>caxis([-2 2])
```

结果如图 16-5 所示。

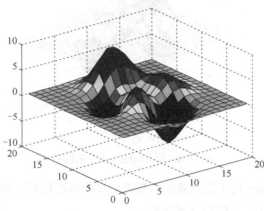

图 16-5　用 caxis 绘制的图形

16.2.3　改变图色

前面介绍的颜色表是用数组的形式表示的，因此，可以利用数组方式处理颜色表。例如，brighten()函数就是采用数组处理方式来调整一个给定颜色表中各个颜色的强度。brighten(beta)会根据 beta 的大小将当前的颜色表进行亮化（当 0<beta≤1 时）或者暗化（当 -1≤beta<0 时）处理。

当执行 brighten(beta)后，再执行 brighten(-beta)就可以将颜色表恢复到原来的状态。如果将 brighten(beta)的执行结果赋给一个变量，即 newmap=brighten(beta)，则创建一个经过亮化或暗化后的颜色表 newmap，原来的颜色表保持不变。

brighten 用于增亮或变暗色图。常见的调用格式如下：

```
brighten(beta)
```

该函数增亮或变暗当前的色图。若 0<beta<1，则增亮色图；若-1<beta<0，则变暗色图。改变的色图将代替原来的色图，但本质上是相同的。

```
brighten(h,beta)
```

此时该函数对指定的句柄对象 h 中的子对象进行操作。

```
newmap=brighten(beta)
```

此时该函数没有改变当前图形的亮度，而是返回变化后的色图。

```
newmap=brighten(cmap,beta)
```

此时该函数没有改变指定色图 cmap 的亮度，而是返回变化后的色图。

例如，用 brighten 改变图色，代码如下：

```
>>a=peaks(20);
>>surf(a)
>>brighten(-0.6)
```

结果如图 16-6 所示。

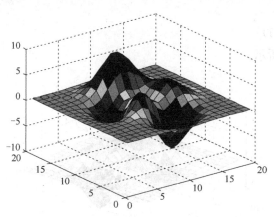

图 16-6　用 brighten 改变的图色

另外，还有 colorbar 用于显示能指定颜色刻度的颜色标尺。常见的调用格式如下：

```
colorbar(...'peer',axes_handle)
```

该函数生成一个与坐标轴 axes-handle 有关的颜色标尺，代替当前的坐标轴。

限于篇幅，不再一一举例。

16.3　光照控制

光照是图形色彩强弱变化的方向，好的光效可以更好地在图形窗口中展现绘制对象的特点，增强可视化分析数据的能力。

16.3.1　灯光设置

可以添加一个或多个光源来仿真一个物体的光照部位和与直接光照相对应的阴影部位。在 MATLAB 中，光源生成函数为 light()函数，该函数生成一个沿着射线矢量[1 0 1]方向，从无穷远处照来的白光光源。

该函数为当前图形建立光源。其主要的调用格式如下：

```
light('PropertyName',PropertyValue,...)
```

该函数中的 PropertyName 是一些用于定义光源的颜色、位置和类型等的变量名。

例如，用 light()为图形设置光源。

```
>>a=peaks(20);
>>surf(a)
>>light('Position',[1 0 0],'Style','infinite');
```

结果如图 16-7 所示。

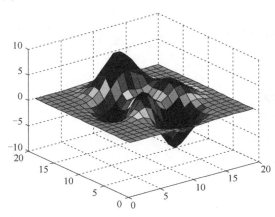

图 16-7　用 light() 为图形设置光源

16.3.2　照明模式

用户可以使用 lighting() 函数从以下四个不同的光照模式中为物体选择一种光照效果：none（忽略任何光源）、flat（光源生成以后的默认模式）、phong 及 gouraud。上述每一个模式都使用到了不同的算法来改变物体的外观。

flat，光照模型给物体的每一个面都使用了统一的颜色。

gouraud，光照模型根据顶点的颜色对表面颜色进行插值。

phong，光照模型对每个表面的顶点的法线进行插值，并计算在每个坐标轴像素处的反光。正如颜色表是"图形"窗口的属性一样，光线光照也是坐标轴的一个属性或者说是产物。因此，"图形"窗口中的每个坐标轴都可以单独设置光照。

例 16-3　光照模型四种效果的比较。

代码保存在 eg16_3.m 中，具体如下：

```
subplot(2,2,1)
sphere
light
shading interp
axis square off
lighting none
title(' No Lighting')

subplot(2,2,2)
sphere
light
```

```
shading interp
axis square off
lighting flat
title(' Flat Lighting')


subplot(2,2,3)
sphere
light
shading interp
axis square off
lighting gouraud
title(' Gouraud Lighting')


subplot(2,2,4)
sphere
light
shading interp
axis square off
lighting phong
title('Phong Lighting')
```

结果如图 16-8 所示。

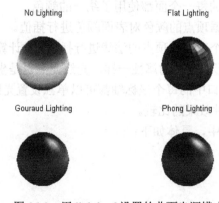

图 16-8   用 lighting()设置的曲面光源模式

16.3.3   制光反射的材质

除光照之外，在轴上的物体沿某一坐标轴的外观可以通过调整其表面外观上的反射特性（或称表面"反射系数"）来改变。反射系数是由以下元素的一些组元构成的。

（1）环境光线——图中统一均匀漫反射光线的强度。

（2）散射反射——弱漫反射光线强度。

（3）镜面反射——强漫反射光线强度。

（4）镜面指数——控制镜面"热点"的尺寸或范围。

（5）镜面颜色反射——确定表面颜色对反射贡献率的影响。

利用 material 可以获得一些预先定义的表面反射属性。该函数的可选参数包括 shiny、dull、metal 和 default（default 用来存储默认的表面反射属性）。

控制光效的材质调用格式为：

`material shiny`	%使对象比较明亮，镜反射大
`material dull`	%使对象比较暗淡，漫反射大
`material metal`	%使对象带金属光泽（默认模式）
`material default`	%返回默认模式
`material([ka kd ks n sc])`	%对反射五要素设置

其中：

ka——均匀背景光的强度。

kd——漫反射的强度。

ks——反射光的强度。

n——控制镜面亮点大小。

sc——控制镜面颜色的反射系数。

例 16-4　灯光、照明、材质命令所表现的图形。

代码保存在 eg16_4.m 中，具体如下：

```
clf;
[X,Y,Z]=sphere;
colormap(jet)
surf(X,Y,Z),axis equal off,shading interp
light('position',[10 10 10],'style','infinite')
lighting phong
material shiny
```

结果如图 16-9 所示。

图 16-9　灯光、照明、材质命令所表现的图形

本节的最后，汇总颜色和光照有关的 MATLAB 函数，详见表 16-3。

Note

表 16-3　颜色和光照函数及其描述

函 数 名	描　　述
light	光照对象生成函数
lighting	设置光照模式（flat,gouraud,phong 或者 none）
lightangle	球坐标中的位置光照对象
material	设置反射的物质类型（default,shiny,dull 或者 metal）
camlight	设置与摄像头相关的光照对象
brighten	亮化或暗化颜色表
caxis	设置或获取颜色轴的限制
diffuse	找出表面散射反射
specular	找出表面镜面反射
surfnorm	计算表面法线
colorbar	生成颜色条
colordef	定义默认颜色属性
colormap	设置或获取图形窗口颜色表
colormapeditor	用于创建颜色映射表的图形用户接口（GUI）函数
hsv2rgb	将"色度—饱和度—亮度"颜色值转换为"红—绿—蓝"模式值
rgb2hsv	将"红—绿—蓝"颜色值转换为"色度—饱和度—亮度"模式值
rgbplot	绘制颜色表
shading	阴影模式（flat,faceted 或者 interp）
spinmap	使颜色旋转
whitebg	将图形窗口设置成白色背景
graymon	将图形窗口设置成灰度默认值，以便在单色显示器中显示
autumn	带红色和黄色阴影的颜色表
bone	带有蓝色的灰度颜色表
cool	带有天蓝色和粉色阴影的颜色表
copper	线性铜色调颜色表
flag	带交替的红、白、蓝和黑色的颜色表
gray	线性灰度颜色表
hot	黑、红、黄、白基色颜色表
hsv	色度、饱和度、亮度（HSV）颜色表
jet	HSV 颜色表的变种（开始是蓝色，结尾是红色）
lines	基于线颜色的颜色表
prism	带交替的红、橙、黄、绿、蓝和紫色的颜色表
spring	带洋红和黄色阴影的颜色表
summer	带绿色和黄色阴影的颜色表
winter	带蓝色和绿色阴影的颜色表

16.4　图形处理实例

前面几节主要针对着色、光照等方面对图形进行了特殊的处理，本节将继续给出几个相关的实例，使读者领会起来更加细腻。

例 16-5　随机色图。画色图和色图矩阵。

将代码保存在 eg16_5.m 中，具体如下：

```
rand('seed',2);
CM=rand(12,3);
m=size(CM,1);
Y=[1:m+1;1:m+1]';
pcolor(Y)
colormap(CM)
```

结果如图 16-10 所示。

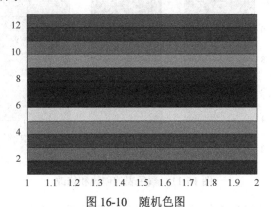

图 16-10　随机色图

例 16-6　颜色表的创建和修改。利用 caxis auto 将颜色表表示的数据范围恢复成默认值 cmin 和 cmax。

将代码保存在 eg16_6.m 中，具体如下：

```
clear
clc
N=12;
 data=[1:N+1;1:N+1]';

subplot(1,3,1)
colormap(hsv(N))
pcolor(data)
set(gca,'XtickLabel','')
title('限制')
caxis auto                              %默认
```

```
subplot(1,3,2)
pcolor(data)
axis off
title('扩展限制')
caxis([-5,N+5])                                    %扩展颜色

subplot(1,3,3)
pcolor(data)
axis off
title('严格限制')
caxis([5,N-5])                                     %严格控制
```

结果如图 16-11 所示。

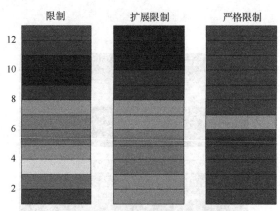

图 16-11　颜色表的创建和修改

例 16-7　将一个半径为 3 的单位球体进行透视显示，要求不显示坐标轴，而且图形表面要表现出春色。

将代码保存在 eg16_6.m 中，具体如下：

```
[X0,Y0,Z0]=sphere(20);                             %产生单位球面的三维坐标
X=3*X0;Y=3*Y0;Z=3*Z0;                              %产生半径为 3 的球面的三维坐标
clf,surf(X0,Y0,Z0);                                %画单位球面
shading interp
hold on,mesh(X,Y,Z),colormap(spring)
hold off
hidden off                                         %产生透视效果
axis equal,axis off                                %不显示坐标轴
```

结果如图 16-12 所示。

图 16-12　单位球

例 16-8　利用 MATLAB 提供的无限大水体中水下射流速度数据 flow 做切片图，其中 flow 是一组定义在三维空间上的函数数据。

将代码保存在 eg16_7.m 中，具体如下：

```
clf;
[X,Y,Z,V]=flow;                  %取 4 个 flow 流速数据矩阵，V 是射流速度。
x1=min(min(min(X)));
x2=max(max(max(X)));             %取 x 坐标上下限
y1=min(min(min(Y)));
y2=max(max(max(Y)));             %取 y 坐标上下限
z1=min(min(min(Z)));
z2=max(max(max(Z)));             %取 z 坐标上下限
sx=linspace(x1+1,x2,4);          %确定 4 个垂直 x 轴的切面坐标
sy=0;                            %在 y=0 处，取垂直 y 轴的切面
sz=0;                            %在 z=0 处，取垂直 z 轴的切面
slice(X,Y,Z,V,sx,sy,sz);         %画切片图
view([-12,30]);shading interp;
colormap jet;
axis off;colorbar
```

结果如图 16-13 所示。

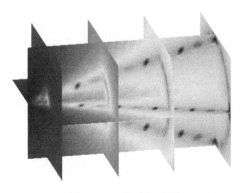

图 16-13　流速切片图

16.5　本章小结

本章主要介绍了 MATLAB 的图形化功能。本章在介绍颜色参数之前，首先对颜色表进行简单描述，包括颜色表的创建、使用、显示以及修改等。然后，介绍了如何在一个图形窗口中仿真多个颜色表，或者使用一个颜色表的部分内容。接下来介绍了光照模型，并给出了一些光照模型的实例。

MATLAB 图形化功能将计算的数据转化成图形，使用户在观察数据方面更具有直观感受，并且操作简单。

第17章

符号数学

如何在计算机上得到解析表达式而非数值结果一直是纯数学家的梦想。MATLAB 为此提供了符号数学工具箱。前面章节介绍的相关数学计算只是利用数值计算方法得到近似解。然而符号计算建立在数值完全准确表达和推演严格解析的基础之上，所得结果完全准确。

MathWorks 自从 2008 年后，在 MATLAB 中就使用 MuPAD 内核替换原来的 Maple 符号计算内核。在纯粹数学的理论中，符号计算解算问题的指令和过程，显得比数值计算更自然、更简明。

学习目标

(1) 熟悉符号对象的创建。
(2) 掌握符号表达式的操作。
(3) 熟练掌握符号微积分的计算。
(4) 熟练掌握符号矩阵的计算。

Note

17.1 符号对象的创建和使用

本节将介绍如何借助 MATLAB 的符号数学工具箱来创建和使用符号变量、符号表达式和符号矩阵。

17.1.1 创建符号对象和表达式

sym 类是符号数学工具箱中定义的一种新的数据类型。sym 类的实例就是符号对象，符号对象是一种数据结构（struture），是用于存储代表符号的字符串。在符号数学工具箱中，用符号对象来表示符号变量、符号表达式和符号矩阵。

在一个 MATLAB 程序中，syms()函数规定和创建符号常量、符号变量、符号函数及符号表达式，利用 class()函数可以测试建立的操作对象为何种操作对象类型以及是否为符号对象类型。

1. 函数命令sym

函数命令 sym 的调用格式有如下几种：

```
S = sym(A)
S = sym('A', [m n])
S = sym('A', n)
S = sym(A, 'real')
S = sym(A, 'positive')
S = sym(A, 'clear')
S = sym(A, flag)
```

其中，A 用来建立一个符号对象 S，其类型为 sym。如果 A（不带单引号）是一个数字、数值矩阵或数值表达式，则输出是将数值对象转换成的符号对象。如果 A（带单引号）是一个字符串，则输出是将字符串转换成的符号对象。

其中 flag 为转换的符号对象应该符合的格式。如果被转换的对象为数值对象，flag 可以有如下选择：

d——最接近的十进制浮点精确表示。

e——带（数值计算时）估计误差的有理式表示。

f——十六进制浮点表示。

r——为默认设置时，最接近有理式表示的形式。

例如，输入以下代码，观察数据类型。

```
>>c=sym(2);
classc=
sym
```

2. 函数命令syms

函数命令 syms 的调用格式如下：

```
syms arg1 arg2 ...
syms arg1 arg2 ... real
syms arg1 arg2 ... clear
syms arg1 arg2 ... positive
```

该命令可以建立三个或多个符号对象。flag、real、clear 和 positive 的具体选项同上。

例如，输入：

```
>>syms a;
>>classa=class(a)
classa=
sym
```

在 MATLAB 符号运算中，符号变量是内容可变的符号对象。符号变量通常是指一个或几个特定的字符，不是指符号表达式，甚至可以将一个符号表达式赋值给一个符号变量。符号变量与 MATLAB 数值变量名称的命名规则相同。

- 变量名可以由英文字母、数字和下画线组成。
- 变量名应以英语字母开头。
- 组成变量名的字母数量不大于 31 个。

17.1.2 符号对象的基本运算

在 MATLAB 中，符号计算表达式的运算符和数值计算中的运算符及基本函数几乎完全相同。

例如，输入函数表达式 $f=x^2+y^2+z^2+1$，代码如下：

```
>>syms x y z;
>>f=x^2+y^2+z^2+1
f=
x^2+y^2+z^2+1
```

该函数表达式中所用到的运算符"+"和"^"与数值计算符相同。

表 17-1 就符号计算中的基本运算符和函数作简单的归纳。

表 17-1　在 MATLAB 中可调用的符号运算函数指令

类　别	情况描述	与数值计算对应关系
基本函数	三角函数、双曲函数及反函数；除 atan2 外	名称和使用方法相同
	指数、对数函数（如 exp、expm）	名称和使用方法相同
	复数函数（注意：没有幅角函数 angle）	名称和使用方法相同
	矩阵分解函数（如 eig、svd）	名称和使用方法相同

Note

续表

类　别	情况描述	与数值计算对应关系
基本函数	方程求解函数 solve	不同
	微积分函数（如 diff、int）	不完全相同
	积分变换和反变换函数（如 laplace、ilaplace）	只有离散 Fourier 变换
	绘图函数（如 ezplot、ezsurf）	数值绘图指令更丰富
经典特殊函数	如误差函数 erf、贝塞尔函数 besselj、第一类完全椭圆积分 EllipticK 等；通过 mfunlist 可以看到所有经典函数名	部分

17.2　符号表达式的操作

符号计算所得的结果比较烦琐，不直观。为此，MATLAB 专门提供了对符号计算结果进行化简和替换的函数。

17.2.1　替换

符号运算工具箱中提供了 subexpr 和 subs 两个函数，用于实现符号对象的替换。在 MATLAB 中，可以通过符号替换来使表达式的输出形式简化，从而可以得到比较简单的表达式。

1. subexpr()函数

subexpr()函数将表达式中重复出现的字符串用变量代替，它的调用格式如下：

```
[Y,SIGMA] = subexpr(S,SIGMA)
```

指定用变量 SIGMA 的值（必须为符号对象）来代替符号表达式（可以是矩阵）中重复出现的字符串。替换后的结果由 Y 返回，被替换的字符串由 SIGMA 返回。

```
[Y,SIGMA] = subexpr(S,'SIGMA')
```

这种形式和上一种形式的不同在于第二个输入参数是字符或字符串，它用来替换符号表达式中重复出现的字符串。其他参数与上面的形式相同。

例如，将复杂的表达式进行替换，求矩阵：

$$\begin{bmatrix} a & b \\ b & a \end{bmatrix}$$

的特征值和特征向量。代码如下：

```
>>syms a b W
>>[V,D]=eig([a b;ba])          %V 特征向量矩阵 D 特征值
>>[RVD,W]=subexpr([V;D],W)     %对矩阵元素中的公共子表达式进行置换表达
V=
[ 1, -1]
[ 1,  1]
```

```
D=
[ a+b,    0]
[   0, a - b]
RVD=
[   1,   -1]
[   1,    1]
[ a + b,    0]
[   0, a - b]
W=
[ empty sym ]
```

2．subs()函数

subs()函数可以用指定符号替换符号表达式中的某一特定符号。它的调用格式有：

```
R = subs(S)
```

用工作空间中的变量值替代符号表达式 S 中的所有符号变量。如果没有指定某符号变量的值，则返回值中该符号变量不被替换。

```
R = subs(S,New)
```

用新符号变量 New 替代原来符号表达式 S 中的默认变量。确定默认变量的规则与findsym()函数的规则相同。

```
R = subs(S,Old,New)
```

用新符号变量 New 替代原来符号表达式 S 中的变量 Old。当 New 是数值形式的符号时，实际上用数值代替原来的符号来计算表达式的值，只是所得结果仍然是字符串形式。

例如，利用数字来替换字母：

```
>>syms a b;
>>subs(a+b,a,5)
ans=
b+5
```

17.2.2 精度计算

符号计算的一个非常显著的特点是由于计算过程中不会出现舍入误差，从而可以得到任意精度的数值解。

一般符号计算的结果都是字符串，特别是一些符号计算结果从形式上来看是数值，但从变量类型上来看，它们仍然是字符串。

1．digits(d)

调用该函数后的近似解的精度变成 d 位有效数字。d 的默认值是 32。另外，调用 digits 命令（没参数）可以得到当前采用的数值计算的精度。

2. vpa(A,d)

求符号 A 的近似解，该近似解的有效位数由参数 d 来指定。如果不指定 d，则按照一个 digits(d)指令设置的有效位数输出。

3. double(A)

把符号矩阵或任意精度表示的矩阵 A 转换成为双精度矩阵。

例如，演示上述三个函数的输出结果，代码如下：

```
>>A=[4.220 1.360 5.800;6.370 7.401 1.0;5.000 2.30 4.901];
>>S=sym(A)
S=
[  211/50,      34/25,       29/5]
[ 637/100, 7401/1000,          1]
[       5,      23/10, 4901/1000]
>>digits(5)   %转换成有效位为 5 的任意精度矩阵
>>vpa(S)
ans=
[ 4.22,  1.36,   5.8]
[ 6.37, 7.401,   1.0]
[  5.0,   2.3, 4.901]
>>double(S)   %转换成双精度型的矩阵
ans=
    4.2200    1.3600    5.8000
    6.3700    7.4010    1.0000
    5.0000    2.3000    4.9010
```

17.2.3　化简

MATLAB 符号工具箱中提供了 collect()、expand()、horner()、factor()、simplify()和simple()函数来实现符号表达式的化简，下面将分别介绍这些函数。

1. collect()函数

函数功能是将符号表达式中同类项合并。它的调用格式如下：

```
R=collect(S)
```

将表达式 S 中相同次幂的项合并。其中 S 可以是一个表达式，也可以是一个符号矩阵。

例如，合并 f 中 x 的同类项，代码如下：

```
>>syms x
>>f=(x-1)*(x-2)^2;
>>collect(f)
```

```
ans=
x^3-5*x^2+8*x-4
```

2．expand()函数

函数功能是将表达式展开。它的调用格式如下：

```
R = expand(S)
```

它将表达式 S 中的各项展开，如果 S 包含函数，则利用恒等变形将它写成相应的和的形式。该函数多用于多项式、三角函数、指数函数和对数函数。

例如，将三角函数展开，代码如下：

```
>>syms x y;
>>h=sin(x+y);
>>expand(h)
ans=
cos(x)*sin(y)+cos(y)*sin(x)
```

3．horner()函数

函数功能是将符号表达式转换成嵌套形式。它的调用格式如下：

```
R = horner(S)
```

其中 S 是符号多项式矩阵，horner()函数将其中每个多项式转换成它们的嵌套形式。

例如，将多项式转换成嵌套形式，代码如下：

```
>>syms x y;
>>f=x^4+x^2+x;
>>horner(f)
ans=
x*(x*(x^2 + 1) + 1)
```

4．factor()函数

函数功能是将符号多项式进行因式分解。它的调用格式如下：

```
factor(X)
```

如果 X 是一个多项式或多项式矩阵，系数是有理数，那么该函数将把 X 表示成系数为有理数的低阶多项式相乘的形式；如果 X 不能分解成有理多项式乘积的形式，则返回 X 本身。

例如，将多项式 $x^3 - y^3$ 进行因式分解，代码如下：

```
>>syms x y
>>factor(x^3-y^3)
ans=
(x-y)*(x^2+x*y+y^2)
```

5．simplify()函数

函数根据一定的规则对表达式进行简化。它的调用格式如下：

```
R= simplify(S)
```

该函数是一个强有力的具有普遍意义的工具。它应用于包含和式、方根、分数的乘方、指数函数、对数函数、三角函数、Bessel 函数及超越函数等的表达式，其中 S 可以是符号表达式矩阵。

例如，化简多项式$(x^2+2x+1)/(x+1)$，代码如下：

```
>>S=sym('(x^2+2*x+1)/(x+1)') ;
>>simplify(S)
ans=
x+1
```

6. simple()函数

函数功能是寻找一个符号表达式的最简形式，它的调用格式如下：

```
r = simple(S)
```

用几种不同的算术简化规则对符号表达式进行简化，使表达式 S 变成简短的形式。如果 S 是符号表达式矩阵，则返回使整个矩阵变成最短的形式，而不一定使每一项都最短；如果不给定输出参数 r，该函数将显示所有使表达式 S 变短的简化形式，并返回其中最短的那个。

```
[r,how] = simple(S)
```

不显示简化的中间结果，只显示寻找到的最短形式以及找到该形式所用的简化方法。返回值中，r 是符号表达式，how 是一个描述简化方法的字符串。

例如，简化以下表达式。

```
>>syms x
>>f=cos(x)^2 + sin(x)^2;
>>f=simple(f)
>>g=cos(3*acos(x));
>>g=simple(g)
f=
1
g=
4*x^3-3*x
```

17.3 符号微积分的计算

微积分是整个高等数学的重要组成部分，在符号数学工具箱中提供了一些常用的函数来支持具有重要基础意义的微积分运算。

17.3.1　极限和导数的符号计算

高等数学中的大多数微积分问题，都能用符号计算解决，而且都可以由计算机完成。

1．limit函数

函数 limit(f,x,a)用于求极限：

$$\lim_{x \to a} f(x)$$

f是符号函数的表达式，当 x 近似为 a 时，f 取到 a 的值。

例如，求极限：

$$\lim_{x \to 1}\left(2 - \frac{3}{x}\right)^2$$

在命令行中输入如下代码：

```
>>l=limit((2-3/x)^2,x,1)
l=
1
```

例 17-1　分别求 1/x 在 0 处从两边趋近、从左边趋近和从右边趋近的三个极限值。

采用极限方法也可以用来求下列函数的导数：

$$f'(x) = \lim_{t \to 0} \frac{f(x+t) - f(x)}{t}。$$

代码保存在 eg17_1.m 中，具体如下：

```
f=sym('1/x')
y1=limit(f)                %对 x 求趋近于 0 的极限
y2=limit(f,'x',0)          %对 x 求趋近于 0 的极限
y3=limit(f,'x',0,'left')   %左趋近于 0
y4=limit(f,'x',0,'right')  %右趋近于 0
```

结果如下：

```
f=
1/x
y1=
NaN
y2=
NaN
y3=
-Inf
y4=
Inf
```

当左右极限不相等、表达式的极限不存在时，结果为 NaN。

假定符号表达式的极限存在，Symbolic Math Toolbox 提供了直接求表达式极限的 limit()函数，limit()函数的基本用法如表 17-2 所示。

表 17-2　limit 函数的用法

函数格式	说　　明
limt(f)	对 x 求趋近于 0 的极限
limt(f,x,a)	对 x 求趋近于 a 的极限，当左右极限不相等时极限不存在
limt(f,x,a, left)	对 x 求左趋近于 a 的极限
limt(f,x,a, right)	对 x 求右趋近于 a 的极限

2．diff函数

diff 函数的调用格式有三种，它们的形式和作用分别如下：

```
diff(S,'v')
```

将符号 v 视作变量，对符号表达式或符号矩阵 S 求取微分。

```
diff(S,n)
```

将 S 中的默认变量进行 n 阶微分运算，其中默认变量可以用 findsym()函数确定，参数 n 必须是正整数。

```
diff(S,'v',n)
```

将符号 v 视作变量，对符号表达式或矩阵 S 进行 n 阶微分运算。

首先要建立一个符号表达式，然后取相应的微分。例如，求以下符号微分：

$$\frac{\mathrm{d}}{\mathrm{d}x}\cos x$$

在命令行中输入：

```
>>syms x
>>f=cos(x);
>>df=diff(f)
df=
sin(x)
```

例 17-2　已知 $f(x)=ax^2+bx+c$，求 $f(x)$的微分。

代码保存在 eg17_2.m 中，具体如下：

```
f=sym('a*x^2+b*x+c')

dydx=diff(f)                        %对默认自由变量 x 求一阶微分
dyda2=diff(f,'a')                   %对符号变量 a 求一阶微分
dydx2=diff(f,'x',2)                 %对符号变量 x 求二阶微分
dydx3=diff(f,3)                     %对默认自由变量 x 求三阶微分
```

结果如下:

```
f=
a*x^2+b*x+c
dydx=
b+2*a*x
dyda2=
x^2
dydx2=
2*a
 dydx3=
0
```

例 17-3　对符号矩阵 $\begin{bmatrix} 2x & t^2 \\ t\cos(x) & e^x \end{bmatrix}$ 求微分。

代码保存在 eg17_3.m 中,具体如下:

```
syms t x
g=[2*x t^2;t*cos(x) exp(x)]          %创建符号矩阵
diff(g)                              %对默认自由变量 x 求一阶微分
diff(g,'t')                          %对符号变量 t 求一阶微分
diff(g,2)                            %对默认自由变量 x 求二阶微分
```

结果如下:

```
g=
[      2*x,    t^2]
[ t*cos(x), exp(x)]
 ans=
[        2,      0]
[ -t*sin(x), exp(x)]
ans=
[      0, 2*t]
[ cos(x),   0]
 ans=
[        0,      0]
[ -t*cos(x), exp(x)]
```

17.3.2　级数的符号求和与积分

微积分在数学中是一对互逆的运算。在高等数学中求解积分过程的基本步骤是:分割、求和并且近似取极限。求积分的过程就是累积求和的过程。在介绍符号积分之前,先了解一下级数求和的 MATLAB 指令。

（1）symsum()函数用于对符号表达式进行求和。该函数的调用格式如下：

```
r = symsum(s,a,b)
```

求符号表达式 s 中默认变量从 a 变到 b 时的有限和。

```
r = symsum(s,v,a,b)
```

求符号表达式 s 中变量 v 从 a 变到 b 时的有限和。a、b 默认求和区间为[0, v-1]。

例如，求级数

$$\sum_{n=1}^{5} n$$

在命令行中输入：

```
>>syms n;
>>r=symsum(n,1,5)
r=
    15
```

例 17-4　求级数 $1 + \dfrac{1}{2^2} + \dfrac{1}{3^2} + \cdots + \dfrac{1}{k^2} + \cdots$ 和 $1 + x + x^2 + \cdots + x^k + \cdots$ 的和。

代码保存在 eg17_4.m 中，具体如下：

```
syms x k
s1=symsum(1/k^2,1,10)              %计算级数的前 10 项和

s2=symsum(1/k^2,1,inf)             %计算级数和

s3=symsum(x^k,'k',0,inf)           %计算对 k 为自变量的级数和
```

结果如下：

```
s1=
1968329/1270080
s2=
pi^2/6
s3=
piecewise([1<=x, Inf], [abs(x)<1, -1/(x-1)])
```

（2）符号数学工具箱中提供了 int()函数来求符号表达式的积分，其调用格式如下：

```
R = int(S)
```

用默认变量求符号表达式 S 的不定积分，默认变量可用 findsym()函数确定。

```
R = int(S,v)
```

用符号标量 v 作为变量求符号表达式 S 的不定积分值。

```
R = int(S,a,b)
```

符号表达式采用默认变量，该函数求默认变量从 a 变到 b 时符号表达式 S 的定积分值。如果 S 是符号矩阵，那么积分将对各个元素分别进行，而且每个元素的变量也可以独立地由 findsym()函数来确定，a 和 b 可以是符号或数值标量。

```
R = int(S,v,a,b)
```

符号表达式采用符号标量 v 作为标量，求当 v 从 a 变到 b 时，符号表达式 S 的定积分值。其他参数和上一种调用方式相同。

例如，求不定积分

$$\int \sin x \, \mathrm{d}x$$

在命令行中输入：

```
>>syms  x;
>>int(sin(x))
ans=
-cos(x)
```

 求不定积分时，结果中要加上一个常数 C。

例 17-5　求积分 $\int \cos(x)$ 和 $\iint \cos(x)$ 。

代码保存在 eg17_5.m 中，具体如下：

```
f=sym('cos(x)');
s1=int(f)                           %求不定积分
s2=int(f,0,pi/3)                    %求定积分
s3=int(f,'a','b')                  %求定积分
s4=int(int(f))                     %求多重积分
```

结果如下：

```
s1=
sin(x)
s2=
3^(1/2)/2
s3=
sin(b)-sin(a)
s4=
-cos(x)
```

例 17-6　求符号矩阵 $\begin{bmatrix} 2x & t^2 \\ t\cos(x) & \mathrm{e}^x \end{bmatrix}$ 的积分。

代码保存在 eg17_6.m 中，具体如下：

```
syms t x
g=[2*x t^2;t*scos(x) exp(x)]        %创建符号矩阵
s1=int(g)                           %对 x 求不定积分
s2=int(g,'t')                       %对 t 求不定积分
s3=int(g,sym('a'),sym('b'))         %对 x 求定积分
```

结果如下：

Note

```
g=
[      2*x,    t^2]
[ t*cos(x), exp(x)]
s1=
[      x^2,  t^2*x]
[ t*sin(x), exp(x)]
s2=
[          2*t*x,     t^3/3]
[ (t^2*cos(x))/2, t*exp(x)]
s3=
[          b^2 - a^2,     -t^2*(a - b)]
[ -t*(sin(a) - sin(b)), exp(b) - exp(a)]
```

17.4 符号计算

本节介绍的符号对象的矩阵运算在形式上与数值计算中的运算十分相似，只要仔细阅读便可掌握。

17.4.1 符号矩阵的计算

符号对象的加减法运算必须满足下列原则，如果两个对象都是符号矩阵，那么它们必须大小相等。

例如，对符号矩阵进行加减运算，代码如下：

```
>>syms a b
>>A=sym('[a b;b a]');                    %定义符号矩阵
>>B=sym('[2*a b;b 2*a');                 %定义符号矩阵
A+B
ans=
[ 3*a, 2*b]
[ 2*b, 3*a]
```

在线性代数中，对矩阵若尔当典范形（Jordan Canonical Form）进行计算相当复杂。MATLAB 提供了 jordan() 函数来求矩阵的若尔当典范形，考虑到不同用户对矩阵计算的各种需求，它的调用格式如下：

```
J = jordan(A)
```

计算矩阵 A 的若尔当典范形。其中 A 可以是数值矩阵或符号矩阵。

```
[V,J] = jordan(A)
```

除了计算矩阵 A 的若尔当典范形 J 外，还返回相应的变换矩阵 V。

例如，计算矩阵若尔当典范形，代码如下：

```
>>A=sym([1 2 -3 ;1 2 5;2 4 -5 ]); %定义矩阵
>>[V,J]=jordan(A)
V=
[      30^(1/2)/58+14/29,      14/29-30^(1/2)/58, -2]
[ 22/29-(15*30^(1/2))/58, (15*30^(1/2))/58+22/29, 1]
[                      1,                      1, 0]
J=
[-30^(1/2)-1,            0, 0]
[          0, 30^(1/2)-1, 0]
[          0,            0, 0]
```

 jordan()函数对矩阵元素值的极微小变化均特别敏感，这使得采用数值方法计算若尔当典范形非常困难，对于矩阵 A 的值，必须精确地知道它的元素是整数或有理数。不支持对任意精度矩阵求其若尔当典范形。

由于符号计算产生的公式一般都太长、太复杂，而且没有太多的用处。在符号数学工具箱中，只有有限精度矩阵的奇异值分解才是可行的。用于对符号矩阵 A 进行奇异值分解的 svd() 函数，它的调用格式如下：

```
S = svd(A)
```

给出符号矩阵奇异值对角矩阵，其计算精度由 digits() 函数指定；

```
[U,S,V] = svd(A)
```

输出参数 U 和 V 是两个正交矩阵，它们满足关系式 $A = USV'$。

例如，求随机矩阵 A 的奇异值分解，代码如下：

```
>>X=rand(6,6) %随机生成 6 行 6 列的矩阵
X=
    0.8147    0.2785    0.9572    0.7922    0.6787    0.7060
    0.9058    0.5469    0.4854    0.9595    0.7577    0.0318
    0.1270    0.9575    0.8003    0.6557    0.7431    0.2769
    0.9134    0.9649    0.1419    0.0357    0.3922    0.0462
    0.6324    0.1576    0.4218    0.8491    0.6555    0.0971
    0.0975    0.9706    0.9157    0.9340    0.1712    0.8235
>>digits(30) %指定输出精度
>>S=svd(vpa(X))
S=
 3.14816925922790810650162505707
 0.98027858385168144532760726028
 0.72144988878309497741062671790 79
 0.55870099592090101127297180072 3
 0.46998503742881115414874029432 2
 0.18713732910565186545716873925 3
```

rand(m,n)是 MATLAB 中提供的一个随机矩阵生成函数，可以随机生成 m 行 n 列的随机矩阵。

在下面的例子中，首先生成一个希尔伯特矩阵（数值型），然后将它转换成符号矩阵，并对它进行各种线性代数运算，从中可以体会符号对象线性代数运算的特点。

```
>>H=hilb(4)                          %生成 4 阶希尔伯特数值矩阵
>>H=sym(H)                           %将数值矩阵转换成为符号矩阵
>>inv(H)                             %求符号矩阵的逆矩阵
>>det(H)
H=
    1.0000    0.5000    0.3333    0.2500
    0.5000    0.3333    0.2500    0.2000
    0.3333    0.2500    0.2000    0.1667
    0.2500    0.2000    0.1667    0.1429
H=
[   1, 1/2, 1/3, 1/4]
[ 1/2, 1/3, 1/4, 1/5]
[ 1/3, 1/4, 1/5, 1/6]
[ 1/4, 1/5, 1/6, 1/7]
ans=
[   16,  -120,   240,  -140]
[ -120,  1200, -2700,  1680]
[  240, -2700,  6480, -4200]
[ -140,  1680, -4200,  2800]
ans=
    1/6048000
```

17.4.2   符号计算实例

前面几个小节主要介绍了符号计算的基本操作，本小节将列举关于数学问题的符号计算实例，以便读者参考。

例 17-7   求三元非线性方程组 $\begin{cases} x^2+2x+1=0 \\ x+3z=4 \\ yz=-1 \end{cases}$ 的解。

代码保存在 eg17_7.m 中，具体如下：

```
eq1=sym('x^2+2*x+1');
eq2=sym('x+3*z=4');
eq3=sym('y*z=-1');
[x,y,z]=solve(eq1,eq2,eq3)          %解方程组并赋值给 x,y,z
```

结果如下：

```
x=
-1
y=
-3/5
z=
5/3
```

> 输出结果为"结构对象"，如果最后一句为"S=solve(eq1,eq2,eq3)"，则结果为：
>
> ```
>     S=
>         x: [1x1 sym]
>         y: [1x1 sym]
>         z: [1x1 sym]
> ```

例 17-8　求 $f(t) = \dfrac{1}{t}$ 的 Fourier 变换。

本例的基本知识：单位阶跃函数和单位脉冲函数的符号表示；fourier 指令的使用；simple 指令在 MATLAB 不同版本中的表现差异。

代码保存在 eg17_8.m 中，具体如下：

```
syms t w;
UT=fourier(1/t,t,w)                %实施 Fourier 变换
Ut=ifourier(UT,w,t)                %结果与原函数相等
f=ifourier(UT)                     %fourier 反变换默认 x 为自变量
```

结果如下：

```
UT=
pi*(2*heaviside(-w)-1)*i
Ut=
1/t
f=
1/x
```

例 17-9　求微分方程 $y = xy' - 2(y')^2$ 的通解和奇解的关系。

代码保存在 eg17_9.m 中，具体如下：

```
y=dsolve('y=x*Dy-2*(Dy)^2','x')         %求微分方程解
clf,
hold on,
ezplot(y(2),[-6,6,-4,8],1)              %画奇解
cc=get(gca,'Children');                 %取奇解曲线的图柄
set(cc,'Color','b','LineWidth',5)       %把奇解画成粗红线
for k=-2:0.5:2;
```

```
    ezplot(subs(y(1),'C1',k), [-6,6,-4,8],1);
end                                        %画通解
hold off,
title('\fontsize{15}通解和奇解')
```

结果如下（见图 17-1）。

```
y=

          x^2/8
 -2*C8^2+x*C8
```

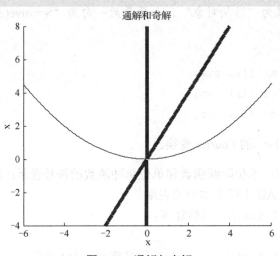

图 17-1　通解与奇解

例 17-10　用 ezplot3() 绘制动态三维符号表达式曲线。

代码保存在 eg17_10.m 中，具体如下：

```
x=sym('sin(t)');
z=sym('t');
y=sym('cos(t)');
%绘制 t 在[0,10*pi]范围内的三维曲线
ezplot3(x,y,z,[0,10*pi],'animate')
```

结果如图 17-2 所示。

例 17-11　求微分方程 $x\dfrac{\mathrm{d}^2 y}{\mathrm{d}x^2}-3\dfrac{\mathrm{d}y}{\mathrm{d}x}=x^2$，$y(1)=0$，$y(0)=0$ 的解。并画出 $y(x)$ 特解的图形。

代码保存在 eg17_11.m 中，具体如下：

```
y=dsolve('x*D2y-3*Dy=x^2','x')              %求微分方程的通解
y=dsolve('x*D2y-3*Dy=x^2','y(1)=0,y(5)=0','x')    %求微分方程的特解
```

绘制 $y(x)$ 特解的图形，代码如下：

```
y=sym('-1/3*x^3+1/3*x^4')
ezplot(y)
ezplot(y,[0,100])              %绘制符号函数 y 在[0,100]中的图形
```

结果如图 17-3 所示。

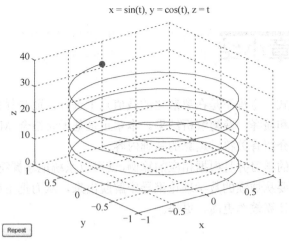

图 17-2 动态三维曲线

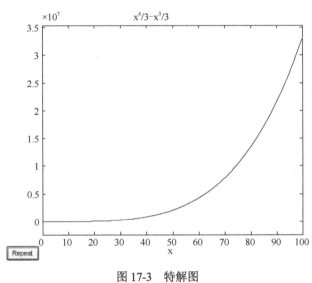

图 17-3 特解图

MATLAB 的较常用绘图命令如表 17-3 所示。

表 17-3 符号表达式和字符串的绘图命令

命 令 名	含 义
ezcontour	画等高线
ezcontourf	画带填充颜色的等高线
ezmesh	画三维网线图
ezmeshc	画带等高线的三维网线图
ezpolar	画极坐标图
ezsurf	画三维曲面图
ezsurfc	画带等高线的三维曲面图

17.5 本章小结

解算数学表达式、方程不是在离散化的数值点上进行，而是凭借一系列恒等式、数学定理，通过推理和演绎，获得解析结果。本章正是基于此结合 MATLAB 软件符号计算的强大功能，来介绍有关符号运算的基础内容。

只要通过简单的学习并且根据相应的算例，就可以系统地掌握符号计算的基本操作，就可以根据不同需要从烦锁的数学理论推导中解脱出来。从而把主要精力放在自己专门的科研项目中，使计算效率更高、更快。

第18章

特殊操作函数

在 MATLAB 中有一类特殊操作的指令函数，它们虽然不经常用到，但是在实际项目中却能使用到。例如，将一个十进制的数字转化成十六进制的数字就要用到这类函数。又如，对一个字节的数据进行移位操作也需要用到这样的函数。

学习目标

(1) 了解对位操作函数。

(2) 掌握进制相互转换函数。

(3) 了解集合函数。

18.1 对位操作函数

除逻辑运算外，MATLAB 还提供了对一个无符号整数数据的各个位进行逻辑运算的函数。

下面的代码给出其中一些函数的具体用法。首先将数据显示格式限定为十六进制，然后查看最大的 16 位无符号整数。

```
>>format hex
>>intmax('uint16') % largest unsigned 16-bit number
ans=

    ffff
```

然后，生成两个标量 a 和 b。

```
>>a =uint16(2^9)
a=

  0200
>>b=uint16(567)
b=
010d
```

下面的代码分别执行两个整数的逐位与、逐位或、逐位异或操作。

```
>>bitand(a,b)  % (a & b)
ans=
0000
>>bitor(a,b) % (a | b)
ans=
030d
>>bitxor(a,b) % xor(a,b)
ans=
  030d
```

下面的代码将 a 的各位取反。

```
>>bitcmp(a)
ans=
fdff
```

下面的代码获取 b 的第 5 位。

```
>>bitget(b,5)
ans=
   0000
```

下面的代码将 b 的第 5 位设为 1。

```
>>bitset(b,5)
ans=
011d
```

最后将数据显示设为默认的格式（短浮点型）。

```
>>format short g
```

18.2　进制相互转换函数

MATLAB 提供了一些函数用于将十进制数字转换成其他进制的数字，转换的结果以字符串形式给出。

例如，下面的代码在十进制和二进制数字之间进行转换，其中用到的转换函数是 dec2bin() 和 bin2dec()。

```
>>a=dec2bin(28)  %十进制转二进制
a=
   11100
>>class(a)
ans=
    char
>>bin2dec(a)  %二进制转十进制
ans=
   28
>>class(ans)
ans=
  double
```

下面的代码则实现了十进制和十六进制数字之间的转换，其中用到的转换函数是 dec2hex() 和 hex2dec()。

```
>>a=dec2hex(1024)  %十进制转十六进制
a=
400
>>class(a)
ans=
char
>>hex2dec(a)  % 十六进制转回十进制
ans=
    1024
>>class(ans)
ans=
double
```

MATLAB 还提供了函数 dec2base()和 base2dec()实现十进制和任何进制（2～36）之间的转换。例如，下面的代码实现了十进制和五进制数字之间的转换。

```
>>a=dec2base(52,5)
a=
    202
>>class(a)
ans=
    char
>>base2dec(a,3)
ans=
    52
```

在 MATLAB 中，36 是可表示的最大进制。这是因为，MATLAB 在表示一个进制数时，需要使用 0～9 和 A～Z（共 36 个）中的一个符号来表示进制数中的一个"位"，由于这些符号只有 36 个，因此，MATLAB 最多可表示三十六进制的数。

18.3 集合函数

MATLAB 提供了几个集合函数来对集合进行测试和比较。其中最简单的集合运算就是比较两个集合是否相等，用到的集合函数是 isequal()，下面的代码给出了该函数的用法。

```
>>a=rand(2,6);              %均匀分布的随机数组
>>b=randn(2,6);             %均值为 0,方差为 1 的随机数组
>>isequal(a,b)              %比较
ans=
    0
>>isequal(a,a)             %比较相等
ans=
    1

>>isequal(a,a(:))          %a 与其列比较
ans=
    0
```

上面的结果说明，两个数组（集合）如要相等，就必须有相同的维数和相同的元素值。isequal()不仅可以用于数值型数组，还适用于所有的 MATLAB 数据类型。

例如，下面的代码将两个结构体变量视为集合进行运算。

```
>>a='a char';
>>b='a Char';
```

```
>>isequal(a,b)
ans=
        0
>>a={'o' 't' 'th'};
>>b={'o' 't' 'f'};
>>isequal(a,b)
ans=
        0
>>isequal(a,a)
ans=
        1
```

上例说明，对于两个 MATLAB 变量（包括单元数组变量），如果具有相同的维数和完全相同的元素值，则这两个 MATLAB 变量就是相等的。

当这两个变量为结构体变量时，只有当它们的大小相同，各域都有相同的名称和顺序，并且域中的内容也完全相同时，这两个结构体变量才是相等的。

有时我们需要将集合中重复出现的元素删除，以保证集合中的各元素互不相等。函数 unique() 可以帮助我们完成这一操作，下面给出一个简单的例子。

```
>>a=[33 1;4 3 9]
a=
        3        3        1
        4        3        9
>>unique(a)
ans=
        1
        3
        4
9
```

如果要确定一个集合中的哪些元素是另一个集合中的成员，可以使用函数 ismember()，如下所示。

```
>>a=2:8
a=
        2        3        4        5        6        7        8
>>b=2:2:9
b=
        2        4        6        8
>>ismember(a,b)
ans=
        1        0        1        0        1        0        1
>>ismember(b,a)
```

```
ans=
 1     1     1     1
```

上例表明，当 ismember()函数接受两个向量输入时，将返回与第一个输入参数相同大小的逻辑向量，如果第一个向量的某一元素也是第二个向量的元素，则逻辑数组的对应位置将返回 true(1)，否则为 false(0)。

除上面的逻辑判断函数外，MATLAB 还提供了几个集合运算函数，包括 union()、intersect()、setdiff()和 setxor()，下面给出这些函数简单用法的例子。

```
>>a,b
 a=
12     3     4     5     6     7     8     9
 b=
 2     4     6     8
>>union(a,b)
ans=
 1     2     3     4     5     6     7     8     9
>>intersect(a,b)
ans=
 2     4     6     8
>>setxor(a,b)
ans=

 1     3     5     7     9
>>setdiff(a,b)
ans=
 1     3     5     7     9
>>setdiff(b,a)
ans=
 []
>>union(A,B,'rows')
ans=
 0     0     1
 0     1     0
 1     0     0
 1     1     1
```

和前面的 isequal()、unique()和 ismember()一样，这些集合函数同样适用于字符串单元数组，并且其用法也与这三个函数大同小异。只有通过上机练习上面的例子方可掌握它们的用法。

18.4　本章小结

Note

　　本章介绍了有关特殊操作的函数，这类函数主要是对数组进行有针对性的操作，它们虽然在计算算法方面不常用，但是在实际项目操作中经常会用到，特别是进制转化函数，十分有用。

　　这类函数虽然不像 C 语言中的对位操作运行那么快，但这类函数在 MATLAB 语言体系中能起到很好的解决问题的作用。

第**19**章

时间函数

在编程过程中，往往要测试模块函数所消耗的时间。因此时间和日期是经常遇到的概念。MATLAB 提供了许多函数来处理时间和日期问题。利用这些函数可以对时间和日期进行数学运算，例如，打印一份日历以及迅速找到指定的某一天等。

因此，MATLAB 提供了许多函数来实现日期数字和字符串之间的转换，以及对日期和时间进行各种处理。

学习目标

(1) 了解当前时间和日期函数。

(2) 熟悉 tic() 和 toc() 函数。

(3) 熟悉时间标签的设置。

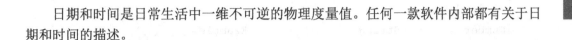

19.1　日期和时间

日期和时间是日常生活中一维不可逆的物理度量值。任何一款软件内部都有关于日期和时间的描述。

19.1.1　当前日期和时间

要获得当前的日期和时间，可以使用 clock()函数，该函数将当前的日期和时间返回在一个数组中。例如，可以使用下面的代码获取当前时间。

```
>> T = clock
T=
    2012      9      21      15      22      55.734
```

当用 clock 查看当前时间时，其返回值 T 的各元素代表的时间单位分别为 T=[year month day hour minute seconds]。例如，上述代码获取的时间为 2012 年 9 月 21 日 15 时 22 分 55.734 秒。

 由于验证的时间不同，得出的结果会与此不同。

与 clock()不同，函数 now()将返回当天的日期值，如下所示：

```
>>format long
>>t=now
t=
  t=
    7.351336424538774e+05
>>format short g
```

对于 MATLAB 而言，上述的 T 和 t 分别是相同时间信息的不同表示方法。

另外，函数 date()以 dd-mmm-yyyy 的格式返回表示当天日期的字符串，如下所示：

```
>>date
ans=
21-Sep-2012
```

这表明当前日期为 2012 年 9 月 21 日。

不难发现，date()函数与 clock()函数在计算时间的精度上有差异。

19.1.2　日期格式转换

MATLAB 支持以下三种日期格式：双精度日期数字（日期值）、各类日期字符串和数值日期向量（如 clock()函数的返回值[year,month,day,hour,minute,seconds]）。

函数 datestr()用于将日期值转换成一个表示日期的字符串。datestr()的调用格式为：

```
datestr (date, dateform)
```

其中 date 为要转换的日期值，dateform 为日期的字符串类型。

可以在命令行窗口中输入 help datestr，得到参数的详细描述，以下是部分描述信息。

```
>>help datestr
    Number          String                      Example
    =====================================================================
        0           'dd-mmm-yyyy HH:MM:SS'       01-Mar-2000 15:45:17
        1           'dd-mmm-yyyy'                01-Mar-2000
        2           'mm/dd/yy'                   03/01/00
        3           'mmm'                        Mar
        4           'm'                          M
        5           'mm'                         03
        6           'mm/dd'                      03/01
        7           'dd'                         01
        8           'ddd'                        Wed
        9           'd'                          W
       10           'yyyy'                       2000
       11           'yy'                         00
       12           'mmmyy'                      Mar00
       13           'HH:MM:SS'                   15:45:17
       14           'HH:MM:SS PM'                3:45:17 PM
       15           'HH:MM'                      15:45
       16           'HH:MM PM'                   3:45 PM
       17           'QQ-YY'                      Q1-96
       18           'QQ'                         Q1
       19           'dd/mm'                      01/03
       20           'dd/mm/yy'                   01/03/00
       21           'mmm.dd,yyyy HH:MM:SS'       Mar.01,2000 15:45:17
       22           'mmm.dd,yyyy'                Mar.01,2000
       23           'mm/dd/yyyy'                 03/01/2000
       24           'dd/mm/yyyy'                 01/03/2000
       25           'yy/mm/dd'                   00/03/01
       26           'yyyy/mm/dd'                 2000/03/01
       27           'QQ-YYYY'                    Q1-1996
       28           'mmmyyyy'                    Mar2000
       29 (ISO 8601) 'yyyy-mm-dd'                2000-03-01
       30 (ISO 8601) 'yyyymmddTHHMMSS'           20000301T154517
       31           'yyyy-mm-dd HH:MM:SS'        2000-03-01 15:45:17
```

Table 2: Free-form date format symbols

Symbol Interpretation of format symbol

===

Symbol	Interpretation
yyyy	full year, e.g. 1990, 2000, 2002
yy	partial year, e.g. 90, 00, 02
mmmm	full name of the month, according to the calendar locale, e.g. "March", "April" in the UK and USA English locales.
mmm	first three letters of the month, according to the calendar locale, e.g. "Mar", "Apr" in the UK and USA English locales.
mm	numeric month of year, padded with leading zeros, e.g. ../03/.. or ../12/..
m	capitalized first letter of the month, according to the calendar locale; for backwards compatibility.
dddd	full name of the weekday, according to the calendar locale, e.g. "Monday", "Tuesday", for the UK and USA calendar locales.
ddd	first three letters of the weekday, according to the calendar locale, e.g. "Mon", "Tue", for the UK and USA calendar locales.
dd	numeric day of the month, padded with leading zeros, e.g. 05/../.. or 20/../..
d	capitalized first letter of the weekday; for backwards compatibility
HH	hour of the day, according to the time format. In case the time format AM | PM is set, HH does not pad with leading zeros. In case AM | PM is not set, display the hour of the day, padded with leading zeros. e.g 10:20 PM, which is equivalent to 22:20; 9:00 AM, which is equivalent to 09:00.
MM	minutes of the hour, padded with leading zeros, e.g. 10:15, 10:05, 10:05 AM.
SS	second of the minute, padded with leading zeros, e.g. 10:15:30, 10:05:30, 10:05:30 AM.
FFF	milliseconds field, padded with leading zeros, e.g. 10:15:30.015.
PM	set the time format as time of morning or time of afternoon.
AM	or PM is appended to the date string, as appropriate.

Examples:

datestr(now) returns '24-Jan-2003 11:58:15' for that particular date, on an US English locale datestr(now,2) returns 01/24/03, the same as for datestr(now,'mm/dd/yy') datestr(now,'dd.mm.yyyy') returns 24.01.2003 To convert a non-standard date form into a standard MATLAB

dateform, first convert the non-standard date form to a date number,
using DATENUM, for example,
datestr(DATENUM('24.01.2003','dd.mm.yyyy'),2) returns 01/24/03.

下面是关于 datestr()函数的实例。

```
>>t=now
t=
    7.351336424538774e+05
>>datestr(t)
ans=
21-Sep-2012 15:25:08
>>class(ans)
ans=
char
>>datestr(t,12)
ans=
Sep12
>>datestr(t,23)
ans=
09/21/2012
>>datestr(t,25)
ans=
12/09/21
>>datestr(t,13)
ans=
15:25:08
>>datestr(t,29)
ans=
2012-09-21
```

与 datestr()相反，datenum()函数将一个日期字符串转换成日期值。
datenum()函数的调用格式为：

```
datenum(str)
```

其中 str 为要转换的日期字符串。下面的例子演示了 datenum()的具体用法。

```
>>t=now
t=
    7.351336424538774e+05
>>ts=datestr(t)
ts=
21-Sep-2012 15:25:08
>>datenum(ts)
```

```
ans=

7.3513e+05

>>datenum(2004,5,14,16,48,07)

ans=

      7.320817000810185e+005

>>datenum(2004,5,14)

ans=

      732081
```

另外，datenum()函数还可以将以数字表示的日期转换成日期值，其调用格式有两种：datenum(year,month,day)和 datenum(year,month,day,hour, minute, second)。限于篇幅，这里不再详细举例，感兴趣的读者可以参考帮助文档。

19.1.3　日期函数

日期函数用于从一个日期值或日期字符串中找出具体的日子或星期。例如，要想知道某天是星期几，可以用函数 weekday()，该函数根据一个日期字符串或日期值返回该日的星期数。下面的代码给出了 weekday()的具体用法。

```
>>[d,w]=weekday('21-Sep-2012')

d=

    6

w=

    Fri
```

要想知道任何一个月的最后一天是几号，可以使用 eomday()函数。由于闰年的存在，因此该函数需要年和月两个输入参数，下面的代码演示了该函数的应用。

```
>>eomday(2012,9)

    30
```

利用 calendar()函数，可以生成指定月份的一个日历，该日历既可以显示在命令行窗口中，又可以存储到一个 6×7 的数组中。下面的代码演示了 calendar()函数的用法。

```
>>calendar(date)

             Sep 2012

    S    M   Tu    W   Th    F    S

    0    0    0    0    0    0    1

    2    3    4    5    6    7    8

    9   10   11   12   13   14   15

   16   17   18   19   20   21   22

   23   24   25   26   27   28   29

   30    0    0    0    0    0    0
```

> **注 意** MATLAB 的星期数计算是按照西方的习惯进行的，即星期天为一星期的第一天，星期六为第 7 天。

19.2 时钟函数

当用户需要计算一组 MATLAB 操作的运行时间时，可以使用 tic() 和 toc() 函数。tic() 函数启动一个秒表，表示计时开始；toc() 函数则停止这个秒表，表示计时结束，并计算出所经历的时间（单位为秒）。下面的代码连续两次计算 plot(rand(20,6)) 这条指令的执行时间。

```
>>tic;
>>plot(rand(20,6));
>>toc
Elapsed time is 0.101221 seconds.
>>tic;
>>plot(rand(20,6));
>>toc
Elapsed time is 0.069864 seconds.
```

读者会发现两条同样的 plot 命令在计算时间上的差别。第二条 plot 命令要比第一条执行得快，这是因为 MATLAB 已经在执行第一条 plot 命令时生成了 Figure 窗口并且已经将所需要的函数编译到了内存，这样第二条指令就省去了创建 Figure 窗口以及函数搜索和编译的时间。

除 tic() 和 toc() 外，MATLAB 还提供了两个函数——cputime() 和 etime()，用来计算一次运算所占用的时间。

其中，函数 cputime() 返回以秒为单位的、自当前 MATLAB 程序段启动之后到调用该函数所占用的 CPU 时间；函数 etime() 计算两个以 6 元素行向量格式（例如函数 clock 与 datevec() 的返回值）表示的时间向量之间的时间间隔。感兴趣的读者可以参考 MATLAB 帮助文档。

> **说 明** 实际上，函数 tic() 和函数 toc() 内部也在利用 clock 和 etime 进行计时。

19.3 时间标签

在用 MATLAB 作图时，有时需要用到日期或时间字符串做某一坐标轴的标签。使用函数 datetick() 可自动为一个坐标轴设置时间标签。例如，下边的例子画出了某地区从 2000 年到 2010 年每两年一次的新生儿数量（以百万人为单位）。

```
>>t=(2000:2010)';
>>p=[ 75.995; 91.972;105.711;123.203;131.669;
    150.697;179.323;203.212;226.505;249.633;250.330];
>>plot(datenum(t,1,1),p)
>>datetick('x','yyyy')
```

结果如图 19-1 所示。

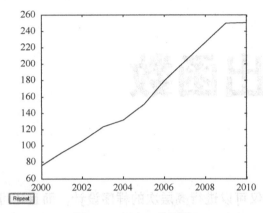

图 19-1　新生儿数量图

 必须首先用 plot()函数画好一个随时间变化的曲线,然后才能用 datetick()函数为时间坐标轴设置希望的格式。

19.4　本章小结

　　在 MATLAB 内部,日期和时间被保存为一个双精度数(称为日期值),这个数的整数部分表示从公元 0 年 1 月 1 日到该日的天数,小数部分则表示具体的时刻。本章是让使用 MATLAB 软件的用户,可以清楚地对自己编写的程序进行计时操作和时间记录,使得程序更便于查阅,不易被忘记。

　　这些时间与日期函数的掌握比起其他函数来不是特别晦涩难懂,并且时钟计时函数也更适用于记录那些昼夜运行的程序。

第20章

输入输出函数

　　MATLAB 系统不仅可以进行高层次的程序设计，而且还可以进行低层次的磁盘文件读写操作。在 MATLAB 内有很多有关文件输入和输出的函数，用户可以很方便地对二进制文件或 ASCII 文件进行打开、关闭和存储等操作。

　　像大多数应用程序一样，MATLAB 可将当前工作区中的变量存储为 MATLAB 本机自定义的数据格式。本章将主要介绍 MATLAB 中的文件输入和输出函数以及数据文件的导入和导出函数。

学习目标

（1）熟练掌握二进制文件的读取与写入。
（2）熟练掌握文本文件的读取与写入。
（3）熟练掌握数据文件的导入和导出。

20.1　文件的读写

MATLAB 提供了一些低级文件 I/O 函数来读取和写入二进制或 ASCII 文件，其中大部分函数与 C 语言中的文件 I/O 函数非常相像。

20.1.1　读写二进制文件

在 MATLAB 中，函数 fread()可以从文件中读取二进制数据，将每一个字节看成一个整数，将结果写入一个矩阵返回。最基本的调用形式如下：

```
[array, count] = fread(fid, size, precision)
[array, count] = fread(fid, size, precision, skip)
```

其中 fid 是用于 fopen 打开的一个文件的文件标识，array 是包含有数据的数组，count 用于读取文件中变量的数目，size 用于指定读取文件中变量的数目。

例如，MATLAB 中之前默认存在一个 tw.m 文件，其内容如下：

```
a=1:.2:2*pi;
b=cos(2*a);
figure(1);
plot(a,b);
```

用 fread()函数读取此文件，操作如下：

```
>>fid=fopen('tw.m','r');
>>data=fread(fid);
```

验证文件是否已经被读取，则输入如下代码：

```
>>disp(char('data'));
>>a=1:.2:2*pi;
>>b=cos(2*a);
>>figure(1);
>>plot(a,b);
```

结果如图 20-1 所示。

有读取就有写入，这是既对立又统一的。MATLAB 提供的 fwrite()函数可将一个矩阵的元素按所定的二进制格式写入某个打开的文件，并返回成功写入的数据个数。

其基本的调用格式如下：

```
count = fwrite(fid, array, precision ,skip)
```

其中 fid 是用于 fopen 打开的一个文件的文件标识，array 是写出变量的数组，count

是写入文件变量的数目。参数 precision 字符串用于指定输出数据的格式。skip 则用位当作单位。

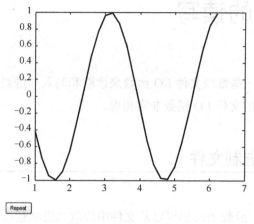

图 20-1　文件内容验证

例如，将一个 25 个元素的值写入名为 magic5.bin 的二进制文件中，代码如下：

```
>>fid=fopen('magic5.bin', 'w');
>>fwrite(fid, magic(5), 'integer*4');
>>fclose(fid);
```

验证是否已经写入 magic5.bin 二进制文件中，代码如下：

```
>>fid=fopen('magic5.bin','r')
fid=
    5
>>data=(fread(fid,25,'int32'))
data=
    17
    23
     4
    10
    11
    24
     5
     6
    12
    18
     1
     7
    13
    19
    25
```

```
8
14
20
21
2
15
16
22
3
9
```

二进制文件是无法用 type 命令来显示文件内容的文件。

20.1.2 读写文本文件

MATLAB 的写入文本文件的函数是 fprintf()，其语法格式如下：

```
count = fprintf(fid, format, val1, val2, ...)
```

其中 fid 是要写入数据那个文件的文件标识，format 是控制数据显示的字符串。val1、val2、…是 MATLAB 的数据变量，count 是返回的成功写入的字节数。

如果 fid 丢失，数据将写入标准输出设备（命令行窗口）。一些特殊的格式化转换指定符如表 20-1 所示。

表 20-1　函数 fprintf()的格式转换指定符

指 定 符	描 述
%c	单个字符
%d	十进制表示（有符号的）
%e	科学记数法（用到小写的 e，例 3.1416e+00）
%E	科学记数法（用到大写的 E，例 3.1416E+00）
%f	固定点显示
%g	%e 和%f 中的复杂形式，多余的零将会被舍去
%G	与%g 类似，只不过要用到大写的 E
%o	八进制表示（无符号的）
%s	字符串
%u	十进制（无符号的）
%h	用十六进制表示（用小写字母 af 表示）
%H	用十六进制表示（用大写字母 AF 表示）

例如，将一个二维表写入名为 tx.dat 的文件中，代码如下：

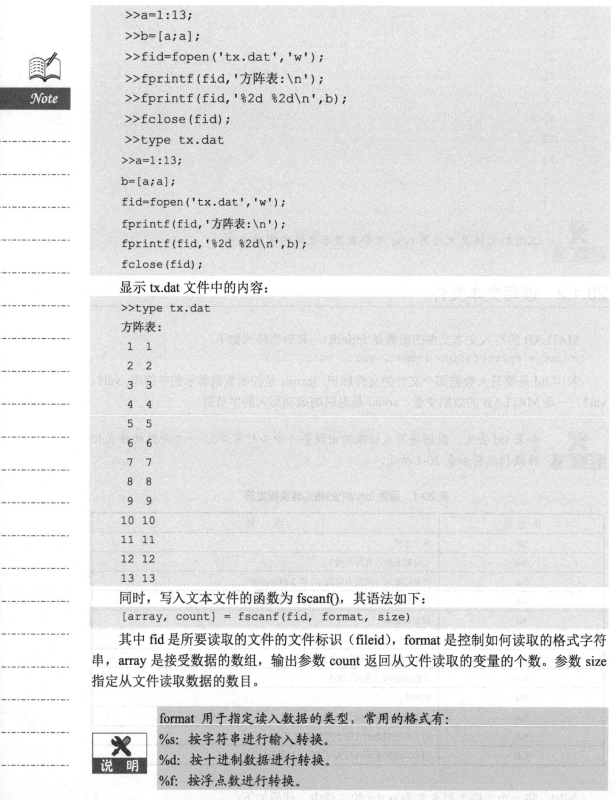

```
>>a=1:13;
>>b=[a;a];
>>fid=fopen('tx.dat','w');
>>fprintf(fid,'方阵表:\n');
>>fprintf(fid,'%2d %2d\n',b);
>>fclose(fid);
>>type tx.dat
>>a=1:13;
b=[a;a];
fid=fopen('tx.dat','w');
fprintf(fid,'方阵表:\n');
fprintf(fid,'%2d %2d\n',b);
fclose(fid);
```

显示 tx.dat 文件中的内容：

```
>>type tx.dat
方阵表:
 1  1
 2  2
 3  3
 4  4
 5  5
 6  6
 7  7
 8  8
 9  9
10 10
11 11
12 12
13 13
```

同时，写入文本文件的函数为 fscanf()，其语法如下：

```
[array, count] = fscanf(fid, format, size)
```

其中 fid 是所要读取的文件的文件标识（fileid），format 是控制如何读取的格式字符串，array 是接受数据的数组，输出参数 count 返回从文件读取的变量的个数。参数 size 指定从文件读取数据的数目。

> **format** 用于指定读入数据的类型，常用的格式有：
> **%s**: 按字符串进行输入转换。
> **%d**: 按十进制数据进行转换。
> **%f**: 按浮点数进行转换。

如果文件中的数据与格式转换指定符不匹配，fscanf()的操作就会突然中止。

另外，还有其他的格式，这些格式与 C 语言中 fprintf() 的参数用法是相同的，可以参阅表 20-1。表 20-2 列出了 MATLAB 中的低层次文件 I/O 函数。

表 20-2　低层次文件 I/O 函数汇总

类　　别	函 数 名	描述/语法实例
文件打开和关闭	fopen	打开文件 fid = fopen('filename', 'permission')
	flcose	关闭文件 status = fclose(fid)
二进制文件 I/O	fread	从一个二进制文件中读取全部或部分数据
		A = fread(fid,num,precision)
	fwrite	将数据写入二进制文件 cound = fwrite(fid,array,precision)
格式化 I/O	fscanf	从文件中读取格式化数据 A = fscanf(fid,format,num)
	fprintf	将格式化数据写入文件 count = fprintf(fid,format,A)
	fgetl	从文件读取行，删除换行符 line = fget1(fid)
	fgets	从文件读取行，保留换行符 line = fgets(fid)
字符串转换	sprintf	将格式化数据写入字符串 S = sprintf(format,A)
	sscanf	在格式控制下读取字符串 A = sscanf(string,format,num)
文件定位	ferror	获取文件 I/O 状态的信息 message = ferror(fid)
	feof	检测是否到了文件结尾 TF = feof(fid)
	fseek	设置文件定位指针 status = fseek(fid,offset,origin)
	ftell	获取文件定位指针的位置 position = ftell(fid)
	frewind	将文件定位指针设置到文件开头 frewind(fid)

20.1.3　文本和二进制 I/O 函数的比较

格式转换指定符为转换提供了指令。格式化文件有以下优点：可以清楚地看到文件包括什么类型的数据，还可以非常容易地在不同类型的程序间进行转换。

但是，格式化文件也有缺点，程序必须做大量的工作，对文件中的字符串进行转换，转换成相应的计算机可以直接应用的中间数据格式。如果我们读取数据到其他的 MATLAB 程序，所有的这些工作都会影响效率。

而且一个数的计算机可以直接应用的中间数据格式，要比格式化文件中的数据大得多。所以用字符格式存储数据是低效的，且浪费磁盘空间。无格式文件（二进制文件）克服了上面的缺点，其中的数据无须转化，就可以把内存中的数据写入磁盘。

因为没有转化发生，计算机就没有把时间浪费在格式化数据上。在 MATLAB 中，二进制 I/O 操作要比格式化 I/O 操作快得多，因为中间没有转化过程。

进一步说，数据占用的磁盘空间将更小。从另一方面来说，无格式的数据不能进行人工检查和人工翻译。还有，它不能移植到不同类型的计算机，因为不同类型的计算机有不同的中间过程来表示整数或浮点数。

格式化 I/O 数据产生格式化文件。格式化文件夹由可组织的字符、数字等组成，并

Note

且是 ASCII 文本格式。这类数据很容易辨认，因为我们可以在显示器上把它显示出来，或在打印机上打印出来。

但是，为了应用格式化文件中的数据，MATLAB 程序必须把文件中的字符转化为计算机可以直接应用的中间数据格式。

表 20-3 显示了格式化文件与无格式化文件的区别。在一般情况下，格式化文件对于那些必须进行人工检查的数据，或对于那些必须在不同的计算机上运行的数据，是最好的选择。

对于那些不需要进行人工检查的数据，以及在相同类型的计算机中创建并运行的数据，存储时最好用无格式文件。在这些环境下，无格式文件运算要快得多，占用的磁盘空间更小。

表 20-3 格式化文件和无格式化文件的比较

格式化文件	无格式化文件
能在输出设备显示数据	不能在输出设备显示数据
能在不同的计算机用很容易地进行移植	不能在不同的计算机间很容易地进行移植
相对地，需要大量的磁盘空间	相对地，需要较少的磁盘空间
慢，需要大量的计算时间	快，需要较少的计算时间
在进行格式化的过程中，产生截断误差或四舍五入错误	不会产生截断误差或四舍五入错误

20.2 MATLAB 数据文件

本节将介绍如何将当前 MATLAB 工作区中的变量存储为 MATLAB 本机自定义的数据格式以及 MATLAB 数据文件的导入与导出。

20.2.1 数据文件

在命令行窗口中输入：

```
>> save
```

此命令将当前 MATLAB 工作区中的所有变量以 MATLAB 二进制的格式存储在当前文件夹下的 MATLAB.mat 文件中。

二进制 MAT 文件中包含的都是各变量完整的双精度格式的值及变量的名称，并且保存了变量的名字。

MAT 文件与用户使用的操作系统平台及 MATLAB 版本均无关。

save 命令也可以用来保存特定的变量，并将其保存到 MATLAB.mat 文件中。例如，下面的代码将变量 var1、var2 和 var3 保存到了 MATLAB.mat 文件中。

```
>> save var1 var2 var3
```

利用命令—函数的二元性，上述这种 save 命令形式还可以写成如下所示的函数调用形式。

```
>> save ('filename','var1','var2','var3')
```

与 save 命令相对应的函数就是 load 命令。这个命令用来打开由 save 命令创建的数据文件或者打开适用于 save 命令的数据文件。

在命令行窗口中输入单个 load 命令，例如：

```
>> load
```

这条命令把在当前文件夹下或者在 MATLAB 的搜索路径中找到的第一个 MATLAB.mat 中的所有变量载入 MATLAB 工作区中。例如，下面的命令将从 filename 文件中载入变量 var1、var2 和 var3。

```
>> load('filename','var1','var2','var3')
```

最后，如果要删除一个已经存在的数据文件，则利用 delete()函数。例如，下面的代码删除文件 filename.ext。

```
>> delete filename.ext
```

20.2.2　数据文件的导入和导出

MATLAB 还支持多种工业标准文件格式和一些用户定义的文件格式。MATLAB 提供的针对这些数据文件的导入和导出函数，使得 MATLAB 能够和其他许多应用程序进行数据交换。

例如，用户可以使用 Figure 图形窗口中 File 菜单下的 Save 命令，将当前图形 Figure 窗口中的图形保存为本地的 MATLAB 自定义的 FIG 文件格式。

另外，用户还可以通过选择 Figure 图形窗口中 File 菜单下的 Export 命令，将当前图形 Figure 窗口的图形导出为多种其他文件格式。

用户还可以使用在 MATLAB 中提供的专门针对各种数据导入和导出的函数完成数据的导入和导出，如表 20-4 所示的函数。

表 20-4　数据导入和导出函数

数据导入和导出函数	描　　述
dlmread	从分隔文本文件中读入数据
dlmwrite	将数据写入分隔文本文件
textread	从文件中读入格式化文本
textscan	在利用 fopen()函数将文件打开后，再读入格式化文本
wklread	从电子表格文件中读入数据
wklwrite	将数据写入电子表格文件
xlsread	从电子表格文件读入
aviread	从 AVI 文件中读入数据
imread	从图像文件读入数据

Note

续表

数据导入和导出函数	描　　　述
imwrite	将数据写入图像文件
auread	从 Sun 声音文件读入数据
auwrite	将数据写入 Sun 声音文件
wavread	从 Microsoft 声音文件（.WAV 文件）读入数据
wavwrite	将数据写入 Microsoft 声音文件（.WAV 文件）
hdf	MATLAB-HDF 网关函数
cdfepoch	创建用于导出通用数据文件（CDF）格式的对象
cdfinfo	获得一个 CDF 文件的信息
cdfread	从 CDF 文件中读入数据
cdfwrite	将数据写入 CDF 文件

20.3　本章小结

　　本章着重介绍了 MATLAB 输入与输出函数，包括文件的打开、不同格式文件的读取与写入和 MATLAB 数据文件的导入与导出。这些读写命令与 C 语言等高级编程语言中的文件读取格式类似，细心的读者通过比较不难发现其中很多用法和格式都是相通的。

　　在系统学习完本章内容之后，即可熟练利用 MATLAB 的输入输出函数来改写文件内容，与外部数据相互传递，达到随意处理文件的目的。

第21章

矩阵计算

MATLAB 是以矩阵为基础的描述性语言软件，给专业化的数值线性代数程序提供了一个简单易用的接口。MATLAB 提供了大量涉及范围很广的矩阵代数函数来处理和操作矩阵。

矩阵计算在工程领域和理论方面都有非常重要的作用。现今许多工科专业的研究生或本科生都要掌握矩阵计算方法。本章将主要介绍矩阵计算方法，特别是二维数组的基本计算方法。

学习目标

(1) 熟练掌握线性方程组的两种解法。

(2) 掌握求解矩阵特征值和特征向量的方法。

(3) 了解非线性矩阵运算函数。

21.1 线性方程组

Note

线性方程组的解法在解决实际数学问题中占有重要的地位，只要涉及多元变量的情况和线性状态时，都需要建立线性方程组来解决。

21.1.1 直接解法

线性方程组的定义如下：

设 n 阶线性方程组

$$Ax = b$$

其中

$$A = \begin{bmatrix} a_{11} & a_{12} & \cdots & a_{1n} \\ a_{21} & a_{22} & \cdots & a_{2n} \\ & \cdots & \cdots & \\ a_{n1} & a_{n2} & \cdots & a_{nn} \end{bmatrix}, \quad x = \begin{bmatrix} x_1 \\ x_2 \\ \vdots \\ x_n \end{bmatrix}, \quad b = \begin{bmatrix} b_1 \\ b_2 \\ \vdots \\ b_n \end{bmatrix}$$

解线性方程组的方法大致可分为两类：直接法和间接法。

在 MATLAB 中用运算符"\"求解线性系统，这个运算符的功能很强大，直接利用该运算符即可求线性方程组的解。在 MATLAB 中有这样的几个专门命令。

令 A 是 $n \times m$ 的矩阵，b 和 x 是有 n 个元素的列向量，B 和 X 是 n 行 p 列的矩阵。MATLAB 用如下命令求解系统 $Ax = b$：

```
x = A \ b
```

求解更一般的系统 $AX = B$，也用同样的方法，其中 $B = (b1, b2, \cdots, bp)$：

$$X = A \backslash B$$

如果 A 是一个奇异矩阵，或是近似奇异矩阵，则会给出一个错误信息。

下面举个关于符号"\"求解线性方程组的例子。

例 21-1 求方程组 $\begin{cases} 2x_1 + x_2 - x_3 - x_4 = 3 \\ x_1 - x_2 - 3x_3 + 4x_4 = 4 \\ x_1 + 5x_2 - 2x_3 - 4x_4 = 1 \end{cases}$ 的一个特解。

代码设置如下：

```
>>A=[2 1 -1 -1;1 -1 -3 4;1 5 -2 -4];
>>B=[3 4 1]';
>>X=A\B      %由于系数矩阵不是满秩，该解法可能存在误差
X=
    1.4516
         0
   -0.4194
    0.3226
```

该方程组的特解即为 1.4516、0、-0.4194、0.3226。

对于线性方程组 $AX=b$，只要矩阵 A 非奇异，则可以通过矩阵 A 的逆矩阵求解，即 $X=A^{-1}b$。

MATLAB 命令为 x=inv(A)*b，或者 x=A^−1*b。

下面，再举个关于 inv()函数的例子。

例 21-2　求方程组 $\begin{cases} x_1 + x_2 = 1 \\ 2x_1 + 4x_2 = 2 \end{cases}$ 的解。

代码设置如下：

```
>>A=[1 1;2 4];
>>b=[1;2];
>>x=inv(A)*b
x=
     1
     0
```

从 MATLAB 计算结果中得到，此方程组的解为 1 和 0。

如果将程序的第三行改写成如下形式：

```
>>i=inv(A)
```

即求解出关于 A 的逆矩阵如下：

```
i=
     2.0000   -0.5000
    -1.0000    0.5000
```

21.1.2　间接解法

LU 分解又称 Gauss 消去分解，可把任意方阵分解为下三角矩阵的基本变换形式（行交换）和上三角矩阵的乘积。即 $A=LU$，L 为下三角阵，U 为上三角阵。

线性方程组 $A*X=b$ 就变成了 $L*U*X=b$，所以 $X=U\backslash(L\backslash b)$，这样可以大大提高运算速度。

MATLAB 提供了 LU 分解函数，其调用格式为：

```
[L,U]=lu(A)
```

其中 A 为线性方程组的系数矩阵。

下面举个 LU 分解的例子。

例 21-3　求方程组

$$\begin{cases} x_1 + x_2 - x_3 = 6 \\ 2x_1 - x_2 + 3x_3 = 7 \\ 4x_1 + 5x_2 = 8 \end{cases}$$

的一个特解。

代码设置如下：

```
>>A=[11 -1;2 -1 3;45 0];
>>B=[67 8]';
>>D=det(A)
```

Note

```
>>[L,U]=lu(A)
>>X=U\(L\B)
D=
    -17
L=
    0.2500    0.0714    1.0000
    0.5000    1.0000         0
    1.0000         0         0
U=
    4.0000    5.0000         0
         0   -3.5000    3.0000
         0         0   -1.2143
X=
    6.4118
   -3.5294
   -3.1176
```

从 MATLAB 计算结果可以看出，系数矩阵 **A** 是非奇异矩阵，通过 **LU** 分解成上三角矩阵 **L** 和下三角矩阵 **U**，最终求解该方程组的解为 6.4118、-3.5294、-3.1176。

对于解三对角线性方程组的追赶法和迭代法，在 MATLAB 中没有对应的算法，若要采用这些方法，则需要编写相应的算法程序。

21.2 矩阵函数

从上面的例子中可以发出，对线性方程组的求解之外，MATLAB 还提供了其他一些在解决数值线性代数问题时有用的矩阵函数，用于求解其他的数值线性代数问题。

21.2.1 求矩阵的特征值和特征向量

一个 $n\times n$ 的方阵 **A** 的特征值和特征向量满足下列关系式的变量：

$$Av = \lambda v$$

其中，λ 为一个标量，v 为一个向量。如果把矩阵 **A** 的所有 n 个特征值放在矩阵 **D** 的对角线上，相应的特征向量按照与特征值对应的顺序排列，作为矩阵 **V** 的列，特征值问题可以改写为：

$$AV = VD$$

如果 **V** 是非奇异的，该问题可以认为是一个特征值分解问题，此时关系式如下：

$$A = VDV^{-1}$$

广义特征值问题是指方程 $AX = \lambda BX$ 的非平凡解问题。其中 **A** 和 **B** 都是 $n\times n$ 的矩阵，λ 是一个标量。满足方程的 λ 称为广义特征值，对应的向量 **X** 称为广义特征向量。

在 MATLAB 中用函数 eig() 求特征值和特征向量，其调用格式如下：

```
d=eig(A)
```

该命令返回矩阵 **A** 的所有特征值。

```
[V,D]=eig(A)
```

该命令返回矩阵 **A** 的特征值和特征向量，它们满足关系：**AV=VD**。

```
[V,D]=eig(A,'nobalance')
```

该命令在求解特征值和特征向量时不采用初期的平衡步骤。一般来说平衡步骤对输入矩阵进行调整，这使得计算出来的特征值和特征向量更加准确。然而，如果输入矩阵中确实含有数值很小的元素（可能会导致截断误差），平衡步骤有可能加大这种误差，从而得到错误的特征值和特征向量。

```
d=eig(A,B)
```

该命令返回矩阵 **A** 和 **B** 的广义特征值。

```
[V,D]=eig(A,B)
```

该命令返回矩阵 **A** 和 **B** 的广义特征值和广义特征向量。

```
[V,D]=eig(A,B,flag)
```

该命令中，flag 有 chol 和 qz 两种值。当 flag='chol' 时，计算广义特征值采用 **B** 的 Cholesky 分解来实现。当 flag='qz' 时，无论矩阵的对称性如何，都采用 QZ 算法来求解广义特征值。

例如，求解矩阵 **A** 的特征值和特征向量，操作命令如下：

```
>>A=[1 2 3;4 5 6;7 8 9];
>>[V D]=eig(A)
V=
  -0.2320   -0.7858    0.4082
  -0.5253   -0.0868   -0.8165
  -0.8187    0.6123    0.4082
D=
  16.1168         0         0
        0   -1.1168         0
        0         0   -0.0000
```

由上式可以看出矩阵 **A** 的特征值中有两个是相同的，与之对应的矩阵 **A** 的特征向量也有两个是相同的。故矩阵 **V** 是奇异矩阵，该矩阵不可以做特征值分解。

例 21-4　比较 eig() 与 eigs() 函数。

代码保存在 eg21_4.m 中，具体如下：

```
clear
clc
rand('state',1),
A=rand(100,100);
t0=clock;
[V,D]=eig(A);
```

```
T_full=etime(clock,t0)%指令 eig 的运作时间。
options.tol=1e-8;                        %为 eigs 设定计算精度
options.disp=0;                          %使中间迭代结果不显示
t0=clock;
[v,d]=eigs(A,1,'lr',options);            %计算最大实部特征值和特征向量
T_part=etime(clock,t0)                   %指令 eigs 的运作时间
[Dmr,k]=max(real(diag(D)));              %在 eig 求得的全部特征值中找最大实部的那个
d,
D(1,1)

vk1=V(:,k+1);                            %与 d 相同的特征向量应是 V 的第 k+1 列
vk1=vk1/norm(vk1);
v=v/norm(v);                             %向量长度归一
V_err=acos(norm(vk1'*v))*180/pi          %求复数向量之间的夹角（度）
D_err=abs(D(k+1,k+1)-d)/abs(d)           %求两个特征值间的相对误差
```

运行结果如下：
```
T_full=
    0.0310
T_part=
    0.0630
d=
    50.2271
ans=
    50.2271
V_err=
    89.8632
D_err=
0.9404
```

对于随机矩阵 A 来说，因为数据量太大，未完全显示，如图 21-1 所示。

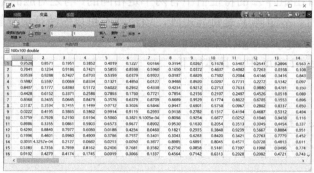

图 21-1　随机矩阵 A

21.2.2 矩阵函数汇总

上一小节主要介绍了矩阵函数中一类特殊处理矩阵的函数，也是十分常见的函数。
本小节将汇总 MATLAB 中涉及的矩阵函数。

表 21-1 中描述了矩阵计算比较常用的函数。

表 21-1　矩阵函数及其描述

函数或运算符	描　　述
/ 和 \	矩阵的左除和右除，用于求解线性方程组
accumarray(ind,val)	利用累加创建数组
A^n	求 A 的 n 次幂，例如 $A^3=A*A*A$
balance(A)	将 A 进行缩放以提高其特征值精度
[V,D]=cdf2rdf(V,D)	将复数对角矩阵转化为两个实数对角矩阵
chol(A)	将 A 进行 Cholesky 因式分解
cholinc(A,DropTol) cholinc(A,Options)	将 A 进行不完全 Cholesky 因式分解
cholupdate(R,X)	Cholesky 因式分解的秩 1 升级
cond(A)	利用奇异值分解求 A 的条件数
condest(A)	求 A 的范数 1 的条件数估计
[V,D,s]=condeig(A)	求 A 的与重复特征值相对应的条件数
det(A)	求矩阵的行列式
dmperm(A)	对 A 进行 Dulmage-Mendelsohn 排列
eig(A)	求矩阵的特征值和特征向量
[V,D]=eig(A)	求 A 的特征向量矩阵（V）和特征值对角矩阵（D）
expm(A)	矩阵指数函数
funm(A)	矩阵通用函数
gsvd(A,B)	求 A 的广义奇异值
[U,V,X,C,S]=gsvd(A)	对 A 进行广义奇异值分解
hess(A)	求 A 的 Hessenburg 标准型
inv(A)	求 A 的逆
linsolve(A,y,options)	快速求解 $Ax=y$，其中 A 的结构由 options 给定
logm(A)	矩阵对数运算
lscov(A,y,V)	已知数据的协方差矩阵（V），求线性方程组的最小二乘解
lsqnonneg(A,y)	求线性方程组的非负最小二乘解
[L,U,P]=lu(A)	对矩阵 A 进行 LU 分解
minres(A,y)	利用最小残差法求线性方程组的解
norm(A,type)	求矩阵或向量（由 type 指定）的范数

函数或运算符	描述
null(A)	求 A 的零空间
orth(A)	求 A 的正交空间
pinv(A)	求 A 的伪逆矩阵
planerot(X)	对 X 进行平面旋转
poly(A)	求 A 的特征多项式
polyeig(A0,A1,⋯)	多项式的特征值解
polyvalm(A)	求 A 的矩阵多项式
qr(A)	对 A 进行正交三角分解
qrdelete(Q,R,J)	从 QR 分解中删除行或列
qrinsert(Q,R,J,X)	在 QR 分解中插入行或列
qrupdate(Q,R,U,V)	Cholesky 因式分解的秩 1 升级
qz(A,B)	广义特征值问题求解
rank(A)	利用奇异值分解求 A 的秩
rcond(A)	对 A 进行 LAPACK 倒数条件估计
rref(A)	将矩阵 A 变换为行阶梯型
rsf2csf(A)	将 A 由实块对角阵转换成复块对角阵
schur(A)	对 A 进行 Schur 分解
sqrtm(A)	求 A 的平方根
subspace(A,B)	求两个子空间 A 和 B 之间的角度
svd(A)	求矩阵 A 的奇异值
[U,S,V]=svd(A)	对 A 进行奇异值分解
trace(A)	求矩阵 A 的迹（即对角元素的和）

下面列举一些基本的用于计算矩阵的相关函数。

函数 rank() 用于默认允许误差计算矩阵的秩，其调用格式如下：

```
rank(A)
```

其中，A 是矩阵。

例如，求 6 阶单位矩阵的秩，具体代码如下：

```
>>rank(eye(6))
ans=
6
```

函数 trace() 用来计算矩阵的迹。

矩阵的迹定义为矩阵对角元素之和，该函数的调用格式如下：

```
trace(A)
```

例如，求矩阵 A=[1 23;4 5 6;78 9] 的迹，操作代码如下：

```
>>A=[1 2 3;4 5 6;7 8 9]
A=
    1    2    3
    4    5    6
    7    8    9
>>t=trace(A)
t=
    15
```

A 必须是方阵，否则 MATLAB 会自动报错。

矩阵空间之间的夹角代表两个矩阵线性相关的程度，如果夹角很小，它们之间的线性相关度就很高，反之，它们之间的线性相关度就不大。在 MATLAB 中用函数 subspace() 来求矩阵空间之间的夹角，其调用格式如下：

```
Th= subspace(A,B)
```

该函数返回矩阵 **A** 和矩阵 **B** 之间的夹角。

例如，求矩阵 **A** 和 **B** 之间的夹角，操作代码如下：

```
>>A=[1 47;258;369;10 12 16];
>>B=[1 1523;14 11 5;81329;2 4 6];
>>Th=subspace(A,B)
Th
1.5480
```

例 21-5　求逆法解给定方程的误差、残差、运算次数和所用时间。

代码保存在 eg21_5.m 中，具体如下：

```
clear
clc
tic                      %启动计时器 Stopwatch Timer
x=ones(10,1);            %令解向量 x 为全 1 的 100 元列向量
A=rand(10,10)
b=A*x;
xi=inv(A)*b;             %xi 是用"求逆"法解给定方程所得的解
ti=toc                   %关闭计时器，并显示解方程所用的时间
eri=norm(x-xi)           %解向量 xi 与真解向量 x 的范-2 误差
rei=norm(A*xi-b)/norm(b) %方程的范-2 相对残差
```

结果如下：

```
A=
    0.1369    0.0205    0.0858    0.7116    0.7075    0.7014
    0.8280    0.6290    0.3030    0.0665
    0.9032    0.5210    0.2985    0.6875    0.2579    0.9477
```

```
    0.2546    0.6025    0.0674    0.8639
    0.2571    0.3699    0.2118    0.6998    0.7888    0.4720
    0.0595    0.8473    0.8699    0.5987
    0.4884    0.6981    0.8893    0.2749    0.4880    0.2047
    0.5042    0.6751    0.0776    0.2595
    0.3667    0.0846    0.2533    0.0475    0.1109    0.0946
    0.6427    0.4032    0.2985    0.8893
    0.3663    0.0155    0.7577    0.5067    0.0220    0.8822
    0.6757    0.5302    0.7785    0.9853
    0.0569    0.3229    0.1190    0.1418    0.8387    0.7158
    0.7261    0.1738    0.3707    0.4638
    0.0711    0.9670    0.8807    0.9306    0.9734    0.0744
    0.9285    0.8089    0.2251    0.2441
    0.6462    0.4258    0.8929    0.8961    0.8718    0.8755
    0.3494    0.7162    0.9221    0.9304
    0.1612    0.1842    0.4300    0.3826    0.4416    0.6231
    0.1453    0.7993    0.5066    0.5720

ti=
   6.8607e-04
eri=
   4.2826e-15
rei=
   3.9255e-16
```

总的来说，MATLAB 提供了处理几乎所有常见的和某些不常见的数值线性代数问题的函数。限于篇幅，这里只介绍几个常用的函数调用格式。详细描述可参见帮助文档。

21.3 非线性矩阵运算

前面介绍的矩阵函数都是处理线性矩阵的，本节将介绍有关非线性矩阵的求解过程。MATLAB 提供的非线性矩阵运算函数及其功能如表 21-2 所示。

表 21-2 非线性矩阵函数

函 数 名	功能描述	函 数 名	功能描述
expm	矩阵指数运算	sqrtm	矩阵开平方运算
logm	矩阵对数运算	funm	一般非线性矩阵运算

下面将详细介绍这几个函数的用法。

1. 矩阵指数运算

线性微分方程组一般形式为：

$$\frac{\mathrm{d}x(t)}{\mathrm{d}t} = Ax(t)$$

其中 $x(t)$ 是与时间有关的一个向量，A 是与时间无关的矩阵。该方程的解可以表示为：

$$x(t) = \mathrm{e}^{tA}x(0)$$

因此，解一个线性微分方程组的问题就等效于计算矩阵的指数运算。在 MATLAB 中函数 expm() 用于计算矩阵的指数运算。其调用格式如下：

```
Y = expm(X)
```

该函数返回矩阵 X 的指数

例 21-6　求一个三元矩阵的指数解。

代码保存在 eg21_6 中，命令设置如下：

```
A=[1 2 4;4 -2 9;-4 3 5];
x0=[0;1;1];
t=0:0.03:3;
xt=[];
for i=1:length(t),
xt(i,:)=expm(t(i)*A)*x0;
end;
plot3(xt(:,1),xt(:,2),xt(:,3), '-o')
grid on;
```

由上述语句得到如图 21-2 所示的结果图。

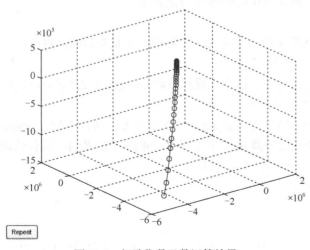

图 21-2　矩阵指数函数运算结果

2. 矩阵对数运算

矩阵对数运算是矩阵指数运算的逆运算，在 MATLAB 中函数 logm() 用来实现矩阵对数运算，其调用格式如下：

```
L = logm(A)
```

该函数返回矩阵 A 的对数 L。

```
[L, exitflag] = logm(A)
```

该函数返回矩阵 A 的对数 L，同时返回标量 exitflag。当 exitflag 为 0 时，函数成功运行；当 exitflag 为 1 时，表明运算过程中某些泰勒级数不收敛，但运算结果仍可能准确。

例如，求矩阵 A 的反函数并验证，操作代码如下：

```
>>A=[1 2 4;4 -2 9;-4 3 5];
>>B=expm(A)
>>A2=logm(B)
B=
 -200.9321    77.7200   300.7126
 -240.7582    85.2894   336.5332
 -102.6135    24.1337   106.3838
A2=
    1.0000     2.0000     4.0000
    4.0000    -2.0000     9.0000
   -4.0000     3.0000     5.0000
```

3. 矩阵开平方运算

对矩阵 A 开平方得到矩阵 X，满足 $X*X=A$。如果矩阵 A 的某个特征值具有负实部，则其平方根 X 为复数矩阵。如果矩阵 A 是奇异的，则它有可能不存在平方根 X。

在 MATLAB 中有两种计算矩阵平方根的方法：$A^\wedge 0.5$ 和 sqrtm(A)。函数 sqrtm() 比 $A^\wedge 0.5$ 的运算精度更高。函数 sqrtm() 的调用方法如下：

```
X=sqrtm(A)
```

该命令返回矩阵 A 的平方根 X，如果矩阵 A 是奇异的，将返回警告信息。

```
[X,resnorm]=sqrtm(A)
```

该命令不返回任何警告信息，返回留数 norm(A-X^2,'fro')/norm(A, 'fro')。

```
[X,alpha,condest]=sqrtm(A)
```

该命令返回一个稳定因子 alpha，以及矩阵 X 的条件数估计 condest。

例如，求一个正定矩阵 A 的平方根 B，并验证 $B*B=A$，操作代码如下：

```
>>A=[1 2 4;4 -2 9;-4 3 5];
>>B=sqrtm(A)
>>BB=B*B
B=
   1.3648 + 0.1839i   0.4468 - 0.1954i   0.9140 + 0.0985i
   0.8377 - 1.7255i   0.7514 + 1.8339i   2.0086 - 0.9240i
  -0.8861 + 0.5688i   0.6571 - 0.6046i   2.2798 + 0.3046i
BB=
```

```
1.0000 + 0.0000i   2.0000 - 0.0000i   4.0000 - 0.0000i
4.0000 - 0.0000i  -2.0000 + 0.0000i   9.0000 + 0.0000i
-4.0000 - 0.0000i  3.0000 + 0.0000i   5.0000 - 0.0000i
```

MATLAB 提供了计算一般非线性矩阵运算的函数 funm()，限于篇幅，这里不一一列举，感兴趣的读者可以参见帮助文档。

21.4　本章小节

本章主要介绍了 MATLAB 的基本矩阵运算函数，包括线性方程的两种不同解法、矩阵函数，特别是特征值和特征向量的求解、非线性矩阵运算等。只要学过线性代数，对这章知识的理解就不会感到困难。

即使理论功底并不扎实的同学，通过学习 MATLAB 软件和阅读这一章也会觉得求解矩阵运算轻而易举。

MATLAB 软件正在为解决类似高等数学计算问题的同学和工程人员提供一个强大的辅助平台。

第22章

数理统计

　　数理统计是现代社会人文与科技紧密结合的科学工具。MATLAB 为此提供了统计工具箱，其中包括数理统计的诸多函数以供使用。利用这些函数将会大大减少手工计算量和复杂的数理统计模型以及烦琐的公式。

　　该工具箱中包含 200 多个函数，主要支持概率分布、参数估计、描述性统计、线性模型、非线性模型和假设检验等。

学习目标

　　（1）熟悉概率分布函数。

　　（2）熟练掌握统计描述。

　　（3）熟悉参数估计 mle()函数与假设检验 ttest()函数。

22.1　概率分布函数

MATLAB 提供了 20 种概率分布函数，其中包含离散和连续分布，且每种分布提供了 5 个函数。

22.1.1　概率分布

这 5 个函数分别是概率密度函数、累积分布函数、逆累积分布函数、随机产生器与方差计算函数。

下面分别介绍几个常见的概率分布函数。

（1）概率密度函数 pdf()，其调用格式：

```
Y=pdf('Name',X,A1,A1,A3)
```

其中，Name 为特定的分布名称，第一个字母必须大写；

X 为分布函数自变量取值矩阵；

A1、A2、A3 分别为相应分布的参数值；

Y 存放结果，为概率密度值矩阵。

例如，计算一个正态分布的概率密度分布值，代码如下：

```
>>y=pdf('Normal',-4:4,0,1)
y=
0.0001  0.0044  0.0540  0.2420  0.3989  0.2420  0.0540  0.0044  0.0001
```

（2）累积分布函数 cdf()，其调用格式如下：

```
P=cdf('Name',X,A1,A2,A3)
```

其中，参数设置与 pdf()函数相同。

例如，计算一个正态分布的累积分布值，代码如下：

```
>>p=cdf('Normal',-4:4,0,1)
p=
0.0000  0.0013  0.0228  0.1587  0.5000  0.8413  0.9772  0.9987  1.0000
```

如果，想求回分布函数的取值范围，则利用 icdf()函数即逆累积分布函数。

```
>>x=icdf('Normal',p,0,1)
x=
-4.0000  -3.0000  -2.0000  -1.0000  0  1.0000  2.0000  3.0000  4.0000
```

表 22-1 给出了 MATLAB 中所有的概率密度函数表。

表 22-1　概率密度函数列表

函　数　名	概率密度
betapdf	β概率密度函数
binopdf	二项概率密度函数
chi2pdf	χ^2 概率密度函数
exppdf	指数概率密度函数
fpdf	F 概率密度函数
gampdf	γ 概率密度函数
geopdf	几何概率密度函数
hygepdf	超几何概率密度函数
lognpdf	对数正态概率密度函数
nbinpdf	负二项概率密度函数
ncfpdf	偏 F 概率密度函数
nctpdf	偏 t 概率密度函数
ncx2pdf	偏概率密度函数 2χ
normpdf	正态分布概率密度函数
pdf	指定分布的概率密度函数
poisspdf	泊松分布的概率密度函数
raylpdf	Rayleigh 概率密度函数
tpdf	t 概率密度函数
unidpdf	离散均匀分布概率密度函数
unifpdf	连续均匀分布概率密度函数
weibpdf	Weibull 概率密度函数

上面实例中用到的正态分布也称为高斯分布，是比较常用的一种概率分布，MATLAB 对一些数理统计中常见的分布都有相应的描述，可参见表 22-2 中的分布函数。

表 22-2　分布函数列表

分　布　名	分布函数
正态分布	[m,v]=normstat(mu,sigma)
超几何分布	[mn,v]=hygestat(M,K,N)
几何分布	[m,v]=geostat(P)
Gamma 分布	[m,v]=gamstat(A,B)
F 分布	[m,v]=fstat(v1,v2)
指数分布	[m,v]=expstat(mu)
Chi-squrare 分布	[m,v]=chi2stat(nu)
二项分布	[m,v]=binostat(N,P)

续表

分　布　名	分布函数
Beta 分布	[m,v]=betastat(A,B)
威尔分布	[m,v]=weibstat(A,B)
连续均匀分布	[m,v]=unistat(A,B)
离散均匀分布	[m,v]=unidstat(N)
t 分布	[m,v]=tstat(nu)
瑞利分布	[m,v]=raylstat(B)
泊松分布	[m,v]=poisstat(lambda)
非中心 chi2 分布	[m,v]=ncx2stat(nu,delta)
非中心 t 分布	[m,v]=nctstat(nu,delta)
非中心 F 分布	[m,v]=ncfstat(nu1,nu2,delta)
负二项分布	[m,v]=nbinstat(R,P)
对数正态分布	[m,v]=lognstat(mu,sigma)

22.1.2　概率分布函数实例

例 22-1　泊松分布概率密度函数和相应正态分布概率密度函数的计算。

将代码保存在 eg22_1.m 中，具体如下：

```
Lambda=10;
x=0:20;
yd_p=poisspdf(x,Lambda)
yd_n=normpdf(x,Lambda,sqrt(Lambda))
```

计算结果如下。

泊松分布概率函数：

```
yd_p =
  Columns 1 through 13
    0.0000    0.0005    0.0023    0.0076    0.0189    0.0378    0.0631
    0.0901    0.1126    0.1251    0.1251    0.1137    0.0948
  Columns 14 through 21
0.0729   0.0521   0.0347   0.0217   0.0128   0.0071   0.0037   0.0019
```

正态分布概率密度函数：

```
yd_n =
  Columns 1 through 13
    0.0009    0.0022    0.0051    0.0109    0.0209    0.0361    0.0567
    0.0804    0.1033    0.1200    0.1262    0.1200    0.1033
  Columns 14 through 21
    0.0804    0.0567    0.0361    0.0209    0.0109    0.0051    0.0022    0.0009
```

例 22-2 逆累计 χ^2 分布函数的应用。计算置信水平为 95% 的 χ^2 分布，并提供分布函数图。

将代码保存在 eg22_2.m 中，具体如下：

```
clf;
v=4;
xi=0.95;                        %设置信水平为 95%，确定置信区间
x_xi=chi2inv(xi,v);
x=0:0.2:20;
yd_c=chi2pdf(x,v);              %计算概率密度函数，供绘制曲线用
%绘制图形，并把置信区间填色
plot(x,yd_c,'b')
hold on
xxf=0:0.1:x_xi;
yyf=chi2pdf(xxf,v);            %为填色而计算
fill([xxf,x_xi],[yyf,0],'r')    %注意：加入点(x_xi,0)以使填色区域封闭
text(x_xi*1.01,0.01,num2str(x_xi))    %注明置信区间边界值
text(10,0.16,['\fontsize{16} x~{\chi}^2' '(4)'])
text(1.5,0.08,'\fontsize{22}置信水平 0.95')
hold off
```

计算 χ^2 分布的函数值结果如下：

```
yd_c =
  Columns 1 through 13
        0    0.0452    0.0819    0.1111    0.1341    0.1516    0.1646
   0.1738    0.1797    0.1830    0.1839    0.1831    0.1807
  Columns 14 through 26
   0.1771    0.1726    0.1673    0.1615    0.1553    0.1488    0.1421
   0.1353    0.1286    0.1219    0.1153    0.1089    0.1026
  Columns 27 through 39
   0.0966    0.0907    0.0851    0.0798    0.0747    0.0698    0.0652
   0.0609    0.0567    0.0528    0.0492    0.0457    0.0425
  Columns 40 through 52
   0.0395    0.0366    0.0340    0.0315    0.0292    0.0270    0.0250
   0.0231    0.0214    0.0198    0.0182    0.0168    0.0155
  Columns 53 through 65
   0.0143    0.0132    0.0122    0.0112    0.0104    0.0095    0.0088
   0.0081    0.0074    0.0068    0.0063    0.0058    0.0053
  Columns 66 through 78
   0.0049    0.0045    0.0041    0.0038    0.0035    0.0032    0.0029
   0.0027    0.0025    0.0023    0.0021    0.0019    0.0017
```

```
     Columns 79 through 91
        0.0016    0.0015    0.0013    0.0012    0.0011    0.0010    0.0009
        0.0009    0.0008    0.0007    0.0007    0.0006    0.0006
     Columns 92 through 101
        0.0005    0.0005    0.0004    0.0004    0.0004    0.0003    0.0003
   0.0003    0.0002    0.0002
```

结果如图 22-1 所示。

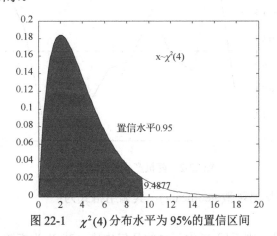

图 22-1　$\chi^2(4)$ 分布水平为 95% 的置信区间

22.2　统计描述

描述性统计方法包括位置度量、散布度量、缺失数据下的统计处理、相关系数、样本分位数、样本峰度、样本偏度、自助法等。

（1）最大值、最小值、平均值、中间值、元素求和。这几个函数的用法都比较简单，下面的例子用来说明这些函数的用法。

例 22-3　计算随机数产生的样本数据的最大值、最小值、平均值、中间值，并且画出相应的图形。

代码保存在 eg22_3.m 中，代码如下：

```
x=1:1:12;
y=randn(1,12);
hold on;
plot(x,y);
[y_max,I_max]=max(y);
plot(x(I_max),y_max, '*');
[y_min,I_min]=min(y);
plot(x(I_min),y_min, 'o');
y_mean=mean(y);
```

```
plot(x,y_mean*ones(1,length(x)), ': ');
legend('数据','最大值', '最小值', '平均值');
```

由上述语句得到的结果如图 22-2 所示。

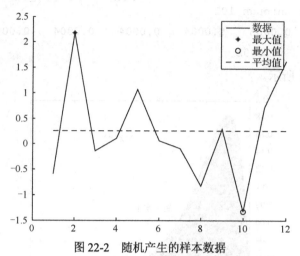

图 22-2　随机产生的样本数据

（2）样本的几何均值函数 geomean()，其调用格式为：

```
m=geomean(X)
```

其中若 X 为向量，则返回 X 中元素的几何均值；若 X 为矩阵，给出的结果为一个行向量，即每列的几何均值。

例如，计算随机数产生的样本几何均值，代码如下：

```
>>X=random('F',10,10,100,1);
>>m=geomean(X)
m=
1.1203
```

（3）样本的调和均值函数 harmmean()，其调用格式为：

```
m=harmmean(X)
```

其中若 X 为向量，则返回 X 中元素的几何均值；若 X 为矩阵，给出的结果为一个行向量，即每列的几何均值。

例如，计算随机数的调和均值，代码如下：

```
>>X=random('F',10,10,100,1);
>>m=harmmean(X)
m=
0.8680
```

（4）样本数据的平均绝对偏差函数 mad()，其调用格式为：

```
y=mad(X)
```

其中，参数设置与上述函数的参数设置相同。

例如，计算样本数据的绝对偏差，代码如下：

```
>>X=random('F',10,10,100,4);
>>y=mad(X)
y=
0.9854
```

MATLAB 提供的基本描述性统计分析函数的功能和调用格式可参见表 22-3。

表 22-3　基本描述性统计分析函数

函 数 名	功能描述	基本调用格式
max	求最大值	C=max(A)，如果 A 是向量，返回向量中的最大值；如果 A 是矩阵返回一个包含各列最大值的行向量； C=max(A,B)，返回矩阵 A 和 B 之中较大的元素，矩阵 A、B 必须具有相同的大小； C=max(A,[],dim)，返回 dim 维上的最大值[C,I]=max(...)，并返回最大值的下标
min	求最小值	与最大值函数 max()调用格式一致
mean	求平均值	M=mean(A)，如果 A 是向量，返回向量 A 的平均值，如果 A 是矩阵，返回含有各列平均值的行向量； M=mean(A,dim)，返回 dim 维上的平均值
median	求中间值	与求平均值函数 mean()的调用格式一致
std	求标准方差	s=std(A)，如果 A 是向量，返回向量的标准方差；如果 A 是矩阵，返回含有各列标准方差的行向量 s=std(A,flag)，用 flag 选择标准方差的定义式； s=std(A,flag,dim)，返回 dim 维上的标准方差
var	方差（标准方差的平反）	var(X)，A 是向量时返回向量的方差，A 是矩阵时返回含有各列方差的行向量； var(X,1)，返回第二种定义的方差； var(X,w)，利用 w 作为权重计算反差； var(X,w,dim)，返回 dim 维上的方差
sort	数据排序	B=sort(A)，A 是向量时升序排列向量，A 是矩阵时升序排列各个列； B=sort(A,dim)，升序排列矩阵 A 的 dim 维 B=sort(...,mode)，用 mode 选择排序方式：ascend 为升序，descend 为降序； [B,IX]=sort(...)，多返回数据 B 在原来矩阵中的下标 IX
sortrows	对矩阵的行排序	B=sortrows(A)，升序排序矩阵 A 的行； B=sortrows(A,column)，以 column 列数据作为标准，升序排序矩阵 A 的行； [B,index]=sortrows(A)，返回数据 B 在原来矩阵 A 中的下标 IX
sum	求元素之和	B=sum(A)，如果 A 是向量，返回向量 A 的各元素之和；如果 A 是矩阵，返回含各列元素之和的行向量； B=sum(A,dim)，求 dim 维上的矩阵元素之和； B=sum(A,'double')，返回数据类型指定为双精度浮点数； B=sum(A,'native')，返回数据类型指定为与矩阵 A 的数据类型相同

函 数 名	功能描述	基本调用格式
prod	求元素的连乘积	B=prod(A)，如果 A 是向量，返回向量 A 的各元素连乘积；如果 A 是矩阵，返回含有各列元素连乘积的行向量； B=prod(A,dim)，返回 dim 维上的矩阵元素连乘积
hist	画直方图	n=hist(Y)，在 10 个等间距的区间统计矩阵 Y 属于该区间的元素个数； n=hist(Y,x)，在 x 指定的区间统计矩阵 Y 属于该区间的元素个数； n=hist(Y,nbins)，用 nbins 个等间距的区间统计矩阵 Y 属于该区间的元素个数，hist() 直接画出直方图
histc	直方图统计	n=histc(x,edges)，计算在 edges 区间内向量 x 属于该区间的元素个数； n=histc(x,edges,dim)，在 dim 维上统计 x 出现的次数
trapz	梯形数值积分（等间距）	Z=trapz(Y)，返回 Y 的梯形数值积分 Z=trapz(X,Y)，计算以 X 为自变量时 Y 的梯形数值积分 Z=trapz(...,dim)，在 dim 维上计算梯形数值积分
cumsum	矩阵的累加	B=cumsum(A)，A 是向量时计算向量 A 的累计和，A 是矩阵时计算矩阵 A 在列方向上的累计和； B=cumsum(A,dim)，在 dim 维上计算矩阵 A 的累计和
cumprod	矩阵的累积	函数调用格式与函数 cumsum() 相同
cumtrapz	梯形积分累计	函数调用格式与函数 trapz() 相同

前面已经介绍如何利用 MATLAB 画直方图，在上面的表中也给出了画各种统考图形的例子，下面将结合实例介绍样本分布的频数直方图是如何描述的，请读者参考。

例 22-4　样本分布的频数直方图描述。要求利用两组随机数据生成正态和均匀的两种分布样本实验，分别画出直方统计图，均匀分布要有正态拟合线。

代码保存在 eg22_4.m 中，代码如下：

```
randn('state',1),
rand('state',23)             %初始化
x=randn(35,1);
y=rand(35,1);                %生成正态和均匀分布实验样本
%观察正态数据组的频数直方图在不同区间分段数时的变化
subplot(1,2,1),
hist(x,5)                    %5 区间情况
subplot(1,2,2),
histfit(x,10)                %10 区间情况（带正态拟合线）
```

结果如图 22-3 所示。

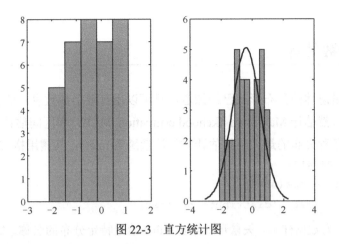

图 22-3　直方统计图

对于上述均匀样本数据在不同分段下的频数直方图代码如下：

```
n_y1=min(y):0.1:max(y);
n_y2=min(y):0.05:max(y);
%较大区间情况
subplot(1,2,1),hist(y,n_y1)
%较小区间情况
subplot(1,2,2),hist(y,n_y2)
```

结果如图 22-4 所示。

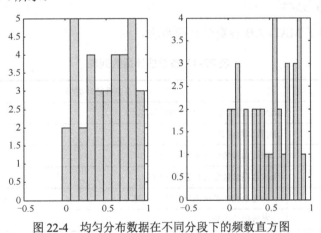

图 22-4　均匀分布数据在不同分段下的频数直方图

22.3　参数估计和假设检验

参数估计和假设检验是数理统计中两个重要的概念，MATLAB 提供了两个概念的函数，下面分别给予介绍。

Note

22.3.1 参数估计

参数估计是总体的分布形式已经知道，且可以用有限个参数表示的估计问题。分为点估计（极大似然估计 Maximum likehood estimation, MLE）和区间估计。

（1）求取各种分布的最大似然估计的估计量函数 mle()，其调用格式为：

```
phat = mle(data)
[phat,pci] = mle(data)
[...] = mle(data,'distribution',dist)
```

其中，data 为数据样本，矢量形式给出。dist 给定特定分布的名称，如 beta、binomial 等。返加 95%的置信区间。

例如，计算 F 分布两个参数的似然估计，样本由随机数产生，代码如下：

```
>>X=random('F',10,10,100,1);
>>[p,pci]=mle(X)
p=
     1.1321    0.8537
pci=
     0.9619    0.7533
1.3024    0.9967
```

表 22-4 列出了 MATLAB 参数估计函数表。

表 22-4　参数估计函数列表

函 数 名	参数估计类型
betafit	β分布数据的参数估计和置信区间
betalike	β对数似然函数
binofit	二项数据参数估计和置信区间
expfit	指数数据参数估计和置信区间
gamfit	γ分布数据的参数估计和置信区间
gamlike	γ对数似然函数
mle	最大似然估计
normlike	正态对数似然函数
normfit	正态数据参数估计和置信区间
poissfit	泊松数据参数估计和置信区间
unifit	均匀分布数据参数估计
weibfit	Weibull 数据参数估计和置信区间

22.3.2   假设检验

在统计中，假设检验占有非常重要的作用，基本定义为：

H0：零假设，即初始判断。

H1：备择假设，也称对立假设。

Alpha：显著水平，在小样本的前提下，不能肯定自己的结论，所以事先约定，如果观测到的符合零假设的样本值的概率小于 alpha，则拒绝零假设。典型的显著水平取 alpha=0.05。如果想减少犯错误的可能，可取更小的值。

P-值：在零假设为真的条件下，观测给定样本结果的概率值。

（1）单一样本均值的 t 检验函数 ttest()，其调用格式如下：

```
h = ttest(x)
h = ttest(x,m)
h = ttest(...,alpha)
```

其中，x 是矩阵或是向量，m 是均值，alpha 是置信水平，默认为 0.05。h=1 说明接受假设，h=0 说明拒绝假设。

例如，利用 t 检验来检验样本数为 100，均值为 0.1 的正态分布。

```
>>x=normrnd(0.1,1,1,100);
>>[h,p,ci] = ttest(x,0)
h=
    1
p=
   3.5304e-06
ci=
    0.2618    0.6164
```

说明，接受假设，alpha 大于 p 值。

MATLAB 还提供了诸如 ttest2() 函数和 ztest() 函数等，感兴趣的读者可以参见帮助文档，这里不再讨论。

表 22-5 列出了 MATLAB 中假设检验函数表。

表 22-5   假设检验函数列表

函 数 名	假设检验
ranksum	计算母体产生的两独立样本的显著性概率和假设检验的结果
signrank	计算两匹配样本中位数相等的显著性概率和假设检验的结果
signtest	计算两匹配样本的显著性概率和假设检验的结果
ttest	对单个样本均值进行 t 检验
ttest2	对两样本均值差进行 t 检验
ztest	对已知方差的单个样本均值进行 z 检验

22.4 本章小结

在 MATLAB 中，统计分析大多数是针对矩阵进行操作的，矩阵中不同的列代表不同的变量，每行则代表了该变量不同的观测值。在默认情况下，MATLAB 的统计函数都是对矩阵中每列数据进行运算的，要想使它们沿着其他的方向进行运算，需要在函数调用时增加一个输入参数，指定函数运算的方向。

本章只是概念性地介绍了有关数理统计函数，其编排顺序亦根据数理统计理论的发展而来。目的是使学习完数理统计概念的读者不至于脱离统计的基本原理及概念，达到理论与实现相结合的效果。

第23章

多项式

多项式的计算在数学中非常常见，从初中起，就学过如一元一次最简单的多项式。MATLAB 处理多项式是一件非常简单的事情，借助 MATLAB 提供的函数，用户很容易对多项式进行积分、微分以及求根的操作。

本章将结合诸多实例来介绍 MATLAB 中的多项式函数，这些函数用于多项式求值、多项式乘法、多项式除法、多项式求导等。

学习目标

(1) 了解多项式的运算。
(2) 熟悉多项式的根。
(3) 熟悉多项式的导数和微分。
(4) 熟悉多项式曲线拟合。

Note

23.1 多项式的运算

多项式可以进行四则运算。在计算机中，也可以进行同样的计算，下面介绍多项式的表示方法。

23.1.1 多项式的表示

MATLAB 采用行向量来表示多项式，将多项式的系数按降幂次序存放在行向量中。多项式 $P(x) = a_0 x^n + a_1 x^{n-1} + \cdots + a_{n-1} x + a_n$ 的系数行向量为 $P = [a_0 a_1 ... a_n]$，注意顺序必须是从高次幂到低次幂。多项式中缺少的幂次要用 0 补齐。

例如，描述一个 6 次幂多项式，代码如下：

```
>>poly2sym([1-20 8 0 6-8 ])
```

上述语句得到的输出如下：

```
ans=
x^6-2*x^5+8*x^3+6*x-8
```

若是计算上述多项式在 x=1 处的值，则输入：

```
>>val=polyval([1-20 8 0 6-8 ],1)
val=
    5
```

上面用到的函数 polyval(p,x)是用于计算多项式 p(x)。如果 x 是一个标量，则计算出多项式在 x 点的值；如果 x 是一个向量或一个矩阵，则计算出多项式在 x 中所有元素上的值。

23.1.2 多项式的加减法

MATLAB 没有提供专门的函数来执行多项式的加法。如果两个多项式向量长度相等，则多项式加法就是将两个多项式向量直接相加。

例如，两个多项式 $x^2 + 2x + 1$ 和 $3x^2 + x + 1$ 相加，代码如下：

```
>>a=[1 2 1];
>>b=[3 1 1];
>>c=a+b
c=
    4    3    2
```

相加结果为 $c(x)=4x^2+3x+2$。

当两个多项式的阶次不同时，其系数向量的长度也不同，这时需要先将低阶多项式的系数向量前边补上足够的 0，以便使它和高阶多项式具有相同的长度，然后再执行加法运算。

例如，多项式 x^2+2x+1 和 $3x^3+x+1$ 相加，可以使用下面的代码：

```
>>a=[0 1 2 1];
>>b=[3 0 1 1];
>>c=a+b
c=
  3 1 3 2
```

可见，两个多项式相加的结果为 $e(x)=3x^3+x^2+3x+2$。

 注意 执行加法前，之所以在向量的前面补 0 而不在后面补 0，是因为需要补足的是低阶多项式缺少的高阶次成分，而高阶系数位于系数向量的前面。

众所周知，减法是加法的逆运算。例如，两个多项式 x^2+2x+1 和 $3x^2+x+1$ 相减，代码如下：

```
>>a=[1 2 1];
>>b=[3 1 1];
>>c=a-b
c=
  -2 1 0
```

相减结果为 $c(x)=-2x^2+x$。

23.1.3 多项式乘法

由于多项式的乘法实际上就是多项式系数向量之间的卷积运算，这样就可以使用 MATLAB 提供的卷积函数 conv() 来完成多项式的乘法，其调用格式为：

```
w = conv(u,v)
```

实现向量 u、v 的卷积，在代数上相当于多项式 u 乘上多项式 v。

例如，计算两个多项式 x^2+2x+1 和 $3x^2+x+1$ 的乘积，可以采用下面的代码：

```
>>a=[1 2 1];
>>b=[3 1 1];
>>c=conv(a,b)
c=
  3 7 6 3 1
```

从上面的结果可知，两个多项式的乘积结果为 $c(x)=3x^4+7x^3+6x^2+3x+1$，这与数学运算结果是一致的。

如果要执行多个多项式之间的乘法运算，则重复使用 conv() 函数即可。

23.1.4 多项式除法

多项式除法虽然没有乘法和加法常用，但在某些特殊情况下，也需要用一个多项式去除以另一个多项式。在 MATLAB 中，多项式除法是由函数 deconv() 实现的，其调用格式为：

```
[q,r] = deconv(v,u)
```

实现解卷积运算，它们之间的关系为 $v = \text{conv}(u,q)+r$。在代数上相当于实现多项式 u 除以多项式 v，得到商 q 和余多项式 r。

例如，多项式 $3x^3 + x + 1$ 除以多项式 $x^2 + 2x + 1$，代码如下：

```
>>a=[3 0 1 1];
>>b=[1 2 1];
>>[q,r]=deconv(a,b)
q=
     3    -6
r=
     0     0    10     7
```

在上面的函数调用中，q 用来存储相除后的商，r 用来存储相除后的余数。

从结果可以看出，当用 a 除以 b 时，将得到商为 $q(x)= 3x-6$，余数为 $r(x)=10x+7$。

23.2 多项式的根

求多项式的根（即使多项式等于 0 的解）是进行科学研究经常遇到的问题。在 MATLAB 中使用函数 roots() 来求多项式的根，其调用格式如下：

```
r = roots(c)
```

返回多项式 c 的所有根 r，r 是向量，其长度等于根的个数。

例如，求多项式 $x^2 + 2x + 1$ 的根，代码如下：

```
>>p=[1 2 1];
>>r=roots(p)
r=
    -1
    -1
```

在 MATLAB 中，多项式和多项式的根都是用向量表示的，因此为了对它们加以区别，MATLAB 通常将多项式表示为行向量，将多项式的根表示为列向量。

如果知道一个多项式的根，能不能构建相应的多项式呢？MATLAB 提供了 poly() 函数从一个根向量构建一个多项式向量。

与多项式求根相反的过程是由根创建多项式，其调用格式如下：

```
p = poly(r)
```

输入 r 是多项式的所有根，返回值 p 为代表多项式的行向量形式。

```
p = poly(A)
```

输入是 N×N 的方阵，返回值 p 是长度为 N+1 的行向量多项式，它是矩阵 A 的特征多项式，也就是说多项式 p 的根是矩阵 A 的特征值。

例如，可以利用下面的代码由 r 向量恢复原来的多项式，代码如下：

```
>>pp=poly(r)

pp=
    1    2    1
```

23.3　多项式部分分式展开

函数 residue() 可以将多项式之比用部分分式展开，也可以将一个部分分式表示为多项式之比。函数 residue() 的调用格式如下：

```
[r,p,k] = residue(b,a)
```

求多项式之比 b/a 的部分分式展开，返回值 r 是部分分式的留数，p 是部分分式的极点，k 是直接项（余数）。如果多项式 a 没有重根，部分分式的形式如下：

$$\frac{b(x)}{a(x)}=\frac{r_1}{x-p_1}+\frac{r_2}{x-p_2}+\cdots+\frac{r_n}{x-p_n}+k_s$$

其中向量 **r**、**p** 的长度和向量 **a**、**b** 的长度有如下关系：

```
length(a)-1=length(r)=length(p)
```

当向量 **b** 的长度小于 **a** 时，向量 **k** 中没有元素，否则应满足如下关系：

```
length(k)=length(b)-length(a)+1
```

```
[b,a]=residue(r,p,k)
```

从部分分式得到多项式向量。

例如，求多项式 x^2+2x+1 与多项式 $3x^3+x+1$ 之比的部分分式展开，然后再把部分分式表示为多项式之比的形式，代码如下：

```
>>a=[3 0 1 1];

>>b=[1 2 1];

>>[r,p,k]=residue(b,a)

r=
   0.1368-0.4219i
   0.1368+0.4219i
   0.0598

p=
   0.2683+0.7411i
   0.2683-0.7411i
  -0.5366

k=
   []
```

如上面的例子所示，residue() 函数一般返回三个变量：部分分式展开系数 r、极点 p 和余数多项式 k。由于本例中分子的阶次小于分母，因此不存在余数多项式，则 k 为 []。根据上面的结果，n(x)/d(x) 的部分分式展开为：

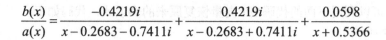
$$\frac{b(x)}{a(x)} = \frac{-0.4219i}{x - 0.2683 - 0.7411i} + \frac{0.4219i}{x - 0.2683 + 0.7411i} + \frac{0.0598}{x + 0.5366}$$

将上面的计算结果作为输入参数，再次使用 residue() 函数即可求得原来的比例多项式。

23.4　多项式的导数和微分

在 MATLAB 中使用函数 polyder() 来计算多项式的导数，其调用方式如下：

```
k=polyder(p)
```

返回多项式 p 的导数。

```
k=polyder(a,b)
```

返回多项式 a 与多项式 b 乘积的导数。

```
[q,d]=polyder(b,a)
```

返回多项式 a 除以 b 的商的导数，并以 q/d 格式表示。

例如，对多项式 $3x^3 + x + 1$ 求导，代码如下：

```
>>a=[3 0 1 1];
>>h=polyder(a)
h=
     9     0     1
```

在 MATLAB 中，使用函数 polyint() 来计算多项式的积分，其调用方式如下：

```
polyint(p,k)
```

返回多项式 p 的积分，设积分的常数项为 k。

```
polyint(p)
```

返回多项式 p 的积分，设积分的常数项为 0。

例如，求上述结果 h 的积分，代码如下：

```
>>polyint(h,1)
ans=
     3     0     1     1
```

23.5　多项式曲线拟合

曲线拟合是进行数据分析时经常遇到的问题，它指根据一组或多组测量数据找出一条数学上可描述曲线的过程。这条曲线有时将穿过测量的数据点，而有时将会非常接近于但不会穿过测量的数据点。

评价一条曲线是否准确描述了测量数据的最通用方法，是看测量数据点与该曲线上对应点之间的平方误差是否达到最小，这种曲线拟合的方法称为最小二乘曲线拟合。

原则上，可以选择任何一组基本函数实现最小二乘曲线拟合，即找出使 $\sum_{i=1}^{n}\|f(x_i)-y_i\|^2$
最小的 $f(x)$，使用多项式是最简单最常用的方法。

函数 polyfit() 采用最小二乘法对给定数据进行多项式拟合，最后给出多项式的系数。
该函数的调用方式如下：

```
p = polyfit(x,y,n)
```

采用 n 次多项式 p 来拟合数据 x 和 y，从而使得 $p(x)$ 与 y 最小均方差最小。

例如，下面例子说明函数 polyfit() 的用法，并讨论采用不同多项式阶数对拟合结果
的影响，代码如下：

```
>>x=(0: 0.1: 2.5)';
>>y=erf(x)
>>p=polyfit(x,y,6)
>>f=polyval(p,x);
>>x=(0: 0.1: 5)';
>>y=erf(x);
>>f=polyval(p,x);
>>plot(x,y,'o',x,f,'-')
>>axis([0 5 0 2])
```

结果如图 23-1 所示。

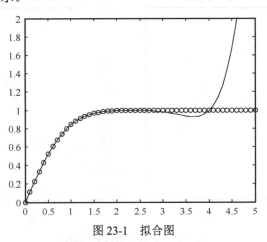

图 23-1　拟合图

例 23-1　利用三阶多项式，模型阶数（结构参数）通过 χ^2 确定，多项式系数运用最
小二乘法估计，拟合数据。

代码保存在 eg23_1.m 中，具体如下：

```
%被拟合的原始数据
x=1.1:0.1:2.5;
y=[4.6,5.3,5.5,5.9,6.2,6.3,6.8,7.1,7.9,8.4,8.8,9.2,9.6,9.9,10.2];
dy=0.15;                          %原数据 y 的标准差
for n=1:3                         %依次用 1 到 3 阶多项式去拟合
```

```
[a,S]=polyfit(x,y,n);                   %计算拟合多项式系数
A{n}=a;                                 %用元胞数组记录不同阶次多项式的系数
da=dy*sqrt(diag(inv(S.R'*S.R)));        %计算各系数的误差
DA{n}=da';                              %用元胞数组记录不同阶次多项式系数的误差
freedom(n)=S.df;                        %记录自由度
[ye,delta]=polyval(a,x,S);              %计算拟合多项式值的范围
YE{n}=ye;
%用元胞数组记录不同阶次拟合多项式的均值
D{n}=delta;                             %用元胞数组记录不同阶次拟合多项式的离差
chi2(n)=sum((y-ye).^2)/dy/dy;           %计算不同阶次的量。
end
Q=1-chi2cdf(chi2,freedom);              %用于判断拟合良好度
%适当度的图示
subplot(1,2,1),plot(1:3,abs(chi2-freedom),'b')
xlabel('阶次'),title('chi 2 与自由度')
subplot(1,2,2),plot(1:3,Q,'r',1:3,ones(1,3)*0.1)
xlabel('阶次'),title('Q 与 0.1 线')
```

结果如图 23-2 所示。

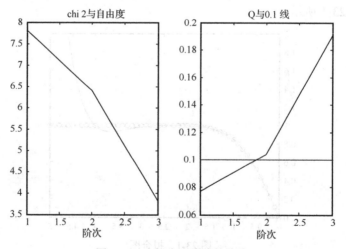

图 23-2　定拟合多项式的阶次

```
clf,plot(x,y,'b+');
hold on
errorbar(x,YE{3},D{3},'r');hold off
title('较适当的三阶拟合')
```

拟合效果如图 23-3 所示。

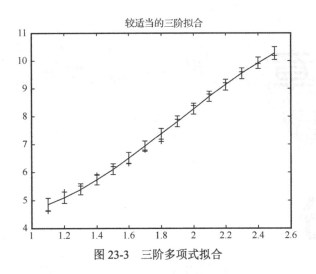

图 23-3　三阶多项式拟合

在 MATLAB 工具箱的 polyfun 子目录下保存着多项式的函数，如表 23-1 所示。

表 23-1　多项式函数

函 数 名	功能描述	函 数 名	功能描述
conv	多项式乘法	polyint	求多项式的积分
deconv	多项式除法	polyvar	求多项式的值
poly	求多项式的系数	polyvarm	求矩阵多项式的值
polyfit	多项式曲线拟合	residue	部分分式展开
polyder	求多项式的一阶导数	roots	求多项式的根

23.6　本章小结

　　本章主要介绍了关于多项式的运算、多项式的根、多项式部分分式展开、多项式的导数和微分及多项式曲线拟合。这些在 MATLAB 中都能找到相当的函数。有关涉及的多项式函数请参考表 23-1，此表详细列举了多项式的函数。

　　但有一点需要注意的是，当利用 MATLAB 处理高阶（大于 10 阶）多项式时，会遇到不少计算上的麻烦，因此要格外小心。

第24章

微积分

在高等数学中,微积分占有重要的地位,是分析数学问题的基本工具。从数学角度上讲,微分是描述一个函数的斜率或者梯度,而积分则是计算一个函数与自变量轴之间的面积。

MATLAB 提供了一些微积分函数,通过使用 MATLAB 软件就可以轻松解决看上去非常抽象难解的数学问题。本章将主要介绍这些函数的使用方法。

学习目标

(1) 熟悉 diff()函数的调用格式。
(2) 熟悉 gradient()函数的调用格式。
(3) 熟悉 quad()函数的调用格式。
(4) 熟悉 quadl()函数的调用格式。
(5) 熟悉 dblquad()函数的调用格式。

24.1　微分

Note

微分描述的是一个函数在一个点处的斜率，局部上看它反应的是一个函数的微观属性。因此，微分对一个函数波形状上的微小变化是非常敏感的。

24.1.1　导数

高等数学中微分和导数的定义如下：

$$\frac{\mathrm{d}y}{\mathrm{d}x} = \lim_{\Delta x \to o} \frac{f(x + \Delta x) - f(x)}{\Delta x}$$

我们发现，求极限的过程在理论上是可以做到的，但使用计算机来实现却很难轻易得到，于是在实际应用中，就将上述定义利用差分形式近似表示如下：

$$\frac{\mathrm{d}y}{\mathrm{d}x} \approx \frac{\Delta y}{\Delta x} = \frac{f(x + \Delta x) - f(x)}{\Delta x}$$

MATLAB 提供了一个函数 diff() 来近似计算一个描述了某个该函数的数据列表的近似导数。这个 diff() 函数实际上是通过计算数组中相邻元素之间的差值来估算导数的。

函数 diff() 的调用格式如下：

```
Y = diff(X)
Y = diff(X,n)
Y = diff(X,n,dim)
```

其中，X 是矩阵或是一维向量，n 是求导的次数，dim 则是 X 的维数。

例如，对一个一维向量求微分，代码如下：

```
>>x=[0,1,2,3,4,5,6];
>>diff(x)
ans=
    1   1   1   1   1   1
```

如果连续求上面 x 的导数，则代码如下：

```
>>diff(x,2)
ans=
    0   0   0   0   0
```

下面通过一个具体实例，介绍函数 diff() 如何进行微分运算。

例 24.1　求 $y=\cos(x)$ 的导数。

利用高等数学的知识，可以知道 $\cos(x)$ 的导数是 $-\sin(x)$。这里利用数值方法，在数轴 [0,2*pi] 上采样若干个点，然后进行微分计算。

将代码保存在 eg24_1.m 中，具体如下：

```
x=linspace(0,2*pi);
y=cos(x);
```

```
dydx=diff(y)/(x(2)-x(1));
xx=x(2:end);
plot(x,y,xx,dydx)
axis tight
xlabel('x'),ylabel('sin(x) and cos(x)')
```

结果如图 24-1 所示。

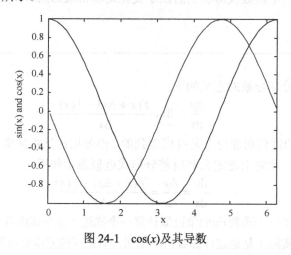

图 24-1　cos(x)及其导数

 说　明　数值微分在进行数值计算时比较困难，因此应该尽可能地避免对数据直接使用数值微分，特别是在被微分的原始数据是通过实验获得时。

24.1.2　梯度

除一维导数，MATLAB 还提供了处理二维数据的导数函数 gradient()。该函数使用了中心微差分来估计计算二维数据列表中的每一个数据点处在每一个方向上的斜率。

由于在第一个数据点和最后一个数据点不存在两个相邻的数据点，因此该函数在第一个数据点处使用了前向差分微分，而在最后一个数据点处使用了后向微差分，以保证求出的结果，这样就使得输出的原始数据点的数量和输入的长度一样多。

函数 gradient()的调用格式如下：

```
FX = gradient(F)
[FX,FY] = gradient(F)
```

其中，F 是一个一维向量，返回的值 FX 是 F 的梯度。另外，F 也可以是一个矩阵，而 FX 和 FY 分别对应的是 F 对 X 和 Y 的偏导数。

函数 gradient()的一个重要用途是用作图形数据可视化的，如下面的实例。

例 24.2　求二元函数 $f(x,y) = e^{-x^2-y^2}$ 的梯度。

首先用函数 $f(x,y) = e^{-x^2-y^2}$ 生成一个简单的二维数组，然后利用 gradient()函数计算 $f(x,y) = e^{-x^2-y^2}$ 输出这些数据的 dz/dx 和 dz/dy。

并将这些数据提供给函数 contour()和 quiver()，绘制出等值线和箭头梯度图。箭头梯度图以数组中每一点的表面法线为方向，绘制代表梯度的箭头图形，其中这个函数绘制出以潜在的表面为法线的箭头，箭头的长度与用每个点处梯度的斜率进行了换算，大小成正比。

代码保存在 eg24_2.m 文件中，具体如下：

```
v=-2:0.2:2;
[x,y]=meshgrid(v);
z=exp(-x.^2 - y.^2);
[Fx,Fy]=gradient(z);
contour(v,v,z), hold on
quiver(v,v,Fx,Fy), hold off
```

结果如图 24-2 所示。

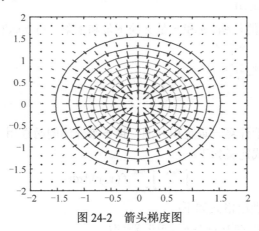

图 24-2　箭头梯度图

除梯度外，有时想知道一个表面的曲率（即斜率的变化）也是非常有用的。在 MATLAB 中，每个点的曲率或者说是斜率的变化是用函数 del2() 计算出来的，该函数计算出如下式所示的拉普拉斯变换的离散估计。

$$\nabla^2 z(x, y) = \frac{\mathrm{d}^2 z}{\mathrm{d}x^2} + \frac{\mathrm{d}^2 z}{\mathrm{d}y^2}$$

限于篇幅，这里不详细介绍。感兴趣的读者可根据需要参考帮助文档。

24.2　积分

积分的思想是分割、求和、近似取极限，其定义如下：

$$\int_a^b f(x)\mathrm{d}x$$

MATLAB 提供了四个函数 quad()、quadl()、dblquad() 和 triplequad() 来求数值积分。首先介绍 quad() 函数的调用格式：

```
q = quad(fun,a,b)
```

其中，fun 是函数的句柄，a 和 b 是 x 的下限和上限。

例 24.3　计算积分：

$$\int_0^2 (x^2 - 2)\mathrm{d}x$$

首先，写一个函数保存在 eg24_3.m 中，代码如下：

```
function y=eg24_3(x)
y=x.^2-2;
```

在命令行窗口中输入：

```
>>Q=quad(@eg24_3,0,2)
Q=
   -1.3333
```

quadl()函数的调用格式如下：

```
q = quadl(fun,a,b)
```

其中，fun 是函数的句柄，a 和 b 是 x 的下限和上限。与 quad()函数格式相同。例如，用 quadl()函数计算上一个积分。

```
>>Q=quadl(@eg24_3,0,2)
Q=
   -1.3333
```

前两个函数是用于计算一重定积分的，接下来介绍的函数用于计算多重定积分，主要是二重积分，其形式定义如下：

$$\int_{y_{min}}^{y_{max}} \int_{x_{min}}^{x_{max}} f(x,y)\mathrm{d}x\mathrm{d}y$$

Dblquad()函数的调用格式如下：

```
q = dblquad(fun,xmin,xmax,ymin,ymax)
```

其中，fun 是函数的句柄，xmin 和 xmax 是 x 的下限和上限，ymin 和 ymax 是 y 的下限和上限。

例 24.4　计算积分：

$$\int_0^2 \int_0^4 (x^2 + y^2)\mathrm{d}x\mathrm{d}y$$

首先，写一个函数保存在 eg24_4.m 中，代码如下：

```
function f=eg24_4(x,y)
f=x.^2+y.^2;
```

在命令行窗口中输入：

```
>>Q=dblquad(@eg24_4,0,4,0,2)
Q=
   53.3333
```

例 24.5　求二维曲面 cos(x)+sin(y)与 xy 平面组成的体积，即计算积分：

$$\int_0^{2\pi} \int_0^{\pi} (\cos x + \sin y)\mathrm{d}x\mathrm{d}y$$

首先，写一个函数保存在 eg24_5.m 中，代码如下：

```
function f=eg24_5(x,y)
f=cos(x)+sin(y);
```

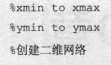

在命令行窗口中输入：

```
>>x=linspace(0,pi,20);                    %xmin to xmax
>>y=linspace(0,2*pi,20);                  %ymin to ymax
>>[xx,yy]=meshgrid(x,y);                  %创建二维网络
>>zz=eg24_5.m(xx,yy);
>>mesh(xx,yy,zz)
>>xlabel('x'),ylabel('y')
>>area=dblquad(@ eg24_5,0,pi,0,2*pi)
area=
    0
```

结果如图 24-3 所示。

图 24-3　eg24_5()函数图

用于计算三重积分的 MATLAB 函数为 triplequad()，其调用格式为：

```
triplequad(fun,xmin,xmax,ymin,ymax,zmin, zmax)
```

其中 fun 是函数的句柄，xmin 和 xmax 是 x 的下限和上限，ymin 和 ymax 是 y 的下限和上限，zmin 和 zmax 是 z 的下限和上限。

此函数是计算给定范围内函数 fun(x,y,z)的积分。有关该函数的更详细信息请参看 MATLAB 的帮助文档。

24.3　本章小结

本章主要是针对使用 MATLAB 来求解高等数学中常见的微积分问题编写而成的。其中包括求解导数、梯度、一重定积分和二重定积分等函数。每个函数都列举了实例，以供读者模拟练习使用。对于多维函数的微积分，还配以图形演示并说明其几何意义。

相信不同层次的读者在阅读完本章之后，不会再为工程计算中遇到微积分相关的问题而困扰。

第25章

微分方程

微分方程的数值解法是一些专业学科的基础。如数字信号处理领域中，微分方程又称差分方程。微分方程主要分为两种类型：一种是常微分方程，另一种是偏微分方程。微分方程往往又是几个方程构成的微分方程组，称为微分方程系统。

目前 MATLAB 可以解决涉及有关微分方程的各种问题，主要包括求解边界值问题、求解延迟微分方程、初值问题的微分方程和部分偏微分方程等。

学习目标

(1) 熟悉常微分方程组的边界问题。
(2) 熟悉解常微分方程初值问题。
(3) 熟悉延迟微分方程组数值解。
(4) 了解偏微分方程工具箱。

25.1　常微分方程组的边界问题

常微分方程组边界问题的形式如下：

$$\frac{\mathrm{d}y}{\mathrm{d}x} = f(x, y)$$

同时要指定函数 $y(x)$ 在某些边界条件下的值，然后在边界条件下求函数 $y(x)$，其中 x 是独立变量。MATLAB 中使用函数 bvp4() 来处理常微分方程组的边界问题。该函数解决第一类边界条件问题，即边界条件是：

$$g(y(a), y(b)) = 0$$

其中 a 和 b 是求解区间的下界和上界，即要求解出 y 在区间 $[a, b]$ 上的值。常微分方程组的边界问题与常微分方程组的初值问题的不同之处在于：常微分方程组的初值问题总是有解的，然而常微分方程组的边界问题有时会出现无解的情况，有时会出现有限个解，有时会出现无穷多个解。

因此，在解常微分方程组的边界问题时，不可或缺的一部分工作是提供猜测解。猜测解决定了解边界问题的算法性能，甚至决定算法是否成功。

在边界问题中，还经常出现附加的未知参数，其方程形式如下：

$$\frac{\mathrm{d}y}{\mathrm{d}x} = f(x, y, p)$$

其边界条件为：

$$g(y(a), y(b), p) = 0$$

在这种情况下，边界条件必须充分，从而能够决定未知参数 p。

函数 bvp4c() 的调用格式如下：

```
sol = bvp4c(odefun,bcfun,solinit)
```

odefun 是描述常微分方程组的函数，其格式为 dydx =odefun(x,y)，或者包含未知参数 dydx = odefun(x,y,parameters)。

bcfun 是描述边界条件的函数，其格式为 res=bcfun(ya,yb)，或者包含未知参数 res=bcfun(ya,yb,parameters)。

solinit 是对方程解的猜测解，它是一个结构体，包含 x、y 和 parameters 三种属性。solinit 必须满足 solinit.x(1)=a 和 solint.x(end)=b，parameters 是对未知参数的一个猜测解。solinit 可以由函数 bvpinit() 得到。

```
sol = bvp4c(odefun,bcfun,solinit,options)
```

使用 options 结构体来设定解法器的参数。options 结构体可以由函数 bvpset() 得到。边界问题的猜测解可以由函数 solinit() 得到，其调用格式如下：

```
solinit = bvpinit(x,yinit)
```

x 是猜测解的自变量 x 的取值，yinit 是猜测解的因变量 y 的取值。如果需要在区间 $[a, b]$ 上求解方程，x 取 linspace(a,b,10) 就足够了，在解变化比较快时，需要用长的自变量 x。

```
solinit = bvpinit(x,yinit,parameters)
```

parameters 是未知参数的猜测解。

例 25-1　求二阶微分方程的特征值。该方程的形式如下：

$$y'' + (1 - 2q\sin 2x)\,y = 0$$

其中 $q-1$ 是此方程的阶数，为已知参数，是未知参数方程的特征值。在本例中 $q=5$，即求 4 阶方程的特征值 1。首先把方程改写成一阶常微分方程的形式如下：

$$y'_1 = y_2$$
$$y'_2 = -(l - 2q\sin 2x)y_1$$

指定边界条件为：

$$y'(0) = 0$$
$$y'(p) = 0$$
$$y(0) = 1$$

首先，创建微分方程函数，保存在 bvp_Mfun.m 中，代码如下：

```
%4 阶方程
function dydx=bvp_Mfun(x,y,lambda)
q=5;
dydx=zeros(2,1);
dydx(1)=y(2);
dydx(2)=-(lambda-2*q*cos(2*x))*y(1);
```

然后，创建 M 文件来描述方程的初值，保存在 M_initfun.m 中，代码如下：

```
%4 阶方程的初始值
function yinit=M_initfun(x)
yinit(1)=cos(4*x);
yinit(2)=-4*sin(4*x);
```

还需要创建 M 文件来描述方程的边界条件，保存在 M_fun.m 中，代码如下：

```
%4 阶方程的边界条件
function res=M_fun(ya,yb,lambda)
res=zeros(3,1);
res(1)=ya(2);
res(2)=yb(2);
res(3)=ya(1)-1;
```

最后，用函数 bvp4c() 来解方程，并画图显示结果，保存在 eg25_1.m 中，代码如下：

```
%M 方程在边界条件下的解
lambda=15; %未知参数猜测解
solinit=bvpinit(linspace(0,pi,10),@M_initfun,lambda);%求初始值
sol=bvp4c(@bvp_Mfun,@M_fun,solinit); %求解方程
xint=linspace(0,pi); %画图
Sxint=deval(sol,xint);
plot(xint,Sxint(1,:))
axis([0 pi -1 1.1])
```

```
title('方程在边界条件下的解');
xlabel('x')
ylabel('y')
text(1,1,['4 阶方程的特征值= ' num2str(sol.parameters)]);
```

由上述语句得到的结果如图 25-1 所示。

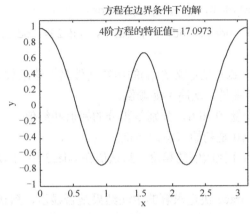

图 25-1　方程在边界条件下的解

表 25-1 给出了用于求解边界问题的函数。

表 25-1　边界问题函数及描述

函 数 名	描　　　述	函 数 名	描　　　述
bvp4c	BVP 解法程序	bvpset	设置 BVP 选项结构
bvpget	获得 BVP 选项结构	deval	验证用 bvp4c()得到的解，或对这个解进行插值
bvpinit	形成假设初始解，该值可以通过 bvp4c()进行修正		

25.2　常微分方程初值问题

解常微分方程的初值问题方法很多，本节将介绍 MATLAB 中常用的解初值问题的函数及参数设置。

25.2.1　解常微分方程的初值问题

常微分方程的初值问题，其一般形式是：

$$\begin{cases} \dfrac{\mathrm{d}y}{\mathrm{d}x} = f(x,y) & a \leqslant x \leqslant b \\ y(a) = y_0 \end{cases}$$

所谓数值解法，就是求上述问题的解 $y(x)$ 在若干点 $a = x_0, x_1, x_2, \cdots, x_N = b$ 处的近似值

Note

$y_n(n=1,2,\cdots,N)$ 的方法，y_n 称为数值解，$h_n=x_{n+1}-x_n$ 为 x_n 到 x_{n+1} 的步长。建立数值解法，首先要将微分方程离散化。

一般采用以下几种方法：用差商近似导数、用数值积分方法、用 Taylor 多项式计算、欧拉（Euler）方法、改进的欧拉方法和龙格－库塔（Runge-Kutta）法等。

微分方程数值求解的调用格式为：

```
[X,Y]=odeN('odex',[t0,tf],y0,tol,trace)
```

odeN 可以是 ode23、ode45、ode135，odel5s、ode23s、ode23t、ode23tb、ode15i 中的任意一个命令。

第 1 个输入参变量 odex 是定义 $f(x,y)$ 的函数文件名。该函数文件必须以 $y'=f(x,y)$ 为输出，以 x、y 为输入参变量，次序不能颠倒。

第 2、3 个输入参变量 t0 和 tf，分别是积分的初值和终值。

第 4 个输入参变量 y0 是初始状态列向量。

第 5 个输入参变量 tol 控制解的精度，默认值在 ode23 中为 tol=1E-3；在 ode45 中为 tol=1E-6。

第 6 个输入参变量 trace 决定求解的中间结果是否显示，默认值为 trace=0，表示不显示中间结果。

说　明　前四个输入参变量经常用到，后三个在使用时可省略。

表 25-2 对 MATLAB 中的七个解法进行了对比。

表 25-2　常微分方程组解法对比

函数名	算　法	精　度	适用系统	优缺点
ode45	四阶/五阶龙格-库塔法	中	非刚性方程	属于单步算法（只需要前一步的解即可计算出当前的解），不需要附加初始值，因而，计算过程中随意改变步长也不会增加任何计算量。通常 ode45 对很多问题来说都是首选的最好方法
ode23	二阶/三阶龙格-库塔法	低	非刚性方程	属于单步算法，在误差容许范围较宽或者存在轻微刚度时性能比 ode45 好
ode113	可变阶 AdamsPECE 算法	低~高	非刚性方程	属于多步解法（需要前几步的解来计算当前解）。比 ode45 更适合解决误差允许范围比较严格的情况
ode15s	可变阶的数值微分公式算法（NDFS）	低～中	刚性方程	属于多步解法。如果 ode45 解法速度很慢，很可能系统是刚性的，可以尝试采用该算法
ode23s	基于改进的 Rosenbrock 公式	低	刚性方程	属于单部解法。比 ode15s 更适用于误差容许范围较宽的情况。可以解决一些 ode15s 效果不好的刚性方程
ode23t	自由内插实现的梯形规则	低	轻微刚性方程	适用于轻微刚性系统，给出的解无数值衰减
ode23tb	TR-BDF2 方法，即龙格-库塔公式的第一级采用梯形规则、第二级采用 Gear 法	低	刚性方程	对于误差允许范围比较宽的情况，比 ode15s 效果好

例 25-2　求非刚性方程 $y''-2(1-y^2)y'-y=0$，初值为 $y(0)=2$，$y'(0)=0$，在时间区间从 $t=0$ 到 $t=20$ 各节点上的数值解。

首先把该二阶常微分方程改写为一阶常微分方程组：

$$y_1' = y_2$$
$$y_2' = 2(1 - y_1^2)y_2 + y_1$$

然后，把该一阶常微分方程组用一个 M 文件形式的函数来表述，保存在 ifun.m 中，代码如下：

```
%常微分方程
function dydt=ifun(t,y)
dydt=zeros(2,1);
dydt(1)=y(2);
dydt(2)=2*(1-y(1)^2)*y(2)+y(1);
```

最后，用函数 ode45() 来解这个微分方程，并画计算结果图，保存在 eg25_2.m 中，代码如下：

```
%解常微分方程
[t,y]=ode45(@ifun,[0 20],[2; 0]);
plot(t,y(:,1),'-',t,y(:,2),'-.')
title('常微分方程的解');
xlabel('t');
ylabel('y');
legend('y','y 的一阶导数');
```

由上述语句得到的结果如图 25-2 所示。

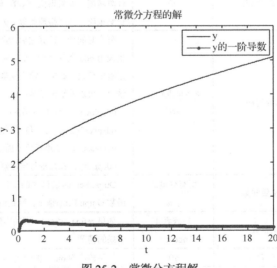

图 25-2　常微分方程解

25.2.2　设置常微分方程组解法器参数

正如上小节介绍的那样，在调用常微分方程组函数时可以输入一个 options 结构体，从而设置解法器的参数。该 options 结构体可以用函数 odeset() 来设定，其调用格式如下：

```
options = odeset('name1',value1,'name2',value2,...)
```

用参数名和参数值对来设定解法器的参数。

```
options = odeset(oldopts,'name1',value1,...)
```

修改原来的解法器 options 的结构体 oldopts，只改变指定的某些参数值。

```
options = odeset(oldopts,newopts)
```

合并两个解法器 options 的结构体 oldopts 和 newopts，这两个结构体中值不同的参数，采用 newopts 中的参数值。

odeset 显示所有的参数值和它们的默认值。

常微分方程组解法器参数如表 25-3 所示。

表 25-3　常微分方程组解法器参数

参 数 名	可 取 值	默 认 值	用途描述
RelTol	正标量	1e-3	用于所有分量的相对误差,解法器的积分估计误差必须小于相对误差与解的乘积,并且小于绝对误差
AbsTol	正标量或者向量	1e-6	绝对误差允许范围,如果是标量,该绝对误差应用于所有的分量;如果是向量,则单独指定每一个分量的绝对误差
NormControl	on 或者 off	off	如果该值为 on,解法器采用积分估计误差的模来控制计算精度;如果该值为 off,解法器采用更加严格的精度控制策略,即严格控制每一分量的计算精度
OutputFcn	函数句柄	@odeplot 或者[]	每个时间步长计算完后,解法器调用该函数来输出。如果调用 ode 类函数时,没有输出变量,则默认采用 odeplot 来输出数据;如果有输出变量,则默认值是[],即不输出结果。可选的输出函数有: odeplot(): 一维时域画图; odephas2(): 二维相位平面画图; odephas3(): 三维相位平面画图; odeprint(): 在命令行输出解
OutputSel	正整数向量	所有分量的下标	OutputSel 向量包含的下标所对应的分量被送给输出函数 OutputFcn()输出。默认情况下,所有分量都输出
Refine	正整数	1 或者 4 （ode45）	如果 refine 大于 1,则输出结果被插值,从而提供输出结果的精度
Stats	on 或者 off	off	如果该值为 on,输出计算耗费时间,否则不输出
Jacobian	函数或者常数矩阵	无	指定常微分方程的 Jacobian 矩阵
JPattern	稀疏矩阵	无	给出微分方程的 Jacobian 矩阵稀疏样式,如果微分方程的 Jacobian 矩阵的元素不为 0 则 JPattern 相应元素为 1,否则为 0

参 数 名	可 取 值	默 认 值	用途描述
Vectorized	on 或者 off	off	ode()函数是否被向量化，如果该值等于 1，则 ode()函数形式为[f(t,y1) f(t,y2) ...]，否则返回格式为 f(t,[y1y2 ...])
Events	函数	无	定位事件
Mass	常数矩阵或者函数	无	指定线性隐式常微分方程组的加权函数 M(t,y)
MStateDependence	none、weak 或者 strong		weak 说明加权函数 M(t,y)是否依赖于 y
MvPattern	稀疏矩阵	无	(M(t,y)v)/y 的稀疏矩阵样式。用于加权矩阵 M 与 y 强相关的情况
MassSingular	yes、no 或者 maybe	maybe	加权函数 M(t,y)是否奇异
InitialSlope	向量	无	初始一阶导数值 yp0，满足 M(t0,y0)*yp0 = f(t0,y0)
MaxStep	正标量		自动选择最大步长值
InitialStep	正标量	自动选择	解法器自动选择初始步长
MaxOrder	1，2，3，4，5	5	ode15s 采用的最大阶数
BDF	on 或者 off	off	在 ode15s 算法中是否采用 BDF 算法

25.3　延迟微分方程组数值解

延迟微分组方程的形式如下：

$$y'(t) = f(t, y(t), y(t-t_1), \cdots, y(t-t_k))$$

在 MATLAB 中使用函数 dde23()来解延迟微分方程，其调用格式如下：

```
sol = dde23(ddefun,lags,history,tspan)
```

其中 ddefun 代表延迟微分方程的 M 文件函数，ddefun 的格式为 $dydt$ = ddefun(t,y,Z)，t 是当前时间值，y 是列向量，Z(:,j)代表 $y(t-t_k)$，而 t_k 值在第二个输入变量 lags(k)中存储。history 为 y 在时间 $t0$ 之前的值，可以有三种方式来指定 history。

第一种是用一个函数 $y(t)$ 来指定 y 在时间 $t0$ 之前的值。

第二种方法是用一个常数向量来指定 y 在时间 $t0$ 之前的值，这时 y 在时间 $t0$ 之前的值被认为是常量。

第三种以前一时刻的方程解 sol 来指定时间 $t0$ 之前的值。tspan 是两个元素的向量 $[t0\ tf]$，这时函数返回 $t0\sim tf$ 时间范围内的延迟微分方程组的解。

```
sol = dde23(ddefun,lags,history,tspan,option)
```

option 结构体用于设置解法器的参数，option 结构体可以由函数 ddeset()来获得。函数 dde23()的返回值是一个结构体，它有七个属性，其中重要的属性有如下五个：

sol.x、dde23：选择计算的时间点。

sol.y：在时间点 x 上的解 $y(x)$。

sol.yp：在时间点 x 上的解的一阶导数 $y'(x)$。

sol.history：方程初始值。

sol.solver：解法器的名字 dde23。

其他两个属性为 sol.stat 和 sol. discont。

如果需要得到在$[t0,tf]$之间 $tint$ 时刻的解，可以使用函数 deval()，其用法为 $yint$ =deval(sol,tint)，$yint$ 是在 $tint$ 时刻的解。

例 25-3　求解如下延迟微分方程组：

$$y_1' = y_1^2(t-2) + y_2(t-4)$$
$$y_2' = y_1(t) + y_2(t-1)$$

初值为：

$$y_1 = 0$$
$$y_2(t) = t - 1$$

首先，确定延迟向量 lags，在本例中 lags=[2 4]。

其次，创建一个 M 文件形式的函数表示延迟微分方程组，代码如下：

```
%延迟微分方程
function dydt=ddefun(t,y,Z)
dydt=zeros(2,1);
dydt(1)=Z(1,2).^2 + Z(2,1);
dydt(2)=y(1)+Z(2,1);
```

然后，创建一个 M 文件形式的函数表示延迟微分方程组的初始值，代码如下：

```
%延迟微分方程的历史函数
function y=ddefun_history(t)
y=zeros(2,1);
y(1)=0;
y(2)=t-1;
```

最后，用 dde23()解延迟微分方程组和用图形显示解，代码如下：

```
%解延迟微分方程的例子
lags=[2 4]; %延迟向量
sol=dde23(@ddefun,lags,@ddefun_history,[0,1]); %解方程
hold on;
plot(sol.x,sol.y(1,:),'b-'); %画出结果
plot(sol.x,sol.y(2,:),'r-.');
title('延迟微分方程的解');
xlabel('t');
ylabel('y');
legend('y_1','y_2',2);
```

由上述语句得到的结果如图 25-3 所示。

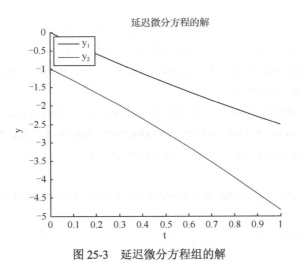

图 25-3　延迟微分方程组的解

表 25-4 给出了求解延迟问题的相关函数。

表 25-4　延迟微分方程组函数及描述

函 数 名	描　　述
dde23	用于求解具有固定延迟的 DDE 初值问题
deval	验证用 dde23 得到的解，或对这个解进行插值
ddeget	从选项结构中获得 DDE 选项
ddeset	创建或改变 dde23 所使用的选项结构

25.4　设置选项

　　MATLAB 为微分方程组（ODE）也提供了一个选项结构允许用户在进行计算或显示时采用个性化的方式，例如指定误差容限等。

　　在前面的函数调用中都使用了程序默认的误差容许限和选项。当需要进行个性化操作，在这些默认设置不再满足需要时，就需要把选项结构作为输入传递给程序，作为这个程序的第四个输入参数。

　　通常由函数 odeset()和 odeget()来管理这个选项结构。odeset()的工作方式类似于句柄图形的 set()函数，其参数也是以名称/属性值对的形式声明的。

　　例如，options=odeset ('Name1',value1, 'Name2', value2,…); odeset()的帮助文档提供了所有的参数名称及其属性值的列表，描述了可以提供的参数名及其值，如下所示：

```
>>help odeset
```

部分显示为：

```
odeset Create/alter ODE OPTIONS structure.
    OPTIONS=odeset('NAME1',VALUE1,'NAME2',VALUE2,...) creates an integrator
      options structure OPTIONS in which the named properties have the
      specified values. Any unspecified properties have default values. It is
```

sufficient to type only the leading characters that uniquely identify the property. Case is ignored for property names.

OPTIONS=odeset(OLDOPTS,'NAME1',VALUE1,...) alters an existing options structure OLDOPTS.

OPTIONS=odeset(OLDOPTS,NEWOPTS) combines an existing options structure OLDOPTS with a new options structure NEWOPTS. Any new properties overwrite corresponding old properties.

odeset with no input arguments displays all property names and their possible values.

odeset PROPERTIES

......

This vector of indices specifies which components of the solution vector are passed to the OutputFcn. OutputSel defaults to all components.

Stats - Display computational cost statistics [on | {off}]

Jacobian - Jacobian function [function_handle | constant matrix]
    Set this property to @FJac if FJac(t,y) returns dF/dy, or to
    the constant value of dF/dy.
    For ODE15I solving F(t,y,y')=0, set this property to @FJac if
    [dFdy, dFdyp] = FJac(t,y,yp), or to a cell array of constant
    values {dF/dy,dF/dyp}.

```
>>odeset
        AbsTol: [ positive scalar or vector {1e-6} ]
        RelTol: [ positive scalar {1e-3} ]
    NormControl: [ on | {off} ]
    NonNegative: [ vector of integers ]
     OutputFcn: [ function_handle ]
     OutputSel: [ vector of integers ]
        Refine: [ positive integer ]
         Stats: [ on | {off} ]
    InitialStep: [ positive scalar ]
       MaxStep: [ positive scalar ]
           BDF: [ on | {off} ]
      MaxOrder: [ 1 | 2 | 3 | 4 | {5} ]
      Jacobian: [ matrix | function_handle ]
      JPattern: [ sparse matrix ]
```

```
     Vectorized: [ on | {off} ]
           Mass: [ matrix | function_handle ]
MStateDependence: [ none | {weak} | strong ]
      MvPattern: [ sparse matrix ]
   MassSingular: [ yes | no | {maybe} ]
   InitialSlope: [ vector ]
         Events: [ function_handle ]
```

在上述的参数列表中，中括号中给出的是各参数可以取的值，大括号中给出的是激活 odeset()，而不为它提供输入或者输出参数即可为它返回一个选项列表、它们的可能值以及在方括号中列出参数的默认值。

25.5　偏微分方程

除了前几节介绍的用来求解常见的常微分方程的 MATLAB 解法程序外，MATLAB 还提供了偏微分方程（PDE）解法函数程序。

众所周知，解偏微分方程不是一件轻松的事情，但是偏微分方程在自然科学和工程领域中应用很广，因此，研究解偏微分方程的方法，以及开发解偏微分方程的工具是数学和计算机领域中的一项重要工作。

MATLAB 提供了专门用于解二维偏微分方程的工具箱，使用这个工具箱，一方面可以解偏微分方程；另一方面，可以让我们学习如何把求解数学问题的过程与方法工程化。

MATLAB 求解偏微分方程都是数值解而非解析解，所以都带有一定的误差，至于误差范围的有关知识读者可以阅读偏微分方程数值解法及数值分析方面的教材，这已经超出了本书的范畴，下面针对常用的偏微分方程数值解法作简单的介绍。

在命令行窗口中输入 pdetool 并按【Enter】键，进入工作状态。提供两种解方程的方法，一种是通过函数，利用函数可以编程，也可以用命令行的方式解方程，详细请参见表 25-5，另一种是对窗口进行交互操作。

一般来说，用函数解方程比较烦琐，但是比较灵活；而通过窗口交互操作则比较简单。解方程的全部过程以及结果都可以输出保存为文本文件。限于篇幅，我们主要介绍交互操作解偏微分方程的方法。

表 25-5　偏微分方程常用函数列表

函 数 名	功　　能
adaptmesh	生成自适应网络及偏微分方程的解
assemb	生成边界质量和刚度矩阵
assema	生成积分区域上质量和刚度矩阵
assempde	组成偏微分方程的刚度矩阵及右边
hyperbolic	求解双曲线型偏微分方程
parabolic	求解抛物线型偏微分方程

函 数 名	功　　能
pdeeig	求解特征型偏微分方程
pdenonlin	求解非线性型微分方程
poisolv	利用矩阵格式快速求解泊松方程
pdeellip	画椭圆
pdecirc	画圆
pdepoly	画多边形
pderect	画矩形
csgchk	检查几何矩阵的有效性
initmesh	产生最初的三角形网络
pdemesh	画偏微分方程的三角形网络
pdesurf	画表面图命令

1. 确定待解的偏微分方程

用函数 assempde() 可以对待解的偏微分方程加以描述。在交互操作中，为方便用户，把常见问题归结为以下几个类型，可以在窗口的工具栏上找到选择类型的弹出菜单。

（1）通用问题。

（2）通用系统（二维的偏微分方程组）。

（3）平面应力。

（4）结构力学平面应变。

（5）静电学。

（6）静磁学。

（7）交流电电磁学。

（8）直流电导电介质。

（9）热传导。

（10）扩散。

确定问题类型后，可以在 PDE Specification 对话框中输入 c、a、f、d 等系数（函数），这样就确定了待解的偏微分方程。

2. 确定边界条件

用函数 assemb() 可以描述边界条件，用 pdetool 提供的边界条件对话框，输入 g、h、q、r 等边界条件。

3. 确定偏微分方程所在域的几何图形

可以用表 25-5 中的函数画出 Ω 域的几何图形，如用 pdeellip（画椭圆）、pderect（画矩形）、pdepoly（画多边形）。也可以用鼠标在 pdetool 的画图窗中直接画出 Ω 域的几何图形。pdetool 提供了类似于函数那样画圆、椭圆、矩形、多边形的工具。

无论哪种画法，图形一经画出，pdetool 就为这个图形自动取名，并把代表图形的名字放入 Set formula 窗口，在这个窗口中，可以通过 "+"、"−" 图形的名字实现对图形的拓扑运算，以便构造复杂的 Ω 域几何图形。

4．划分有限元

对域进行有限元划分的函数有 initmesh（基本划分）、refinemesh（精细划分）等。

在 pdetool 窗口中直接单击划分有限元的按钮划分有限元，划分的方法与上面的函数相对应。

5．解方程

经过上面 1～4 步的操作后就可以解方程，解方程的函数有 adaptmesh（解方程的通用函数）、poisolv（矩形有限元解椭圆型方程）、parabolic（解抛物线型方程）、hyperbolic（解双曲线型方程）等。

在 pdetool 窗口中直接单击解方程的按钮即可解方程。解方程所耗费的时间取决于有限元划分的多少。

25.6　本章小结

本章主要介绍了微分方程计算方面的内容和 MATLAB 的实现功能，包括求解边界值问题、求解延迟微分方程、初值问题的微分方程和部分偏微分方程等。

无论是常微分方程的数值解法还是偏微分方程数值解法，这些基础的数学理论和解法一直都是工程技术人员比较感兴趣的地方。

因为在众多工程实践领域中经常会遇到这些理论和模型的求解，并且迫使工程技术人员去找到这些数值方法。MATLAB 很好地将这些计算过程融为一体，使得用户可以轻松地解决这些数值计算方面的问题。

第26章

插值计算

插值是在已知数据之间寻找估计值的过程。在信号处理和图像处理中，插值是极其常用的方法。MATLAB 提供了大量的插值函数，这些函数在获得数据的平滑度、时间复杂度和空间复杂度方面有不同的性能。

MATLAB 同时提供了对数组的任何一维进行插值的工具，这些工具大都需要用到多维数组的操作。本章将主要介绍插值函数的使用。

学习目标

(1) 掌握一维插值函数的调用。

(2) 掌握二维插值函数的调用。

(3) 了解特殊插值函数的调用。

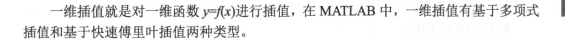

26.1 一维插值

一维插值就是对一维函数 $y=f(x)$ 进行插值，在 MATLAB 中，一维插值有基于多项式插值和基于快速傅里叶插值两种类型。

26.1.1 多项式插值

其实数据插值的概念并不难理解，在用 MATLAB 进行绘图时，就用到了数据插值。由于 MATLAB 在默认情况下需要用连续的直线来连接各个数据点，那么这些数据点之间的各个数据就需要通过线性插值的方法获得。

线性插值是数据插值的一种形式，该方法假设两个数据点之间的中间值都落在这两个数据点连成的直线上。很明显，随着数据点数目增加和数据点之间的距离缩短，线性插值会变得越来越精确，MATLAB 绘制的曲线也越精确。

例如，下面的代码针对不同的数据点个数绘制了 $\sin x^2$ 在区间 $[0,2]$ 上 20 个函数值的表。

```
>>x=linspace(0,2,20);
>>y=sin(x.^2);
```

用 interp1 来计算中间点的 $\sin x^2$ 函数值，命令为：

```
>>valuve=interp1(x,y,[0 1/2 2])
```

结果为：

```
valuve=
        0    0.2492   -0.7568
```

上面用到的函数 interp1() 就是插值函数，其调用格式为：

```
interp1(x,y,x x, metstr)
```

返回一个长度和向量 xx 相同的向量 $f(xx)$。函数 f 由向量 x 和 y 定义，形式为 $y=f(x)$。为了得到正确的结果，向量 x 必须按升序或降序排列。进行一维插值，字符串 metstr 规定不同的插值方法有：

（1）linear 线性插值。

（2）nearest 最邻近插值。

（3）spline 三次样条插值；也叫外推法。

（4）cubic 三次插值，要求 x 的值等距离。

 所有插值方法均要求 x 是单调的，默认为线性插值。

又如，将样条插值应用到上面的计算插值中可获得更高精度的结果。假设向量 x 和 y 定义如上，那么代码设置如下：

```
>>valuve=interp1(x,y,[0 1/2 2],'spline')
```

结果为：

Note

```
valuve=
       0    0.2474   -0.7568
>>plot(x,y)
>>hold on
>>plot([0 1/2 2],valuve)
```

图形如图 26-1 所示。

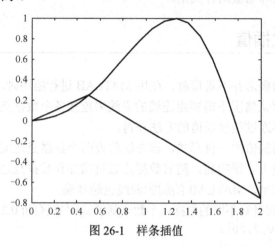

图 26-1 样条插值

三次（cubic）和样条（spline）插值通常用于满足三阶多项式的数据之间的插值。那么，对于一个给定的问题，用户该如何选择正确的插值方法呢？

在大多数情况下，使用线性插值即可满足数据处理的要求，因此，线性插值是 interp1 默认的插值方法。最相邻插值法虽然精确性最差，但在要求快速插值或者数据集合很大的情况下经常用到。

三次插值和样条插值占用时间最多，但往往能得出最精确的结果。这些方法用户可根据不同的需要灵活选用。

26.1.2 一维快速傅里叶插值

一维快速傅里叶插值通过函数 interpft() 来实现，该函数用傅里叶变换把输入数据变换到频域，然后用更多点的傅里叶逆变换，变换回时域，其结果是对数据进行增采样。

函数 interpft() 的调用格式如下：

$$y = \text{interpft}(x, n)$$

对 x 进行傅里叶变换，然后采用 n 点傅里叶逆变换变回到时域。如果 x 是一个向量，数据 x 的长度为 m，采样间隔为 dx，则数据 y 的采样间隔是 dx*m/n。

n 值必须大于 m；如果 x 是矩阵，函数操作在 x 的列上，返回结果与 x 具有相同的列数但其行数为 n；如 $y = \text{interpft}(x, n, \text{dim})$，是在 dim 指定的维度上进行操作。

下面举例说明函数 interpft()的用法。

例 26-1　利用一维快速傅里叶插值实现数据增采样，保存代码在 eg26_1.m 中，其代码如下：

```
%一维快速傅里叶插值实现数据增采样
x=0:2:20;
y=cos(x);
n=2*length(x)-1;                    %增采样1倍
yi=interpft(y,n);                   %一维快速傅里叶插值
xi=0:1:20;
hold on;
plot(x,y,'r-*');                    %画图
plot(xi,yi,'bo-.');
title('一维快速傅里叶插值');
legend('原始数据','插值结果');
```

由上述语句得到如图 26-2 所示的示意图。

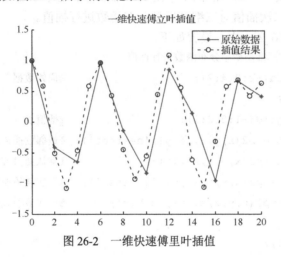

图 26-2　一维快速傅里叶插值

26.2　二维插值

二维插值主要应用于图像处理和数据的可视化，其基本思想与一维插值相同，它是对两变量的函数 $z=f(x,y)$进行插值。

MATLAB 中的二维插值函数为 interp2()，其调用格式如下：

```
zi = interp2(x,y,z,xi,yi)
```

原始数据 x、y、z 决定插值函数 $z=f(x,y)$，返回值 zi 是(xi,yi)在函数 $f(x,y)$上的值。

```
zi = interp2(z,xi,yi)
```

若 $z=n×m$，则 $x=1:n$，$y=1:m$。

```
zi = interp2(z,ntimes)
```

在两点之间递归地插值 ntimes 次。

```
zi = interp2(x,y,z,xi,yi,method)
```

可采用的插值方法在本小节将详细介绍。

```
zi = interp2(...,method, extrapval)
```

当数据超过原始数据范围时，用输入 extrapval 指定一种外推方法。

二维插值可以采用的插值方法如下：

（1）最邻近插值（Nearest neighbor interpolation，method='nearest'），这种插值方法在已知数据的最邻近点设置插值点，对插值点的数进行四舍五入。对超出范围的点将返回一个 NaN（Not a Number）。

（2）双线性插值（Bilinear interpolation，method='linear'），该方法是未指定插值方法时 MATLAB 默认采用的方法。插值点的值只决定于最邻近的 4 个点的值。

（3）三次样条插值（Cubic spline interpolation，method='spline'），这种方法采用三次样条函数来获得插值数据。

（4）双三次多项式插值（method='cubic'）。

接下来，仍使用一个简单的例子来阐明二维插值的基本原理。

例 26-2　采用二次插值对三维高斯型分布函数进行插值。

代码保存在 eg26_2.m 中，设置如下：

```
%采用二次插值对三维高斯型分布函数进行插值
[x,y]=meshgrid(-2:0.4:2);                    %原始数据
z=peaks(x,y);

[xi,yi]=meshgrid(-1:0.2:1);                  %插值点
zi_nearest=interp2(x,y,z,xi,yi,'nearset');   %最邻近插值
zi_linear=interp2(x,y,z,xi,yi);              %默认插值方法是线性插值
zi_spline=interp2(x,y,z,xi,yi,'spline ');    %三次样条插值
zi_cubic=interp2(x,y,z,xi,yi,'cubic');       %三次多项式插值
hold on;
subplot(2,3,1);
surf(x,y,z);
title('原始数据');
subplot(2,3,2);
surf(xi,yi,zi_nearest);
title('最邻近插值');
subplot(2,3,3);
surf(xi,yi,zi_linear);
title('线性插值');
subplot(2,3,4);
surf(xi,yi,zi_spline);
title('三次样条插值');
subplot(2,3,5);
```

```
surf(xi,yi,zi_cubic);
title('三次多项式插值');
figure;                              %新开绘图窗口
subplot(2,2,1);                      %画插值结果的等高线
contour(xi,yi,zi_nearest);
title('最邻近插值');
subplot(2,2,2);
contour(xi,yi,zi_linear);
title('线性插值');
subplot(2,2,3);
contour(xi,yi,zi_spline);
title('三次样条插值');
subplot(2,2,4);
contour(xi,yi,zi_cubic);
```

结果如图 26-3 和图 26-4 所示。

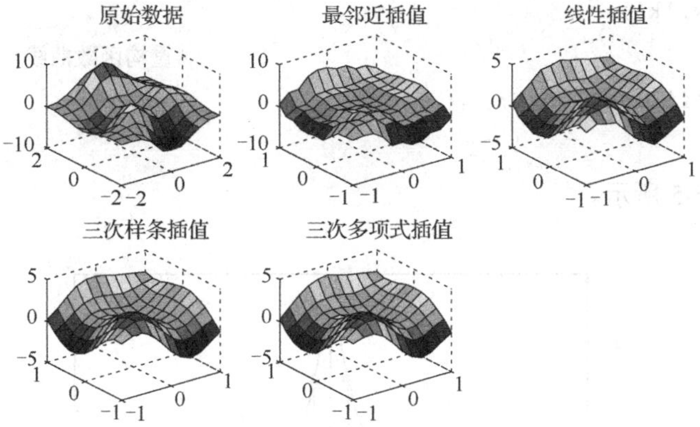

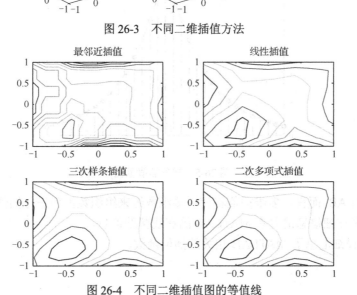

图 26-3　不同二维插值方法

图 26-4　不同二维插值图的等值线

根据前面介绍的一维和二维插值，可以很自然地将插值扩展到更高维。MATLAB 也提供了函数 ndgrid()、interp3()和 interpn()来支持更高维数的插值运算。其中，ngrid()是多维网格构造函数，是函数 meshgrid()在多维情况下的扩展；interp3()用于完成三维空间的插值；interpn()用于完成更高维空间的插值。

和 interp1()、interp2()一样，interp3()和 interpn()也都提供了 linear、cubic 和 nearest 的插值方法。

例 26-3　根据连续时间函数 $w(t) = e^{-|t|}$ 的采样数据，利用 spline()重构该连续函数，并检查重构误差。

代码保存在 eg26_3.m 中，设置如下：

```
t=-3:0.2:3;
w=exp(-abs(t)+1);                           %产生采样数据
N0=length(t);
tt=linspace(t(1),t(end),10*N0);             %产生重构函数用的自变量数据
ww=spline(t,w,tt);                          %进行重构
error=max(abs(ww-exp(-abs(tt))))            %检查误差
plot(tt,ww,'k');
hold on                                     %重构函数曲线
stem(t,w,'filled','b');
hold off
```

结果如图 26-5 所示。

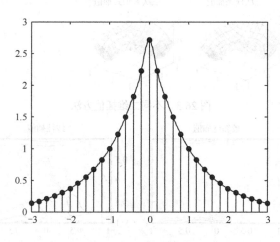

图 26-5　样条插值重构

对 MATLAB 而言，多维插值将使用多维数组来组织数据和进行插值操作。关于这些函数的更多详细信息请参看 MATLAB 的在线帮助信息。

表 26-1 详细汇总了 MATLAB 相关的插值函数。

表 26-1 数据插值函数汇总表

插值函数名	描　　述
interp1	一维数据插值
interp1q	一维快速数据插值（不进行错误校验）
interp2	二维数据插值
interp3	三维数据插值
interpft	使用 FFT 方法进行一维插值
interpn	n 维数据插值
meshgrid	产生三维函数的 X 和 Y 轴的索引矩阵
ndgrid	产生多维函数的索引数组

26.3　特殊插值

上面介绍的插值都是基于有规律情况下的插值函数，下面将介绍一类特殊的插值，例如在几何分析中，待测量的数据点通常是分散分布的。例如：

```
>>x=randn(1,6);
>>y=randn(1,6);
>>plot(x,y,'*')
```

如图 26-6 所示为随机分布点的数据图。

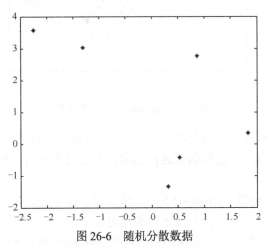

图 26-6 随机分散数据

在 MATLAB 中，函数 delaunay()用于接受分散的数据点并返回一列数据索引，用于标明各个三角形的顶点。例如，对上面的分散数据使用 delaunay()函数，将返回如下结果：

```
>>t=delaunay(x,y)
t=
```

4	3	6
3	5	6
5	1	6
6	1	4
1	2	4
1	5	2

其中，每一行由三角形的三个顶点的 x 和 y 的索引构成。接下来可以使用函数 trimesh()
将这些三角形绘制出来，代码如下：

```
>>z=zeros(1,6);
>>hold on
>>trimesh(t,x,y,z)
>>plot(x,y,'o')
>>hold off
>>hidden off
```

结果如图 26-7 所示。

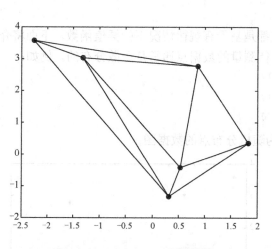

图 26-7　delaunay()三角测量图

在对上述分散数据进行插值之前，通常先使用 delaunay()三角测量方法来分析数据，
该方法用一组三角形将所有的数据点连接起来，并且没有任何一个数据点落在任何一个
三角形之内。

在 MATLAB 中，函数 delaunay()用于完成上述三角测量，该函数接受分散的数据点
并返回一列数据索引用于标明各个三角形的顶点。

在 MATLAB 中，有一些分隔区域是用函数 voronoi()画出来的，例如，下面的代码
对上述分散数据进行了 voronoi()多边形分隔。

```
>>voronoi(x,y)
```

结果如图 26-8 所示。

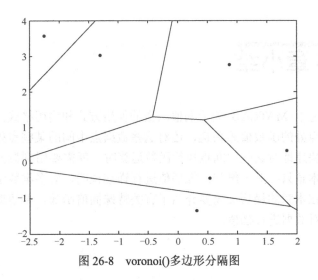

图 26-8　voronoi()多边形分隔图

表 26-2 汇总了 MATLAB 关于这类特殊的插值函数。

表 26-2　特殊插值函数

特殊插值函数名	描　　述
convhull	返回分散数据的凸面边界
convhulln	返回 n 维分散数据的凸面边界
delaunay	delaunay 三角分析
delaunay3	三维 delaunay 三角分析
delaunayn	n 维 delaunay 三角分析
dsearch	查找 delaunay 三角形中与某一分散点最邻近的点
griddata	二维方形栅格数据插值
griddata3	三维方形栅格数据插值
griddatan	n 维方形栅格数据插值
tetramesh	绘制四面体网格
trimesh	绘制三维三角形网格
triplot	绘制二维三角形网格
trisurf	绘制三维三角形表面
tsearch	在二维分散数据中寻找包含一个数据点的 delaunay 三角形
tsearchn	在 n 维分散数据中寻找包含一个数据点的 delaunay 三角形
voronoi	对二维分散数据进行 voronoi 多边形分隔
voronoin	对 n 维分散数据进行 voronoi 多边形分隔

Note

Note

26.4 本章小结

　　本章详细描述了 MATLAB 关于插值函数的使用方式和调用格式。通常情况下并不仅仅对给定数据点处的函数值感兴趣，还对这些数据点中间的某些点处的函数的值感兴趣。当用户无法快速地对这些中间点执行函数运算时，就需要用到数据插值的概念。

　　限于篇幅，本章只针对一维和二维插值进行详细说明，对多维数组的插值问题只进行了简单介绍。在本章的最后又简要介绍了有关特殊插值函数，希望读者在学习完本章以后，能轻松地对数据进行插值。

第27章

信号处理中的数学方法

众所周知，数字信号处理的基础是一些复杂的数学变换方法，如傅里叶变换和 Z 变换等。MATLAB 软件提供了一个解决信号处理问题的工具箱。为了方便广大工程开发人员设计与开发，MATLAB 提供了这类问题的数学方法（函数）。

本章正是基于此，单独编写一章，详细介绍信号处理中的数学变换原理及所涉及的应用。

学习目标

(1) 了解离散信号。
(2) 掌握 Z 变换。
(3) 掌握离散傅里叶变换相关函数。
(4) 掌握快速傅里叶变换相关函数。

27.1 离散信号

信号是信息的表现形式，是通信传输的客观对象，其特性可以从两个方面来描述，即时间特性和频率特性。

在 MATLAB 中，可以用一个向量来表示一个有限长度的序列，即离散信号，例如：

```
x(n)=[1,3,2,-3,6,7,0,-8,9]
```

MATLAB 对下标的约定从 1 开始递增，如果要包含采样时刻的信息，则需要用两个向量来表示。

在数字信号处理理论中定义了一些典型的序列，如单位取样序列、单位阶跃序列和随机序列，其定义和 MATLAB 表达式如下。

1. 单位取样序列

$$\delta(n) = \begin{cases} 1 & n = 0 \\ 0 & n \neq 0 \end{cases}$$

该表达式可利用 zeros()函数来实现，例如：

```
x=zeros(1,N);
x(1)=1;
```

2. 单位阶跃序列

$$\delta(n) = \begin{cases} 1 & n \geq 0 \\ 0 & n < 0 \end{cases}$$

该表达式可利用 ones()函数来实现，例如：

```
x=ones(1,N)
```

3. 随机序列

在 MATLAB 中提供了两类随机信号，如下：

```
rand(1,N)
```

产生[0,1]上均匀分布的随机矢量；randn(1,N)产生均值为 0，方差为 1 的高斯随机序列。其他分布的随机数可通过上述随机数的变换而产生。

下面介绍比较常用的随机离散信号的 MATLAB 实现。

例 27.1 用 MATLAB 编写生成[0,1]上均匀分布的随机序列信号。

```
function y=eg27_1(N)

%产生均匀分布的随机序列

%N 为随机序列的长度

x=rand(1,N);

y=2+3*x;

plot(y);
```

```
grid;
```

例如，产生一个 10 个点的均匀分布随机信号。则在 MATLAB 命令行窗口中输入如下代码：

```
>>eg27_1(10)
ans=
4.8715    3.4561    4.4008    2.4257    3.2653    4.7472    4.3766
4.8785    3.9672    2.1071
```

图形显示如图 27-1 所示。

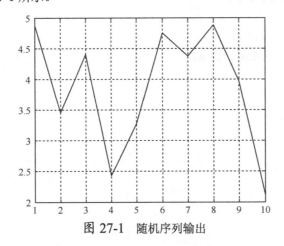

图 27-1　随机序列输出

以上是离散信号的产生例子，在实际操作中可以灵活运用 MATLAB 提供的各种运算和工具箱函数实现系统需要的信号形式。

27.2　Z 变换

Z 变换是离散系统和离散信号分析与综合的重要工具。

1．Z变换的定义

给定离散信号 $x(n)$，其 Z 变换的定义为：

$$X(z) = \sum_n x(n)z^{-n}$$

其中 z 为复变量。如果 n 的取值范围为 $-\infty \sim +\infty$，则上式定义的 Z 变换称为双边 Z 变换，如果 n 的取值范围为 $0 \sim +\infty$，则上式称为单边 Z 变换。实际的物理系统抽样响应 $h(n)$ 在 $n<0$ 时恒为 0，因此对应的都是单边 Z 变换。

$X(z)$ 存在的 z 的集合称为收敛域（ROC），即满足下式：

$$X(z) = \sum_n x(n)z^{-n} < \infty$$

对于 Z 变换为 $X(z)$ 的序列，MATLAB 的表示是通过 $X(z)$ 的系数实现的，Z 变换经常用到 deconv()、residuez() 和 freqz() 等函数。

函数 residuez() 的调用格式如下：

```
[r,p,k]=residuez(b,a)
```

其中，b 和 a 分别是多项式的系数向量。

例 27-2　计算分数表达式：

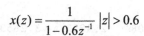

$$x(z) = \frac{1}{1 - 0.6z^{-1}} \quad |z| > 0.6$$

的 Z 变换。

MATLAB 程序代码如下：

```
>>b=1;
>>a=poly([1,-0.6]);
>>[R,P,C]=residuez(b,a)
```

结果为：

```
r=
    0.6250
    0.3750
p=
    1.0000
   -0.6000
k=
    []
```

因此得到上述分数表达式的 Z 变换为：

$$x(z) = \frac{0.625}{1 - z^{-1}} + \frac{0.375}{1 + 0.6z^{-1}}$$

Z 变换提供了任意序列在频域的表示方法，但它是连续变量 z 的函数，因此无法直接利用计算机进行数值计算。

27.3　傅里叶变换

为了使用 MATLAB，必须截断序列，得到有限个点的表达式，这就产生了离散傅里叶级数（DFS）、离散傅里叶变换（DFT）和计算量小的快速傅里叶变换（FFT）。

27.3.1　离散傅里叶级数

如果信号在频域上是离散的，则该信号在时域上就是周期性的函数。反之在时域上离散的信号在频域上必然表现为周期性的频率函数。

可以得出一个一般规律：一个域的离散必然造成另一个域的周期延拓。这种离散变换本质上都是周期的。

对于周期为 N 的离散时间信号序列 $\tilde{x}(n) = \tilde{x}(n+kN)$，其中 k 为任意整数，由于在 Z

平面上没有任何收敛区域，所以不能进行 Z 变换，但是可以用傅里叶级数来表达，其基波频率为 $\dfrac{2\pi}{N}$，用复指数表示为 $e_1(n)=e^{j\frac{2\pi}{N}n}$，第 k 次谐波为 $e_k(n)=e^{j\frac{2\pi}{N}kn}$，所以有 $e_{k+N}(n)=e_k(n)$，可得离散傅里叶级数公式如下：

$$\tilde{x}(n)=\frac{1}{N}\sum_{k=0}^{N-1}\tilde{X}(k)e^{j\frac{2\pi}{N}kn}$$

在上式中，求和号前所乘的系数 $1/N$ 是习惯上采用的常数，$\tilde{X}(k)$ 是 k 次谐波的系数：

$$\tilde{x}(k)=\sum_{n=0}^{N-1}\tilde{X}(n)e^{-j\frac{2\pi}{N}kn}$$

习惯上也常采用符号 $W_N=e^{-j\frac{2\pi}{N}}$，这样，离散傅里叶级数对可以表示为：

$$\begin{cases}\tilde{x}(n)=\dfrac{1}{N}\sum_{k=0}^{N-1}\tilde{X}(k)W_N^{-kn}\\[2mm]\tilde{X}(k)=\sum_{n=0}^{N-1}\tilde{x}(n)W_N^{-kn}\end{cases}$$

27.3.2　离散傅里叶变换

周期序列实际上只有有限个序列值有意义，因此它的许多特性可以沿用到有限长序列上，对于一个长度为 N 的有限长序列 $x(n)$，以 $x(n)$ 为主值序列，并以 N 为周期进行延拓得到周期序列 $\tilde{x}(n)$，即：

$$\tilde{x}(n)=\sum_{r=-\infty}^{\infty}x(n+rN)$$

当 $0\leqslant n\leqslant N-1$ 时，$x(n)=\tilde{x}(n)$，n 为其余值时 $x(n)$ 为 0。

由离散傅里叶级数公式，可以得到有限长序列 $x(n)$ 的离散傅里叶变换公式：

$$\begin{cases}x(n)=\dfrac{1}{N}\sum_{k=0}^{N-1}X(k)W_N^{-kn} & 0\leqslant n\leqslant N-1\\[2mm]X(k)=\sum_{n=0}^{N-1}x(n)W_N^{-kn} & 0\leqslant k\leqslant N-1\end{cases}$$

下面介绍一个离散傅里叶变换的实例。

例 27-3　在 MATLAB 中，$x(n)=\sin(n\pi/4)$（N 为 16）离散傅里叶的实现。

代码保存在 eg27_3.m 中，程序代码如下：

```
N=16;                          %序列长度
n=0:N-1;                       %时域取样
xn=sin(pi*n/4);                %产生序列
k=0:N-1;                       %频域取样
wn=exp(-j*2*pi/N);
nk=n'*k;
wnnk=wn.^nk;
xk=xn*wnnk                     %计算 DFT
```

```
figure(1)                                              %画图
stem(n,xn)
figure(2)
stem(k,abs(xk))
```

结果如下：

```
xk=
  Columns 1 through 6
  -0.0000              -0.0000 + 0.0000i  -0.0000 - 8.0000i   0.0000 - 0.0000i
   0.0000 - 0.0000i  -0.0000 - 0.0000i
  Columns 7 through 12
   0.0000 - 0.0000i   0.0000 - 0.0000i   0.0000 - 0.0000i   0.0000 - 0.0000i
   0.0000 - 0.0000i  -0.0000 - 0.0000i
  Columns 13 through 16
   0.0000 - 0.0000i   0.0000 - 0.0000i   0.0000 + 8.0000i  -0.0000 + 0.0000i
```

　　在进行快速傅里叶变换 FFT 的操作时，可以调用内部函数 fft，速度比较快。DFT（见图 27-2）和 FFT（见图 27-3）在信号处理中有着重要的应用，可以进行卷积运算，实现线性不变系统等。

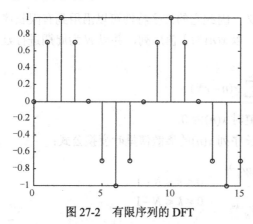

图 27-2　有限序列的 DFT

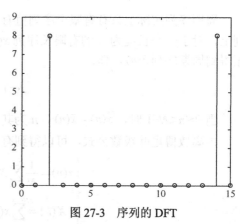

图 27-3　序列的 DFT

27.3.3　快速傅里叶变换

　　快速傅里叶变换是离散傅里叶变换的快速算法，其应用极大地推动了 DSP 理论和技术的发展。下面介绍 FFT 的基本思想和实现。

　　FFT 的基本思想在 N 点序列的 DFT 为：

$$X(k) = \sum_{n=0}^{N-1} x(n) W_N^{-kn} \quad 0 \leqslant k \leqslant N-1$$

　　由于系数 W_N^{-kn} 是一个周期函数，$W_N^{n(N-k)} = W_N^{k(N-n)} = W_N^{-kn}$，且是对称的：

$$W_N^{kn+N/2} = -W_N^{-kn}$$

　　FFT 正是基于这样的基本思想发展起来的。

下面介绍一个快速傅里叶变换的实例。

例 27-4 计算正弦信号波的快速傅里叶变换，并画出频率与相位图。

代码保存在 eg27_4.m 中，代码如下：

```
t=(0:99)/100;                              %时间向量
x=sin(2*pi*15*t) + sin(2*pi*40*t);         %正弦信号波
y=fft(x);                                  %调用快速傅里叶变换函数
p=unwrap(angle(y));                        %相位
f=(0:length(y)-1)'/length(y)*100;          %频率向量
plot(f,p)
```

结果如图 27-4 所示。

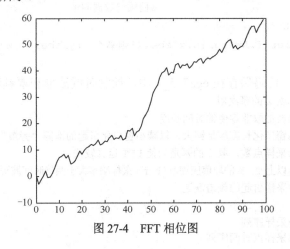

图 27-4 FFT 相位图

例 27-5 运用快速傅里叶变换求取脉冲函数，即

$$w(t) = \begin{cases} 1 & 0 \leqslant t \leqslant 1 \\ 0 & else \end{cases}$$

的谱，说明采样频率低引起的混迭现象。

代码保存在 eg27_5.m 中，代码如下：

```
function [AW,f]=eg27_5(wt,t,flag)
%本程序采用 FFT 计算连续时间 Fourier 变换。输出幅频谱数据对(f,AW)
%输入量(wt,t)，为已经窗口化了的时间函数 wt(t)，它们分别是长度为 N 的向量
%对于"非平凡"取值时段有限的情况，应使该时段与窗口长度相比足够小，以提高
%频率分辨率
%对于"非平凡"取值时段无限的情况，窗口长度的选取应使窗口外的函数值小到可
%以忽略，以提高近似精度。
%输入增量 flag 控制输出 CFT 的频率范围
%flag 取非 0 时（默认），频率范围在[0,fs)
%flag 取 0 时，频率范围在[-fs/2,fs/2)
if nargin==2;flag=1;end
N=length(t);                               %采样点数，应为 2 的幂次，以求快速
T=t(length(t))-t(1);                       %窗口长度
dt=T/N;                                    %时间分辨率。
```

```
W0=fft(wt);                    %施行 FFT 变换              <16>
W=dt*W0;                       %算得[0,fs)上的 N 点 CFT 值
df=1/T;                        %频率分辨率
n=0:1:(N-1);
%把以上计算结果改写到[-fs/2,fs/2]范围
if flag==0
   n=-N/2:(N/2-1);
   W=fftshift(W);              %产生满足式（5.13.3.1-6）的频谱
end
f=n*df;                        %频率分度向量
AW=abs(W);                     %福频谱数据向量
if nargout==0
        plot(f,AW);grid,xlabel('频率 f');ylabel('|w(f)|')
end
```

运行以下指令，代码保存在 eg27_5_1 中，绘制时域波形和幅频谱。

```
M=4;         %做 2 的幂次用
tend=1;      %波形取非零值的时间长度
T=8;         %窗口化长度应足够大，以减小窗口化引起的泄露"旁瓣"效应
N=2^M;       %采样点数，取 2 的幂是为使 FFT 运算较快
dt=T/N;      %以上 T、N 的取值应使 N/T=fs 采样频率大于两倍时间波形带宽，以克服
             %采样引起的频谱混迭

n=0:N-1;     %采样序列
t=n*dt;      %采样点时间序列
w=zeros(size(t,2),1);
Tow=find((tend-t)>0);          %产生非零波形时段的相应序列
w(Tow,1)=ones(length(Tow),1);  %在窗口时段内定义的完整波形
plot(t,w,'b','LineWidth',2.5)
title('Time Waveform');
xlabel('t --- >')
```

结果如图 27-5 所示。

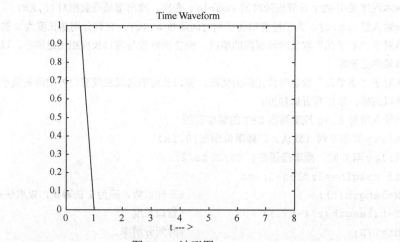

图 27-5　波形图

信号处理工具箱中包含用于对上述理论实现的函数功能，如表 27-1 所示。

表 27-1　常用变换函数归纳表

函 数 名	实现功能	函 数 名	实现功能
bitrevorder	将输入序列按比特反向变换	dct	离散余弦变换（DCT）
czt	线性调频 Z 变换	dftmtx	离散傅里叶变换矩阵
digitrevorder	将输入序列按数字反向变换	fft	一维快速傅里叶变换
residuez	Z 变换部分分式展开或留数计算	fft2	二维快速傅里叶变换
hilbert	希尔伯特变换	fftshift	重新编排 FFT 函数的输出
idct	逆离散余弦变换	ifft	一维逆快速傅里叶变换
polyscale	多项式的根的数值范围	ifft2	二维逆快速傅里叶变换
polystab	稳定多项式	goertzel	用二阶 Goertzel 算法计算离散傅里叶变换
latc2tf	将格形滤波器参数转换维传输函数格式	sos2tf	变系统二阶分割形式为传递函数形式

在 MATLAB 中，可直接利用内部函数 fft() 进行计算，速度比较快。

27.4　本章小结

　　傅里叶分析是数字信号处理的基础，是频域分析的重要工具，包括诸如傅里叶级数、连续傅里叶变换、离散时间的傅里叶级数和离散时间的傅里叶变换，这样的频域工具构成了信号处理的基础。本章根据实际用途选编了离散信号、Z 变换以及离散傅里叶变换三个小节。

　　MATLAB 提供了 fft、ifft、fft2、ifft2、fftn、ifftn、fftshift 和 ifftshift 函数用于傅里叶分析，这些函数能够实现在一维或者多维的离散傅里叶变换及其逆反变换。MATLAB 信号处理工具箱中有诸多信号处理工具和函数，可根据需求选择使用。

第28章

线性系统与最优化

最优化方法的发展很快，现在已经包含有多个分支，如线性规划、整数规划、非线性规划等。MATLAB 的优化工具箱为优化方法在工程中的实际应用提供了更方便快捷的途径。同时，MATLAB 的控制系统工具箱提供了对线性系统分析、设计和建模的各种算法。

在实际生活和工作中，人们对于同一个问题往往会提出多个解决方案，并通过各方面的论证从中提取最佳方案。本章将详细介绍 MATLAB 的优化工具箱和线性系统工具箱是如何解决实际问题的。

学习目标

(1) 掌握求解最小化问题。
(2) 掌握求解线性规划问题。
(3) 掌握线性系统的描述方法。
(4) 掌握线性系统模型间的转换。
(5) 掌握线性系统的时频分析。
(6) 掌握线性系统的状态空间设计。

28.1 最优化

在解决实际问题时，人们通常对函数的极值（最大值（波峰值）和最小值（波谷值））感兴趣。

28.1.1 最小化

从数学角度来说，极值是函数在其导数（斜率）为 0 的位置的值。MATLAB 提供了两个函数来完成这项任务，即 fminbnd() 和 fminsearch()。

这两个函数分别求取一维和 n 维函数的最小值。其中，fminbnd() 使用黄金分割和抛物线插值的结合算法来求最小值。由于 $f(x)$ 的最大值即是 $-f(x)$ 的最小值，因此 fminbnd() 和 fminsearch() 同样也可以用来求解一个函数的最大值。

本节主要介绍 fminbnd() 函数，其调用格式如下：

```
x=fminbnd(fun,x1,x2)
```

其中返回区间 {x1,x2} 上 fun 参数描述的标量函数的最小值 x。

```
x=fminbnd(fun,x1,x2,options)
```

用 options 参数指定的优化参数进行最小化。

```
x=fminbnd(fun,x1,x2,options,P1,P2,...)
```

提供另外的参数 P1、P2 等，传输给目标函数 fun。如果没有设置 options 选项，则令 options=[]。

```
[x,fval]=fminbnd(...)
```

返回解 x 处目标函数的值。

```
[x,fval,exitflag]=fminbnd(...)
```

返回 exitflag 值描述 fminbnd() 函数的退出条件。

```
[x,fval,exitflag,output]=fminbnd(...)
```

返回包含优化信息的结构输出。

与 fminbnd() 函数相关的细节内容包含在 fun、options、exitflag 和 output 等参数中，如表 28-1 所示。

表 28-1 参数描述表

参 数	描 述
fun	需要最小化的目标函数。Fun() 函数需要输入标量参数 x，返回 x 处的目标函数标量值 f。可以将 fun 函数指定为命令行，如 x=fminbnd(inline('sin(x*x)'),x0)； 同样，fun 参数可以是一个包含函数名的字符串。对应的函数可以是 M 文件、内部函数或 MEX 文件。若 fun='myfun'，则 M 文件函数 myfun.m 必须用下面的形式： functionf=myfun(x) f=...%计算 x 处的函数值

续表

参　　数	描　　述
options	优化参数选项。可以用 optimset()函数设置或改变这些参数的值。options 参数有以下几个选项： Display——显示的方式。选择 off，不显示输出；选择 iter，显示每一步迭代过程的输出；选择 final，显示最终结果。 MaxFunEvals——函数评价的最大允许次数。 MaxIter——最大允许迭代次数。 TolX——x 处的终止容限
exitflag	描述退出条件： >0 表示目标函数收敛于解 x 处； =0 表示已经达到函数评价或迭代的最大次数； <0 表示目标函数不收敛
output	该参数包含下列优化信息： utput.iterations——迭代次数； output.algorithm——所采用的算法； output.funcCount——函数评价次数

提　示　　　　fminbnd()函数只用于实数变量。

下面介绍有关 fminbnd()函数的应用。

例如，在区间（0,4π）上求函数 sin(x)的最小值，代码如下：

```
>>x=fminbnd(@sin,0,4*pi)

x=
    4.7124

>>y=sin(x)
```

可得区间（0,4π）上函数 sin(x)的最小值点位于 x= 4.7124 处。最小值处的函数值为：

```
y=
 -1
```

由于篇幅所限，如果对函数 fminsearch()感兴趣，可以参考 MATLAB 中的帮助文档。

表 28-2 详细列出了求解最小化函数的其他函数。

表 28-2　最小化函数表

函 数 名	描　　述	函 数 名	描　　述
fgoalattain	多目标达到问题	fminsearch,fminunc	无约束非线性最小化
fminbnd	有边界的标量非线性最小化	fseminf	半无限问题
fmincon	有约束的非线性最小化	linprog	线性课题
fminimax	最大最小化	quadprog	二次课题

28.1.2　线性规划

线性规划是处理线性目标函数和线性约束的一种较为成熟的方法。线性规划的标准形式要求目标函数最小化、约束条件取等式、变量非负。不符合条件的线性模型要首先转化成标准形。MATLAB 优化工具箱中采用的是投影法。

下面介绍有关线性规划函数 linprog() 的调用格式：

```
x=linprog(f,A,b)
```

用于求解问题 minf'*x，约束条件为 A*x<=b。

```
x=linprog(f,A,b,Aeq,beq)
```

命令代码用于求解上面的问题，但增加等式约束，即 Aeq*x=beq。若没有不等式存在，则令 A=[]、b=[]。

```
x=linprog(f,A,b,Aeq,beq,lb,ub)
```

定义设计变量 x 的下界 lb 和上界 ub，使得 x 始终在该范围内。若没有等式约束，令 Aeq=[]、beq=[]。

```
x=linprog(f,A,b,Aeq,beq,lb,ub,x0)
```

设置初值为 x0。该选项只适用于中型问题，默认时大型算法将忽略初值。

```
x=linprog(f,A,b,Aeq,beq,lb,ub,x0,options)
```

用 options 指定的优化参数进行最小化。

```
[x,fval]=linprog(...)
```

返回解 x 处的目标函数值 fval。

```
[x,lambda,exitflag]=linprog(...)
```

返回 exitflag 值，描述函数计算的退出条件。

```
[x,lambda,exitflag,output]=linprog(...)
```

返回包含优化信息的输出变量 output。

```
[x,fval,exitflag,output,lambda]=linprog(...)
```

将解 x 处的拉格朗日乘子返回到 lambda 参数中。

下面举一个求线性规划问题的实例。

例 28-1　寻找满足函数 $f(x)=-5x_1-4x_2-6x_3$ 的有关 x 的最小值，使得以下不等式成立：

$$x_1-x_2+x_3\leqslant20$$
$$3x_1+2x_2+4x_3\leqslant42$$
$$3x_1+2x_2\leqslant30$$
$$0\leqslant x_1,\ 0\leqslant x_2,\ 0\leqslant x_3$$

首先，在 MATLAB 命令行窗口中输入以下参数：

```
>>f=[-5; -4; -6];
A=[1 -1 1
   3 2 4
   3 2 0];
b=[20; 42; 30];
lb=zeros(3,1);
```

接下来调用函数 linprog()：

```
>>[x,fval,exitflag,output,lambda]=linprog(f,A,b,[],[],lb);
```

结果如下：

Note

```
x,lambda.ineqlin,lambda.lower
x=
     0.0000
    15.0000
     3.0000
ans=
     0.0000
     1.5000
     0.5000
ans=
     1.0000
     0.0000
     0.0000
```

也就是当 $x_1=0$，$x_2=15$，$x_3=3$ 时，满足上述不等式条件时，此函数值最小。

28.2　线性系统的描述

线性系统的描述有三种方法，分别是状态空间描述法、传递函数描述法和零极点描述法。

28.2.1　状态空间描述法

状态空间描述法是使用状态方程模型来描述控制系统，在 MATLAB 中状态方程模型的建立使用 ss() 和 dss() 函数，其调用格式为：

```
G=ss(a,b,c,d)
G=dss(a,b,c,d,e)
```

其中 a、b、c、d、e 是获得状态方程模型的参数。

例 28-2　写出二阶系统 $\dfrac{d^2 y(t)}{dt^2}+2\zeta\omega_n\dfrac{dy(t)}{dt}+\omega_n^2 y(t)=\omega_n^2 u(t)$，当 $\zeta=0.5$，$\omega_n=2$ 时的状态方程。

代码保存在 eg28_2.m 中，具体如下：

```
zeta=0.5;
wn=2;
A=[0 1;-wn^2 -2*zeta*wn];
B=[0;wn^2];
C=[1 0];
D=0;
G=ss(A,B,C,D)                          %建立状态方程模型
```

结果如下：

```
G=
   a=
        x1   x2
    x1   0    1
    x2  -4   -2
   b=
        u1
    x1   0
    x2   4
   c=
        x1   x2
    y1   1    0
   d=
        u1
    y1   0
Continuous-time state-space model.
```

28.2.2　传递函数描述法

在 MATLAB 中使用 tf() 函数来建立传递函数，其调用格式为：

```
G=tf(num,den)
```

其中，num 为分子向量，num=$[b_1,b_2,\ldots,b_m,b_{m+1}]$；den 为分母向量，den=$[a_1,a_2,\ldots,a_{n-1},a_n]$。

说　明　由传递函数分子分母得出结果。

例 28-3　将例 28-1 中的二阶系统方程描述为传递函数的形式。

代码保存在 eg28_3.m 中，具体如下：

```
num=1;
den=[1 1.414 1];
G=tf(num,den)                           %得出传递函数
```

结果如下：

```
G=


          1
    ----------------
    s^2+1.414s+1
Continuous-time transfer function.
```

28.2.3 零极点描述法

在 MATLAB 中使用 zpk()函数可以实现由零极点得到传递函数模型，其调用格式如下：

```
G=zpk(z,p,k)
```

其中，z 为零点列向量，p 为极点列向量，k 为增益。

例 28-4　得出例 28-2 的二阶系统零极点，并得出传递函数。

代码保存在 eg28_4.m 中，具体如下：

```
z=roots(num)
p=roots(den)
zpk(z,p,1)
```

结果如下：

```
z=
   Empty matrix: 0-by-1
p=
  -0.7070 + 0.7072i
  -0.7070 - 0.7072i
ans=
          1
   -------------------
   (s^2 + 1.414s + 1)
Continuous-time zero/pole/gain model.
```

roots()函数可以得出多项式的根，零极点形式是以实数形式表示的。部分分式法是将传递函数表示成部分分式或余数形式：

$$G(s) = \frac{r_1}{s - p_1} + \frac{r_2}{s - p_2} + \cdots + \frac{r_n}{s - p_n} + k(s)$$

上述几种描述法的离散系统也可使用相应的命令。

28.3 线性系统模型之间的转换

本节是继上节之后，着重介绍线性系统模型之间的转换，包括连续系统模型之间、连续与离散系统之间模型对象的属性。

28.3.1　连续系统模型之间的转换

控制系统工具箱中有各种不同模型转换的函数，表 28-3 为线性系统模型转换的函数。

表 28-3　线性系统模型转换函数表

函数名	调用格式	功　能
tf2ss	[a,b,c,d]=tf2ss(num,den)	传递函数转换为状态空间
tf2zp	[z,p,k]=tf2zp(num,den)	传递函数转换为零极点描述
ss2tf	[num,den]=ss2tf(a,b,c,d,iu)	状态空间转换为传递函数
ss2zp	[z,p,k]=ss2zp(a,b,c,d,iu)	状态空间转换为零极点描述
zp2ss	[a,b,c,d]=zp2ss(z,p,k)	零极点描述转换为状态空间
zp2tf	[num,den]=zp2tf(z,p,k)	零极点描述转换为传递函数

1．系统模型的转换

（1）状态空间模型的获得。由命令 ss 和 dss 实现将传递函数和零极点增益转换为状态空间模型，其调用格式为：

```
G=ss(传递函数)
```

由传递函数转换获得。

```
G=ss(零极点模型)
```

由零极点模型转换获得。

例 28-5　将单输入双输出的系统传递函数 $G_1(s) = \dfrac{\begin{bmatrix} 5s+2 \\ 3s^2+2s+1 \end{bmatrix}}{s^3+2s^2+3s+4}$ 转换为状态空间描述。

代码保存在 eg28_5.m 中，具体如下：

```
num=[0 5 2;
     3 2 1];
den=[1 2 3 4];
G11=tf(num(1,:),den)
G12=tf(num(2,:),den)
G=ss([G11;G12])
```

结果如下：

```
G11=

     5 s + 2
  ---------------------
  s^3 + 2 s^2 + 3 s + 4
Continuous-time transfer function.
G12=
```

```
       3 s^2 + 2 s + 1

     ----------------------

   s^3 + 2 s^2 + 3 s + 4

Continuous-time transfer function.

G=

   a=

          x1    x2    x3

   x1    -2   -1.5    -2

   x2     2     0     0

   x3     0     1     0

   b=

          u1

   x1     2

   x2     0

   x3     0

   c=

          x1    x2    x3

   y1      0   1.25   0.5

   y2    1.5   0.5   0.25

   d=

          u1

   y1     0

   y2     0

Continuous-time state-space model.
```

（2）传递函数的获得。由 tf 命令实现系统的状态空间法和零极点增益模型转换为传递函数，其调用格式为：

```
G=tf(状态方程模型)
```

由状态空间转换：

```
G=tf(零极点模型)
```

由零极点模型转换：

例 28-6　由状态空间描述例 28-5 的结果转换为传递函数。

```
>>G1=tf(G)

G1=

   From input to output...

            5 s + 2

   1: ----------------------

      s^3 + 2 s^2 + 3 s + 4


          3 s^2 + 2 s + 1
```

```
   2:  ---------------------
      s^3 + 2 s^2 + 3 s + 4
Continuous-time transfer function.
```

2. 模型类型的检验

例 28-7　检验例 28-5 的结果，检验模型的类型。

```
>>class(G)                        %得出系统模型类型
ans=

ss
>>isa(G,'tf')                     %检验系统模型类型
ans=

    0
```

对于模型类型检验函数请参见表 28-4 所示。

表 28-4　模型类型检验函数表

函 数 名	调用格式	功　　能
class	class(G)	得出系统模型的类型
isa	isa(G, '类型名')	判断 G 是否对应类型名，若是则为 1(true)
isct	isct(G)	判断 G 是否连续系统，若是则为 1(true)
isdt	isdt(G)	判断 G 是否离散系统，若是则为 1(true)
issiso	issiso(G)	判断 G 是否 SISO 系统，若是则为 1(true)

28.3.2　连续系统与离散系统之间的转换

1. c2d命令

c2d 命令用于将连续系统转换为离散系统，其调用格式为：

```
Gd=c2d(G,Ts,method)
```

其中：G 为连续系统模型；Gd 为离散系统模型；Ts 为采样周期；method 为转换方法，可省略，包括五种：zoh（默认零阶保持器）、foh（一阶保持器）、tustin（双线性变换法）、prewarp（频率预修正双线性变换法）、mached（根匹配法）。

例 28-8　将二阶连续系统转换为离散系统。

代码保存在 eg28_8.m 中，具体如下：

```
a=[0 1;-1 -1.414];
b=[0;1];
c=[1 0];
d=0;
G=ss(a,b,c,d);
Gd=c2d(G,0.1)
```

结果如下：

```
Gd=
  a=
            x1        x2
    x1    0.9952    0.0931
    x2   -0.0931    0.8636
  b=
              u1
    x1    0.004768
    x2     0.0931
  c=
        x1  x2
    y1   1   0
  d=
        u1
    y1   0
Sample time: 0.1 seconds
Discrete-time state-space model.
```

2. d2d命令

d2d 命令是将离散系统改变采样频率，其调用格式为：

```
Gd2=d2d(Gd1,Ts2)
```

其中：其实际的转换过程是先把 Gd1 按零阶保持器转换为原连续系统，然后再用 Ts2 和零阶保持器转换为 Gd2。

例 28-9　将二阶离散系统改变采样频率。

```
>>Gd2=d2d(Gd,0.3)
```

结果如下：

```
Gd2=
  a=
            x1        x2
    x1    0.961     0.2408
    x2   -0.2408    0.6205
  b=
              u1
    x1    0.03897
    x2    0.2408
  c=
        x1  x2
    y1   1   0
```

```
d=
      u1
  y1   0
Sample time: 0.3 seconds
Discrete-time state-space model.
```

28.3.3 模型对象的属性

ss、tf 和 zpk 三种对象除了具有线性时不变系统共有的属性以外，还具有其各自的属性，共有属性如表 28-5 所示，其各自的属性如表 28-6 所示。

表 28-5 对象共有属性表

属 性 名	属性值的数据类型	意 义
Ts	标量	采样周期，为 0 表示连续系统，为-1 表示采样周期未定
Td	数组	输入延时，仅对连续系统有效，省略表示无延时
InputName	字符串数组	输入变量名
OutputName	字符串数组	输出变量名
Notes	字符串	描述模型的文本说明
Userdata	任意数据类型	用户需要的其他数据

表 28-6 三种子对象特有的属性表

对 象 名	属 性 名	属性值的数据类型	意 义
tf	den	行数组组成的单元阵列	传递函数分母系数
	num	行数组组成的单元阵列	传递函数分子系数
	variable	s, p, z, q, z^{-1} 之一	传递函数变量
ss	a	矩阵	系数
	b	矩阵	系数
	c	矩阵	系数
	d	矩阵	系数
	e	矩阵	系数
	StateName	字符串向量	用于定义每个状态变量的名称
zpk	z	矩阵	零点
	p	矩阵	极点
	k	矩阵	增益
	variable	$S、p、z、q、z^{-1}$ 之一	零极点增益模型变量

在表 28-5 和表 28-6 中的三种子对象的属性，在前面都已使用过，MATLAB 提供了 get 和 set 命令对属性进行获取和修改。

例 28-10 已知二阶系统的传递函数 $G(s) = \dfrac{1}{s^2 + 1.414s + 1}$，获取其传递函数模型的属性，并将传递函数修改为 $\dfrac{1}{z^2 + z + 1}$。

代码保存在 eg28_10.m 中，具体如下：

```
num=1;
den=[1 1.414 1];
G=tf(num,den);
get(G)                                    %获取所有属性
set(G,'den',[1 1 1],'Variable','s')       %设置属性
 G
```

结果如下：

```
          den: {[1 1.4140 1]}
     Variable: 's'
      ioDelay: 0
   InputDelay: 0
  OutputDelay: 0
           Ts: 0
     TimeUnit: 'seconds'
    InputName: {''}
    InputUnit: {''}
   InputGroup: [1x1 struct]
   OutputName: {''}
   OutputUnit: {''}
  OutputGroup: [1x1 struct]
         Name: ''
        Notes: {}
     UserData: []
G=


    1
  -----------
  s^2 + s + 1
Continuous-time transfer function.
```

28.4 线性系统的时域分析

本节将主要介绍线性系统的时域分析，包括零输入响应分析、脉冲响应分析、阶跃响应分析和任意输入响应。

28.4.1　零输入响应分析

在MATLAB中使用initial命令来计算和显示连续系统的零输入响应,其调用格式为:

```
initial(G,x0, Ts)
```

绘制系统的零输入响应曲线,代码如下:

```
initial(G1,G2,…,x0, Ts)
```

绘制系统多个系统的零输入响应曲线,代码如下:

```
[y,t,x]=initial(G,x0, Ts)
```

得出零输入响应、时间和状态变量响应。

其中:G 为系统模型,必须是状态空间模型;x0 是初始条件;Ts 为时间点,如果是标量则为终止时间,如果是数组,则为计算的时刻,可省略;y 为输出响应;t 为时间向量,可省略;x 为状态变量响应,可省略。

例 28-11　某反馈系统,前向通道的传递函数为$G1 = \dfrac{12}{s+4}$,反馈通道传递函数为$H = \dfrac{1}{s+3}$,求出其初始条件为[1 2]时的零输入响应。

代码保存在 eg28_11.m 中,具体如下:

```
G1=tf(8,[2 6]);
H=tf(2,[4 5]);
GG=feedback(G1,H)
G=ss(GG);
initial(G,[1 2])              %绘制零输入响应
```

结果如图 28-1 所示,显示了输入响应。

```
GG=

     32 s + 40

  -----------------

  8 s^2 + 34 s + 46
Continuous-time transfer function.
```

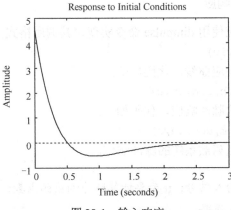

图 28-1　输入响应

28.4.2 脉冲响应分析

1. 连续系统的脉冲响应

连续系统的脉冲响应由 impluse 命令得出，其调用格式为：

```
impulse(G, Ts)
```

绘制系统的脉冲响应曲线，代码如下：

```
[y,t,x]=impulse(G, Ts)
```

得出脉冲响应。

其中：G 为系统模型，可以是传递函数、状态方程、零极点增益的形式；y 为时间响应；t 为时间向量；x 为状态变量响应，t 和 x 可省略；Ts 为时间点，可省略。

例 28-12　求出初始条件为零时，系统的单位脉冲响应并画曲线。

代码保存在 eg28_12.m 中，具体如下：

```
impulse(G)                          %绘制脉冲响应曲线
t=0:0.2:8;
y=impulse(G,t)                      %根据时间 t 得出脉冲响应
```

结果如图 28-2 所示，显示了脉冲响应。

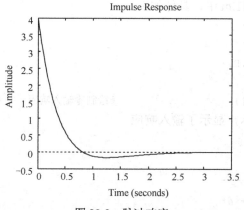

图 28-2　脉冲响应

2. 离散系统的脉冲响应

离散系统的脉冲响应使用 dimpulse 命令实现，其调用格式为：

```
dimpluse(a,b,c,d,iu)
```

绘制离散系统脉冲响应曲线，代码如下：

```
[y,x]=dimpluse(a,b,c,d,iu,n)
```

得出 n 点离散系统的脉冲响应，代码如下：

```
[y,x]=dimpluse(num,den,iu,n)
```

由传递函数得出 n 点离散系统的脉冲响应。

 iu 为第几个输入信号；n 为要计算脉冲响应的点数；y 的列数与 n 对应；x 为状态变量，可省略。

例 28-13　根据系统数学模型，得出离散系统的脉冲响应。

代码保存在 eg28_13.m 中，具体如下：

```
a=[-1 1;1 -4];
b=[2;3];
c=[2 -2];
d=2;
dimpulse(a,b,c,d,1,10)              %绘制离散系统脉冲响应的10个点
```

结果如图 28-3 所示，显示了离散脉冲响应。

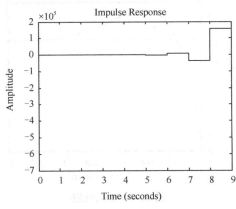

图 28-3　离散脉冲响应

28.4.3　阶跃响应分析

1．连续阶跃响应

阶跃响应可以用 step 命令来实现，其调用格式为：

```
step(G, Ts)
```

绘制系统的阶跃响应曲线，代码如下：

```
[y,t,x]=step(G, Ts)
```

得出阶跃响应。

其中：参数设置与 impulse 命令相同。

例 28-14　求出整个系统的传递函数，其中 $G_1(s) = \dfrac{1}{s^2 + 2s + 1}$，$G_2(s) = \dfrac{1}{s+1}$，

$G_3(s) = \dfrac{1}{2s+1}$，$G_4(s) = \dfrac{1}{s}$。

系统模型得出阶跃响应曲线。

代码保存在 eg28_14.m 中，具体如下：

```
G1=tf(12,[1 4]);
H=tf(1,[1 3]);
G=feedback(G1,H)
step(G)                            %绘制阶跃响应曲线
```

结果如图 28-4 所示，显示了阶跃响应。

```
G=

   12 s + 36
 ---------------
 s^2 + 7 s + 24

Continuous-time transfer function.
```

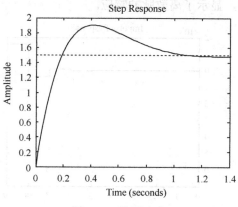

图 28-4　阶跃响应

可以由 step 命令根据时间 t 的步长不同，得出不同的阶跃响应波形，如图 28-5 所示。

```
t1=0:0.1:5;
y1=step(G,t1);
plot(t1,y1)

t2=0:0.5:5;
y2=step(G,t2);
plot(t2,y2)
hold off
```

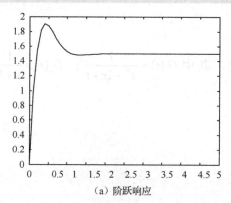

（a）阶跃响应

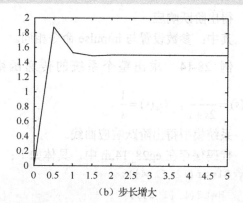

（b）步长增大

图 28-5　变步长阶跃响应

28.4.4　任意输入响应

1. 连续系统的任意输入响应

连续系统对任意输入的响应用 lsim 命令来实现，其调用格式为：

```
lsim(G,U,Ts)
```

绘制系统的任意响应曲线，代码如下：

```
lsim(G1,G2,…U,Ts)
```

绘制多个系统任意响应曲线，代码如下：

```
[y,t,x]=lsim(G,U,Ts)
```

得出任意响应。

 说　明　U 为输入序列，每一列对应一个输入；Ts 为时间点，U 的行数和 Ts 相对应；参数 t 和 x 可省略。

例 28-15　根据输入信号和系统的数学模型，得出任意输入的输出响应，输入信号为正弦信号，系统为阻尼系数变化的二阶系统。

代码保存在 eg28_15.m 中，具体如下：

```
t=0:0.2:6;
u=sin(t);
G1=tf(1,[1 1.41 1])
G2=tf(2,[1 0.3 1])
lsim(G1,'r',G2,'bo',u,t)          %绘制两个系统的正弦输出响应
```

输出响应如图 28-6 所示。

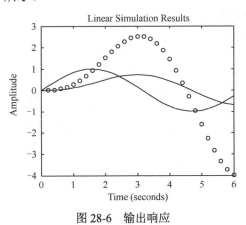

图 28-6　输出响应

```
G1=

         1
  ---------------
  s^2 + 1.41 s + 1
```

```
Continuous-time transfer function.
G2=

          2
   ---------------
   s^2 + 0.3 s + 1
Continuous-time transfer function.
```

2. 离散系统的任意输入响应

离散系统的任意输入响应用 dlsim 命令来实现，其调用格式为：

```
dlsim(a,b,c,d,U)
```

绘制离散系统的任意响应曲线，代码如下：

```
[y,x]=dlsim(num,den,U)
```

得出离散系统任意响应和状态变量响应，代码如下：

```
[y,x]=dlsim(a,b,c,d,U)
```

得出离散系统响应和状态变量响应。

其中：U 为任意序列输入信号。

例 28-16 根据离散系统的 Z 变换表达式 $G(z) = \dfrac{2 + 5z^{-1} + z^{-2}}{1 + 2z^{-1} + 3z^{-2}}$，得出正弦序列输入响应。

代码保存在 eg28_16.m 中，具体如下：

```
num=[3 2 1];
den=[1 2 3];
t=0:0.2:6;
u=sin(t);
y=dlsim(num,den,u)
```

输入响应的结果如下：

```
y=
  1.0e+06 *
        0
   0.0000
   0.0000
   0.0000
   0.0000
  -0.0000
  -0.0000
   0.0000
  -0.0000
  -0.0000
   0.0000
```

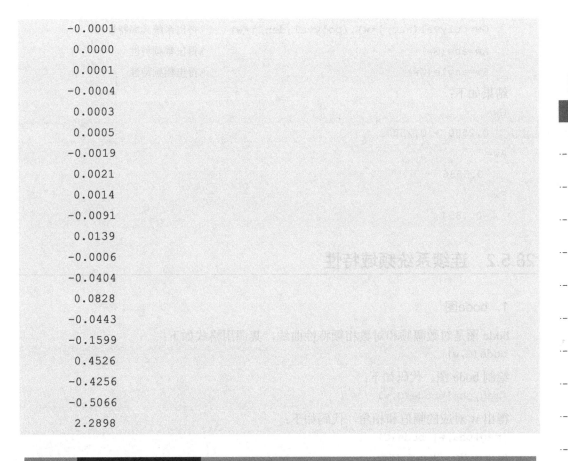

```
        -0.0001
         0.0000
         0.0001
        -0.0004
         0.0003
         0.0005
        -0.0019
         0.0021
         0.0014
        -0.0091
         0.0139
        -0.0006
        -0.0404
         0.0828
        -0.0443
        -0.1599
         0.4526
        -0.4256
        -0.5066
         2.2898
```

28.5　线性系统的频域分析

上一节介绍了线性系统的时域分析，本节将重点介绍线性系统的频域特性。

28.5.1　频域特性

频域特性由下式求出：

```
Gw=polyval(num,j*w)./polyval(den,j*w)

mag=abs(Gw)        为幅频特性

pha=angle(Gw)      为相频特性
```

其中：j 为虚部变量。

例 28-17　由二阶系统传递函数 $G(s)=\dfrac{1}{s^2+2s+3}$，得出频域特性。

代码保存在 eg28_17.m 中，具体如下：

```
num=1;
  den=[1 2 3];
  w=1 ;
```

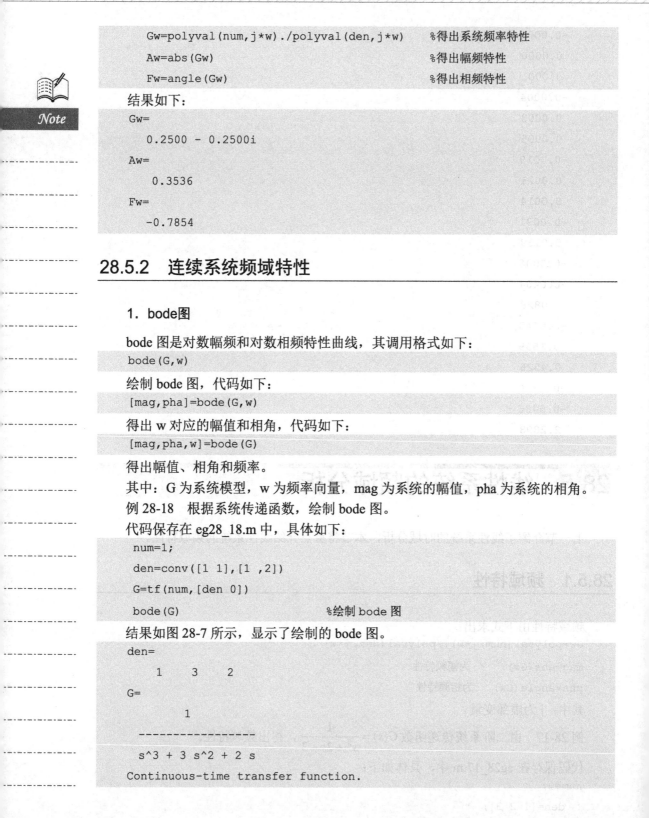

```
    Gw=polyval(num,j*w)./polyval(den,j*w)          %得出系统频率特性
    Aw=abs(Gw)                                      %得出幅频特性
    Fw=angle(Gw)                                    %得出相频特性
```

结果如下：

```
Gw=
    0.2500 - 0.2500i
Aw=
    0.3536
Fw=
    -0.7854
```

28.5.2　连续系统频域特性

1. bode图

bode 图是对数幅频和对数相频特性曲线，其调用格式如下：

```
bode(G,w)
```

绘制 bode 图，代码如下：

```
[mag,pha]=bode(G,w)
```

得出 w 对应的幅值和相角，代码如下：

```
[mag,pha,w]=bode(G)
```

得出幅值、相角和频率。

其中：G 为系统模型，w 为频率向量，mag 为系统的幅值，pha 为系统的相角。

例 28-18　根据系统传递函数，绘制 bode 图。

代码保存在 eg28_18.m 中，具体如下：

```
num=1;
den=conv([1 1],[1 ,2])
G=tf(num,[den 0])

bode(G)                              %绘制 bode 图
```

结果如图 28-7 所示，显示了绘制的 bode 图。

```
den=
     1     3     2
G=

          1
    -------------------
    s^3 + 3 s^2 + 2 s
Continuous-time transfer function.
```

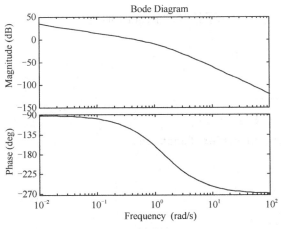

图 28-7　绘制 bode 图

2. nyquist曲线

nyquist 曲线是幅相频率特性曲线，使用 nyquist 命令进行绘制和计算，其调用格式为：

```
nyquist (G,w)
```

绘制 nyquist 曲线，代码如下：

```
nyquist (G1,G2,…w)
```

绘制多条 nyquist 曲线，代码如下：

```
[Re,Im]= nyquist (G,w)
```

由 w 得出对应的实部和虚部，代码如下：

```
[Re,Im,w]= nyquist (G)
```

得出实部、虚部和频率。

其中：G 为系统模型；w 为频率向量，也可以用{wmin,wmax}表示频率的范围；Re 为频率特性的实部，Im 为频率特性的虚部。

例 28-19　根据传递函数 $G_1(s) = \dfrac{1}{s(s+2)(s+3)}$、$G_2(s) = \dfrac{1}{(s+2)(s+3)}$ 和 $G_3(s) = \dfrac{1}{s(s+2)}$，绘制各系统的 nyquist 曲线。

代码保存在 eg28_19.m 中，具体如下：

```
num=1;
den1=[conv([1 2],[1 3]),0];
G1=tf(num,den1)
den2=[conv([1 2],[1 3])];
G2=tf(num,den2)
den3=[1 2 0];
G3=tf(num,den3)
nyquist(G1,'r',G2,'b:',G3,'g-.',{0.1,180/57.3})    %频率范围
% 获得频率特性的实部和虚部：
w=1:2;
[re,im]=nyquist(G1,w)
```

结果如图 28-8 所示，显示了绘制的 nyquist 曲线。

```
G1=

        1
  -----------------
  s^3 + 5 s^2 + 6 s

Continuous-time transfer function.
G2=

        1
  -------------
  s^2 + 5 s + 6

Continuous-time transfer function.
G3=

      1
  ---------
  s^2 + 2 s

Continuous-time transfer function.
re(:,:,1)=

  -0.1000
re(:,:,2)=

  -0.0481
im(:,:,1)=

  -0.1000
im(:,:,2)=

  -0.0096
```

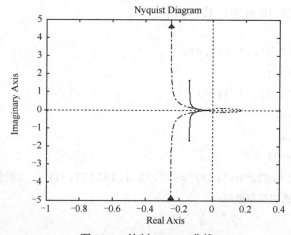

图 28-8　绘制 nyquist 曲线

说明　re 和 im 是三维数组，组成 (Ny, Nu, Length(w))，其中 Ny 为输出，Nu 为输入。

3．nichols图

nichols 图是对数幅相频率特性曲线，使用 nichols 命令进行绘制和计算，其调用格式为：

```
nichols(G,w)
```

绘制 nichols 图，代码如下：

```
nichols(G1,G2,…w)
```

绘制多条 nichols 图，代码如下：

```
[Mag,Pha]= nichols(G,w)
```

由 w 得出对应的幅值和相角，代码如下：

```
[Mag,Pha,w]= nichols(G)
```

得出幅值、相角和频率。

在单位反馈系统中，闭环系统的传递函数可以写成 $G(s)/(1+G(s))$，因此 nicholsF 图的等 M 圆和等 N 圆就映射成等 M 线和等 α 线，MATLAB 提供了绘制 nichols 框架下的等 M 线和等 α 线的命令 ngrid，其调用格式为：

```
ngrid('new')
```

清除图形窗口并绘制等 M 线和等 α 线。

其中：new 为创建的图形窗口，清除该图形窗口并绘制等 M 线和等 α 线，如果绘制了 nichols 图后可省略 new，直接添加等 M 线和等 α 线；产生-40db～40db 的幅值和 $-360°\sim0°$ 的范围，并保持图形。

例 28-20　根据传递函数 $G_1(s)=\dfrac{1}{s(s+2)(s+3)}$（例 28-19 中的 G_1），绘制等 M 线等 α 线和 nichols 图。

代码保存在 eg28_20.m 中，具体如下：

```
num=1;
den1=[conv([1 2],[1 3]),0];
G1=tf(num,den1)
ngrid('nichols1')                        %绘制等 M 线和等α线
nichols(G1)                              %绘制 nichols 图
w=1:2;
[Mag,Pha]=nichols(G1,w)                  %获得幅值和相角数值
```

结果如图 28-9 所示，显示了绘制的等 M 线等 α 线和 nichols 图。

```
Mag(:,:,1)=
    0.1414
Mag(:,:,2)=
    0.0490
Pha(:,:,1)=
  -135
```

```
Pha(:,:,2)=
  -168.6901
```

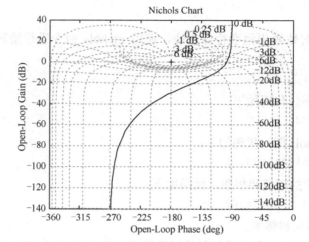

图 28-9　绘制等 M 线等 α 线和 nichols 图

28.6　线性系统的状态空间设计

本节将着重介绍线性系统的状态空间是如何设计的，包括单输入系统的极点配置和最优二次型设计。

28.6.1　单输入系统的极点配置

MATLAB 使用 acker 命令来对单输入单输出系统做极点配置，其调用格式为：

```
k=acker(A,B,p)
```

SISO 系统极点配置。

其中：A、B 为系统矩阵；p 为期望特征值数组。

例 28-21　已知系统状态方程 $\dot{x} = Ax(t) + Bu(t)$，$A = \begin{bmatrix} 1 & 0 & 1 \\ 1 & 1 & 1 \\ -2 & -3 & -4 \end{bmatrix}$，$B = \begin{bmatrix} 1 \\ 1 \\ 0 \end{bmatrix}$，期望

特征值为 p=[-1+1j,-1-1j,-2]，求状态增益矩阵 **k**。

代码保存在 eg28_21.m 中，具体如下：

```
A=[1 0 1;1 1 1;-2 -3 -4];
B=[1;1;0];
p=[-1+1j -1-1j -2];
k=acker(A,B,p)
```

结果如下：

```
k=
```

```
    -0.4545    2.4545    0.0909
```

28.6.2　最优二次型设计

1. 连续系统最优二次型设计

MATLAB 使用 lqr 命令来求解最优问题，其调用格式为：

```
[K,P,E]=lqr(A,B,Q,R)
```

连续系统最优二次型调节器设计。

其中：A、B、Q、R 矩阵定义如上，P 为 Riccati 方程的解，K 为最优增益反馈矩阵，E 为闭环特征值。

例 28-22　已知系统状态方程 $\dot{x} = Ax(t) + Bu(t)$，$A = \begin{bmatrix} 1 & 0 & 1 \\ 1 & 1 & 1 \\ -2 & -3 & -4 \end{bmatrix}$，$B = \begin{bmatrix} 1 \\ 1 \\ 0 \end{bmatrix}$，

$Q = \begin{bmatrix} 1 & 0 & 0 \\ 0 & 1 & 0 \\ 0 & 0 & 1 \end{bmatrix}$，$R = 1$，求最优二次型解。

代码保存在 eg28_22.m 中，具体如下：

```
A=[1 0 1;1 1 1;-2 -3 -4];
B=[1;1;0];
Q=eye(3);
R=1;
[k,p,e]=lqr(A,B,Q,R)
```

结果如下：

```
k=
    -0.4956    4.0474    0.4583
p=
     4.7003   -5.1959   -0.0592
    -5.1959    9.2433    0.5175
    -0.0592    0.5175    0.2133
e=
    -2.4273 + 1.0653i
    -2.4273 - 1.0653i
    -0.6972
```

得出最优反馈增益矩阵 k，系统闭环特征值 e 和 Riccati 方程的正定矩阵解。

2. 对输出加权的最优二次型设计

很多情况下，需要对输出量加权而不是对状态量加权，其代价函数如下：

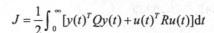

$$J = \frac{1}{2}\int_0^\infty [y(t)^T Q y(t) + u(t)^T R u(t)]\mathrm{d}t$$

MATLAB 使用 lqry 命令解相应的 Riccati 方程和最优反馈增益，其调用格式为：

```
[K,P,E]=lqry(A,B,Q,R)
```

系统加权最优二次型调节器设计

其中：A、B、Q、R 矩阵定义如上，P 为 Riccati 方程的解，K 为最优增益反馈矩阵，E 为闭环特征值。

由于篇幅限制，不再详细讨论，感兴趣的读者可以参考帮助文档中的相关内容。

28.7 本章小结

本章主要介绍了 MATLAB 中优化工具箱的最小化问题和线性规划问题，以及控制系统工具箱中的线性系统分析、设计和建模。最优化问题和线性系统在 MATLAB 中都可以找到相应的函数。

线性系统的描述及相应的时频分析在工业设计与控制理论中应用广泛，同样最优化问题也是线性规划中经常遇到的问题。希望通过本章的介绍对初学者能够有所帮助，并从中受益。

第29章

图像影音

对多媒体数据的处理是 MATLAB 越来越趋于时尚的又一表现。MATLAB 提供了创建和播放视频动画的命令，同时 MATLAB 也提供了一些声音函数用于对声音文件进行处理。MATLAB 能够读写多种格式的图像文件，也可以将图像数据保存在 MAT 文件中。

MATLAB 提供了一系列命令和函数用于显示和处理图像。本章将在系统讲解各种图像处理方法理论的基础上，详细介绍 MATLAB 图像与影音函数的使用方法，并给出相应的实例。

学习目标

(1) 了解图像的格式和文件。
(2) 熟悉影音制作。
(3) 熟悉对图像的处理。

29.1　图像

MATLAB 能够读写多种格式的图像文件，也可以将图像数据保存在 MAT 文件中，本节将着重介绍图像格式及图像文件。

29.1.1　图像格式

在 MATLAB 中，一幅图像通常由一个图像数据矩阵构成，有时可能还需要一个与之相对应的颜色表矩阵。MATLAB 的图像数据矩阵共有三种类型，即索引图像数据矩阵、亮度图像数据矩阵和真彩图像数据矩阵（也称为 RGB 图像数据矩阵）。

索引图像是带有颜色表矩阵的，图像数据矩阵中的数据通常被解释成指向颜色表矩阵的索引号。图像颜色表矩阵可以是任何有效的颜色表，即任何包含了有效 RGB 数据的 m×3 的数组。如果索引图像的图像数据数组为 X(i,j)，颜色表数组为 cmap，则每个图像像素 $P_{i,j}$ 的颜色就是 cmap(X(i,j),:)。

　这就要求 X 中的数据值必须是位于[1 length(cmap)]范围之内的整数。

在 MATLAB 中，默认的数值型数据类型为 double，指的是双精度、64 位浮点数。MATLAB 对其他数据格式，例如图像的 16 位字符数据类型（unit16）和 8 位无符号整型（unit8），提供了有限的支持。

命令 image 和 imagesc 可以显示 8 位和 16 位图像，而不用预先把它们转换成 double 型。但是，unit8 数据值的范围是[0,255]，这是在标准图形文件格式中支持的数据格式，unit16 的数据值的范围是[0,65535]。

JPEG（Joint Photographic Experts Group）是对精致灰度或彩色图像的一种国际压缩标准，其全称为"连续色调静态图像的数字压缩和编码"，已在数字照相机上得到了广泛应用，当选用有损压缩方式时可以节省相当大的空间。

JPEG 标准只是定义了一个规范的编码数据流，并没有规定图像数据文件的格式。JFIF 图像是一种使用灰度标识，或者使用 Y、Cb、Cr 分量彩色表示的 JPEG 图像，它包含一个与 JPEG 兼容的头。一个 JFIF 文件通常包含单个图像，图像可以是灰度的（其中的数据为单个分量），也可以是彩色的。

29.1.2　图像文件

1．BMP文件

BMP 文件是 Microsoft Windows 所定义的图像文件格式，最早应用在微软公司的 Windows 窗口系统中。BMP 图像文件具有只存放一幅图像，能存储单色、16 色、256 色和真彩色四种图像数据，图像数据有压缩和非压缩两种处理方式，与调色板的数据存储关系较为特殊，存储格式不固定，而是与文件头的某些具体参数（如像素位 bbp、压缩算法等）密切相关。

BMP 文件头数据结构含有 BMP 文件的类型、大小和打印格式等信息。在 Windows 中对其进行了定义，其定义如下：

```
Typedef struct tag BITMAPFILEHEADER{
WORD bftype;          /*位图文件的类型，必须为BMP
DWORD bfSize;         /*位图文件的大小，以字节为单位
WORD bfReserved1;     /*位图文件保留字，必须为0
WORD bfReserved2;     /*位图文件保留字，必须为0
DWORD bfoffBits;      /*位图阵列的起始位置，以相对于位图文件头的偏移量表示
}BITMAPFILEHEADER;
```

2．GIF 文件

GIF（Graphics Interchange Format）图像文件格式是 CompuServe 公司最先在网络中用于在线传输图像数据。GIF 图像文件经常用于网页的动画、透明等特技制作。该文件具有以下特点：

（1）文件具有多元化结构，能够存储多张图像，并可以进行多图像的定序或覆盖，交错屏幕绘图以及文本覆盖等功能。

（2）调色板数据有通用调色板和局部调色板之分。

（3）采用了 LZW 压缩法。

（4）图像数据一个字节存储一个像素点。

（5）文件内的各种图像数据区和补充区多数没有固定的数据长度和存储位置，为了方便程序寻找数据区，就以数据区的第一个字节作为标识符，以使程序能够判断读到哪种数据区。

（6）图像数据有顺序排列和交叉排列两种方式。

（7）图像最多只能存储 256 色图像。

GIF 图像文件结构一般由表头、通用调色板、图像数据区以及四个补充区组成。其中，表头和图像数据区是不可缺少的单元，通用调色板和其余的四个补充区是可选择的内容。

3．TIF文件

TIF（Tag Image File Format）图像文件格式是现有图像文件格式中最复杂的一种，它是由 Aldus 公司与微软公司开发设计的图像文件格式，提供了各种信息存储的完备手段。其主要特点如下：

（1）应用指针功能，实现多幅图像存储。

（2）文件内数据没有固定的排列顺序，但规定表头必须在文件前端，标识信息区和图像数据区在文件中可以任意存放。

（3）可定制私人用的标识信息。

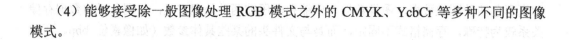

（4）能够接受除一般图像处理 RGB 模式之外的 CMYK、YcbCr 等多种不同的图像模式。

（5）可存储多份调色板数据，其调色板的数据类型和排列顺序较为特殊。

（6）能够提供多种不同压缩数据的方法。

（7）图像数据可分割成几个部分进行分别存档。

TIF 图像文件主要由表头、标识信息区和图像数据区三个部分组成。其中，文件内固定只有一个位于文件前端表头，表头由一个标志参数指出标识信息区在文件中的存储地址，标识信息区有多组用于存储图像数据区的地址。每组标识信息长度固定为 12 个字节，前 8 个字节分别代表信息的代号（2 个字节）、数据类型（2 个字节）、数据量（4 个字节），最后 4 个字节用于存储数据值或标识参数。

MATLAB 还利用函数 imread() 和 imwrite() 支持多种工业标准的图像文件格式。可以用函数 imfinfo() 获得关于图形文件内容的信息。Imread() 的帮助文档给出了关于图像读取格式和特性的广泛信息，下面给出其中的一部分：

```
>>help imread
  BMP -- Windows Bitmap


     Supported Compression       Output
     Bitdepths None   RLE        Class   Notes
     --------------------------------------------------------

      1-bit      x      -        logical

      4-bit      x      x        uint8

      8-bit      x      x        uint8

     16-bit      x      -        uint8    1 sample/pixel

     24-bit      x      -        uint8    3 samples/pixel

     32-bit      x      -        uint8    3 samples/pixel (1 byte padding)
  GIF -- Graphics Interchange Format


     Supported   Compression      Output
     Bitdepths   None Compressed  Class
     ------------------------------------------------

     1-bit         x      -        logical
    2-to-8 bit     x      -        uint8
   JPEG -- Joint Photographic Experts Group


     Note: imread can read any baseline JPEG image as well as JPEG images
     with some commonly used extensions.


     Supported Compression       Output
     Bitdepths Lossy Lossless    Class      Notes
```

```
        ------------------------------------------------------------
        8-bit         x     x        uint8      Grayscale or RGB
        12-bit        x     x        uint16     Grayscale
        16-bit        -     x        uint16     Grayscale
 36-bit         x     x       uint16
 RGB(Three 12-bit samples/pixel)


 JPEG 2000 - Joint Photographic Experts Group 2000


 Supported      Compression      Output
 Bitdepths    Lossy Lossless     Class
 (per sample)

        ------------------------------------------------------------
        1-bit          x     x          logical
        2- to 8-bit    x     x          uint8
        9- to 16-bit   x     x          uint16
```

```
 Note: Indexed JPEG 2000 images are not supported. Only JP2 compatible
 color spaces are supported for JP2/JPX files. Arbitrary channels are
 supported for raw codestream J2C files.
```

29.2　影音

视觉动画和感官声音使 MATLAB 与人类行为集于一体，函数库为开发人员提供了众多处理影音所需的工具。

29.2.1　影片

MATLAB 中的动画采用了两种形式。一种形式是，如果生成一个图像序列所需的计算足够快，那么就可以设置 figure 和 axes 属性，使得屏幕绘制以足够快的速度进行，这样动画从视觉上看起来就是平稳的。另一种形式是，如果计算需要大量的时间，或者结果得到的图像过于复杂，用户就必须生成一个影片。

在 MATLAB 中，函数 getframe()和 movie()提供了捕获和演示影片所需的工具。函数 getframe()对当前的图像进行一次快照，movie()在这些快照都被捕获之后，回头重新播放这些帧序列。

下面请看一个 movie()函数的例子：

```
figure('Renderer','zbuffer')

Z=peaks;
```

```
surf(Z);
axis tight
set(gca,'NextPlot','replaceChildren');
% Preallocate the struct array for the struct returned by getframe
F(20)=struct('cdata',[],'colormap',[]);
%Record the movie
for j=1:20
    surf(.01+sin(2*pi*j/20)*Z,Z)
    F(j)=getframe;
end
```

首次图像如图 29-1 所示，经过 movie()函数处理后的图像，如图 29-2 所示。

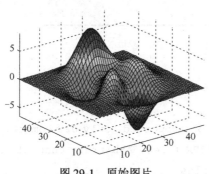

图 29-1　原始图片

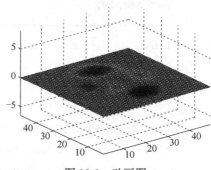

图 29-2　动画图

29.2.2　声音

多通道8位或者16位WAVE声音存储格式的声音文件可以用wavwrite()函数来生成。其最常用的调用格式为：

```
wavwrite(y,Fs,N,filename)
```

其中 y 是采样数据，Fs 是以赫兹为单位的采样频率，N 声明了在编码器中的位数，filename 是一个声明了输出文件的字符串。

y 的每一列都代表了一个单独的通道。y 中任何超出了范围[-1,1]的值在写入文件之前都被忽略了。参数 Fs 和 N 是可选的。如果这些参数被省略了，MATLAB 就使用其默认值 Fs=8000HZ 和 N=16bit。如果文件名字符串没有带后缀名，那么 MATLAB 就会自动给它加上.wav 的后缀。

如果 y 是整数类型，则其数据范围和 N 的值如表 29-1 所示。

表 29-1　y 整数类型对应的数据范围和 N 值

N 位数	y 数据类型	y 数据范围	输出格式
8	uint8	$0 \le y \le 255$	uint8
16	int16	$-32768 \le y \le +32767$	int16
24	int24	$-2^{23} \le y \le 2^{23}-1$	int24

如果 y 是浮点类型，则其数据范围和 N 的值如表 29-2 所示。

表 29-2　y 浮点类型对应的数据范围和 N 值

N 位数	y 数据类型	y 数据范围	输出格式
8	single or double	$-1.0 <= y < +1.0$	uint8
16	single or double	$-1.0 <= y < +1.0$	int16
24	single or double	$-1.0 <= y < +1.0$	int24
32	single or double	$-1.0 <= y < +1.0$	single

MATLAB 除了提供高层处理函数 audiorecorder()和 audioplayer()以外，还提供了许多低层函数来处理声音。例如，函数 sound(y,f,b)将向量 y 中的信号以采样频率 f 发送到计算机的扬声器中。变量 y 中超出了[-1,1]范围之外的值被省略。如果 f 被省略，就使用默认的采样频率 8192Hz。如果有可能，MATLAB 用 b 位/秒播放这个声音。大多数的平台都支持 b=8 或者 b=16。如果 b 被省略，就使用 b=16。

函数 soundsc()和 sound()基本相同，只是其向量 y 中的值都被标定在范围[-1,1]之内，而不是把超出这个范围的值省略。

μ律压缩和线性格式之间的转换可以利用函数 mu2lin()和 lin2mu()来进行。关于这两个函数所涉及的确切转换过程的信息请参见帮助文档。

auread()和 wavread()都有相同的调用语法和选项。最常用的调用格式为：

```
[y,Fs,nbits] = auread(aufile)
```

这条语句载入由字符串 aufile 声明的声音文件，并将采样数据返回给 y。如果这个 aufile 字符串没有给出后缀（.au 或者.wav），那么 MATLAB 就将相应的后缀名添加到文件名后边。y 中的数据值都在范围[-1,1]之内。如果需要输出如上所示的三个输出参数，那么就在 Fs 和 nbits 中分别返回以 Hz 为单位的采样频率和每个采样的位数。

 这种调用格式对于预先分配存储空间或者估计资源使用量来说是很有用的。

MATLAB 中对于图像和影音的命令函数见表 29-3。

表 29-3　图像和影音的命令集合

函 数 名	描　　述
image	创建索引或真彩色（RGB）图像对象
imagesc	创建亮度图像对象
colormap	将颜色表应用到图像
axis image	调整坐标轴刻度使其适应图像
unit8	将变量类型转换为无符号 8 位整型
uint16	将变量类型转换为无符号 16 位整型
double	将变量类型转换为双精度数
imread	读取图像文件

函　　数	描　　述
imwrite	写图像文件
imfinfo	获取图像文件信息
getframe	将影片帧放在结构体中
movie	从影片结构体中播放影片
frame2im	将影片帧转换成图像
im2frame	将图像转换成影片帧
avifile	生成 avi 影片文件
addframe	将影片帧添加到 avi 影片文件中
close	关闭 avi 影片文件
aviread	读取 avi 影片文件
aviinfo	获取 avi 影片文件的信息
movie2avi	将 MATLAB 格式的影片转换为 avi 格式
audiorecorder	声音录制对象
audioplayer	声音播放对象
audiodevinfo	获取声音设备信息
sound	将向量以声音的形式播放
soundsc	将向量进行归一化处理并以声音的形式播放
wavplay	播放 WAVE 格式的声音文件
wavrecord	利用 Windows 的音频输入设备记录声音
wavread	读取 WAVE 格式的声音文件
wavwrite	写 WAVE 格式的声音文件
auread	读取 NeXT/SUN 格式的声音文件
auwrite	写 NeXT/SUN 格式的声音文件
lin2mu	将线性音频转换为 μ 律压缩音频
mu2lin	将μ律压缩音频转换为线性音频

29.3　图像处理

　　MATLAB 图像处理工具箱是为从事图像处理工作的工程师和研究员精心开发的模块，它支持多种标准的图像处理操作，以方便用户对图像进行分析和调整。这些图像处理操作主要包括获取像素值及其统计数据、分析图像、抽取其主要结构信息、调整图像并突出其某些特征或抑制噪声等。

　　例如，在 MATLAB 命令行窗口中输入如下代码：

```
>>imshow canoe.tif
vals=impixel
```

上面的代码运行后，得到如图 29-3 所示的运行界面。选中三个点后按【Enter】键，则得到的结果如下：

```
vals=
      0.7098      0.5490      0.3216
      0.5176           0           0
      0.1922      0.2235      0.1922
```

在所得的结果中，对应于第二个像素（该像素位于小船上）的值为纯红色，其绿色和蓝色成分均为 0。

impixel()函数可以返回选中像素或像素集的数据值。用户可以直接将像素坐标作为该函数的输入参数，或用鼠标选中像素。

图 29-3　impixel()函数的运行界面

下面列举一个关于图像处理的实例。

例 29-1　彩图与黑白图的转换。

将 MATLAB 代码保存在 eg29_1.m 中，具体代码如下：

```
%调入与显示 RGB 图像
RGB=imread('peppers.png');
M=[0.30, 0.59, 0.11];
gray=imapplymatrix(M, RGB);
figure
subplot(1,2,1), imshow(RGB),
title('Original RGB')
subplot(1,2,2), imshow(gray),
 title('Grayscale Conversion')
```

运行结果如图 29-4 所示。

(a)   (b)

图 29-4　灰度边缘检测

29.4　本章小结

　　本章主要是针对 MATLAB 图像影音等多媒体方面的详细介绍，其中包括图像格式与文件、影片的制作、声音和图像处理等。不仅介绍了函数的应用，而且列举了相应实例。

　　MATLAB 开发人员不断挖掘其人性化特点，使得众多学习 MATLAB 软件的爱好者趋之若鹜。把静态的软件变成为一种栩栩如生的作品，不仅体现了 MATLAB 的强大功能，又增强了其科技之美。科技与人文交相呼应，充分体现了其时代特征。

第30章

句柄图形

句柄图形即低层图形函数集合的总称，它实际上是完成生成图形的工作。这些函数一般隐藏于 M 文件内部，但是它们非常重要，因为编程人员可以利用它对图像或图片的外观进行控制。例如，可以利用句柄图形只对 x 轴产生网格线，或选择曲线的颜色为红色。

句柄图形还可以帮助编程人员为他们的程序创建用户图形界面，用户图形界面将在下一章介绍，本章主要介绍句柄图形的使用。

学习目标

(1) 熟练掌握 get()和 set()函数。
(2) 了解位置和单位。
(3) 熟悉设置属性默认值。
(4) 熟练掌握句柄的使用方法。

Note

30.1　句柄

MATLAB 中用于数据可视和界面制作的基本绘图要素被称为句柄图形对象（Handlegraphics object）。

30.1.1　对象句柄

构成 MATLAB 句柄图形体系的 12 个图形对象如图 30-1 所示，可以独立操作每个图形对象。

在 MATLAB 中，生成的每个具体图形是由若干不同对象构成的，每个具体图形不必包含全部对象，但每个图形必须具备根屏幕和图形窗（简称图）。

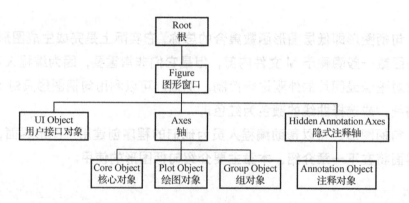

图 30-1　句柄图形体系结构图

每一个图像对象都有一个独一无二的名字，这个名字叫做句柄。句柄是 MATLAB 中一个独一无二的整数或实数，用于指定对象的身份。用于创建一个图像对象的任意命令都会自动返回一个句柄，例如下面的命令：

```
>>Hnd1=figure;
```

创建一个新的图像，并返回这个图像的句柄到变量 Hnd1。根对象句柄一般为 0，图像（图）对象的句柄一般是一个小的正整数，例如 1，2，3……，而其他的图形（graphic）对象为任意的浮点数。

我们可以利用 MATLAB 函数得到图像、坐标系和其他对象的句柄。例如，函数 gcf 返回当前图像窗口的句柄，而函数 gca 则返回在当前图像窗口中当前坐标系对象的句柄，函数 gco 返回当前选择对象的句柄。这些函数将会在后面具体讨论。

为了方便，存储句柄的变量名要在小写字母后面加一个 H。这样就可以与普通变量（所有的小写变量、大写变量、全局变量）区分开来。

30.1.2　对象属性

所有的对象都有一组定义其特征的属性。通过设置这些属性，用户可以调整图形显示的方式。尽管有的属性名在所有的对象中都能见到，但与每个对象类型（如坐标轴系、线条、表面）相关的属性都是唯一的。

对象属性是一些特殊值，它可以控制对象行为的某些方面。每一个属性都有一个属性名和属性值。属性名是用大小写混合格式写成的字符串，属性名中每一个单词的第一个字母为大写，但是 MATLAB 中的变量名的不区分大小写。

当一个对象被创建时，所有的属性都会自动初始化为默认值。包含有"propertyname（属性名）"的创建函数创建对象时，默认值会被跳过，而跳过的值在创建函数中是存在的。例如线宽属性可以通过下面的 plot 命令改变：

```
plot(x, y, 'LineWidth', 2);
```

一条曲线被创建时，函数用值 2 来替代它的默认值。

通过修改图形对象的属性可以控制对象外观、行为等许多特征。属性不但包括对象的一般信息，而且包括特殊类型对象独一无二的信息。

例如，用户可以从任意给出的 figure 对象中获得以下信息：窗口中最后一次输入的标识符、指针的位置以及最近一次选择的菜单项。MATLAB 将所有图形信息组织在一个层次表中，并将这些信息存储在相应的属性中。

例如，root 属性表包括当前图形窗口的句柄和当前的指针位置；figure 属性包括其子对象的类型列表，同时实时跟踪窗口中发生的事件；axes 属性包含有关其子对象对图形窗口映射表的使用方式以及 plot()函数所使用的颜色命令。

有些属性是所有图形对象都具备的，例如类型（Type）、被选状态（Selected）、是否可见（Visible）和创建回调函数（CreateFcn）、销毁回调函数（DeleteFcn）。而有些属性则是某种对象独有的，例如线条对象的线性属性等。这些独有的属性将在介绍属性设置方法时具体介绍。

30.1.3　检测和修改

可以用 get()函数检测任意一个对象的属性，并用 set()函数对它进行修改。

get()函数最常见的形式如下：

```
a=get(h)
a=get(h,'PropertyName')
```

a 是句柄指定对象的属性值。如果在调用函数时只有一个句柄，那么函数将会返回一个结构，域名为这个对象的属性名，域值为属性值。下面请参看一个 get()函数应用的例子。

例 30-1　用下面的语句，画出函数 $y(x)=(x+1)^3$ 在[-1,1]中的图像，对比前后设置。

代码保存在 eg30_1.m 中，具体如下：

```
x=-1:0.1:1;
```

```
y=(x+1).^3;
Hnd1=plot(x, y);
```

如图 30-2 所示的图像。该曲线的句柄被存储在变量 Hnd1 内，我们可以利用它检测这条曲线的属性。函数 get(0)在一个结构中返回这条曲线所有的属性，每一个属性名都是结构的一个元素。

```
>>result=get(0)
result=
                BeingDeleted: 'off'
                  BusyAction: 'queue'
               ButtonDownFcn: ''
              CallbackObject: []
                    Children: 1
                    Clipping: 'on'
           CommandWindowSize: [124 36]
                   CreateFcn: ''
               CurrentFigure: 1
                   DeleteFcn: ''
                       Diary: 'off'
                   DiaryFile: 'diary'
                        Echo: 'off'
          FixedWidthFontName: 'Courier New'
                      Format: 'short'
               FormatSpacing: 'loose'
            HandleVisibility: 'on'
                     HitTest: 'on'
               Interruptible: 'on'
                    Language: 'en_us'
            MonitorPositions: [1 1 1440 900]
                        More: 'off'
                      Parent: []
             PointerLocation: [432 77]
              RecursionLimit: 500
                 ScreenDepth: 32
          ScreenPixelsPerInch: 96
                  ScreenSize: [1 1 1440 900]
                    Selected: 'off'
          SelectionHighlight: 'on'
           ShowHiddenHandles: 'off'
                         Tag: ''
```

```
          Type: 'root'
 UIContextMenu: []
         Units: 'pixels'
      UserData: []
       Visible: 'on'
```

产生的结果图像如图 30-2 所示。

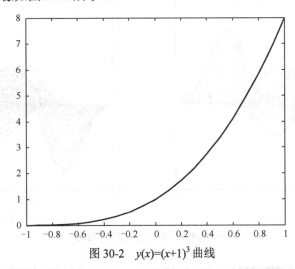

图 30-2　$y(x)=(x+1)^3$ 曲线

Set()函数的最常用形式为：

```
set(H,'PropertyName',PropertyValue,...)
```

 在一个单个的函数中可能有多个 PropertyName 和 Value。

例如，对 $y(x)=(x+1)^3$ 图像的属性进行如下修改：

```
>>set(findobj('Type','line'),'LineStyle','--')
```

产生的结果图像如图 30-3 所示。

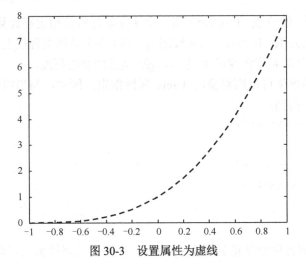

图 30-3　设置属性为虚线

如果想要对比前后图形状态的变化，可以在 MATLAB 命令行窗口中输入下面的代码，具体设置如下：

```
>>plot(peaks)
>>set(findobj('Type','line'),'Color','k')
```

结果如图 30-4 所示。

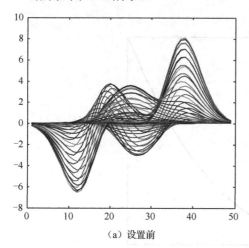

（a）设置前

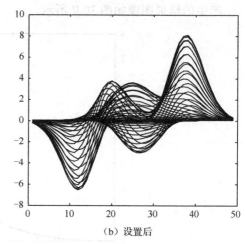

（b）设置后

图 30-4　图形状态的变化对比

30.2　位置和单位

许多 MATLAB 对象都包括位置（Position）属性，它用来指定对象在计算机屏幕上的位置和大小，但这个属性在不同类型的对象中会有细节上的差别。

30.2.1　图像对象的位置

一个图像（图）的位置（Position）用一个 4 元素行向量指定在计算机屏幕中的位置。在这个向量中的值为[left bottom width height]，其中 left 是指图像的左边界，bottom 是指图像的底边界，width 是指图像的宽度，height 是指图像的高度。

这些位置值的单位可以用对象的 Units 属性指定。例如，与当前图像的位置和单位可以用下面的语句得到：

```
>>get(gcf,'Position')
ans=
    440    378    560    420
>>get(gcf,'Units')
ans=
pixels
```

单位（units）属性的默认值为像素（pixels），但是它的属性值还可以为英尺（inches）、公分（centimeters）、点（points），或归一化坐标（normalixed coordinates）。像素代表了屏幕像素，即在屏幕上可表示出来的最小的对象。典型的计算机屏幕最小分辨率为640×480，在屏幕的每一个位置都有超过 1000 的像素。因为像素数因计算机屏幕的不同而不同，所以指定对象的大小也会随之改变。

归一化坐标是在 0 到 1 范围内。在归一化坐标中，屏幕的左下角为[0,0]，右上角为[1.0, 1.0]。如果对象的位置用归一化坐标系的形式描述，那么不同分辨率显示器上对象的相对位置是固定的。例如，下面的语句创建了一个图像，把图像放置在屏幕的上部，而不用考虑显示器的大小。

```
>>H=figure(1)
>>set(H,'units', 'normalized','position',[0 .5 .5 .45])
```

 如果想把对象放置在窗口的特定位置，最好的方法是用归一化坐标，因为不用考虑显示器的大小。

30.2.2　坐标系对象和 uicontrol 对象的位置

坐标系对象和 uicontrol 对象的位置同样可以用一个 4 元素向量表示，但它是相对于 figure 对象的位置。一般说来，所有子对象的 position 属性都与它的父对象相关。

坐标系对象在一图像内的位置是由归一化单位指定的，默认情况为(0,0)代表图像的左下角，(1,1)代表图像的右上角。

30.2.3　文本对象的位置

与其他对象不同，文本（text）对象有一个位置属性，包含两个或三个元素，这些元素为坐标系对象中文本对象的 x、y 和 z 坐标。

 都显示在坐标轴上。

放置在某一特定点的文本对象的位置可由这个对象的 HorizontalAlignment 和 VerticalAlignment 属性控制。HorizontalAlignment 的属性可以是{Left}、Center、或 Right。VerticalAlignment 的属性值可以为 Top、cap、{Middle}、Baseline 或 Bottom。文本对象的大小由字体大小和字符数决定，所以没有高度和宽度值与之相关连。

例如，设置一个图像内对象的位置，文本对象的位置与坐标系的位置相关。为了说明如何在一图像窗口中设置图形对象的位置，请参考以下程序，用此程序在单个图像窗口内创建两个交迭的坐标系。第一个坐标系将用来显示函数 sin$x$ 的图像，并带有相关文本说明。第二个坐标系用来显示函数 cos$x$ 的图像，并在坐标系的左下角显示相关的文本说明。

例 30-2　编写一个程序。要求说明图形对象的位置，创建两幅图形，一幅是关于

sin(x/2)的，另一幅是关于 cos(2x)的。

将代码保存在 eg30_2.m 中，具体如下：

```
%定义变量
%H1 -sin 句柄
%H2 -cos 句柄
%Ha1 -第一轴句柄
%Ha2 -第二轴句柄
%x -变量
%y1 --sin(x/2)
%y2 --cos(2x)
%计算 sin(x/2)、 cos(2x)
x=-2*pi:pi/10:2*pi;
y1=sin(x/2);
y2=cos(2*x);
%创建新图
figure;
%绘图 sin(x/2).
Ha1=axes('Position',[.05 .05 .5 .5]);
H1=plot(x, y1);
set(H1,'LineWidth',2);
title('\bfPlot of sin \itx/2');
xlabel('\bf\itx');
ylabel('\bfsin \itx/2');
axis([-8 8 -1 1]);
%绘图 cos(2x).
Ha2=axes('Position',[.45 .45 .5 .5]);
H2=plot(x, y1);
set(H2,'LineWidth',2,'Color','r','LineStyle','--');
title('\bfPlot of cos \it2x');
xlabel('\bf\itx');
ylabel('\bfcos \it2x');
axis([-8 8 -1 1]);
axes(Ha1);
text(-4,-1,'min(x)\rightarrow','HorizontalAlignment','right');
axes(Ha2);
text(0,0,'对称点');
```

当这个程序执行后，产生的图像如图 30-5 所示。

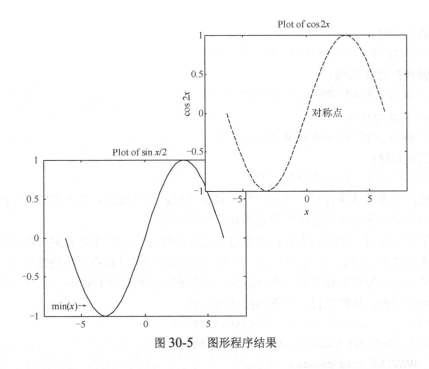

图 30-5 图形程序结果

30.3 默认属性和通用属性

MATLAB 每个对象内置的默认属性均是出厂时的默认属性。通用属性是所有句柄图形对象都具有的一组属性。

30.3.1 默认属性

为了改变这些默认属性,用户必须使用 set() 和 get() 函数来设置和获取相应的属性值。如果用户不想用内置的默认属性创建对象,MATLAB 也允许用户设置自己的默认属性。

用户既可以改变单个对象的默认属性,也可以改变对象分级图中某类对象的默认属性。在创建一个对象时,MATLAB 首先在父对象这一层寻找默认属性值,如果没有找到,就沿着对象层次结构向上查找,直到找到一个默认属性值或者找到内嵌的出厂默认值。

用户可以通过使用一种特殊的属性名字符串来设置任何一个层次的对象的默认属性值。该字符串由 Default 开始,后边紧跟对象的类型名和属性名。用户在 set() 中所使用的句柄决定了设置的默认值应用的对象范围。

例如,如果希望在当前的图形窗口中指定 line 对象的 LineWidth(线的宽度)属性为 1.5 个点宽,可以使用以下语句:

```
>>set(gcf,'DefaultLineLineWidth',1.5)
```

如果想设置其他的默认属性值,请参考如下的设置命令。
设置较大的轴:

```
set(0,'DefaultAxesFontSize',14)
```

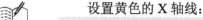

设置粗轴线：

```
set(gcf,'DefaultAxesLineWidth',2)
```

设置黄色的 X 轴线：

```
set(gcf,'DefaultAxesXColor','y')
```

设置 Y 轴为格线：

```
set(gcf,'DefaultAxesYGrid','on')
```

取消坐标轴：

```
set(0,'DefaultAxesBox','on')
```

当用户改变默认属性时，只有那些在设置语句之后生成的对象才会使用新的默认属性，而已经存在的对象仍然保持原来的默认属性不变。

当用户需要对一个已经存在的对象进行操作处理时，最好在处理完后将这些对象恢复到原来的状态。例如，如果用户在一个 M 文件中改变了已存在对象的默认属性，那么最好先将该对象原来的默认属性保存起来，在处理完毕要退出程序时，再将这些对象的默认属性恢复到最初的设置，如下面的代码所示：

```
oldunits = get(0,'DefaultFigureUnits');
set(0,'DefaultFigureUnits','normalized');
    <MATLAB statements>
set(0,'DefaultFigureUnits',oldunits);
```

要想使 MATLAB 在任何时候都使用用户定义的默认值，只需要在 startup.m 文件中包含相应的 set 命令或命令组即可，例如：

```
set(0,'DefaultAxesXGrid','on')
set(0,'DefaultAxesYGrid','on')
set(0,'DefaultAxesZGrid','on')
set(0,'DefaultAxesBox','on')
set(0,'DefaultFigurePaperType','A4')
```

这些命令表明无论何时创建图形对象，都显示坐标栅格线，并显示封闭的坐标轴边框，另外将默认的纸张大小设置为 A4 纸。由于这些设置都是在根一级的对象进行的，因此这些设置将影响图形窗口中的每一个对象。

MATLAB 提供了三个特殊的属性值字符串用于取消、覆盖或查询用户自定义的默认属性，它们是 remove、factory 和 default。例如，如果用户改变了一个对象的默认属性，可以使用特殊属性值 remove 来取消这次改动，从而将该对象的属性重新设置为它原来的默认值，例如：

```
>>set(0,'DefaultFigureColor',[.5 .5 .5])    % set a new default
>>set(0,'DefaultFigureColor','remove')       % return to MATLAB defaults
```

为了临时覆盖用户设置的默认属性，或临时在某一特定对象上使用 MATLAB 出厂默认属性值，可以使用特殊属性值 factory，例如：

```
>>set(0,'DefaultFigureColor',[.5 .5 .5])% set a new user default
>>figure('Color','factory')                    %figure using default color
```

第三个特殊属性值字符串 default 强迫 MATLAB 沿着对象层次结构向上搜索，直到找到所需要的属性默认值。

如果能够找到这个默认值，就使用这个默认值；如果已经到达了根对象还没有找到所需的默认值，就使用 MATLAB 出厂默认值。该特殊属性值，在用户已经使用非默认属性值生成了对象，但希望将属性值重新设为默认属性时，非常有效，例如：

```
>>set(0,'DefaultLineColor','r')      %set default at the root level
>>set(gcf,'DefaultLineColor','g')    %current figure level default
>>Hl_rand = plot(rand(1,10));        %plot a line using 'ColorOrder' color
>>set(Hl_rand,'Color','default')     %the line becomes green
>>close(gcf)                         %close the window
>>Hl_rand = plot(rand(1,10));% plot a line using 'ColorOrder' color again
>>set(Hl_rand,'Color','default')     %the line becomes red
```

plot()函数在正常情况下，不会使用线条对象的默认值作为其绘制的线条颜色。如果用户没有在 plot()函数的参数中指定颜色，那么就用坐标轴的 ColorOrder 属性值来设置它绘制的每一条线条的颜色。

要想获得所有的出厂默认属性值列表，可以使用下面的命令：

```
>>get(0,'factory')
```

要想获得对象层次结构中任何一层所设置的默认属性，可以使用下面的命令：

```
>>get(handle,'default')
```

根对象包含了大量颜色属性的默认值以及图形初始创建位置属性的默认值，如下所示：

```
>>get(0,'default')
ans=
            defaultFigurePosition: [440 378 560 420]
                 defaultTextColor: [0 0 0]
                defaultAxesXColor: [0 0 0]
                defaultAxesYColor: [0 0 0]
                defaultAxesZColor: [0 0 0]
            defaultPatchFaceColor: [0 0 0]
            defaultPatchEdgeColor: [0 0 0]
                 defaultLineColor: [0 0 0]
       defaultFigureInvertHardcopy: 'on'
                 defaultAxesColor: [1 1 1]
            defaultAxesColorOrder: [7x3 double]
             defaultFigureColormap: [64x3 double]
          defaultSurfaceEdgeColor: [0 0 0]
              defaultFigureColor: [0.1000 0.5000 0.5000]
```

例如，对坐标轴设置默认属性，用如下命令：

```
>>whitebg('w') %create a figure with a white color scheme
set(0,'DefaultAxesColorOrder',[0 0 0],...
```

```
'DefaultAxesLineStyleOrder','-|--|:|-.')
```

接下来调用 plot()函数，用如下命令：

```
>>Z=peaks;
plot(1:49,Z(4:7,:))
```

结果如图 30-6 所示。

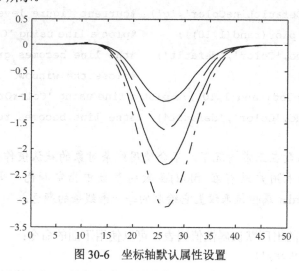

图 30-6　坐标轴默认属性设置

30.3.2　通用属性

ButtonDownFcn、CreateFcn 和 DeleteFcn 都表示回调过程。回调就是当对象属性所描述的动作发生时需要执行的 MATLAB 代码。在大多数情况下，这些代码都是以函数的形式出现的。

Parent 和 Children 属性均包含了对象层次结构中其他对象的句柄。

Clipping 属性用来设置在坐标轴的子对象显示时，是否进行范围限制。除文本对象外，当 Clipping 为 on（on 为 Clipping 的默认值）时，坐标轴的其他子对象在显示时都可能会被削减，以便使它们显示在有效的坐标轴范围之内。

Interruptible 和 BusyAction 属性用于控制当前一个回调正在执行时，如何执行下一个回调。

Type 是一个标识对象类型的字符串。当一个对象是图形的 CurrentObject 时，则该对象的 Selected 属性值就为 on，SelectionHightlight 属性决定了在该对象被选中时是否改变外观。HandleVisibility 属性用于指定对象句柄是可见、不可见或者只在回调时可见。

如果有必要，根对象的 ShowHiddenHandles 属性将覆盖所有子对象的 HandleVisibility 属性。如果对象的 Visible 属性被设置为 off，那么该对象将不会显示出来（但该对象仍存在于原来的位置，并且它的对象句柄仍有效），并且它不会被重新绘制。将 Visible 设置为 on 会使该对象在屏幕上显示出来。

Tag 和 UserData 属性是为用户保留的，Tag 属性通常用来给一个对象加上标示性的标签，例如：

```
>>set(gca,'Tag','My Axes')
```

上面的语句给图形中的当前坐标轴添加一个标签 My Axes。

 这个字符串并不显示在坐标轴或者当前图形中，但用户可以通过查询 Tag 属性来标识这个对象。

UserData 属性可以包含用户想要放置的任何变量。字符串、数字、结构体，甚至多维单元数组都可以保存在对象的 UserData 属性中。MATLAB 没有提供函数来改变或预设该属性中所包含的值，这些值只能靠用户来设定和改变。

前面用 get() 和 set() 函数所列出的各个对象的属性都是存档属性，也有一些 MATLAB 开发人员使用无存档或隐藏属性，这些属性其中一部分可以进行修改，而另一部分则是只读属性。

无存档属性虽然不能在 get() 或 set() 的显示列表中显示，但这些属性的确是存在的，并且可以进行修改。用户可以使用根对象的 HideUndocumented 属性（该属性本身也是一个非正式属性）控制 get() 函数是返回所有的属性还是只返回正式属性。

由于无存档属性是有意不存档的，因此用户在使用它们时务必要小心。无存档属性有时不如存档属性那样具有很强的鲁棒性，并且经常发生变化。随着 MATLAB 版本的不断升级，无存档属性在以后也可能会继续存在、消失、发生功能改变，甚至变成存档属性。

表 30-1 给出了所有通用属性的属性名及其描述。

表 30-1　通用属性的属性名及其描述

属 性 名	描　　述
BeingDeleted	该属性标示对象是否能被删除，只有该属性设置为 on 时，用户才可以删除对象
BusyAction	该属性用于控制 MATLAB 句柄如何回调中断
ButtonDownFcn	该属性指定了当鼠标在一个对象上按下时，需要执行的回调代码
Children	该属性返回所有可见的子对象句柄
Clipping	该属性用于激活或者禁用对坐标轴子对象的范围限制（即是否能超出坐标轴范围）
CreateFcn	该属性指定了在一个对象被创建之后需要立即执行的回调代码
DeleteFcn	该属性指定了在一个对象被删除之前需要执行的回调代码
BusyAction	决定该对象的回调过程如何被其他回调过程中断
HandleVisibility	决定该对象的句柄是否在命令行窗口中或执行回调时可见
HitTest	决定该对象是否能够用鼠标选定并成为当前对象
Interruptible	决定该对象的回调是否可以被中断
Parent	该属性返回所有可见的父对象句柄
Selected	确定该对象是否已经被选为当前对象
SelectionHighlight	确定该对象在选定时是否显示可见的选择句柄
Tag	该属性是一个用户自定义的字符串，用来标识对象或给对象添加一个标签。 该属性通常用于 findobj() 函数，例如，findobj(0, 'tag', 'mytagstring')

续表

属 性 名	描 述
Type	该属性是一个标识对象类型的字符串
UIContextMenu	返回与该对象有关的上下文菜单的句柄
UserData	储存与该对象有关的所有用户自定义的变量
Visible	该属性标示对象是否可见

30.4　使用句柄

如果读者希望访问对象的属性，那么最好在创建对象时将对象的句柄赋给一个变量，方便以后对句柄进行重复搜索。

30.4.1　获取对象句柄

root 对象的句柄总是为 0；figure 对象的句柄可以是显示在窗口标题栏中的整数（默认情况下），也可以是一个完全符合 MATLAB 内部浮点数精度的数值。

 除了 root 对象和 figure 对象以外，所有图形对象的句柄都是一个浮点数。用户使用这些句柄数据时必须保证这些数据的全部精度。

 虽然 gcf 和 gca 提供了一个获取当前窗口和坐标轴句柄的方法，但是很少在 M 文件中使用这两个命令，因为一般在设计 MATLAB 程序 M 文件时，不会根据用户行为来获得当前对象。

MATLAB 还提供了一种通过属性搜索对象的方法，即 findobj()函数。findobj()函数能够快速形成一个继承表的横截面并获得具有指定属性值的对象句柄。

如果用户没有指定一个开始搜索的对象，findobj()函数将从 root 对象开始，始终搜索与读者指定属性名和属性值相符的所有事件。例如：

```
>>h=findobj(gca,'Type','line')
h=
    Empty matrix: 0-by-1
```

30.4.2　句柄控制

使用 copyobj()函数可以将一个对象从一个父对象复制到另一个父对象中。新对象与旧对象不同的是其 Parent 属性和句柄。可以同时将多个对象复制到一个新的父对象中，也可以将一个对象复制到多个父对象中而不改变当前的父子关系。

当复制一个有子对象的对象时，同时也复制其所有的子对象。

例如，正在绘制多个数据并且希望标注每个图形点，text()函数将使用字符串和一个左箭头来标注数据点，代码如下：

```
>>h=plot(-2*pi:pi/10:2*pi,cos(-2*pi:pi/10:2*pi));
text(pi,0,'\leftarrowcos(\pi)','FontSize',18)
```

结果如图 30-7 所示。

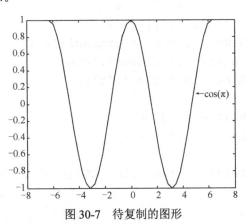

图 30-7　待复制的图形

使用 copyobj()函数复制文本对象的代码如下：

```
>>figure            %Createanewfigure
Axes                %Createanaxesobjectinthefigure
new_handle=copyobj(h,gca);
```

结果如图 30-8 所示。

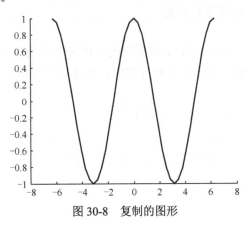

图 30-8　复制的图形

30.4.3　图形控制

MATLAB 允许在同一次运行过程中打开多个图形窗口，所以当一个 MATLAB 程序将创建图形窗口来显示图形并绘制数据时，有必要对某些图形窗口进行保护，以免成为图形输出的目标，而相应的输出窗口要做好接受新图形的准备。

默认情况下，MATLAB R2018a 图形创建函数在当前的图形窗口和坐标轴中显示图形。用户可以通过在图形创建函数中使用明确的 Parent 属性直接指定图形的输出位置。

下面给出一个类似于 plot() 的绘图函数 my_plot()，该函数在绘制多个图形时将循环使用不同的线型，而不是使用不同的颜色，具体代码如下：

```
function myplot(x,y)
cax=newplot;
LSO=['- ';'--';': ';'-.'];
set(cax,'FontName','Times','FontAngle','italic')
set(get(cax,'Parent'),'MenuBar','none')
line_handles=line(x,y,'Color','b');
style=1;
for i=1:length(line_handles)
if style>length(LSO),style=1;
end
set(line_handles(i),'LineStyle',LSO(style,:))
style=style+1;
end
grid on
```

函数 my_plot() 使用低级函数 line() 的语法来绘制数据，虽然 line() 函数并不检查图形窗口和坐标轴的 NextPlot 属性值，但是 newplot 的调用使得函数 my_plot() 与高级函数 plot() 执行相同的操作，即每一次调用该函数时，函数都对坐标轴进行清除和重置。

my_plot() 函数是使用 newplot() 函数返回的句柄来访问图形窗口和坐标轴。该函数还设置了坐标轴的字体属性，并禁止使用图形窗口的菜单。调用 my_plot() 函数的绘图结果如图 30-9 所示。

```
>>myplot(1:2*pi,sin(1:2*pi))
```

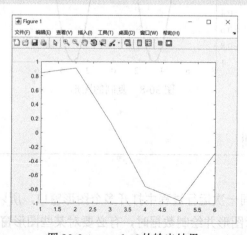

图 30-9　my_plot() 的输出结果

30.4.4　保存句柄

图形 M 文件经常使用句柄来访问属性值，并通过句柄直接定义图形输出的目标。MATLAB 提供一些有用的函数来获得图形关键对象（如当前窗口和坐标轴）的句柄。

为了保存句柄信息，通常在 M 文件的开始处保存 MATLAB 相关的状态信息。

例如，下面代码：

```
>>cax=newplot;
>>cfig=get(cax,'Parent');
>>hold_state=ishold;
```

有些内置函数可以修改坐标轴的属性以实现某种特定的效果，这些函数可能会对 M 文件产生一定的影响。

表 30-2 列出了一些 MATLAB 的内置函数以及它们所修改的属性。注意这些属性仅在 hold 设置为 off 时才会发生变化。

表 30-2　MATLAB 的内置函数修改的属性

函 数 名	坐标轴属性（改变后）	函 数 名	坐标轴属性（改变后）
fill	Box:onCameraPosition: 2-DviewCameraTarget: 2-Dview CameraUpVector:2-D viewCameraViewAngle: 2-Dview CameraPosition:3-D viewCameraTarget:3-D viewCameraUpVector: 3-Dview	plot	Box:onCameraPosition 2-DviewCameraTarget 2-Dview CameraUpVector:2-D viewCameraViewAngle: 2-Dview CameraPosition:3-D viewCameraTarget:3-D viewCameraUpVector: 3-Dview
Fill3	CameraViewAngle:3-D viewXScale:linear YScale:linearZScale: Linear Box:onLayer:top CameraPosition:2-D viewCameraTarget:2-D viewCameraUpVector: 2-Dview	Plot3	CameraViewAngle:3-D viewXScale:linear YScale:linearZScale: linear

续表

函 数 名	坐标轴属性（改变后）	函 数 名	坐标轴属性（改变后）
Image (high-level)	CameraViewAngle:2-D viewXDir:normalXLim: [0size(CData,1)]+0.5 XLimMode:manual YDir:reverseYLim:[0 size(CData,2)]+0.5 YLimMode:manual Box:onCameraPosition: 2-DviewCameraTarget: 2-Dview	semilogx	Box:onCameraPosition: 2-DviewCameraTarget: 2-Dview CameraUpVector:2-D viewCameraViewAngle: 2-DviewXScale:log YScale:linear
loglog	CameraUpVector:2-D viewCameraViewAngle: 2-DviewXScale:log	Semilogy	Box:onCameraPosition: 2-DviewCameraTarget: 2-Dview CameraUpVector:2-D viewCameraViewAngle: 2-DviewXScale:linear YScale:log

30.4.5　句柄操作实例

例 30-3　在树形图下截取一段图像，并在其上对句柄进行操作来彩绘图像。

MATLAB 代码保存在 eg30_3.m 中，具体如下：

```
clf reset,t=(0:40)/20;
r=2-tan(pi*t);
[x,y,z]=cylinder(r,40);
[C,CMAP]=imread('trees.tif');%读 trees 图
CC=double(C)+1;
%彩绘
surface(x,y,z,'Cdata',flipud(CC),'FaceColor','texturemap','EdgeColor'
,'none','CDataMapping','direct','Ambient',0.6,'diffuse',0.8,'speculars',0.9)
colormap(CMAP)
view(3),axis off
```

结果如图 30-10 所示。

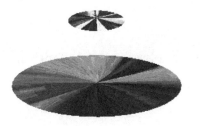

图 30-10　彩绘图

30.5 本章小结

　　本章着重介绍了 MATLAB 的句柄图形，包括句柄、位置和单位、默认属性、通用属性、句柄使用方法等。如果要修改所创建对象的属性，就要保存对象的句柄，为以后调用函数 get()和 set()做准备。如果有可能的话，限定函数 findobj()的搜索范围能加快函数的运行速度。

　　图形对象属性函数命令、属性名不胜枚举，感兴趣的读者可以通过 MATLAB 帮助文档得到所有属性的相关介绍。

第31章

图形用户界面

MATLAB 本身提供了很多图形用户界面。一些 MATLAB 工具的出现，不仅提高了设计和分析效率，而且改变了原先的设计模式，引发出新的设计思想，正在改变着人们的设计和分析理念。

如果向别人提供某种新的设计分析工具，想体现某种新的设计分析理念，想进行某种技术、方法的演示，那么图形用户界面也许是最好的选择。本章将继上一章之后，着重介绍图形用户界面（GUI）的设计。

学习目标

（1）熟练掌握图形用户界面的设计。
（2）熟悉 GUI 设计。
（3）熟悉回调函数。

31.1　图形用户界面入门

图形用户界面接口（GUI）是一个整合了诸如窗口、图标、按钮、菜单和文本这些图形对象的接口。

31.1.1　图形用户界面实例

图形用户界面是指用户和计算机之间或者用户和计算机程序之间进行通信的场所和实现交互的地方。

以某种方式选中或者激活这些对象通常都会导致某个动作或者变化发生。最常用的激活方法就是用鼠标或者其他方式点击定点设备来控制屏幕上指针或光标的移动，并通过按下鼠标按键通知应用程序选中了，以发出一个或者选中对象或执行其他动作的信号。

下面引入一个图形用户界面的实例，学习什么是图形用户界面以及怎样设计一个自己所需的图形界面。

例 31-1　设计一个如图 31-1 所示的界面，要求在编辑框中输入一个数字，在坐标图上显示相应的函数图像。

首先在 MATLAB 中打开如图 31-2 所示的 GUIED 界面。

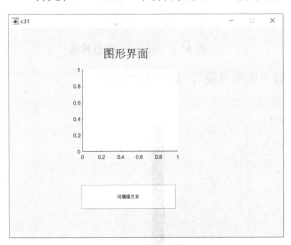

图 31-1　图形界面实例　　　　　　　图 31-2　GUI 模板设置界面

在图 31-2 上单击"确定"按钮，弹出如图 31-3 所示的 GUI 设计界面。

在图 31-3 中选取预先设计的界面，如图 31-4 所示。

双击图 31-4 上的 axes1 和 edit text，分别弹出如图 31-5 和图 31-6 所示的参数设置界面。

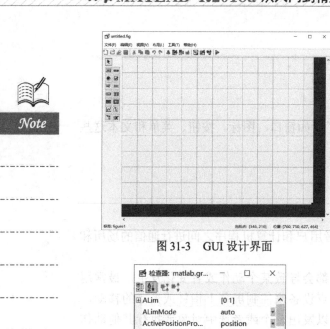

图 31-3　GUI 设计界面

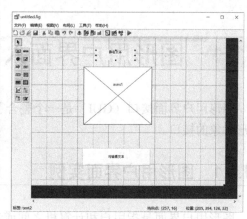

图 31-4　设计图

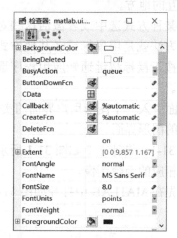

图 31-5　axes1 参数界面　　　　　　　图 31-6　edit text 参数界面

在图 31-4 上双击 static text，输入标题"图形界面"，如图 31-7 所示。

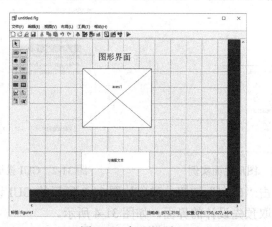

图 31-7　标题设置

接下来新建一个 M 文件，代码如下：

```
function f=myfun(x,a)
f=(a*x.^2+1);
```

在图 31-7 上单击工具栏中的运行按键，弹出一个 M 文件，如图 31-8 所示。

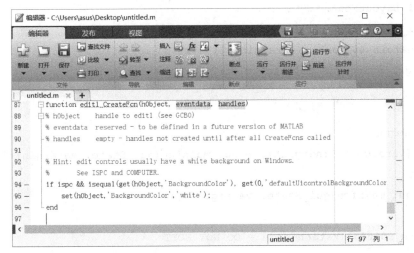

图 31-8　GUI 设置代码

在 MATLAB 已经生成好的编辑器上（见图 31-8）编写如下代码：

```
function varargout = c31(varargin)
% C31 MATLAB code for c31.fig
%   C31, by itself, creates a new C31 or raises the existing
%   singleton*.
%
%   H=C31 returns the handle to a new C31 or the handle to
%      the existing singleton*.
%
%      C31('CALLBACK',hObject,eventData,handles,...) calls the local
%      function named CALLBACK in C31.M with the given input arguments.
%
%   C31('Property','Value',...) creates a new C31 or raises the
%   existing singleton*.  Starting from the left, property value pairs are
%   applied to the GUI before c31_OpeningFcn gets called.  An
%   unrecognized property name or invalid value makes property application
%   stop.  All inputs are passed to c31_OpeningFcn via varargin.
%
%   *See GUI Options on GUIDE's Tools menu.  Choose "GUI allows only one
%   instance to run (singleton)".
%
% See also: GUIDE, GUIDATA, GUIHANDLES

% Edit the above text to modify the response to help c31

% Last Modified by GUIDE v2.5 07-Sep-2012 11:25:29

% Begin initialization code - DO NOT EDIT
gui_Singleton = 1;
gui_State = struct('gui_Name',       mfilename, ...
'gui_Singleton',  gui_Singleton, ...
'gui_OpeningFcn', @c31_OpeningFcn, ...
```

```
'gui_OutputFcn',  @c31_OutputFcn, ...
'gui_LayoutFcn',  [] , ...
'gui_Callback',   []);
if nargin && ischar(varargin{1})
    gui_State.gui_Callback = str2func(varargin{1});
end

if nargout
    [varargout{1:nargout}] = gui_mainfcn(gui_State, varargin{:});
else
    gui_mainfcn(gui_State, varargin{:});
end
% End initialization code - DO NOT EDIT
% --- Executes just before c31 is made visible.
function c31_OpeningFcn(hObject, eventdata, handles, varargin)
% This function has no output args, see OutputFcn.
% hObject    handle to figure
% eventdata  reserved - to be defined in a future version of MATLAB
% handles    structure with handles and user data (see GUIDATA)
% varargin   command line arguments to c31 (see VARARGIN)

% Choose default command line output for c31
handles.output = hObject;

% Update handles structure
guidata(hObject, handles);

% UIWAIT makes c31 wait for user response (see UIRESUME)
% uiwait(handles.figure1);
% --- Outputs from this function are returned to the command line.
function varargout = c31_OutputFcn(hObject, eventdata, handles)
% varargout  cell array for returning output args (see VARARGOUT);
% hObject    handle to figure
% eventdata  reserved - to be defined in a future version of MATLAB
% handles    structure with handles and user data (see GUIDATA)
% Get default command line output from handles structure
varargout{1} = handles.output;
function edit1_Callback(hObject, eventdata, handles)
% hObject    handle to edit1 (see GCBO)
```

```
% eventdata  reserved - to be defined in a future version of MATLAB
% handles    structure with handles and user data (see GUIDATA)

get(hObject,'String');% 从编辑框读取输入字符
a=str2double(get(hObject,'String')) %把字符转成双精度
handles.x=0:.05:1;%定义横坐标采样点
handles.f=myfun(handles.x,a);%连接定义函数
cla%清空坐标轴
line(handles.x,handles.f)%在已有轴上绘制曲线

% --- Executes during object creation, after setting all properties.
function edit1_CreateFcn(hObject, eventdata, handles)
% hObject    handle to edit1 (see GCBO)
% eventdata  reserved - to be defined in a future version of MATLAB
% handles    empty - handles not created until after all CreateFcns called

% Hint: edit controls usually have a white background on Windows.
%       See ISPC and COMPUTER.
ifispc&&isequal(get(hObject,'BackgroundColor'),
get(0,'defaultUicontrolBackgroundColor'))
    set(hObject,'BackgroundColor','white');
end
```

设置完代码后，点击图 31-8 上的运行按钮（三角形键），开始弹出图 31-1 所示的界面，并在编辑框中输入−3，观察图形变化，如图 31-9 所示。

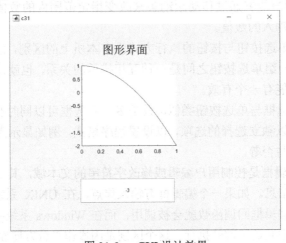

图 31-9　GUI 设计效果

总的来说，GUI 是计算机和用户之间用来交换信息的方法。例如，计算机可以通过在计算机屏幕上显示文本和图形，并且还能利用扬声器发出声响向用户提供信息。用户可以利用诸如键盘、鼠标、跟踪球、绘图板或者麦克风等输入设备向计算机提供信息和计算机进行通信。

对于一台计算机、一个操作系统或应用程序而言，用户界面接口是一个十分重要的因素。它定义了计算机、操作系统或者说应用这些系统或程序提供给人的视觉外观和使用感觉。

31.1.2 GUI 组件

图 31-3 上的红框中就是 GUI 的基本组件，在空白模板中 GUIDE 提供了用户界面控件以及界面设计工具集来实现用户界面的创建工作。用户界面控件分布在界面设计编辑器的左侧，如图 31-10 所示。

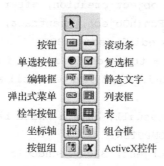

按钮　　　　　　　　滚动条
单选按钮　　　　　　复选框
编辑框　　　　　　　静态文字
弹出式菜单　　　　　列表框
栓牢按钮　　　　　　表
坐标轴　　　　　　　组合框
按钮组　　　　　　　ActiveX控件

图 31-10　GUIDE 组件

下面简单介绍主要控件的概念和特点。

- 按钮：通过鼠标单击按钮可以实现某种行为（按钮下陷和弹起等），并调用相应的回调子函数。
- 滚动条：用户能够通过移动滚动条来改变指定范围内的数值输入，滚动条的位置代表用户输入的数值。
- 单选按钮：单选按钮与按钮的执行方式没有本质上的区别，但是单选按钮通常以组为单位，一组单选按钮之间是一种互相排斥的关系，也就是说任何时候一组单选按钮中只能有一个有效。
- 复选框：复选框与单选按钮类似，只是多个复选框可以同时有效。复选框为用户提供一些可以独立选择的选项，以设置程序模式，例如显示工具条与否及生成回调函数原型与否等。
- 编辑框：编辑框是控制用户编辑或修改字符串的文本域，其 String 属性包含用户输入的文本信息。如果一个编辑框有输入焦点，在 UNIX 系统中，单击图形窗口的菜单栏，编辑框回调函数就会被调用，而在 Windows 系统中，单击图形窗口不会导致编辑框回调函数的执行。这个区别是因操作平台方便性考虑而设定的。
- 静态文本：静态文本通常作为其他控件的标签使用，用户不能采用交互方式修改静态文本或调用响应的回调函数。
- 弹出式菜单：弹出式菜单将打开并显示一个由其 String 属性定义的选项列表。当用户希望提供一些相互排斥的选项，但不希望使用一系列占用有限空间的单选按钮时，弹出式菜单将非常有用。
- 列表框：列表框显示由其 String 属性定义的一系列列表项，并使用户能够选择其中的一项或多项。

- 拴牢按钮：拴牢按钮能够产生一个二进制状态的行动（on 或 off）。单击该按钮将使按钮的外观保持下陷状态，同时调用响应的回调函数。再次单击该按钮将使按钮弹起，同时也要调用回调函数。拴牢按钮的回调函数首先要对按钮的状态进行查询，然后才能决定相应的行为。
- 坐标轴：坐标轴使用户的 GUI 可以显示图片，像所有的图像对象一样，坐标轴可以设置许多关于外观和行为的参数。
- 组合框：组合框是图形窗口中的一个封闭区域，它把相关联的控件（例如一组单选按钮）组合在一起，使得用户界面更容易理解；组合框可以有自己的标题以及各种边框。
- 按钮组：按钮组类似于组合框，但是它可以响应关于单选按钮和拴牢按钮的高级属性，例如单选按钮之间的互斥属性。

基本的 GUI 元素总结在表 31-1 中。

表 31-1　GUI 基本组件

元　素	创建元素的函数名	描　述
图形控件按钮（pushbutton）	uicontrol	单击它将会产生一个响应
开关按钮（togglebutton）	uicontrol	开关按钮有两种状态，on 和 off，每单击一次改变一次状态。每单击一次产生一个响应
单选按钮（radiobutton）	uicontrol	当单选按钮处于 on 状态时，则圆圈中有一个点
复选按钮（checkbox）	uicontrol	当复选按钮处于 on 状态时，复选按钮中有一个对号
文本编辑框（editbox）	uicontrol	编辑框用于显示文本字符串，并允许用户修改所要显示的信息。当按下回车键后将产生响应
列表框（listbox）	uicontrol	列表框可显示一系列文本字符串，可用单击或双击选择其中的一个字符串。当用户选择了其中一个字符串后，它将会有一个响应
下拉菜单（popup Menus）	uicontrol	下拉菜单用于显示一系列的文本字符串，当单击时将会产生响应。当下拉菜单没有点击时，只有当前选择的字符串可见
滑动条（slider）	uicontrol	每改变一次滑动条都会有一次响应
静态元素 框架（frame）	uicontrol	框架是一个长方形，用于联合其他控件。而它不会产生反应
文本域（textfield）	uicontrol	标签是在图像窗口内某一点上的字符串
菜单和坐标系 菜单项（menuitems）	Uimenu	创建一个菜单项。当鼠标在它们上单击时，它将会产生一个响应
右键菜单（contextmenus）	Uicontextmenu	创建一个右键菜单
坐标系（axes）	Axes	用来创建一个新的坐标系

如果对 GUI 设计感兴趣，不妨参照此表去设计自己的界面格式。

31.1.3　对象层次结构

实际上，MATLAB 是利用一系列函数来创建图形用户接口的。这些函数主要用来创建用户接口（UI）类型的句柄图形对象，为了使读者方便阅读，将该图重新绘制如下。

用图形命令生成的都是图形对象。这些对象包括 uimenu、uicontrol 和 uicontextmenu 对象以及图形，还有坐标轴及其子对象。

对象层次结构图如图 31-11 所示，表明计算机屏幕本身就是根对象，并且图形是这个根对象的子对象；坐标轴、uiminu、uicontrol 和 uicontextmunu 都是图形的子对象。

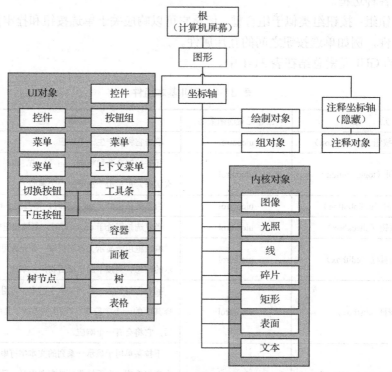

图 31-11　对象层次结构图

图中的 UI 对象组包含众多类型的 GUI 对象，表 31-2 对这些对象进行了总结。

表 31-2　UI 对象

UI 对象	描　　述
uicontrol	通用用户接口控制对象，有以下几种类型：checkbox（复选框）、edit（文本编辑框）、frame（组选框）、listbox（列表框）、popupmenu（下拉式菜单）、pushbutton（按钮）、radiobutton（单选按钮）、slider（滑动框）、text（静态文本框）、togglebutton（切换按钮）。以上所有的 uicontrol 对象都是图形对象的子对象
uimenu	用户接口菜单对象。当用来创建图形窗口顶部的菜单时，为图形对象的子对象；当用来创建菜单项或子菜单时，则为其他 uimenu 对象的子对象

UI 对象	描　　述
uicontextmenu	用户接口上下文菜单对象，是图形对象的子对象。该对象的句柄通常出现在包含上下文菜单的句柄图形对象的 UIContextMenu 属性中。所有的 uicontextmenu 对象都包含一个或多个 uimenu 子对象用于创建其菜单项
uitoolbar	用户接口工具条对象，是图形对象的子对象。工具条对象通常包含一系列切换按钮（uitoggletool 对象）和按钮（uipushtool 对象）
uitoggletool	用户接口双向切换按钮，通常位于工具条上，是 uitoolbar 对象的子对象
uipushtool	用户接口瞬时下压按钮，通常位于工具条上，是 uitoolbar 对象的子对象
uitable	用户接口制表对象，是图形对象的子对象。一个制表对象就像一个电子表格一样具有多个行和列
uitree	用户接口树结构对象，是图形对象的子对象。树结构对象通常用于创建可视化的分级信息。例如，MATLAB 的 Help 窗口中的 Help Navigator 区域内的 Content 表项，给出的就是一个 MATLAB 帮助信息的可视化分级树状图。另外，用户通常在 Windows 的资源管理器中看到的文件夹及其子文件夹的树状结构也是 uitree 对象的一个实例
uitreenode	用户接口树节点对象，通常用来定义一个 uitree 对象中的节点
uibuttongroup	用户接口容器对象，是图形对象的子对象。通常以 uicontrol 对象以及其他句柄图形对象为其子对象。uibuttongroup 对象的主要作用是管理其所包含的排他性选择按钮（包括单选按钮和切换按钮）的行为
uicontainer	用户接口容器对象，通常包含一些其他的用户接口对象，并成为这些对象的父对象。uicontainer 对象中的子对象的位置和移动属性都是相对于该容器对象而言的
uipanel	用户接口容器对象。与 uicontainer 对象相似，该对象也包含一些其他的用户接口对象，并成为这些对象的父对象。不过，uipanel 对象具有可以设置的边界和标题

从上面的表格可以看出，uicontrol 对象包含 10 种不同的类型，每种类型都用于创建特定的 GUI 对象。这些类型都是创建图形用户接口的基础构件。

31.2　GUI 设计

在上一节中，读者初步认识到了什么是 GUI。本节将主要介绍 GUI 的深层次编程设计方法。

31.2.1　GUI 与 M 文件

在前一节中，已经举了一个关于 GUI 调用 M 文件的实例。实际上，GUI 包含许多可以使软件与用户中断进行交互的用户界面组件，GUI 的实现任务之一就是控制这些组件如何响应用户的行为。

对应用程序 M 文件代码进行详细分析的目的就是要通过了解 GUIDE 创建应用程序

M 文件的功能，从而实现 GUI 的规划。

MATLAB 通过创建应用程序 M 文件为 GUI 控制程序提供一个框架。这个框架孕育着一种高效而坚固的编程方法，即所有代码（包括回调函数）都包含在应用程序 M 文件中，这就使得 M 文件仅有一个入口可以初始化 GUI 或调用相应的回调函数以及 GUI 中希望使用的任意帮助子程序。无论用户是否使用 GUIDE 来创建应用程序 M 文件，这里所说的编程技术对用户进行 GUI 编程都是有用的。

GUIDE 给添加到应用程序 M 文件中的回调子函数自动命名。GUIDE 还将 Callback 属性值设置为一个字符串，使用户激活控件时该子函数能够被调用。首先说明 GUIDE 如何为回调子函数命名。

当用户在 GUI 界面中添加一个组件时，GUIDE 为该组件的 Tag 属性指定一个用来生成回调函数名称的值。例如，假设用户添加到界面中的第一个按钮被称为 pushbutton1，当用户保存或激活图形窗口时，GUIDE 在应用程序 M 文件中添加一个名为 pushbutton1_Callback 的回调子函数。

应用程序 M 文件根据 GUI 调用文件时所传递的参数类型来决定有待执行的行为。例如，如果不向 M 文件传递任何参数，则调用 M 文件将会发布该 GUI（如果此时用户指定了一个 M 文件的输出参数，那么 M 文件将返回 GUI 图形窗口的句柄）。

如果使用一个子函数名作为传递给 M 文件的第一个参数，那么调用 M 文件将会执行指定的子函数（通常是回调子函数）。应用程序 M 文件包含一个调度函数，该函数可以使 GUI 能够根据调用方式决定执行路径。应用程序 M 文件调度函数的功能是通过在 if 语句中使用 gui_mainfcn 函数实现的。

在调用 M 文件时，gui_mainfcn 函数将执行字符串参数所指定的子函数。gui_mainfcn 函数在一个调试语句块中执行，这是因为当 GUI 视图调用不存在的子函数（找不到与传递参数名称相同的子函数）或调用发生错误时能够得到正确的处理。

以下是 GUIDE 生成的调度函数功能代码（用户不能够修改）：

```
if nargin && ischar(varargin{1})
    gui_State.gui_Callback = str2func(varargin{1});
end

if nargout
    [varargout{1:nargout}] = gui_mainfcn(gui_State,
    varargin{:});
else
    gui_mainfcn(gui_State, varargin{:});
end
```

任何由子函数返回的输出参数都将通过该函数返回 GUI。虽然 GUIDE 生成的回调子函数的参数是明确的，但是参数列表的长度是变化的，这是由于输入参数 varargin 其实可以是多个参数，用户可以在调用 M 文件时通过该参数给被调用的子函数赋予任意多个用户所需的参数。用户可以通过编辑 Callback 属性字符串来传递额外的参数。

31.2.2　GUI 初始化

首先，应用程序 M 文件使用 OpeningFcn 命令来装载 GUI 图形窗口，格式如下：

```
Function OpeningFcn(hObject, eventdata, handles, varargin)
```

这个语句打开的 FIG 文件名是源于应用程序 M 文件的，如果用户使用由 GUIDE 创建的应用程序 M 文件，那么用户必须保证 FIG 文件与 M 文件同名。

应用程序 M 文件自动包含如下管理 GUI 的有效技术。

- 单个/多个实例控制。当设计 GUI 时，用户必须明确选择是否允许 GUI 图形窗口的多个实例窗口存在。
- GUI 图形窗口在屏幕中的位置不受目标计算机屏幕和分辨率的影响。
- 自动创建 GUI 组件句柄结构体。
- 自动命名 Tag 属性、生成子函数原型并指定回调属性字符串，guidata(hObject, handles)。
- 单个 M 文件同时包含 GUI 初始化和回调函数执行代码。

用户可以使用相同的方法访问隐藏的图形窗口句柄，例如，假设窗口的 Tag 属性为 figure1，则 handles.figure1 就是图形窗口的句柄。应用程序 M 文件使用 handles 和 guidata 来创建并存储句柄结构体。

只有那些 Tag 属性值为有效字符串的对象的句柄才能够保存在句柄结构中。可以使用 isvarname 来确定字符串是否有效。句柄结构体是传递给所有回调函数的参数之一，因而用户可以使用这个结构体来保存数据，并在子函数之间传递。

31.3　回调函数

句柄图形和 GUI 函数都充分利用回调来扩展用户选择的任务。那么，回调函数是 GUI 设计时最关心的事件之一。

31.3.1　回调函数类型

在 MATLAB 早前的版本中，回调都是可以在命令行窗口执行的字符串。此时，激活这些回调需要将回调字符串传递给 eval 函数。例如，下面的代码将按钮对象的回调函数设置为字符串 myguifcn push1：

```
H_p1 = uicontrol('Style','PushButton', 'Callback','myguifcn push1');
```

当该 GUI 中的按钮被按下时，上述语句中的回调语法将解释为一个可以在命令行窗口执行的函数调用，其形式为：myguifcn('push1')。

在大部分情况下，myguifcn 是一个包含了上述 uicontrol 语句的函数。也就是说，回调函数通常都直接调用定义它的函数。这样就可以使用一个 M 文件创建 GUI，并定义当 GUI 运行时的回调执行代码。

实现一个 GUI 的首要机制就是对构成用户界面的控件的回调函数进行编程。除了用户控件的 Callback 属性，还可以使用其他一些属性来定义回调函数。

所有图形对象都有以下 3 个能够定义回调函数的属性。

- ButtonDownFcn：当用户将鼠标放置在某个对象或对象相邻的 5 个像素范围内时，如果单击鼠标左键，将会执行回调函数。
- CreatFcn：将在创建对象时调用回调函数。
- DeleteFcn：在删除对象之前调用回调函数。

图形窗口有如下所述几种额外用来执行相应用户行为的属性。

- CloseRequestFcn：当请求关闭图形窗口时，将执行这个回调函数。
- KeyPressFcn：当用户在图形窗口内按下鼠标时，将执行这个回调函数。
- ResizeFcn：当用户重画图形窗口时，将执行这个回调函数。
- WindowButtonDownFcn：一旦用户在图形窗口内无控件的地方按下鼠标键时，就会执行这个回调函数。
- WindowButtonMotionFcn：当用户在图形窗口中移动鼠标时，将执行这个回调函数。
- WindowButtonUpFcn：当用户在图形窗口中释放鼠标键时，将执行这个回调函数。

MATLAB 将根据用户的行为来判断究竟执行哪个回调函数。单击一个有效的用户控件将会阻碍任何 ButtonDownFcn 和 WindowButtonDownFcn 回调函数的执行。

而如果用户单击一个无效控件、图形窗口或其他定义了回调函数的图形对象时，MATLAB 将首先执行图形窗口的 WindowButtonDownFcn 函数，然后再执行鼠标单击对象的 ButtonDownFcn 函数。

31.3.2　回调函数执行中断

默认情况下 MATLAB 允许正在执行的回调函数被后来调用的回调函数中断。例如，假设用户创建了一个在装载数据时能够显示一个进展条的对话框，这个对话框包含一个取消按钮的组织数据装载操作，那么取消按钮的回调函数将会中断正在执行的数据装载子函数。

某些情况下用户可能不希望正在执行的回调函数被用户的行为中断，例如，在重新显示一幅图形之前，可能会需要使用一个数据分析工具进行数据流长度计算。

假设用户行为可以中断回调函数的执行，此时如果用户无意中单击鼠标使回调函数执行中断，那么就可能导致 MATLAB 在返回原来的回调函数之前发生状态改变，引起执行错误。

所有图形对象都有一个控制其回调函数能否被中断的属性 Interruptible，该属性的默认值为 on，表示回调函数可以中断。然而 MATLAB 只有在遇到一些特定的命令（drawnow、figure、getfreame、pause 和 waitfor）时才会执行中断，转而查询事件序列，否则将会继续执行正在执行的回调函数。

在回调函数中出现的计算或指定属性值的 MATLAB 命令将会被立即执行，而使图形窗口状态的命令将被放置在事件序列中。事件可以由被任何导致图形窗口重画的命令或用户行为引发，例如定义了回调函数的鼠标移动行为。

仅仅当回调函数执行完毕或回调函数包含 drawnow、figure、getframe、pause 和 waitfor 命令时，MATLAB 才进行事件序列的处理。

如果在回调函数的执行过程中遇到上述某个命令，MATLAB 将先执行程序挂起，然后处理事件序列中的事件。MATLAB 控制事件的方式依赖于事件类型和回调函数对 Interruptible 属性的设置。

只有在当前回调对象的 Interrupotible 属性值为 on 的情况下，导致其他回调函数执行的事件才可以真正执行回调函数；导致图形窗口重画的事件将无视回调函数的 Interruptible 属性值而无条件地执行重画任务；对象的 DeleteFcn 属性和 CreatFcn 属性或图形窗口的 CloseRequestFcn 属性以及 ResizeFcn 属性定义的回调函数将无视对象的 Interruptible 属性而中断正在执行的回调函数。

所有对象都具有一个 BusyAction 属性，该属性决定了在不允许中断的回调函数执行期间发生的事件的处理方式，BusyAction 有以下两种可能的取值。

- queue：将事件保存在事件序列中，并等待不可中断回调函数执行完毕后处理。
- cancel：放弃该事件，并将事件从序列中删除。

以下几种情况描述了 MATLAB 在一个回调函数的执行期间是如何处理事件的。

- 如果遇到了 drawnow、figure、getframe、pause、waitfor 命令中的一个命令，那么 MATLAB 将该回调函数挂起，并开始处理事件序列。
- 如果事件序列的顶端事件要求重画图形窗口，MATLAB 将执行重画并继续处理事件序列中的下一个事件。
- 如果事件序列的顶端事件会导致一个回调函数的执行，MATLAB 将判断回调函数被挂起的对象是否可中断。如果回调函数可中断，MATLAB 执行与中断事件相关的回调函数；如果该回调函数包含 drawnow、figure、getframe、pause、waitfor 命令之一，那么 MATLAB 将重复以上步骤；如果回调函数不可中断，MATLAB 将检查事件生成对象的 BusyAction 属性；如果该属性值为 queue，MATLAB 将事件保留在事件序列中；如果 cancel，则放弃该事件。
- 当所有事件都被处理后，MATLAB 恢复被中断函数的执行。

这些步骤都一直持续到回调函数执行完毕为止。当 MATLAB 返回命令行窗口时，所有残余的事件都将被处理。当然，由于序列中事件的类型不同，以上步骤有可能不一一执行。

31.4　GUI 设计总结

从 GUI 设计实例中，不难发现 GUI 创建的基本步骤如下：

（1）首先弄清希望 GUI 进行什么样的操作。

很多情况下，在用户创建 GUI 的过程中还要涌现一些新的想法或发现一些新的问题，用户需要重新回到这一步进行思考。

（2）在纸上画出 GUI 对象的大致布局。

多数用户可能会跳过这一步。但从长远角度讲，这一步可以节省用户的时间，因为在纸上反复勾画可能的 GUI 布局要比直接在 MATLAB 中创建和修改来得更快（尤其是比较复杂的布局）。

（3）根据最终勾画的布局，使用适当的 UI 对象创建 GUI。

这一步既可以直接在一个 M 文件中输入相应的代码来实现，也可以使用 MATLAB 提供的图形用户接口开发环境（GUIDE）来实现。

（4）创建需要与用户进行交互的回调代码。

回调代码通常与创建 GUI 的代码存在于同一个文件中。

（5）验证和调试 GUI。

尤其当该 GUI 可能会被别的用户使用时，就需要从一个不熟悉该 GUI 的用户角度出发（而不是从开发者的角度出发），反复与该 GUI 进行各种方式的交互。

GUIDE 是 MATLAB 提供的一个 GUI 工具，用于快速、便捷、可靠地创建用户自己的 GUI。guide 函数针对用户创建、定位、对齐和重置用户接口对象提供了以下强大的支持。

首先，该函数提供了属性编辑器和查看器，用于列出对象的属性，使用户可以交互地修改这些属性的值；

其次，该函数还提供了一个菜单编辑器，用于交互地编辑和重新布置用户定义的下拉菜单和上下文菜单。

除此以外，GUIDE 还提供了一个开发 GUI 的交互式方法，该方法可以显示 GUI 的几何布局，能够大大降低 GUI 开发和执行的难度，另外还能使 GUI 的结构在不同 GUI 之间保持稳定。

当使用 MATLAB 的 GUI 时，应该遵循下面的指导原则。

（1）用 guide 对一个新的用户图形界面进行布局，并用属性编辑器对每一个组件的初始属性进行设置，例如显示在组件上的文本、组件的颜色，还有回调函数的名字。

（2）用 guide 创建完一个用户图形界面后，人工编辑产生的函数，并增加注释，描述这个函数的目的和组件，执行回调函数的代码。

（3）把 GUI 应用程序数据存储到 handles 结构中，以便任意的一个回调函数都可以使用。

（4）如果你修改了 handles 结构中的任何 GUI 应用数据，确保在函数退出之前保存了调用 guidata 的结构。

（5）在基于 GUI 的编程中，使用对话框来提供信息或要求输入数据，如果信息紧迫且不可忽略，则把对话框设为模式对话框。

（6）对 GUI 组件设置工具提示，为用户提供关于该组件功能的有用线索。

（7）一旦程序工作正常，用 pcode 命令预编译 M 文件，以便提高程序运行速度。

表 31-3 总结了 MATLAB 中 GUI 所涉及的所有函数，不防对照查阅。

表 31-3　GUI 函数

函 数 名	描　　述
uibuttongroup	用于管理 radiobutton 和 togglebutton 类型控件对象的用户接口容器对象
uicontainer	创建用户接口容器对象
uicontrol	创建用户接口控件对象
uimenu	创建用户接口菜单对象
uicontextmenu	创建用户接口上下文菜单对象
uipanel	创建用户接口面板对象
uitoolbar	创建用户接口工具栏对象
uipushtool	创建瞬间接触按压按钮控件对象
uitoggletool	创建开关按钮控件对象
uitable	创建用户接口表格对象
uitree	创建用户接口树对象
uitreenode	创建用户接口树节点对象
drawnow	处理所有未完成的图形事件，并立即更新屏幕
gcbf	获取回调图形句柄
gcbo	获取回调对象句柄
dragrect	用鼠标拖动时所显示的矩形
rbbox	捕获橡皮圈框的位置
selectmoveresize	交互式地对坐标轴和控件进行选择、移动和重置大小操作
waitforbuttonpress	等待在一个图形上按下键盘上的按键或按下鼠标键
waitfor	停止程序执行，等待一个事件发生
uiwait	停止程序执行，等待恢复信号
uiresume	恢复执行一个被停止的 M 文件
uistack	控制对象的层叠顺序
uisuspend	暂停一个图形的交互状态
uirestore	恢复一个图形的交互状态
uiclearmode	清除当前的交互模式
guide	图形用户接口设计环境
inspect	查看对象属性
ishandle	判断是否是一个有效的对象句柄，若是，返回 true，否则，返回 false
isprop	判断是否是一个有效的对象属性，若是，返回 true，否则，返回 false
align	对齐控件和坐标轴
propedit	打开属性编辑器 GUI
makemenu	创建菜单对象结构
umtoggle	翻转一个菜单项的选中状态
getpixelposition	获取以像素表示的对象位置

Note

Note

函 数 名	描　　述
setpixelposition	设置以像素表示的对象位置
getptr	获取图形指针
setptr	设置图形指针
hidegui	隐藏或显示 GUI
movegui	将 GUI 窗口移动到屏幕上的一个指定位置
guidata	保存或获取应用数据
getappdata	获取与一个 GUI 相关的应用数据
setappdata	设置与一个 GUI 相关的应用数据
rmappdata	删除与一个 GUI 相关的应用数据
isappdata	判断一个已命名的应用数据是否存在，如果存在，返回 true，否则，返回 false
guihandles	创建句柄结构体
overobj	获取鼠标指针所在对象的句柄
popupstr	获得弹出菜单选择字符串
remapfig	变换图形中对象的位置

31.5　本章小结

　　本章主要围绕如何创建 MATLAB 图形用户界面而展开，从 GUI 设计实例开始，使学习 GUI 设计的开发人员快速上手，直观感受 GUI 的特点。紧接着介绍了 GUI 的基本组件、对象层次结构，辅助理解什么是 GUI，哪些是与 GUI 有关的元件。

　　回调函数与 GUI 设计是图形界面的重要组成部分，本章介绍了设计的基本程序与相关函数，并且指导如何编写 GUI。

　　本章最后结合实例总结了如何设计 GUI 的步骤，以及使用 GUI 的基本原则，对此感兴趣的读者，也可以在本章的相关表格中查找自己所需要的函数，有针对性地编写自己的 GUI。

第32章

MATLAB 编程接口

MATLAB 提供了多种与外部程序进行接口的方法，即应用程序接口（Application Program Interface，API）。例如，在 MATLAB 中可以通过使用 MEX 文件来调用 C 函数和 FORTRAN 子程序。此外，通过 MATLAB 引擎（Engine），可以在 MATLAB 中执行运算，并将结果返回到 C 或 FORTRAN 程序中。

MATLAB 还提供了一些头文件和库文件用于创建和访问标准的 MATLAB MAT 文件。使用 MATLAB 内置的串行接口，用户可以直接采集数据并载入到 MATLAB 中。

学习目标

(1) 了解 MATLAB 编译器的功能。
(2) 理解从 C 程序中调用 MATLAB 函数。
(3) 理解与 MAT 文件交换数据。
(4) 了解共享库和串口通信。

32.1 编译器

MATLAB 编译器的最初配置可以随时进行手动更改。本节将介绍 MATLAB 编译器的配置及使用。

32.1.1 编译器配置

在 MATLAB 中，mex 命令可以简化配置其他编程语言的编译器，只需使用 mex 命令中的 setup 选项就可以轻松设置好第三方编译器。

例如，选用一个同 MATLAB 编译器相关联的 C 或 C++编译器时，可以使用命令 mex，同时加上参数-setup，代码如下：

```
>> mex -setup
Welcome to mex -setup. This utility will help you set up
a default compiler. For a list of supported compilers, see
http://www.mathworks.com/support/compilers/R2012a/win32.html

Please choose your compiler for building MEX-files:

Would you like mex to locate installed compilers [y]/n? y
```

选择 Y，从而选择编译器。

```
Select a compiler:
[1] Lcc-win32 C 2.4.1 in D:\MATLAB~3\sys\lcc
[2] Microsoft Visual C++ 2008 SP1 in D:\VS2008

[0] None

Compiler: 2

Please verify your choices:

Compiler: Microsoft Visual C++ 2008 SP1
Location: D:\VS2008

Are these correct [y]/n? y
```

确认所选定的编译器，选择 Y。

```
**********************************************************
Warning: MEX-files generated using Microsoft Visual C++ 2008 require
```

```
                    that Microsoft Visual Studio 2008 run-time libraries be
                    available on the computer they are run on.
                    If you plan to redistribute your MEX-files to other MATLAB
                    users, be sure that they have the run-time libraries.
        ************************************************************
        Trying to update options file: C:\Documents and Settings\TOEC SOFT
        ROOM\Application Data\MathWorks\MATLAB\R2018a\mexopts.bat
        From template:                D:\MATLAB\bin\win32\mexopts\msvc90opts.bat

        Done ...


        ************************************************************
        Warning: The MATLAB C and Fortran API has changed to support MATLAB
                 variables with more than 2^32-1 elements.  In the near future
                 you will be required to update your code to utilize the new
                 API. You can find more information about this at:
                   http://www.mathworks.com/help/techdoc/MATLAB_
                   external/bsflnue-1.html
                 Building with the -largeArrayDims option enables the new API.
```

32.1.2　编译器的功能

MATLAB Compiler（MATLAB 编译器）是将 M 文件作为它的输入，产生可以重新分配并且独立运行的应用程序。

MATLAB 编译器可以产生下面几种应用程序。

- 独立运行的程序：独立运行的程序顾名思义是在其运行的过程中可以不需要 MATLAB 软件的同时运行，甚至它们可以在没有安装 MATLAB 的机器上运行。
- C 和 C++共享库（在 Windows 操作系统中为动态链接库 DLL）：这些共享库可以在没有安装 MATLAB 的机器上运行。
- Excel 附件：需要 MATLAB Builder。
- COM 对象：需要 MATLAB Builder。

MATLAB 编译器是指可以执行 MATLAB 命令、可执行的 M 文件以及 MEX 文件的应用程序，事实上，当使用 MATLAB 的时候，也就是在使用 MATLAB 的编辑器。

对于 MATLAB Complier 的安装，本书将不详细讨论，但用户在使用 MATLAB 编译器时要进行相应的安装。接下来，举一个例子的目的是把一个脚本文件转化为可执行文件。

例 32-1　编写一个带有绘图程序的可执行文件。

首先，建立一个名为 eg32_1.m 的文件，代码如下：

```
t=0:pi/50:2*pi;
y=cos(t);
```

```
plot(t,y);
```

然后，对 eg32_1.m 进行编译。

```
>> mcc -m eg32_1.m
```

结果如图 32-1 所示。

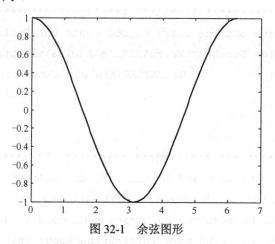

图 32-1　余弦图形

接下来，把脚本文件改写成函数文件，代码如下：

```
function eg32fun(r)
t=0:pi/50:2*pi;
y=r*cos(t);
plot(t,y);
```

再对 eg32_1.m 进行编译。

```
>>mcc-m eg32_1.m
```

最后，运行生成文件 eg32_1.exe

```
>>eg32fun(1)
```

结果与前述一致。

32.2　从 C 程序中调用 MATLAB

用户可以在一些大型的 C 或 FORTRAN 程序中调用 MATLAB 来执行后台运算。MATLAB 的这一功能被称为 MATLAB 引擎。

32.2.1　MATLAB 引擎库函数

MATLAB 引擎由一个通信库和一个小型可链接例程集（Linkable Routines）组成。可链接例程集可以将 MATLAB 作为服务器过程调用，而不需链接所有的 MATLAB 组件。使用 MATLAB 引擎可以完成如下操作：

① 启动一个 MATLAB 过程。

② 向 MATLAB 传递数据。

③ 执行 MATLAB 命令。

④ 捕获 MATLAB 普通命令行窗口的输出。

⑤ 将数据从 MATLAB 传递到用户程序。

⑥ 关闭 MATLAB 过程。

利用 MATLAB 引擎，以上这些操作都可以在 C 环境中执行。

MATLAB 引擎是一个后台工作过程，它与当前运行的所有交互式 MATLAB 过程相互独立，也不会干扰任何用户运行的 MATLAB 过程。在引擎过程启动时，会创建一个新的 MATLAB 实例。此时计算机中任何要求访问 MATLAB 引擎的程序都可以共享此过程。

在 C 语言中通常保留的是一个独占的引擎过程，即一个引擎过程只能由一个 C 实例使用。

在 Unix 操作系统中，MATLAB 引擎使用管道（pipe）与 C 程序交互；而在 Windows 操作系统中，则使用组件对象模型（COM）与 C 程序交互。在 Unix 操作系统中，用户还可以将一个远端计算机指定为 MATLAB 引擎的主机。具体的语法信息请参考 engOpen 函数。

在 MATLAB 中，凡是带 eng 前缀的函数都是 MATLAB 引擎函数。表 32-1 给出了 C 语言可以使用的 MATLAB 引擎函数。

表 32-1 MATLAB 引擎函数

函 数 名	功　　能
engOpen	启动或共享一个 MATLAB 引擎实例
engOpenSingleUse	启动一个独占（非共享）的 MATLAB 引擎周期
engPutVariable	将一个 MATLAB 数组（mxArray）发送到 MATLAB 引擎
engGetVariable	从 MATLAB 引擎中获取一个 MATLAB 数组（mxArray）
engOutputBuffer	创建一个存储 MATLAB 文本输出的缓冲区
engEvalString	在 MATLAB 引擎中执行一条 MATLAB 命令
engGetVisible	获取一个 MATLAB 引擎周期的可视化属性设置。一个可视的引擎周期将以窗口的形式在 PC 桌面运行，并可以和用户进行交互；而一个不可视的引擎周期则在后台运行，不能和用户交互
engSetVisible	设置一个 MATLAB 引擎周期的可视化属性
engClose	关闭 MATLAB 引擎

32.2.2　从 C 程序中调用 MATLAB 的实例

通过以下程序，可以了解调用 MATLAB 引擎的源程序的一般结构：了解引擎函数的用法，这些函数以 eng 前缀开始；了解 MATLAB 环境外部数据与引擎函数的配合使用。

例 32-2　在 C 源程序中调用 MATLAB 引擎来计算 $x^2 - 2x + 1 = 0$ 的根。

（1）编写源程序 eg32_2.c。

```
#include <windows.h>
```

```c
#include <stdlib.h>
#include <stdio.h>
#include <string.h>
#include "engine.h"
int PASCAL WinMain (HINSTANCE hInstance,HINSTANCE hPrevInstance,
        LPSTR lpszCmdLine, int   nCmdShow)
{
    Engine *ep;
    mxArray *P=NULL,*r=NULL;
    char buffer[301];
    /*coeffecient of polynomial on 3 degree*/
    double poly[3]={1,-2,1}
    /*
     * Start the MATLAB engine
     */
    if (!(ep = engOpen(NULL)))
    {
        MessageBox ((HWND)NULL, (LPSTR)"Can't start MATLAB engine",
            (LPSTR) "Engwindemo.c", MB_OK);
        exit(-1);
    }
/*创建变量p：*/
    P=mxCreateDoubleMatrix(1,3,mxREAL);
    memcpy((char *)mxGetPr(P),(char *)poly,3*sizeof(double));
/*调用变量p：*/
    engPutVariable(ep,"p",P);
/*调用 MATLAB 中的函数解多项式的根：*/
    engOutputBuffer(ep,buffer,300);
    engEvalString(ep,"r=roots(p)");
    /*Output contents to windows screen ,and close the MATLAB engine*/
    MessageBox(NULL,buffer,"Engexam.c—root of the polynomial …
x^2-2x+1 ",MB_OK);
    engClose(ep);
    mxDestroyArray(P); /*free pointer*/
    return;
}
```

　　首先，在代码的开始部分包含了需要的头文件，在所有的 C 语言引擎应用程序中，都必须包含 engine.h 头文件，它声明了所有 eng 函数的原型，并且包含了 matrix.h 头文件，其他的头文件根据需要包含进去；然后声明了 Engine 类型的指针，该指针类似于打开文件时的文件指针，相当于计算引擎的接口句柄，有了这个指针就可以在 C 语言中执行 MATLAB 的指令。

最后，完成代码后应该关闭计算引擎，通过 engClose 函数完成，它关闭指针并释放内存。

（2）编译源程序。

可以在 MATLAB 的命令行窗口中，也可以在命令提示符窗口中进行。

还要通过 MEX 命令行指定具体的选项文件。代码如下：

```
>>copyfile(fullfile(MATLABroot,...
  ,'eg32_2.c'),...
  '.', 'f');
>>mex('-v', '-f', fullfile(MATLABroot,...
  'bin','win32','mexopts','lccengmatopts.bat'),...
  'eg32_2.c');
>>dir eg32_2.c
>>!eg32_2.c
```

显示：
```
x=1
```

上面给出的例子还可以在 Windows PC 平台上使用 LCC 编译器进行编译，编译命令如下：

```
mex -f c:\MATLAB\bin\win32\mexopts\lccengmatopts.bat
```

该命令将在当前文件夹下生成可执行文件 eg32_2.exe。如果用户不使用 LCC 编译器，则需要在命令行中指定适当的编译器选项文件。

在$MATLAB\bin\win32\mexopts 目录下保存着至少 8 个选项文件，分别用于不同版本的编译器选项，如 Borland、Microsoft、Watcom 等。如果用户对编译命令和选项文件仍不清楚，可以在 mex 命令中使用说明选项（-v）来查看编译器的设置和编译过程的各个步骤。

在 Windows 操作系统平台中，MATLAB 引擎程序要连接$MATLAB\bin\win32 目录下的 DLL 库。在 MATLAB 的安装过程中，会将该目录添加到默认路径中，以便 Windows 能够找到这些库文件。

当用户执行 eg32_2.exe 文件时，会在后台（即最小化方式）运行一个 MATLAB 运行周期来执行运算。该运行周期不会干扰任何正在运行的其他交互式 MATLAB 运行周期。

有关如何配置编程软件来编译 MEX 和引擎程序和使用软件开发环境来调试程序的详细内容，请读者参考相应的 MATLAB 帮助文档。

32.3　与 MAT 文件交换数据

MATLAB 与外界交互数据有多种方法。本节将着重介绍如何在 C 语言中读写 MATLAB 标准的 MAT 文件。

32.3.1　MAT 文件

　　MAT 文件是与操作系统平台无关的，这是因为 MAT 文件本身已经包含了可以识别平台差别（例如字节次序）的信息，因此，在 MATLAB 从 MAT 文件装载数据时会自动将数据格式转化为本地操作系统需要的格式。

　　用户只要在程序中提供读写 MAT 文件所需的头文件和库文件，就可以在 C 程序中使用 MATLAB 提供的 MAT 文件，从而完成与 MATLAB 之间的数据交换。

　　MAT 函数通常带有 mat 前缀，主要用于对 MAT 文件进行操作。表 32-2 给出了 C 语言中常用的 MAT 函数。

表 32-2　MAT 函数

MAT 函数	作　　用
matOpen	打开一个 MAT 文件
matClose	关闭一个 MAT 文件
matGetDir	获取 MAT 文件中的 MATLAB 数组列表
matGetFp	获取一个指向 MAT 文件的 ANSI C 文件指针
matGetVariable	从 MAT 文件中读取一个 MATLAB 数组
matGetVariableInfo	从 MAT 文件中装载一个 MATLAB 数组头
matGetNextVariable	从 MAT 文件中读取下一个 MATLAB 数组
matGetNextVariableInfo	从 MAT 文件中装载下一个 MATLAB 数组头
matPutVariable	将一个 MATLAB 数组写入 MAT 文件
matPutVariableAsGlobal	将一个 MATLAB 数组作为全局变量写入 MAT 文件
matDeleteVariable	将一个 MATLAB 数组从 MAT 文件中删除

　　表中，matGetVariableInfo 函数用于创建一个包含 mxArray 结构中除数据以外的其他所有信息的 mxArray 变量。matGetDir 函数用于创建一个变量名称列表并返回 MAT 文件中 MATLAB 变量的数量。

　　matGetVariable 函数用于访问变量的内容。另外，MATLAB 还提供了 matGetNextVariable 和 matGetNextVariableInfo 函数用于访问 MAT 文件中的下一个变量。MatPutVariableAsGlobal 函数用于将一个 MATLAB 数组作为全局变量写入 MAT 文件，也就是说，当使用 load 命令将 MAT 文件载入 MATLAB 时，该变量将以全局变量的方式载入到 MATLAB 工作区。

32.3.2　MAT 的应用程序

　　下面介绍 MAT 文件的应用，所谓 MAT 文件的应用就是指读写 MAT 数据文件的 C 语言或 Fortran 语言应用程序，它可以是 MEX 文件也可以是独立的可执行应用程序。

　　为了便于读写 MAT 文件，MATLAB 提供了响应的接口函数，即 mat 函数，MAT 文件应用程序就是利用这些 mat 函数完成 MAT 数据文件的读写工作。

下面给出一个 C 语言 MAT 文件应用的例子，可以从中了解 MAT 文件应用程序的基本结构和 MAT 文件应用的基本过程。

例 32-3　在 C 语言 MEX 文件中创建 MAT 数据文件。

实例代码如下：

```
/*
 * Create a simple MAT-file to import into MATLAB.
 * Calling syntax:
#include <stdio.h>
#include <string.h> /* For memcpy() */
#include <stdlib.h> /* For EXIT_FAILURE, EXIT_SUCCESS */
#include "mat.h"

int main() {

  /* MAT-file */
  MATFile *pmat;
  const char *myFile = "matimport.mat";

  /* Data from external source */
  const char *extString = "Data from External Device";
  double extData[9] = { 1.0, 2.0, 3.0, 4.0, 5.0, 6.0, 7.0, 8.0, 9.0 };

  /* Variables for mxArrays  */
  mxArray *pVarNum, *pVarChar;

  /* MATLAB variable names */
  const char *myDouble = "inputArray";
  const char *myString = "titleString";

  int status;

  /* Create and open MAT-file */
  printf("Creating file %s...\n\n", myFile);
  pmat = matOpen(myFile, "w");
  if (pmat == NULL) {
   printf("Error creating file");
   return(EXIT_FAILURE);
  }
```

```
/* Create mxArrays and copy external data */
pVarNum = mxCreateDoubleMatrix(3,3,mxREAL);
if (pVarNum == NULL) {
    printf("Unable to create mxArray with mxCreateDoubleMatrix\n");
    return(EXIT_FAILURE);
}
memcpy((void *)(mxGetPr(pVarNum)), (void *)extData, sizeof(extData));

pVarChar = mxCreateString(extString);
if (pVarChar == NULL) {
    printf("Unable to create mxArray with mxCreateString\n");
    return(EXIT_FAILURE);
}


/* Write data to MAT-file */
status = matPutVariable(pmat, myString, pVarChar);
if (status != 0) {
    printf("Error writing %s.\n", myString);
    return(EXIT_FAILURE);
}

status = matPutVariable(pmat, myDouble, pVarNum);
if (status != 0) {
    printf("Error writing %s.\n", myDouble);
    return(EXIT_FAILURE);
}

if (matClose(pmat) != 0) {
  printf("Error closing file %s.\n", myFile);
  return(EXIT_FAILURE);
}

/* Clean up */
mxDestroyArray(pVarNum);
mxDestroyArray(pVarChar);

printf("Done\n");
return(EXIT_SUCCESS);
```

```
}
```

编译链接生成 MEX 文件，然后运行以下代码：

```
>> clear all;
>> MATLABroot;
>> mex('-v', '-f', [MATLABroot ...
   '\bin\win32\mexopts\msvc90engmatopts.bat'], ...
'matimport.c');
```

在命令行窗口中就会出现如下信息，表示程序正确运行：

```
----------------------------------------------------------
->    Options file          =
D:\MALTAL~1\BIN\WIN32\MEXOPTS\MSVC90~3.BAT
      MATLAB                 = D:\MALTAL~1
->    COMPILER               = cl
->    Compiler flags:
         COMPFLAGS = /c /Zp8 /GR /W3 /EHs /D_CRT_SECURE_NO_DEPRECATE
         /D_SCL_SECURE_NO_DEPRECATE /D_SECURE_SCL=0 /nologo /MD
         OPTIMFLAGS            = /O2 /Oy- /DNDEBUG
         DEBUGFLAGS            = /Z7
         arguments            =
         Name switch          = /Fo
->    Pre-linking commands   =
->    LINKER                 = link
->    Link directives:
  LINKFLAGS =/LIBPATH:"D:\MALTAL~1\extern\lib\win32\microsoft"
  libmx.lib libmat.lib libeng.lib /nologo /MACHINE:X86
  kernel32.lib user32.lib gdi32.lib winspool.lib comdlg32.lib
  advapi32.lib shell32.lib ole32.lib oleaut32.lib uuid.lib
  odbc32.lib odbccp32.lib
         LINKDEBUGFLAGS       = /debug /PDB:"matcreat.pdb"
         /INCREMENTAL:NO
         LINKFLAGSPOST        =
         Name directive       = /out:"matcreat.exe"
         File link directive =
         Lib. link directive =
         Rsp file indicator  = @
->    Resource Compiler      =
->    Resource Linker        =
----------------------------------------------------------
--> cl /c /Zp8 /GR /W3 /EHs /D_CRT_SECURE_NO_DEPRECATE
```

```
/D_SCL_SECURE_NO_DEPRECATE /D_SECURE_SCL=0 /nologo /MD
/FoC:\DOCUME~1\TOECSO~1\LOCALS~1\TEMP\MEX_ER~1\matcreat.obj
-ID:\MALTAL~1\extern\include -ID:\MALTAL~1\simulink\include /O2
/Oy- /DNDEBUG -DMX_COMPAT_32 matcreat.c

matcreat.c
    Contents of
    C:\DOCUME~1\TOECSO~1\LOCALS~1\TEMP\MEX_ER~1\mex_tmp.rsp:
   C:\DOCUME~1\TOECSO~1\LOCALS~1\TEMP\MEX_ER~1\matcreat.obj
--> link /out:"matcreat.exe"
/LIBPATH:"D:\MALTAL~1\extern\lib\win32\microsoft" libmx.lib
libmat.lib libeng.lib /nologo /MACHINE:X86 kernel32.lib
user32.lib gdi32.lib winspool.lib comdlg32.lib advapi32.lib
shell32.lib ole32.lib oleaut32.lib uuid.lib odbc32.lib
odbccp32.lib
@C:\DOCUME~1\TOECSO~1\LOCALS~1\TEMP\MEX_ER~1\MEX_TMP.RSP

--> mt -outputresource:"matcreat.exe";1 -manifest
"matcreat.exe.manifest"

Microsoft (R) Manifest Tool version 5.2.3790.2076
Copyright (c) Microsoft Corporation 2005.
All rights reserved.
--> del "matcreat.exe.manifest"
```

接下来在工作空间中双击 matimport.exe 文件就会出现 matimport.mat 文件，并且运行以下代码，证实生成了 MAT 文件。

```
>> whos -file matimport.mat
Name            Size           Bytes  Class

  inputArray     3x3              72  double
  titleString    1x43             86  char
```

有关 mat 函数的详细说明可以参阅 MATLAB 的帮助文档。

32.4 在 MATLAB 中调用 C 程序

　　MEX 文件是已经编译好的 C 或 FORTRAN 函数，它们可以像标准的 M 文件一样在 MATLAB 环境中调用。对于已有的 C 函数或 FORTRAN 子程序，用户可以通过加入几行代码使其能够访问 MATLAB 的数据和函数。利用 mex 命令编译修改后的 C 或

FORTRAN 程序将会生成可以在 MATLAB 中调用的 MEX 文件。

　　尽管大多数计算使用 MATLAB 的 M 文件执行速度很快，效率很高，但像 for 循环这样的代码在 C 或 FORTRAN 环境中执行的效率会更高。如果用户不能通过向量化的方法来消除迭代耗时，或通过循环优化技术增强计算性能的话，那么可以试着创建一个 MEX 文件来解决。

Note

　　编译后的 MEX 文件带有与操作平台相关的特定的文件扩展名。例如，在 Windows 平台，MEX 文件的扩展名为 dll；在 Sun Solaris 平台，MEX 文件的扩展名为 mexsol。无论哪种平台，mexext 函数都可以返回相应的 MEX 文件的扩展名。

　　>>mex –setup 命令将为编译器和计算机平台（操作系统和体系结构）选择适宜的初始化文件或选项文件。该选项文件将为计算机平台和编译器设置某些环境变量，并指定相应的头文件和库文件的存储位置。在 Unix、Linux 和 Macintosh 平台中，选项文件被保存在 $MATLAB/bin 目录中，在 Windows 平台，选项文件被保存在 $MATLAB\bin\win32\mexopts 目录中。

　　MEX 环境初始化完成后，就可以使用 >>mex myprog.c 命令将 MEX 源文件 myprog.c 编译成 MEX 文件 myprog.dll（或 myprog.mexglx 等）。如果需要，用户也可以在 mex 命令行中使用选项-f 临时选择另一个不同的初始化文件。我们将在后面编译 MATLAB 引擎和 MAT 程序时用到-f 选项。除-f 选项外，–v 选项可以用来列出编译器的设置，并且可以观察编译和链接时每一阶段的情景。

　　当一个 M 文件函数被调用时，该函数将会在一个与 MATLAB 基本工作区（称为调用工作区）完全不同的工作区中进行运算。基本工作区中的变量是通过数值而非参量传递给函数的，它们不受被调用函数的影响。但 evalin 和 assignin 函数除外，这两个函数可以影响和改变当前工作区以外的变量。

　　表 32-3 列出了能够在 C 程序中使用的 MEX 函数。

表 32-3　MEX 函数

函 数 名	功　　能
mexAtExit	注册一个在 MEX 文件被清除时需要调用的函数
mexCallMATLAB	调用一个 MATLAB 函数、M 文件或 MEX 文件
mexFunction	MEX 文件的入口点函数
mexFunctionName	当前 MEX 函数的函数名
mexGetVariable	从另一个工作区中获取一个变量的拷贝
mexGetVariablePtr	从另一个工作区中获取指向一个变量的只读指针
mexPutVariable	将一个 mxArray 拷贝到 MATLAB 工作区中
mexEvalString	在调用工作区中执行一条 MATLAB 命令
mexErrMsgTxt	发出一条错误信息，并返回到 MATLAB 中
mexErrMsgIdAndTxt	发出一条错误信息和一个标识符，并返回到 MATLAB 中
mexWarnMsgTxt	发出一条告警信息
mexWarnMsgIdAndTxt	发出一条告警信息和一个标识符
mexLock	锁定 MEX 文件，这样就不能将其从内存中清除

续表

函数名	功　　能
mexUnlock	为 MEX 文件解锁，这样就可以从内存中清除它
mexIsLocked	如果 MEX 文件被锁定，则返回 true
mexIsGlobal	如果 mxArray 是全局范围的，则返回 true
mexPrintf	ANSI C 的 printf 类型的输出例程
mexSetTrapFlag	控制 mexCallMATLAB 函数对错误的响应
mexMakeArrayPersistent	使 mxArray 在 MEX 文件完成后仍持续存在
mexMakeMemoryPersistent	使由 mxMalloc 和 mxCalloc 分配的内存持续存在
mexGet	获得句柄图形属性的值
mexSet	设置句柄图形属性的值

32.5　共享库

所谓库（Library）是指可以被任何程序使用的函数集。这些函数通常被预编译在一个库文件（Library File）中。库分两种：静态库（Static Library）和共享库（Shared Library）。

静态库将在用户程序编译阶段被链接，并且所引用的函数将被封装在用户的可执行文件中；共享库将在用户程序的运行阶段被链接，所引用的函数不会被封装在用户的可执行文件中。正是由于共享库不能嵌入到用户可执行文件中，因此在用户程序运行阶段该库一定要能被找到。在同一时刻，计算机上的许多程序都可以访问同一个共享库。

在 Unix 和 Linux 系统中，共享库通常被保存在标准的系统库路径（如/lib、/usr/lib、/usr/shlib 或/usr/local/lib）和 MATLAB 库文件路径$MATLAB/bin/$ARCH 中。这些库文件都使用 lib 前缀和.so 后缀（Macintosh 系统则使用.dylib 后缀）。在 Windows 操作系统中，共享库就是我们常说的动态链接库（DDL），通常使用.dll 后缀。在程序运行时，所需的共享库中的函数将被装载到内存，以供应用程序调用。

利用 MATLAB 提供的共享库接口，用户可以很方便地加载和卸载一个共享库，得到库中的函数列表（包括函数名、参数和返回值），在 MATLAB 中调用这些函数等。只要一个共享库具有 C 语言风格的参数和类型，都可以在 MATLAB 的共享库接口中进行访问。

表 32-4 给出了用户可能会用到的 MATLAB 共享库函数。

表 32-4　MATLAB 共享库函数

函数名	作　　用
loadlibrary	将一个外部的库载入到 MATLAB 中
unloadlibrary	将一个外部的库从内存中卸载
libisloaded	判断一个外部的库是否已被载入

续表

函 数 名	作　　用
libfunctions	返回一个外部库中的函数的信息
libfunctionsview	创建一个窗口用于显示函数的信息
calllib	调用一个外部库中的函数
libpointer	创建一个指向外部库的指针，以便使用该外部库
libstruct	创建一个类似于 C 的结构，该结构可以传递给外部的库

Note

在大多数情况下，MATLAB 都能在自身的数据类型和 C 数据类型之间进行转换。例如，如果要将一个 MATLAB 结构体作为参数传递给 C 库函数，该结构体将被自动转换为 C 结构。而如果在 C 函数中，需要指针的参数处传递的是一个 MATLAB 数据类型的值（注意：MATLAB 中不存在指针），该值将会被自动转换为指针。

除此以外，上表中的 libpointer 和 libstruct 函数允许用户显式地进行数据类型转换。

更多的共享库函数和数据类型转换的信息，请读者参考相应的 MATLAB 帮助文档。

32.6　串口通信

在计算机中，数据通常都是通过串口进行采集的。MATLAB 提供了一个内置的接口用于管理串口，并可以直接与串口上连接的设备进行通信。MATLAB 可以支持 Linux，Sun Solaris 和 Windows 操作系统中的 RS232、RS422 和 RS485 串口通信标准。另外，MATLAB 开发商或第三方还提供了一些可选的工具项用于支持增强的端口通信，如多功能 I/O 板、GPIB、VESA 设备以及串口的一些附加功能等。不过，对于一般的用户而言，MATLAB 提供的内置接口已经能够满足串口通信的需要。

MATLAB 的串口接口是一个面向对象的接口。使用 serial 函数可以创建一个和指定的串口相连的对象，用户可以使用 get 和 set 函数获取和设置该对象的属性。Serial 在调用时需要一个串口设备的名称和一系列可选的属性名/属性值参数对。对于不同的操作系统，串口设备的名称也是不一样的。例如，同样是第一个串口，在 Solaris 7 操作系统中的名称是/dev/term/a 或/dev/ttya，在 i386 Linux 操作系统中则是/dev/ttyS0，在 Windows 操作系统则是 COM1。

与一个串口设备之间的通信通常都通过一系列固定的操作完成。首先，使用 serial 函数创建一个与该串口设备的接口对象，并使用 set 函数设置对象的属性；然后，使用 fopen 函数打开串口设备，并使用 fprintf 和 fscanf 函数进行读写，读写完毕后使用 fclose 函数关闭串口设备；最后使用 delete 函数删除串口对象，并使用 clear 函数清空 MATLAB 工作区中的变量。

例如，创建一个与第一个串口相连的串口对象，并检查它的属性，代码如下：

```
>> s1 = serial('COM1');
>> get(s1)
   ByteOrder = littleEndian
```

Note

```
BytesAvailable = 0
BytesAvailableFcn =
BytesAvailableFcnCount = 48
BytesAvailableFcnMode = terminator
BytesToOutput = 0
ErrorFcn =
InputBufferSize = 512
Name = Serial-COM1
ObjectVisibility = on
OutputBufferSize = 512
OutputEmptyFcn =
RecordDetail = compact
RecordMode = overwrite
RecordName = record.txt
RecordStatus = off
Status = closed
Tag =
Timeout = 10
TimerFcn =
TimerPeriod = 1
TransferStatus = idle
Type = serial
UserData = []
ValuesReceived = 0
ValuesSent = 0


SERIAL specific properties:
BaudRate = 9600
BreakInterruptFcn =
DataBits = 8
DataTerminalReady = on
FlowControl = none
Parity = none
PinStatus = [1x1 struct]
PinStatusFcn =
Port = COM1
ReadAsyncMode = continuous
RequestToSend = on
StopBits = 1
```

```
Terminator = LF
```

 串口通信中的事件通常包括到达时钟某一时刻、发生错误、中断、输出缓冲区清空、输入缓冲区中接收了数据、串口线的某一管脚（如 CD、RI、DSR 或 CTS）的状态发生了变化等。

32.7　本章小结

　　本章主要介绍了 MATLAB 的编程接口，主要包括：MATLAB 可以作为一个后台计算引擎使用、用户可以在自己的程序中读写 MATLAB 的 MAT 文件、编译好的 MEX 文件可以像普通的 M 文件函数那样在 MATLAB 中进行调用、在 MATLAB 中可以访问共享库和实现与串口设备进行通信。

　　以上这些在 MATLAB 环境中添加的有力工具，可以使用户有效地解决难题或对已有程序功能进行扩展。有关 MATLAB API 的更多信息，包括 MX 函数的完整列表、MAT 文件的内部结构以及更多的实例代码，读者可以参考相应的 MATLAB 帮助文档。

第33章

Simulink 应用

Simulink 具有适应面广、结构和流程清晰及仿真精细、贴近实际、效率高、灵活等优点，基于以上优点 Simulink 已广泛应用于控制理论和数字信号处理的复杂仿真和设计。同时有大量的第三方软件和硬件可应用于或要求应用于 Simulink。

目前，Simulink 已成为信号处理、通信原理、自动控制等专业重要基础课程的首选实验平台。本章重点介绍 Simulink 的基本功能、模块操作、系统仿真及有限状态机、工具箱等应用。

学习目标

(1) 了解 Simulink 的概念及其应用。

(2) 理解 Simulink 模块的组成。

(3) 掌握如何使用 Simulink 搭建系统模型和仿真。

33.1　基本介绍

33.1.1　基本功能和特点

Simulink 是 MATLAB 中的一种可视化仿真工具，是一种基于 MATLAB 的框图设计环境，是实现动态系统建模、仿真和分析的一个软件包，广泛应用于线性系统、非线性系统、数字控制及数字信号处理的建模和仿真中。

Simulink 可以用连续采样时间、离散采样时间或两种混合的采样时间进行建模，它也支持多速率系统，也就是系统中的不同部分具有不同的采样速率。

为了创建动态系统模型，Simulink 提供了一个建立模型方块图的图形用户接口(GUI)，这个创建过程只需单击和拖动鼠标操作就能完成，它提供了一种更快捷、直接明了的方式。而且用户可以立即看到系统的仿真结果。

Simulink 是用于动态系统和嵌入式系统的多领域仿真和基于模型的设计工具。对各种时变系统，包括通信、控制、信号处理、视频处理和图像处理系统，Simulink 提供了交互式图形化环境和可定制模块库来对其进行设计、仿真、执行和测试。

构架在 Simulink 基础之上，其用户产品扩展了 Simulink 多领域建模功能，也提供了用于设计、执行、验证和确认任务的相应工具。

Simulink 与 MATLAB 紧密集成，它可以直接访问 MATLAB 的大量工具来进行算法研发、仿真分析和可视化、批处理脚本的创建、建模环境的定制以及信号参数和测试数据的定义。

Simulink 拥有丰富的可扩充的预定义模块库，以及交互式的图形编辑器来组合和管理直观的模块图，以设计功能的层次性来分割模型，实现对复杂设计的管理。通过 ModelExplorer 导航、创建、配置、搜索模型中的任意信号、参数、属性生成模型代码，而且可以提供 API，用于与其用户仿真程序的连接或与手写代码集成。

Simulink 是一种强有力的仿真工具。它能让用户在图形方式下以最小的代价来模拟真实动态系统的运行。Simulink 有数百种自定义的系统环节模型、最先进的有效积分算法和直观的图示化工具。

依托 Simulink 强健的仿真能力，用户在原型机制造之前就可建立系统的模型，从而评估设计并修复瑕疵，Simulink 具有如下特点。

（1）建立动态的系统模型并进行仿真。

Simulink 是一种图形化的仿真工具，用于对动态系统建模和控制规律的制定。由于支持线性、非线性、连续、离散、多变量和混合式系统结构，Simulink 几乎可分析任何一种类型的真实动态系统。

（2）以直观的方式建模。

利用 Simulink 可视化的建模方式,可迅速建立动态系统的框图模型。只需在 Simulink 元件库中选出合适的模块并施放到 Simulink 建模窗口。

Simulink 标准库拥有超过 150 种模块，可用于构成各种不同种类的动态模型系统。

模块包括输入信号源、动力学元件、代数函数和非线性函数、数据显示模块等。

Simulink 模块可以被设定为触发和使能的，用于模拟大模型系统中存在条件作用的子模型的行为。

（3）增添定制模块元件和用户代码。

Simulink 模块库是可制定的，能够扩展以包容用户自定义的系统环节模块。用户也可以修改已有模块的图标，重新设定对话框，甚至换用其用户形式的弹出菜单和复选框。

Simulink 允许用户把自己编写的 C、FORTRAN、Ada 代码直接植入 Simulink 模型中。

（4）快速、准确地进行设计模拟。

Simulink 优秀的积分算法给非线性系统仿真带来了极高的精度。先进的常微分方程求解器可用于求解刚性和非刚性的系统，具有时间触发或不连续的系统和具有代数环的系统。Simulink 的求解器能确保连续系统或离散系统的仿真速度并准确地进行。同时，Simulink 还为用户准备有一个图形化的调试工具，以辅助用户进行系统开发。

（5）分层次的表达复杂系统。

Simulink 的分级建模能力，使得体积庞大、结构复杂的模型构建也简便易行。根据需要，各种模块可以组织成若干子系统。在此基础上，整个系统可以按照自顶向下或自底向上的方式搭建。子模型的层次数量完全取决于所构建的系统，不受软件本身的限制。

为方便大型复杂结构系统的操作，Simulink 还提供了模型结构浏览的功能。

（6）交互式的仿真分析。

Simulink 的示波器可以动画和图像显示数据，运行中可调整模型参数进行 What-if 分析。能够在仿真运算进行时监视仿真结果。这种交互式的特征可以帮助用户快速评估不同的算法，进行参数优化。

由于 Simulink 完全集成于 MATLAB，在 Simulink 下计算的结果可以保存到 MATLAB 工作空间之中。因而就能使用 MATLAB 所具有的众多分析、可视化和工具箱工具操作数据。

33.1.2 Simulink 组成

Simulink 软件包的一个重要特点是它完全建立在 MATLAB 基础上，因此，MATLAB 各种丰富的应用工具箱也可以完全应用到 Simulink 环境中，这无疑大大扩展了 Simulink 的建模和分析能力。

1. 应用工具箱

基于 MATLAB 的所有工具箱都是经过全世界各个领域的专家和学者共同研究的最新成果，每一个工具箱都可谓是千锤百炼，其领域涵盖了自动控制、信号处理和系统辨识等十多个学科，并且随着科学技术的发展，MATLAB 的应用工具箱始终在不断发展完善之中。

MATLAB 应用工具箱的另一个特点是完全开放性，任何用户都可以随意浏览、修改相关的 M 文件，创建满足用户特殊要求的工具箱。由于其中的算法有很多是相当成熟的产品，用户可以采用 MATLAB 自带的编译器将其编译成可执行代码，并嵌入到硬件中直接执行。

　　首先启动 MATLAB，然后在 MATLAB 主界面中单击上面的 Simulink 按钮或在命令窗口中输入 simulink 命令。命令执行之后将弹出 simulink 的模块库浏览器，如图 33-1 所示。

　　Simulink 的工具箱模块库有两部分组成：基本模块和各种应用工具箱。

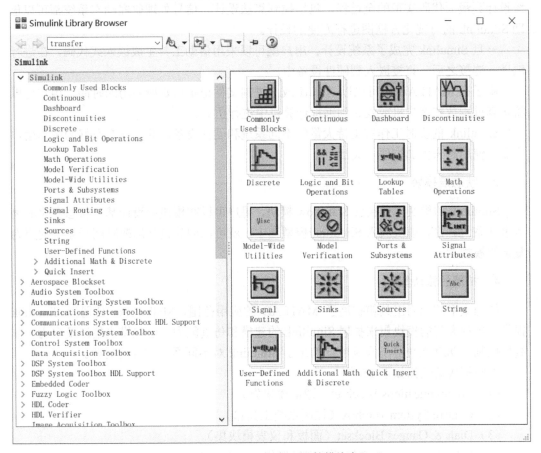

图 33-1　Simulink 的工具箱模块库

Simulink 的基本模块按功能进行分类，包括以下 8 类子模块。

（1）Continuous（连续系统模块）。

（2）Discrete（离散系统模块）。

（3）Function&Tables（函数和平台模块）。

（4）Math（数学运算模块）。

（5）Nonlinear（非线性模块）。

（6）Signals&Systems（信号和系统模块）。

（7）Sinks（接收器模块）。

（8）Sources（输入源模块）。

2．实时工作室

Simulink 软件包中的实时工作室（RTW）可以将 Simulink 的仿真框图直接转化成 C 语言代码，从而直接从系统仿真过渡到系统实现。该工具支持连续、离散和连续—离散混合系统。用户完成 C 语言代码的转换后，可以直接进行汇编，生成执行文件。

借助实时工作室，用户不需手工编写代码和复杂的调试过程，就可以完成从动态系统设计到最后代码实现的全过程，包括控制算法设计、信号处理研究动态系统都可以借助 Simulink 的可视化方框图进行方便的设计。

一旦 Simulink 完成了系统设计，用户就可以采用借助工具生成嵌入式代码，在进行编译、连接之后，直接嵌入到硬件设备中。

由于在 MATLAB 中可以以 ASCII 或二进制文件记录仿真所经历的时间，用户可以将仿真过程放在客户机或发送到远程计算机中进行仿真。

Simulink 的实时工作室支持大量的不同系统和硬件设备，并且具有友好的图形用户界面，使用起来更加方便、灵活。

3．状态流模块

Simulink 的模块库中包含 Stateflow 模块，用户可以在模块中设计基于状态变化的离散事件系统。将该模块放入 Simulink 模型当中，就可以创建包含离散时间子系统的更为复杂的模型。

4．扩展的模块集

如同众多的应用工具箱扩展了 MATLAB 的应用范围，Mathworks 公司为 Simulink 提供了各种专门的模块集来扩展 Simulink 的建模和仿真能力。这些模块集涉及电力、非线性控制、DSP 系统等不同领域，满足了 Simulink 对不同系统仿真的需要。

这些模块集包括如下 15 类：

（1）Communications Blockset（通信模块集）。

（2）Control System Toolbox（控制系统工具箱）。

（3）Dials & Gauges Blockset（面板和仪表模块集）。

（4）DSP Blockset（数字信号处理模块集）。

（5）Fixed-Point Blockset（定点模块集）。

（6）Fuzzy Logic Toolbox（模糊逻辑工具箱）。

（7）NCD Blockset（非线性控制设计模块集）。

（8）Neural Network Blockset（神经网络模块集）。

（9）RF Blockset（射频模块集）。

（10）Power System Blockset（电力系统模块集）。

（11）Real-Time Windows Target（实时窗口目标库）。

（12）Real-TimeWorkshop（实时工作空间库）。

（13）Stateflow（状态流程库）。

（14）Simulink Extras（Simulink 附加库）。

（15）System IDB lockset（系统辨识模块集）。

33.1.3　模块库介绍

为了方便用户快速构建所需的动态系统，Simulink 提供了大量的、以图形形式给出的内置系统模块。使用这些内置模块可以快速方便地设计出特定的动态系统。下面介绍模块库中一些常用的模块功能。

1．连续时间模块子集（Continuous）

在连续模块（Continuous）库中包括了常见的连续模块，如图 33-2 所示。

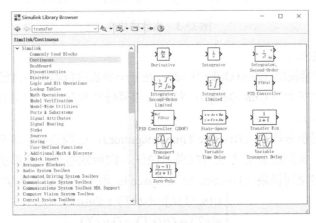

图 33-2　连续模块

各模块的功能如下：

（1）微分模块（Derivative）：通过计算差分 $\Delta u/\Delta t$ 近似计算输入变量的微分。

（2）积分模块（Integrator）：对输入变量进行积分。模块的输入可以是标量，也可以是矢量；输入信号的维数必须与输入信号保持一致。

（3）线性状态空间模块（State-Space）：用于实现以下数学方程描述的系统。

$$\begin{cases} x' = Ax + Bu \\ y = Cx + Du \end{cases}$$

（4）传递函数模块（TransferFcn）：用于执行一个线性传递函数。

（5）零极点传递函数模块（Zero-Pole）：用于建立一个预先指定的零点、极点，并用延迟算子 s 表示连续。

（6）PID 控制模块（PID controller）：用于进行 PID 控制。

（7）传输延迟模块（Transport Delay）：用于将输入端的信号延迟指定的时间后再传输给输出信号。

（8）可变传输延迟模块（Variable Transport Delay）：用于将输入端的信号进行可变时间的延迟。

2．离散模块子集（Discrete）

离散模块库（Discrete）主要用于建立离散采样的系统模型，包括的模块如图 33-3 所示。

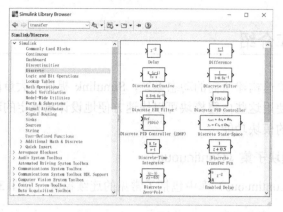

图 33-3　离散模块库

各模块的功能如下：

（1）零阶保持器模块（Zero Order Hold）：在一个步长内将输出的值保持在同一个值上。

（2）单位延迟模块（Unit Delay）：将输入信号做单位延迟，并且保持一个采样周期相当于时间算子 z-1。

（3）离散时间积分模块（Discrete Time Integrator）：在构造完全离散的系统时，代替连续积分的功能。使用的积分方法有向前欧拉法、向后欧拉法、梯形法。

（4）离散状态空间模块（Discrete State Space）：用于实现如下数学方程描述的系统。

$$\begin{cases} x[(n+1)T]=Ax(nT)+Bu(nT) \\ y(nT)=Cx(nT)+Du(nT) \end{cases}$$

（5）离散滤波器模块（Discrete Filter）：用于实现无限脉冲响应（IIR）和有限脉冲响应（FIR）的数字滤波器。

（6）离散传递函数模块（Discrete Transfer Fcn）：用于执行一个离散传递函数。

（7）离散零极点传递函数模块（Discrete Zero Pole）：用于建立一个预先指定的零点、极点，并用延迟算子 z-1 表示的离散系统。

（8）一阶保持器模块（First Order Hold）：在一定时间间隔内保持一阶采样。

3．表格模块库（Lookup Tables）

表格模块库（LookupTables）主要实现各种一维、二维或者更高维函数的查表，另外，用户还可以根据需要创建更复杂的函数。该模块库包括多个主要模块，如图 33-4 所示。

各模块的功能如下：

（1）一维查表模块（Look Up Table）：实现对单路输入信号的查表和线性插值。

（2）二维查表模块（Look-Up Table2-D）：根据给定的二维平面网格上的高度值，把输入的两个变量经过查表、插值，计算出模块的输出值，并返回这个值。

（3）自定义函数模块（Fcn）：用于将输入信号进行指定的函数运算，最后计算出模块的输出值。输入的数学表达式应符合 C 语言编程规范；与 MATLAB 中的表达式有所不同，不能完成矩阵运算。

（4）MATLAB 函数模块（MATLABFcn）：对输入信号进行 MATLAB 函数及表达式的处理。模块为单输入模块；能够完成矩阵运算。

从运算速度角度看，Mathfunction 模块要比 Fcn 模块慢。当需要提高速度时，可以考虑采用 Fcn 或 S 函数模块。

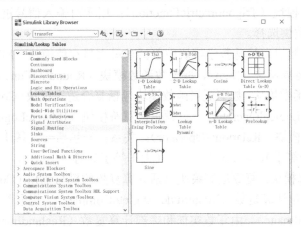

图 33-4　表格模块库

（5）S 函数模块（S-Function）：按照 Simulink 标准，编写自己的 Simulink()函数。它能将 MATLAB 语句、C 语言等编写的函数放在 Simulink 模块中运行，最后计算模块的输出值。

4．数学运算模块库（Math Operation）

数学运算模块库（Math Operation）包括多个数学运算模块，如图 33-5 所示。

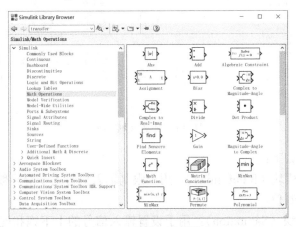

图 33-5　数学运算模块库

各模块的功能如下：

（1）求和模块（Sum）：用于对多路输入信号进行求和运算，并输出结果。

（2）乘法模块（Product）：用于实现对多路输入的乘积、商、矩阵乘法和模块的转置等。

（3）矢量的点乘模块（DotProduct）：矢量的点乘模块（DotProduct）用于实现输入信号的点积运算。

（4）增益模块（Gain）：把输入信号乘以一个指定的增益因子，使输入产生增益。

（5）常用数学函数模块（MathFunction）：用于执行多个通用数学函数，其中包含 exp、log、log10、square、sqrt、pow、reciprocal、hypot、rem、mod 等。

（6）三角函数模块（TrigonometricFunction）：用于对输入信号进行三角函数运算，共有 10 种三角函数供选择。

（7）特殊数学模块：特殊数学模块中包括求最大最小值模块（MinMax）、取绝对值模块(Abs)、符号函数模块（Sign）、取整数函数模块（RoundingFunction）等。

（8）数字逻辑函数模块：数字逻辑函数模块包括复合逻辑模块（CombinationalLogic）、逻辑运算符模块（LogicalOperator）、位逻辑运算符模块（BitwiseLogicalOperator）等。

（9）关系运算模块（RelationalOperator）：关系符号包括==（等于）、≠（不等于）、<（小于）、<=（小于等于）、>（大于）、>=（大于等于）等。

（10）复数运算模块：复数运算模块包括计算复数的模与幅角（ComplextoMagnitude-Angle）、由模和幅角计算复数（Magnitude-AngletoComplex）、提取复数实部与虚部模块（ComplextoRealandImage）、由复数实部和虚部计算复数（RealandImagetoComplex）等。

5．不连续模块库（Discontinuities）

不连续模块库（Discontinuities）中包括一些常用的非线性模块，如图 3-6 所示。

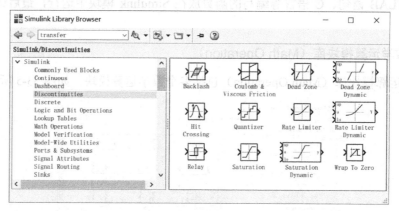

图 3-6　不连续模块库

各模块的功能如下：

（1）比率限幅模块（RateLimiter）：用于限制输入信号的一阶导数，使得信号的变化率不超过规定的限制值。

（2）饱和度模块（Saturation）：用于设置输入信号的上下饱和度，即用上下限的值来约束输出值。

（3）量化模块（Quantizer）：用于把输入信号由平滑状态变成台阶状态。

（4）死区输出模块（DeadZone）：在规定的区内没有输出值。

（5）继电模块（Relay）：用于实现在两个不同常数值之间进行切换。

（6）选择开关模块（Switch）：根据设置的门限来确定系统的输出。

6．信号模块库（signal Routing）

信号模块库（signal Routing）包括的主要模块如图 33-7 所示。

各模块的功能如下：

（1）Bus 信号选择模块（Bus Selector）：用于得到从 Mux 模块或其他模块引入的 Bus 信号。

（2）混路器模块（Mux）：把多路信号组成一个矢量信号或者 Bus 信号。

（3）分路器模块（Demux）：把混路器组成的信号按照原来的构成方法分解成多路信号。

（4）信号合成模块（Merge）：把多路信号进行合成一个单一的信号。

（5）接收/传输信号模块（From/Goto）：接收/传输信号模块常常配合使用，From 模块用于从一个 Goto 模块中接收一个输入信号，Goto 模块用于把输入信号传递给 From 模块。

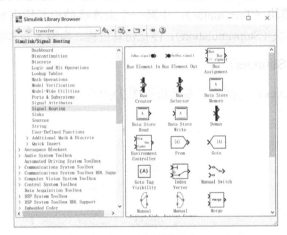

图 33-7　信号模块库

7. 信号输出模块（Sinks）

信号输出模块（Sinks）包括的主要模块如图 33-8 所示。

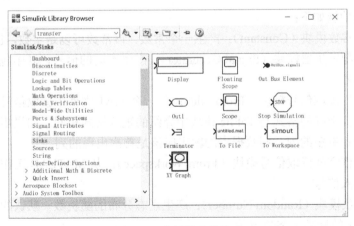

图 33-8　信号输出模块库

各模块的功能如下：

（1）示波器模块（Scope）：显示在仿真过程中产生的输出信号，用于在示波器中显示输入信号与仿真时间的关系曲线，仿真时间为 x 轴。

（2）二维信号显示模块（XY Graph）：在 MATLAB 的图形窗口中显示一个二维信号

图，并将两路信号分别作为示波器坐标的 x 轴与 y 轴，同时把它们之间的关系图形显示出来。

（3）显示模块（Display）：按照一定的格式显示输入信号的值。可供选择的输出格式包括 short、long、short_e、long_e、bank 等。

（4）输出到文件模块（ToFile）：按照矩阵的形式把输入信号保存到一个指定的 MAT 文件。第一行为仿真时间，余下的行则是输入数据，一个数据点是输入矢量的一个分量。

（5）输出到工作空间模块（ToWorkspace）：把信号保存到 MATLAB 的当前工作空间，是另一种输出方式。

（6）终止信号模块（Terminator）：中断一个未连接的信号输出端口。

（7）结束仿真模块（Stopsimulation）：停止仿真过程。当输入为非零时，停止系统仿真。

8. 源模块库（Sources）

源模块库（Sources）包括的主要模块如图 33-9 所示。

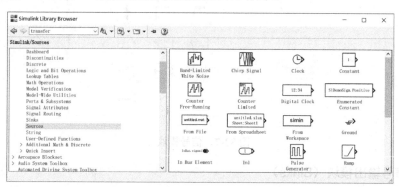

图 33-9　源模块库

各模块的功能如下：

（1）输入常数模块（Constant）：产生一个常数。该常数可以是实数，也可以是复数。

（2）信号源发生器模块（Signal Generator）：产生不同的信号，其中包括正弦波、方波、锯齿波信号。

（3）从文件读取信号模块（From File）：从一个 MAT 文件中读取信号，读取的信号为一个矩阵，其矩阵的格式与 ToFile 模块中介绍的矩阵格式相同。如果矩阵在同一采样时间有两个或者更多的列，则数据点的输出应该是首次出现的列。

（4）从工作空间读取信号模块（From Workspace）：从 MATLAB 工作空间读取信号作为当前的输入信号。

（5）随机数模块（Random Number）：产生正态分布的随机数，默认的随机数是期望为 0，方差为 1 的标准正态分布量。

（6）带宽限制白噪声模块（Band Limited WhiteNoise）：实现对连续或者混杂系统的白噪声输入。

除以上介绍的常用模块外，还包括其余模块。各模块功能可通过以下方法查看：先进入 Simulink 工作窗口，在菜单中执行 Help→SimulinkHelp 命令，就会弹出 Help 界面。然后展开 UsingSimulink\BlockReference\SimulinkBlockLibraries 目录树就可以看到

Simulink 的所有模块，查看相应模块的使用方法和说明信息即可。

33.2　模块操作

模块是构成 Simulink 模型的基本元素，用户可以通过连接模块来构造任何形式的动态系统模型。在 Microsoft Windows 系统下，Simulink 在弹出的模块属性对话框中显示模块信息。若要关闭这个特性或者控制显示所包含的信息，可选择 Simulink 中 View 菜单下的 Data tips options 命令。

33.2.1　Simulink 模块类型

用户在创建模型时必须知道，Simulink 把模块分为两种类型：非虚拟模块和虚拟模块。非虚拟模块在仿真过程中起作用，如果用户在模型中添加或删除了一个非虚拟模块，那么 Simulink 会改变模型的动作方式；相比而言，虚拟模块在仿真过程中不起作用，它只是帮助以图形方式管理模型。

此外，有些 Simulink 模块在某些条件下是虚拟模块，而在其用户条件下则是非虚拟模块，这样的模块称为条件虚拟模块。表 33-1 列出了 Simulink 中的虚拟模块和条件虚拟模块。

表 33-1　虚拟模块和条件虚拟模块

模块名称	作为虚拟的条件
BusSelector	总是虚拟模块
Demux	总是虚拟模块
Enable	当与 Outport 模块直接连接时是非虚模块，否则总是纯虚模块
From	总是纯虚模块
Goto	总是纯虚模块
GotoTagVisibility	总是纯虚模块
Ground	总是纯虚模块
Inport	除非把模块放置在条件执行子系统内，而且与输出端口模块直接连接，否则就是纯虚模块
Mux	总是纯虚模块
Outport	当模块放置在任何子系统模块（条件执行子系统或无条件执行子系统）内，而且不在最顶层的 Simulink 窗口中时才是纯虚模块
Selector	除了在矩阵模式下不是虚拟模块，其余都是纯虚模块
SignalSpecification	总是纯虚模块
Subsystem	当模块依条件执行，并且选择了模块的 TreatasAtomicUnit 选项时，该模块是纯虚模块
Treminator	总是纯虚模块
TriggerPort	当输出端口未出现时是纯虚模块

在建立 Simulink 模型时，用户可以从 Simulink 模型库或已有的模型窗口中将模块复制到新的模型窗口，拖动到目标模型窗口中的模块可以利用鼠标或者键盘上的方向键移动到新的位置。

在复制模块时，新模块会继承源模块的所有参数值。如果要把模块从一个窗口移动到另一个窗口，则在选择模块的同时要按住【Shift】键。

Simulink 会为每个被复制模块分配名称，如果这个模块是模型中此种模块类型的第一个模块，那么模块名称会与源窗口中的模块名称相同。例如，如果用户从 math 模块库中向用户模型窗口中复制 Gain 模块，那么这个新模块的名称是 Gain；如果模型中已经包含了一个名称为 Gain 的模块，那么 Simulink 会在模块名称后添加一个序列号。当然，用户也可以为模块重新命名。

在把 Sum、mux、Demux、BusSelector 和 BusSelector 模块从模块库中复制到模型窗口中时，Simulink 会隐藏这些模块的名称，这样做是为了避免模型图不必要的混乱，而且这些模块的形状已经清楚地表现了它们各自的功能。

33.2.2 自动连接模块

Simulink 方块图中使用线表示模型中各模块之间信号的传送路径，用户可以用鼠标从模块的输出端口到另一模块的输入端口绘制连线，也可以由 Simulink 自动连接模块。

如果要 Simulink 自动连接模块，可先选择模块，然后按住【Ctrl】键，再单击目标模块，则 Simulink 会自动把源模块的输出端口与目标模块的输入端口相连。

如果需要，Simulink 还会绕过某些干扰连接的模块，如图 33-10 所示。

图 33-10 模块连线

在连接两个模块时，如果两个模块上有多个输出端口和输入端口，则 Simulink 会尽可能地连接这些端口，如图 33-11 所示。

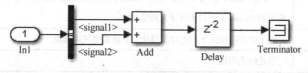

图 33-11 多个输出端口连线

如果要把一组源模块与一个目标模块连接，则可以先选择这组源模块，然后按住【Ctrl】键，再单击目标模块，如图 33-12 所示。

图 33-12　连接一组源模块与一个目标模块

如果要把一个源模块与一组目标模块连接，则可以先选择这组目标模块，然后按住【Ctrl】键，再单击源模块，如图 33-13 所示。

图 33-13　连接一个源模块与一组目标模块

33.2.3　手动连接模块

如果要手动连接模块，可以先把光标放置在源模块的输出端口，不必精确地定位光标位置，光标的形状会变为十字形，然后按下鼠标按钮，拖动光标指针到目标模块的输入端口，如图 33-14 所示。

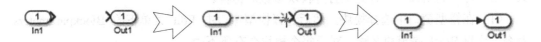

图 33-14　手动连接模块

当释放鼠标时，Simulink 会用带箭头的连线替代端口符号，箭头的方向表示了信号流的方向。

用户也可以在模型中绘制分支线，即从已连接的线上分出支线，携带相同的信号至模块的输入端口，利用分支线可以把一个信号传递到多个模块。首先用鼠标选择需要分支的线，按住【Ctrl】键，同时在分支线的起始位置单击，拖动鼠标指针到目标模块的输入端口，然后释放【Ctrl】键和鼠标按钮，Simulink 会在分支点和模块之间建立连接，如图 33-15 所示。

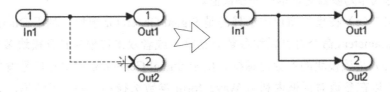

图 33-15　在分支点和模块之间建立连接

Note

如果要断开模块与线的连接，可按住【Shift】键，然后将模块拖动到新的位置即可。

用户也可以在连线上插入模块，但插入的模块只能有一个输入端口和一个输出端口。首先选择要插入的模块，然后拖动模块到连线上，释放鼠标按钮并把模块放置到线上，Simulink 会在连线上自动插入模块，如图 33-16 所示。

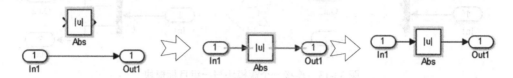

图 33-16　在连线上自动插入模块

33.2.4　设置模块特定参数

带有特定参数的模块都有一个模块参数对话框，可以在对话框内查看和设置这些参数。用户可以利用如下几种方式打开模块参数对话框。

（1）在模型窗口中选择模块，然后选择模型窗口中 Edit 菜单下的 Blockparameters 命令。这里 Block 是模块名称，对于每个模块会有所不同。

（2）在模型窗口中选择模块，然后右击模块，从模块的快捷菜单中选择 Blockparameters 命令。

（3）双击模型或模块库窗口中的模块图标，打开模块参数对话框。

上述方式对包含特定参数的所有模块都是适用的，但不包括 Subsystem 模块，用户必须用模型窗口中 Edit 菜单下的 Subsystemparameters 命令或快捷菜单才能打开 Subsystem 模块的参数对话框。

对于每个模块，模块的参数对话框也会有所不同，用户可以用任何 MATLAB 常量、变量或表达式作为参数对话框中的参数值。

图 33-17（a）在模型窗口中选择的是 Signal Generator 模块，利用 Diagram 菜单下的 Block parameters 命令打开模块参数对话框，或者双击该模块打开模块参数对话框；图 33-17（b）是该模块的参数对话框。由于 Signal Generator 模块是信号发生器模块，因此用户可以在参数对话框内利用 Wave form 参数选择不同的信号波形，并设置相应波形的参数值。

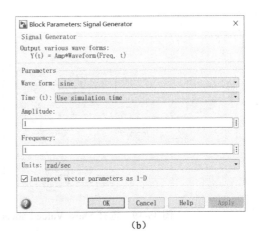

（a）　　　　　　　　　　　　　　（b）

图 33-17　模块的参数对话框

33.2.5　设置输出提示

用户若要打开或关闭模块端口的输出提示，可以选择模型编辑器窗口 Display 菜单下的 Data Display in Simulation 命令，如图 33-18 所示。该命令的下拉菜单中有如下四个活动选项。

（1）Remove All Value Labels：删除所有标签的值。

（2）Show Value Labels When Hovering：当鼠标指针移到模块上时，会显示端口的输出数据；当鼠标指针移出模块时关闭输出数据提示。

（3）Toggle Value Labels When Clicked：选中模块时，显示端口的输出数据；再次单击该模块时，关闭端口的输出提示。选择该选项，用户可以依次单击模型中的多个模块，因此可以同时观察到多个模块的输出数据。

（4）Options：参数选项。

图 33-18　选择模型编辑器窗口 Display 菜单下的 Data Display in Simulation 命令

图 33-19 是选择 Show Value Labels When Hovering 命令后的模型输出，当鼠标指针滑过 Temperatures 模块时，模型窗口会同时显示该模块两个输出端口的数据，若鼠标指针一直停留在该模块上，则端口数据会依据设置的显示频率进行刷新。用户也可以通过选择工具栏中的 Show Value Labels When Hovering 命令启动或关闭模块输出提示。

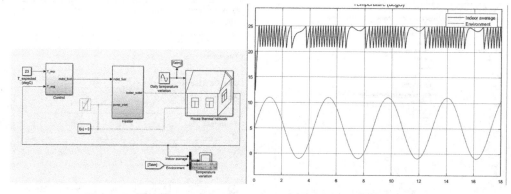

图 33-19　选择 Show Value Labels When Hovering 命令后的模型输出

33.3　Simulink 系统仿真

Simulink 是 MATLAB 最重要的组件之一，它提供一个动态系统建模、仿真和综合分析的集成环境。构建好一个系统的模型之后，需要运行模型后得到仿真结果。运行一个仿真的完整过程分为三个步骤：设置仿真参数、启动仿真和仿真结果分析。

33.3.1　仿真基础

1. 设置仿真参数

Simulink 中模型的仿真参数通常在仿真参数对话框内设置。这个对话框包含了仿真运行过程中的所有设置参数，在对话框内可以设置仿真算法、仿真的起止时间和误差容限等，还可以定义仿真结果数据的输出和存储方式，并可以设定对仿真过程中错误的处理方式。

首先选择需要设置仿真参数的模型，然后在模型窗口的 Simulation 菜单下选择 Model Configuration Parameters 命令，弹出 Configuration Parameters 对话框，如图 33-20 所示。

在 Configuration Parameters 对话框内，用户可以根据需要进行参数设置。当然，除设置参数值外，也可以把参数指定为有效的 MATLAB 表达式，这个表达式可以由常量、工作区变量名、MATLAB 函数以及各种数学运算符号组成。

参数设置完毕后，可以单击 Apply 按钮应用设置，或者单击 OK 按钮关闭对话框。如果需要，也可以保存模型，以保存所设置的模型仿真参数。

关于仿真参数对话框内各选项参数的基本设置方式，将在下一节详细介绍。

图 33-20　Configuration Parameters 参数设置

2. 控制仿真执行

Simulink 的图形用户接口包括菜单命令和工具条按钮，如图 33-21 所示，用户可以用这些命令或按钮启动、终止或暂停仿真。

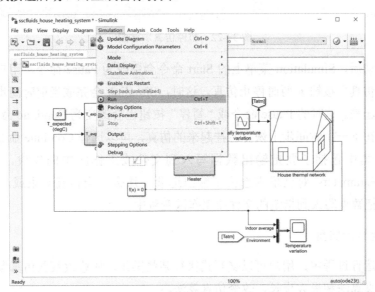

图 33-21　Simulink 的图形用户接口

若要模型执行仿真，可在模型编辑器的 Simulation 菜单上选择 Start 命令，或单击模型工具条上的"启动仿真"按钮 ▶。

Simulink 会从 Configuration Parameters 对话框内指定的起始时间开始执行仿真，仿真过程会一直持续到所定义的仿真终止时间。在这个过程中，如果有错误发生，系统会中止仿真，用户也可以手动干预仿真，如暂停或终止仿真。

在仿真运行过程中，模型窗口底部的状态条会显示仿真的进度情况，同时，Simulation 菜单上的 Start 命令会替换为 Stop 命令，模型工具条上的"启动仿真"按钮也会替换为

"暂停仿真"按钮，如图 33-22 所示。

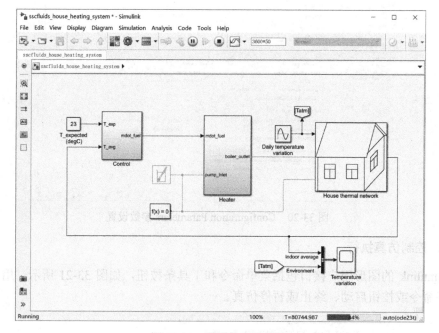

图 33-22 暂停仿真示意图

仿真启动后，Simulation 菜单上的 Start 命令会更改为 Pause 命令，用户可以用该命令或"暂停仿真"按钮暂时停止仿真，这时，Simulink 会完成当前时间步的仿真，并把仿真悬挂起来。这时的 Pause 命令或"暂停"按钮也会改变为 Continue 命令或"运行"按钮。若要在下一个时间步上恢复悬挂起来的仿真，可以选择 Continue 命令继续仿真。

如果模型中包括了要把输出数据写入到文件或工作区中的模块，或者用户在 Simulation Parameters 对话框内选择了输出选项，那么，当仿真结束或悬挂起来时，Simulink 会把数据写入到指定的文件或工作区变量中。

3. 交互运行仿真

在仿真运行过程中，用户可以交互式执行某些操作，如修改某些仿真参数，包括终止时间、仿真算法和最大步长、改变仿真算法。

在浮动示波器或 Display 模块上单击信号线以查看信号。更改模块参数，但不能改变下面的参数：

（1）状态、输入或输出的数目。

（2）采样时间。

（3）过零数目。

（4）任一模块参数的向量长度。

（5）内部模块工作向量的长度。

在仿真过程中，用户不能更改模型的结构，如增加、删除线或模块，如果必须执行这样的操作，则应先停止仿真，在改变模型结构后再执行仿真，并查看更改后的仿真结果。

33.3.2　输出信号的显示

通常，模型仿真的结果可以用数据的形式保存在文件中，也可以用图形的方式直观地显示出来。对于大多数工程设计人员来说，查看和分析结果曲线对于了解模型的内部结构，以及判断结果的准确性具有重要意义。Simulink 仿真模型后，可以用下面几种方法绘制模型的输出轨迹：

（1）将输出信号传送到 Scope 模块或 XYGraph 模块。

（2）使用悬浮 Scope 模块和 Display 模块。

（3）将输出数据写入到返回变量，并用 MATLAB 的绘图命令绘制曲线。

（4）将输出数据用 ToWorkspace 模块写入到工作区。

1．Scope模块和XYGraph模块的使用

如图 33-23 所示，Scope 模块是示波器模块，它与实验室中使用的示波器具有类似的功能，用户可以在仿真运行期间打开 Scope 模块，也可以在仿真结束后打开模块观察输出轨迹。

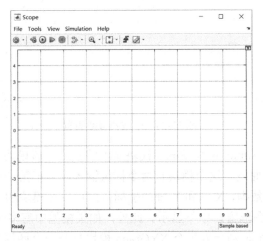

图 33-23　Scope 窗口

Scope 模块显示对应于仿真时间的输入信号，它可以有多个坐标轴系（即每个输入端口对应于一个坐标轴），所有的坐标轴系都对应独立的 y 轴，但 x 轴的时间范围是相同的，用户可以调整需要显示的时间范围和输入值范围。

当用户运行模型仿真时，虽然 Simulink 会把结果数据写入到相应的 Scope 中，但它并不打开 Scope 窗口，若用户在仿真结束后打开 Scope 窗口，则示波器窗口会显示 Scope 模块的输入信号。

如果信号是连续的，则 Scope 会生成"点—点"的曲线；如果信号是离散的，则 Scope 会生成阶梯状曲线。此外，用户还可以在仿真运行期间移动 Scope 窗口或改变窗口的大小，或更改 Scope 窗口的参数值。

Scope 模块提供的工具栏按钮可以缩放被显示的数据，保存此次仿真的坐标轴设置，限制被显示的数据量，把数据存储到工作区等。

 在用户创建的库模块中不能使用 Scope 模块。用户可以提供带有输出端口的库模块，模块的输出端口可以与显示内部数据的示波器相连。

用户可以在 Scope 窗口中右击打开示波器的 Y 轴设置对话框，在这个对话框内用户可以更改 Y 轴显示范围的最大值和最小值。此外，单击窗口工具栏中的"示波器参数"按钮，也可以更改示波器的参数设置。图 33-24 说明了设置示波器参数的方式。

图 33-24 示波器参数设置

XYGraph 模块是 Simulink 中 Sinks 模块库内的模块，该模块利用 MATLAB 的图形窗口绘制信号的 X-Y 曲线。这个模块有两个标量输入，它把第一个输入作为 X 轴数据，第二个输入作为 Y 轴数据，X 轴和 Y 轴的坐标范围可以在模块的参数对话框内设置，超出指定范围的数据在图形窗口中不显示。此外，如果模型中有多个 XYGraph 模块，则 Simulink 在仿真的起始时刻会为每个 XYGraph 模块打开一个图形窗口。

2. 悬浮Scope模块和Display模块的使用

悬浮 Scope 模块也是一个可以显示一个或多个信号的示波器模块，用户可以从 Simulink 的 Sinks 库中把 Scope 模块复制到模型中，并按下"悬浮示波器"按钮设置悬浮示波器，或者直接从 Sinks 库中把 FloatingScope 模块复制到模型窗口中。

悬浮器件是不带输入端口的模块，它可以在仿真过程中显示任何一个被选择的信号，悬浮示波器通过坐标轴系周围的蓝框来辨别。为了在仿真过程中使用悬浮示波器，应首先打开示波器窗口，若要显示某个输入信号线上的信号，可选择这个线，在按住【Shift】键的同时选择其用户的信号，可以同时显示多个信号。

图 33-25 中的模型使用一个悬浮示波器在两个窗口中同时显示两个输入信号，选择 SignalGenerator 模块产生并传递信号的线，并选择悬浮示波器中下面的示波器窗口，这时单击模型窗口中的"启动仿真"按钮，Simulink 会在用户所选择的示波器窗口中显示信号波形。

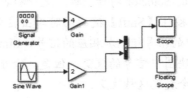

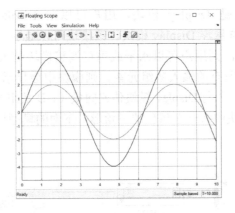

图 33-25　悬浮示波器仿真显示

用户可以单击悬浮示波器工具栏中的"信号选择"按钮，打开 Signal Selector 对话框，如图 33-26 所示。

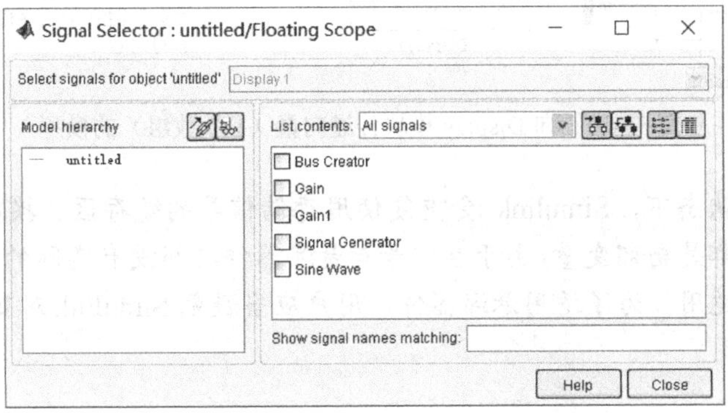

图 33-26　Signal Selector 对话框

另一种打开 Signal Selector 对话框的方式是，先在悬浮示波器打开的情况下运行模型仿真，然后右击悬浮示波器窗口，从弹出的菜单中选择 Signal Selection 命令。Signal

Selector 对话框允许用户选择模型中任一位置的信号，包括未打开的子系统内的信号。

在一个 Simulink 模型中可以有多个悬浮示波器，但是在指定的时刻，一个示波器内只能有一组坐标轴系是激活的，激活的悬浮示波器会将坐标轴标记为蓝色框，用户选择或取消选择的信号线只影响激活的悬浮示波器。

当激活其用户悬浮示波器时，这些示波器会继续显示用户选择的信号。换句话说，未激活的悬浮示波器是被锁住的，它们显示的信号不再改变。

 用户可以用 Signal Selector 对话框连续选择和取消块图中选择的信号。例如，在方块图中按住【Shift】键的同时单击信号线，向之前选择的 Signal Selector 对话框中的信号组添加相应的信号，Simulink 会更新 Signal Selector 对话框以反映方块图中信号的改变。但是，除非用户查看了 Signal Selector 窗口，否则并不会发现这种改变。

另一种悬浮器件就是 Display 模块，用户可以在 Display 的模块对话框内选择 floating display 选项设置悬浮 Display 模块。该模块可以显示一个或多个输入值，如果模块的输入是一个数组，则用户可以水平或垂直调整模块的大小，以显示多个数组元素。如果模块未显示出所有的输入数组元素，则模块中会显示一个黑色的三角形。

图 33-27 显示的是一个向 Display 模块传递向量（1-D 数组）的模型，上面的模型未全部显示向量元素，模块中有一个黑色的三角形；下面的模型调整了模块的大小，显示了所有的输入元素。

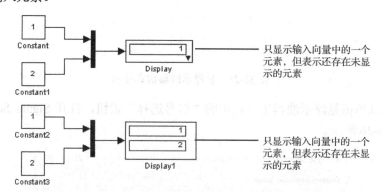

图 33-27　向 Display 模块传递向量（1-D 数组）的模型

 默认状态下，Simulink 会重复使用存储信号的缓存区。换句话说，Simulink 信号都是局部变量，由于在信号与悬浮器件之间没有实际的连接，"局部变量"不再适用。为了适用悬浮器件，用户应当避免 Simulink 对变量存储区域的重复使用。

一种方法就是关闭仿真参数对话框中 Advanced 选项卡下的 signal storagereuse（将该选项设置为 off）设置；另一种方法就是把要观察的信号声明为 Simulink 全局变量，可以先选择信号，然后选择 Edit 菜单下的 Signal Properties 命令，在打开的信号属性对话框内把 Signal Monitoring options 选项设置为 Simulnik Global（TestPoint）。

Terminator 模块并不是用来显示输出信号的，如果用户在运行模型仿真时发现模型中存在未与输出端口连接的模块，那么 Simulink 会发出警告消息，为了避免警告消息，可以使用 Terminator 模块。

3. 返回变量的使用

用户可以把仿真结果返回到所定义工作区的变量中，然后利用 MATLAB 的绘图命令显示和标注输出曲线。图 7-28 所示是一个简单的模型范例。

图 33-28　返回变量的模型范例

模型中的 Out 模块是 Sinks 库中的 Output 模块，这里在 Simulation Parameters 对话框中的 Workspace I/O 选项卡内设置返回到 MATLAB 工作区中的变量，时间变量和输出变量使用默认的变量名：tout 和 yout，然后运行仿真。在 MATLAB 命令窗口中输入如下命令，绘制输出曲线。

```
>>plot(tout,yout);
```

图 33-29 是在 MATLAB 的图形窗口中绘制的输出曲线。

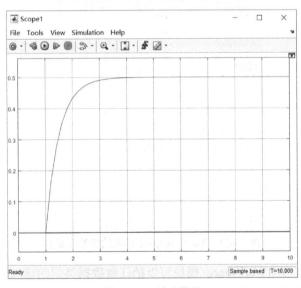

图 33-29　输出曲线

4. To Workspace模块的使用

To Workspace 模块可以把模块中设置的输出变量写入到 MATLAB 工作区。图 33-30 中的模型说明了 To Workspace 模块的使用方式。

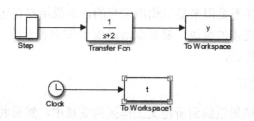

图 33-30　ToWorkspace 模块的使用模型

当仿真结束时，变量 y 和 t 会出现在工作区中，时间向量 t 是通过 Clock 模块传递到 To Workspace 模块中的。如果不使用 Clock 模块，也可以在 Configuration Parameters 对话框中的 DataImport/Export 选项卡中指定时间变量 t。仿真结束后，在 MATLAB 命令行中输入绘图命令 plot(t,y)，Simulink 会在 MATLAB 的图形窗口中绘制结果曲线，最终曲线如图 33-38 所示。

下面介绍一下 To Workspace 模块中参数的设置方式。

打开 To Workspace 模块的参数对话框，如图 33-31 所示，该模块把其输入写到 MATLAB 工作区，把其输出写到由模块参数对话框 Variable name 参数指定的变量中，输出变量的格式在对话框的 Save format 参数中指定，可以指定为数组或结构。

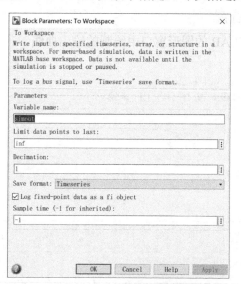

图 33-31　To Workspace 模块的参数对话框

需要说明的是，To Workspace 模块可以把任意数据类型的输入值保存到 MATLAB 工作区中，但不包括 int64 和 uint64 类型。

Limit data pointstolast 参数用来指定所保存的输入采样点的最大数目，默认值为 1000。

Decimation 参数用来指定倍数因子。

若模型中设置的仿真起始时间为 0，在 To Workspace 模块的参数对话框内将最大的采样点数设为 100，Decimation 设为 1，采样时间为 0.5，则 To Workspace 模块会在 0，0.5，1.0，1.5，…时刻（单位为秒）存储 100 个输出采样点。指定 Decimation 为 1 表示

To Workspace 模块在每个时间步上把输出数据写到工作区中一次。

　　仍以上面的设置为例，采样时间仍是 0.5，但将 Decimation 设置为 5，那么 To Workspace 模块会在 0，2.5，5.0，7.5，⋯时刻存储 100 个输出采样点。指定 Decimation 为 5 表示 To Workspace 模块每 5 个时间步上写入输出数据一次。

33.3.3　简单系统的仿真分析

1．建立系统模型

　　首先根据系统的数学描述选择合适的 Simulink 系统模块，然后按照建模方法建立此简单的系统模型。这里所使用的系统模块主要有：

　　（1）Sources 模块库中的 Sine Wave 模块：用来作为系统的输入信号。

　　（2）Math 模块库中的 Relational Operator 模块：用来实现系统中的时间逻辑关系。

　　（3）Sources 模块库中的 Clock 模块：用来表示系统运行时间。

　　（4）Nonlinear 模块库中的 Switch 模块：用来实现系统的输出选择。

　　（5）Math 模块库中的 Gain 模块：用来实现系统中的信号增益。

　　简单的系统模型如图 33-32 所示。

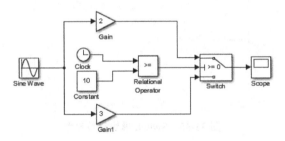

图 33-32　简单的系统模型

2．系统模块参数设置

　　在完成系统模型的建立之后，需要对系统中各模块的参数进行合理设置。这里采用的模块参数设置如下所述。

　　（1）SineWave 模块：采用 Simulink 默认的参数设置，即单位幅值、单位频率的正弦信号。

　　（2）Relational Operator 模块：其参数设置为"＞＝"，如图 33-33 所示。

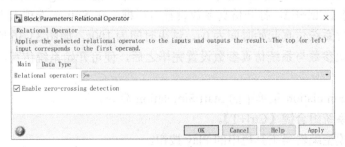

图 33-33　Relational Operator 模块参数设置

（3）Clock 模块：采用默认参数设置，如图 33-34 所示。

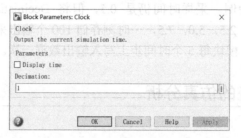

图 33-34　Clock 模块参数设置

（4）Switch 模块：设定 Switch 模块的 Threshold 值为 1（其实只要大于 0，小于或等于 1 即可，因为 Switch 模块在输入端口 2 的输入大于或等于给定的阈值 Threshold 时，模块输出为第一端口的输入，否则为第三端口的输入），从而实现此系统的输出随仿真时间进行正确的切换，如图 33-35 所示。

图 33-35　Switch 模块参数设置

（5）Gain 模块：其参数设置如图 33-31 系统模型中所示。

3．系统仿真参数设置及仿真分析

对系统模型中各个模块进行了正确且合适的参数设置之后，需要对系统仿真参数进行必要的设置以开始仿真。在默认情况下，Simulink 默认的仿真起始时间为 0s，仿真结束时间为 10s。

对于此简单系统，当时间大于 25 时系统输出才开始转换，因此需要设置合适的仿真时间。设置仿真时间的方法为：选择 Simulation 菜单中的 Configuration Parameters 命令（或使用快捷键【Ctrl+E】，打开仿真参数设置对话框，在 Solver 选项卡中设置系统仿真时间区间。设置系统仿真起始时间为 0s、结束时间为 100s，如图 33-36 所示。

在系统模块参数与系统仿真参数设置完毕之后，便可开始系统仿真。运行仿真的方法有如下几种。

（1）选择 Simulation 菜单中的 Start Simulation 命令。

（2）使用系统组合键【Ctrl+T】。

（3）使用模型编辑器工具栏中的 Play 按钮。

图 33-36　系统仿真时间设置

当系统仿真结束后，双击系统模型中的 Scope 模块，显示的系统仿真结果如图 33-37 所示。采用默认仿真步长设置造成仿真输出曲线不光滑。从图中可以看出，系统仿真输出曲线非常不平滑，而对此系统的数学描述进行分析可知，系统输出应该为光滑曲线。

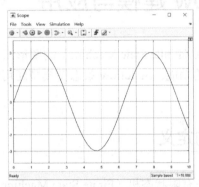

图 33-37　系统仿真结果输出曲线

这是由于在仿真过程中没有设置合适的仿真步长，而是使用 Simulink 的默认仿真步长所造成的。因此，对动态系统的仿真步长需要进行合适的设置。

4．仿真步长设置

仿真参数的选择对仿真结果有很大影响。对于简单系统，由于系统中并不存在状态变量，因此每一次计算都应该是准确的（不考虑数据截断误差）。

在使用 Simulink 对简单系统进行仿真时，影响仿真结果输出的因素有仿真起始时间、结束时间和仿真步长。对于简单系统仿真来说，不管采用何种求解器，Simulink 总是在仿真过程中选用最大的仿真步长。

如果仿真时间区间较长，而且最大步长设置采用默认取值 auto，则会导致系统在仿真时使用大的步长，因为 Simulink 的仿真步长是通过下式得到的：

$$h = \frac{t_{end} - t_{start}}{50}$$

这里给出几个在模型创建过程中非常有用的注意事项：

（1）内存问题：通常，内存越大，Simulink 的性能越好。

（2）利用层级关系：对于复杂的模型，在模型中增加子系统层级是有好处的，因为组合模块可以简化最顶级模型，这样在阅读和理解模型上就容易一些。

（3）整理模型：结构安排合理的模型和加注文档说明的模型是很容易阅读和理解的，模型中的信号标签和模型标注有助于说明模型的作用，因此在创建 Simulink 模型时，建议根据模型的功能需要，适当添加模型说明和模型标注。

（4）建模策略：如果用户的几个模型要使用相同的模块，则可以在模型中保存这些模块，这样在创建新模型时，只要打开模型并复制所需的模块即可。用户也可以把一组模块放到系统中，创建一个用户模块库，并保存这个系统，然后在 MATLAB 命令行中输入系统的名称来访问这个系统。

通常，在创建模型时，首先在草纸上设计模型，然后在计算机上创建模型。在要将各种模块组合在一起创建模型时，可把这些模块先放置在模型窗口中，然后连线，利用这种方法，用户可以减少频繁打开模块库的次数。

33.4 Stateflow 建模与应用

Stateflow 是有限状态机（Finite State Machine）的图形工具，它通过开发有限状态机和流程图扩展了 Simulink 的功能。Stateflow 状态图模型还可利用 StateflowCoder 代码生成工具，直接生成 C 代码。

33.4.1 Stateflow 的定义

Stateflow 的仿真原理是有限状态机（Finite State Machine，FSM）理论。为了更快地掌握 Stateflow 的使用方法，有必要先了解 FSM 的一些基本知识。

Statefolw 是一种图形化的设计开发工具，是有限状态机的图形实现工具，有人称为状态流。主要用于 simulink 中控制和检测逻辑关系。

用户可以在进行 Simulink 仿真时，使用这种图形化的工具实现各个状态之间的转换，解决复杂的监控逻辑问题。它和 Simulink 同时使用使得 Simulink 更具有事件驱动控制能力。利用状态流可以做以下事情：

（1）基于有限状态机理论的相对复杂系统进行图形化建模和仿真。

（2）设计开发确定的、检测的控制系统。

（3）更容易在设计的不同阶段修改设计、评估结果和验证系统的性能。

（4）自动直接地从设计中产生整数、浮点和定点代码（需要状态流编码器）。

（5）更好地结合利用 Matlab 和 Simulink 的环境对系统进行建模、仿真和分析。

在状态流图中，利用状态机原理、流图概念和状态转化图能够对复杂系统的行为进行清晰、简洁的描述。

Stateflow 生成的监控逻辑可以直接嵌入到 Simulink 模型中，两者之间能够实现无缝连接。

仿真初始化时，Simulink 会自动启动编译程序，将 Stateflow 绘制的逻辑框图转换成C 格式的 S 函数（Mex 文件），产生的代码就是仿真目标，且在状态流内称作 Sfun 目标，这样可在仿真过程中直接调用相应的动态连接库文件，将两者组成一个仿真整体。Sfun 目标只能与 Simulink 一起使用。

在产生代码前，如果还没有建立名为 sfprj 的子目录，状态流会在 MATLAB 的当前目录下产生一个 sfprj 子目录。状态流在产生代码的过程中使用 sfprj 子目录存储产生的文件。

在有限状态机的描述中，可以设计出由一种状态转换至另一种状态的条件，并将每对可转换的状态均设计出状态迁移的事件，从而构造出状态迁移图。

在 Stateflow 中，状态和状态转换是最基本的元素，有限状态机的示意图如图 33-38 所示。图中有三个（有限个）状态，这几个状态的转换是有条件的，其中有些状态之间是相互转换的，A 状态是自行转换的。在有限状态机系统中，还表明了状态迁移的条件或事件。

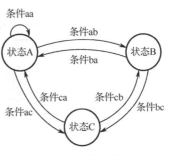

图 33-38　有限状态机示意图

　Stateflow 模型一般是嵌在 Simulink 模型下运行的，Stateflow 是事件驱动的，这些事件可以来自同一个 Stateflow 图，也可以来自 Simulink。

Stateflow 状态机使用一种基于容器的层次结构管理 Stateflow 对象，也就是说，一个 Stateflow 对象可以包含其用户 Stateflow 对象。

最高级的对象是 Stateflow 状态机，它包含了所有的 Stateflow 对象，因此也就包含了 Simulink 中的所有 Stateflow 状态图，以及数据、事件、目标对象。

同样，状态图包含了状态、盒函数、函数、数据、事件、迁移、节点与注释事件（Note Events）。用户可以使用这一系列对象，建立一个 Stateflow 状态图。而具体到一个状态，它也可以包含上述对象。

图 33-39 抽象地说明了这样的关系，而图 33-40 则具体地说明了 Stateflow 状态机的组成。

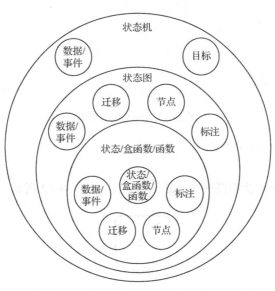

图 33-39　Stateflow 层次机构（数据字典）

465

Note

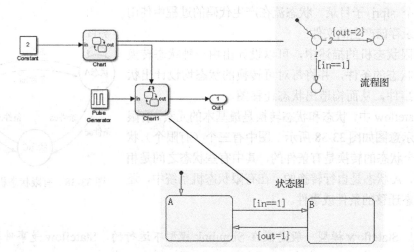

图 33-40　Stateflow 状态机的组成

33.4.2　状态图编辑器

在 Simulink 模块库浏览器中找到 Stateflow 模块，如图 33-41 所示。

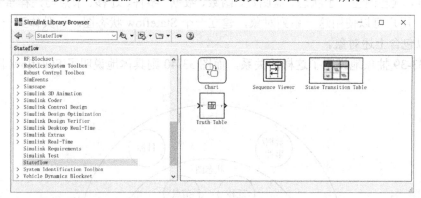

图 33-41　Stateflow 模块

用户也可以使用以下命令：

```
>>sf
```

建立带有 Stateflow 状态图的 Simulink 模型，如图 33-42 所示。

图 33-42　带有 Stateflow 状态图的 Simulink 模型

同时打开 Stateflow 模块库，如图 33-43 所示。

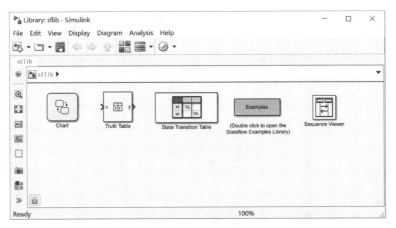

图 33-43　Stateflow 模块库

用户还可以直接使用以下命令：

```
>>sfnew
```

快速建立带有 Stateflow 状态图的 Simulink 模型。

双击 Chart 模块，打开 Stateflow 编辑器窗口，如图 33-44 所示，左侧工具栏列出了 Stateflow 图形对象的按钮。

选择图 33-44 中 Chart 选项下的 Properties（属性），打开图 33-45 所示的对话框，可以在此对话框中设置整个 Stateflow 模型的属性。

图 33-44　Stateflow 编辑器窗口　　　图 33-45　Properties（属性）菜单对话框

如果用户想添加一个新的状态，可以新建一个空白的 Stateflow 模型，单击状态按钮，并在 Stateflow 窗口的适当位置再次单击，即加入一个状态，如图 33-46 所示。

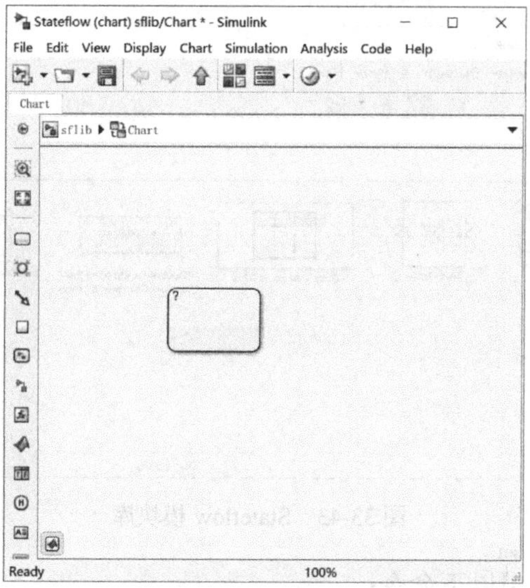

图 33-46　添加状态

33.4.3　Stateflow 流程图

前面介绍了 Stateflow 状态图的基本概念与创建过程。状态图的一个特点是，在进入下一个仿真步长前，它会记录当前的本地数据与各状态的激活情况，供下一步长使用。而流程图只是一种使用节点与迁移来表示条件、循环、多路选择等逻辑的图形，它不包含任何的状态。

由于迁移（除了默认迁移）总是从一个状态到另一个状态，节点之间的迁移只能是一个迁移段。因此流程图可以看作是有若干个中间支路的一个迁移，一旦开始执行，就必须执行到终节点（没有任何输出迁移的节点），不能停留在某个中间节点，也就是说必须完成一次完整的迁移。

从另一个角度来看，节点可以认为是系统的一个判决点或汇合点，它将一个完整的迁移分成了若干个迁移段。因此，可以将几个相同的迁移段合并为一个，用一个迁移表示多个可能发生的迁移，简化状态图，由此生成的代码也更加有效。

对于以下情况，应首先考虑使用节点：

（1）if-else 判断结构、自循环结构、for 循环结构。

（2）单源状态到多目标状态的迁移。

（3）多源状态到单目标状态的迁移。

（4）基于同一事件的迁移。

> **提示**　事件无法触发从节点到状态的迁移。

如果需要建立流程图，可以采用手动和自动两种方式。

1. 手动建立

例 33-1　根据以下程序，手动建立对应的流程图。

```
if percent==100
    {percent=0;
    sec=sec+1;}
else if sec==60
        {sec=0;
        min=min+1;}
    end
end
```

解：

（1）建立起始节点，如图 33-47 所示。

图 33-47　添加节点

（2）条件节点与终节点。根据代码的执行过程，逐一添加条件节点 A1、B1、C1，终节点 A2、B2，以及节点间的迁移与迁移标签，如图 33-48 所示。

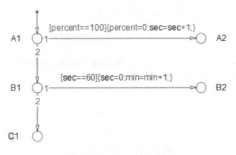

图 33-48　流程图

流程图运行过程如下：

① 系统默认迁移进入节点 A1，如果条件[percent==100]为真，执行 {percent=0;

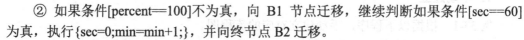

sec=sec+1;}，并向终节点 A2 迁移。

② 如果条件[percent==100]不为真，向 B1 节点迁移，继续判断如果条件[sec==60]为真，执行{sec=0;min=min+1;}，并向终节点 B2 迁移。

③ 如果不满足任何条件，则向终节点 C1 迁移。

（3）节点与箭头大小。对于某些重要的节点或迁移，用户可以调整其节点大小与迁移箭头的大小，突出其地位。例如，选择节点 C1 的右键快捷菜单中的 JunctionSize→16 命令，如图 33-49 所示，放大节点；选择节点 A1 的右键快捷菜单中的 ArrowheadSize→20 命令，放大指向该节点的所有迁移箭头，如图 33-50 所示。

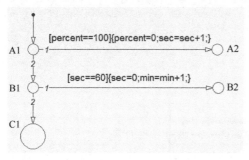

图 33-49　节点大小

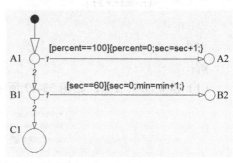

图 33-50　箭头大小

（4）优先级。两个判断节点 A1、B1 均有两条输出迁移，分别标记了数字 1、2，这表示迁移的优先级。默认情况下，Stateflow 状态图使用显性优先级模式，用户可以自行修改各个迁移优先级。

例如，选择迁移曲线的右键快捷菜单中的 ExecutionOrder 命令，将优先级由 1 降低为 2，如图 33-51 所示。修改了某一输出迁移的优先级，系统会自动调整同一节点另一迁移的优先级。

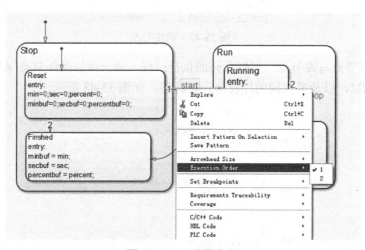

图 33-51　迁移优先级

为避免用户错误设置优先级，Stateflow 提供了另一种模式：隐性优先级。选择编辑器中的 File→Model Properties→Chart Properties 命令，取消选择 User specified state/transition execution order 复选框，启用隐性模式，如图 33-52 所示。

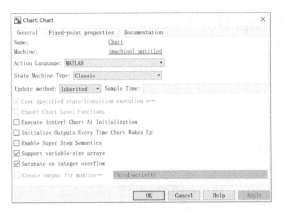

图 33-52　自动设置迁移优先级

使用这种模式时，系统根据以下规则自动设置迁移优先级，从高到低排列如下：

（1）既有事件又有条件的迁移。

（2）仅有事件的迁移。

（3）仅有条件的迁移。

（4）不含任何限制的迁移。

 同一个 Stateflow 状态图，只能选用一种优先级模式，但对于有多个状态图的 Simulink 模型，则不受此限制。

2. 自动建立

对于简单的流程图，手动建立难度不大，而对于稍复杂的逻辑关系，用户难免会感到无从下手。Stateflow 提供了快速建立流程图的向导，它可以生成三类基本逻辑：判断、循环、多条件。本小节使用向导重建流程图。

在编辑器空白处右击，在出现的快捷菜单中选择 Add Pattern In Chart→Decision→If-Elseif-Else 命令，选择流程图的类型，如图 33-53 所示。

（1）在弹出的对话框中输入判断条件与对应的动作，如图 33-54 所示。

图 33-53　流程图向导菜单

图 33-54　新建流程图对话框

（2）生成的流程图如图 33-55 所示。

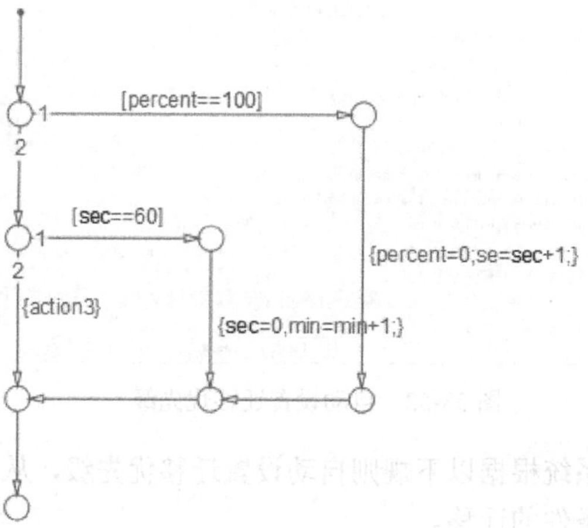

图 33-55　流程图

3. 两种方式的对比

尽管用户可以手动建立流程图，但使用流程图向导的优势也是显而易见的。

（1）任何一种流程图都可归结为判断、循环、多条件，或者三者的组合，因此皆可以使用向导自动生成。

（2）使用向导生成的流程图符合 MAAB（Math Works Automotive Advisory Board）规则，有利于后期模型检查。

（3）各种流程图的外观基本一致。

（4）将设计好的流程图另存为模板，便于重用。

33.5　Simulink 工具箱应用

Mathworks 公司为 Simulink 提供了各种专门的模块集来扩展 Simulink 的建模和仿真能力，这些模块集涉及电力、非线性控制、DSP 系统等不同领域，满足了 Simulink 对不同系统仿真的需要。

33.5.1　神经网络工具箱

Matlab 和 Simulink 包含进行神经网络应用设计和分析的许多工具箱函数。目前最新的神经网络工具箱几乎完整地概括了现有神经网络的新成果。

一般的神经网络都是可调节的，或者说可训练的，这样一个特定的输入便可得到要求的输出。这里，网络根据输出和目标的比较而调整，直到网络输出和目标匹配。作为典型，许多输入/目标对应的方法已被用在监督模式中来训练神经网络，具体如图 33-56 所示。

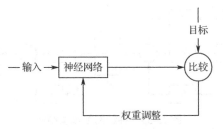

图 33-56　神经网络调节方式

以两层前馈神经网络模型（输入层为三个神经元）为例，MATLAB 工具箱中的神经网络结构如图 33-57 所示。

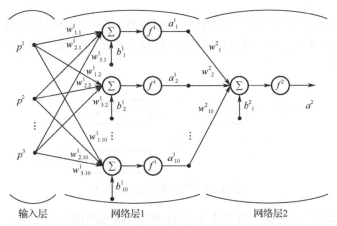

图 33-57　MATLAB 中前馈神经网络的结构

前馈神经网络结构中 w 表示权值、b 表示阈值，$w^1_{1.1}$ 的上标表示输入层的神经元与隐含层的神经元的连接权值（隐含层到输出层的权值用数字 2 表示），下标中的前一位是表示输入量为 p^1（输入 p^2、p^3 则分别用数字 2、3 表示），后一位表示前一位所确定的输入量与第一个隐含层神经元的连接权值。b^1_1 表示神经元的阈值，其中上标 1 表示是隐含层神经元（输出层神经元用 2 表示），下标 1 表示所在层中的第一个神经元。神经网络的两个传递函数都采用线性函数。

神经网络预测控制器是使用非线性神经网络模型来预测未来模型性能。控制器计算控制输入，而控制输入在未来一段指定的时间内将最优化模型性能。模型预测第一步是建立神经网络模型（系统辨识）；第二步是使用控制器来预测未来神经网络性能。

1. 系统辨识

模型预测的第一步就是训练神经网络来表示网络的动态机制。模型输出与神经网络输出之间的预测误差，用来作为神经网络的训练信号，该过程用图 33-58 来表示。

神经网络模型利用当前输入和当前输出预测神经未来的输出值。神经网络模型结构如图 33-59 所示，该网络可以批量在线训练。

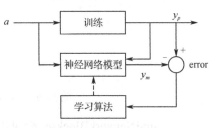

图 33-58　训练神经网络

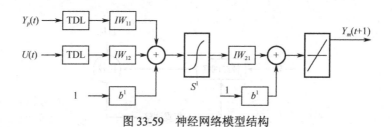

图 33-59 神经网络模型结构

2. 模型预测

模型预测方法是基于水平后退的方法，神经网络模型预测在指定时间内预测模型响应。

图 33-60 描述了模型预测控制的过程。控制器由神经网络模型和最优化方块组成，最优化方块确定 u（通过最小化 J），最优 u' 值作为神经网络模型的输入，控制器方块可用 Simulink 实现。

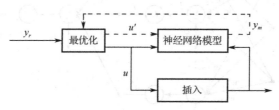

图 33-60 预测模型控制的过程

在 MATLAB 神经网络工具箱中实现的神经网络预测控制器使用了一个非线性系统模型，用于预测系统未来的性能。接下来，这个控制器将计算控制输入，用于在某个未来的时间区间里优化系统的性能。进行模型预测控制首先要建立系统的模型，然后使用控制器来预测未来的性能。

在 Simulink 库浏览窗口的 NeuralNetwork Toolbox 节点上，通过右击打开如图 33-61 所示的 NeuralNetwork Toolbox 模块集窗口。

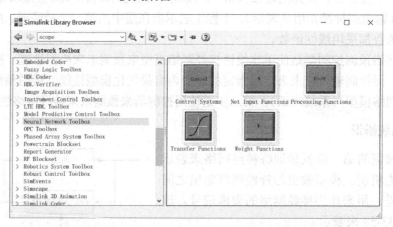

图 33-61 NeuralNetworkBlockset 模块集窗口

在 NeuralNetworkBlockset 模块集中包含了五个模块库，双击各个模块库的图标，便可打开相应的模块库。

1. 传输函数模块库（Transfer Functions）

双击 Transfer Functions 模块库的图标，便可打开如图 33-62 所示的传输函数模块库窗口。传输函数模块库中的任意一个模块都能接受一个网络输入向量，并相应地产生一个输出向量，这个输出向量的组数和输入向量相同。

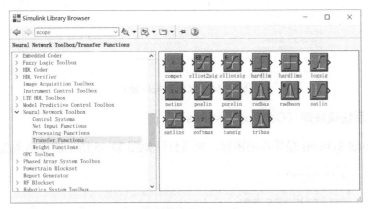

图 33-62　传输函数模块库窗口

2. 网络输入模块库（Net Input Functions）

双击 Net Input Functions 模块库的图标，便可打开如图 33-63 所示的网络输入模块库窗口。

网络输入模块库中的每一个模块都能接受任意数目的加权输入向量、加权的层输出向量，以及偏值向量，并返回一个网络输入向量。

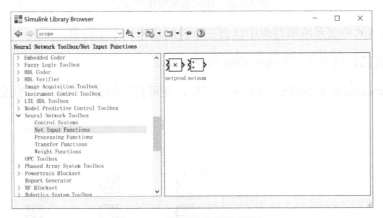

图 33-63　网络输入模块库窗口

3. 权值模块库（Weight Functions）

用鼠标的左键双击 Weight Functions 模块库的图标，便可打开如图 33-64 所示的权值模块库窗口。权值模块库中的每个模块都以一个神经元权值向量作为输入，并将其与一个输入向量（或者是某一层的输出向量）进行运算，得到神经元的加权输入值。

上面的这些模块需要的权值向量必须定义为列向量。这是因为 Simulink 中的信号可以为列向量，但不能为矩阵或行向量。

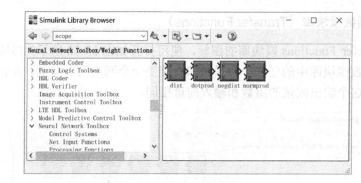

图 33-64　权值模块库窗口

4．控制系统模块库（Control Systems）

双击 Control Systems 模块库的图标，便可打开如图 33-65 所示的控制系统模块库窗口。

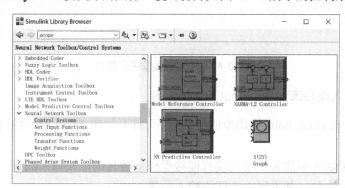

图 33-65　控制系统模块库窗口

神经网络的控制系统模块库中包含三个控制器和一个示波器。

5．过程函数模块库（Processing Functions）

双击 Processing Functions 模块库的图标，便可打开如图 33-66 所示的过程函数模块库窗口。

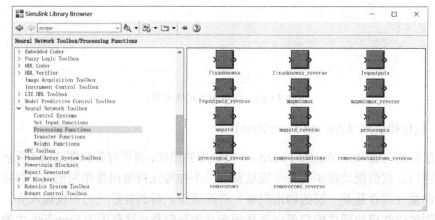

图 33-66　过程函数模块库窗口

下面结合 MATLAB 神经网络工具箱中提供的一个演示实例，详细介绍实现过程。

（1）问题的描述。要讨论的问题基于一个搅拌器（CSTR），如图 33-67 所示。

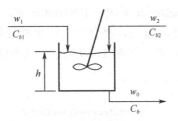

图 33-67　搅拌器

对于这个系统，其动力学模型为：

$$\frac{dh(t)}{dt} = w_1(t) + w_2(t) - 0.2\sqrt{h(t)}$$

$$\frac{dC_b(t)}{dt} = (C_{b1} - C_b(t))\frac{w_1(t)}{h(t)} + (C_{b2} - C_b(t))\frac{w_2(t)}{h(t)} - \frac{k_1 C_b(t)}{(1 + k_2 C_b(t))^2}$$

其中 $h(t)$ 为液面高度，$C_b(t)$ 为产品输出浓度，$w_1(t)$ 为浓缩液 C_{b1} 的输入流速，$w_2(t)$ 为稀释液 C_{b2} 的输入流速。输入浓度设定为：C_{b1}=24.9，C_{b2}=0.1。消耗常量设置为：k_1=1，k_2=1。

控制的目标是通过调节流速 $w_2(t)$ 来保持产品浓度。为了简化演示过程，不妨设 $w_1(t)$=0.1。在本例中不考虑液面高度 $h(t)$。

（2）建立模型。只需在 MATLAB 命令窗口中输入命令 predcstr，就会自动调用 Simulink，并产生如图 33-68 所示的模型窗口。

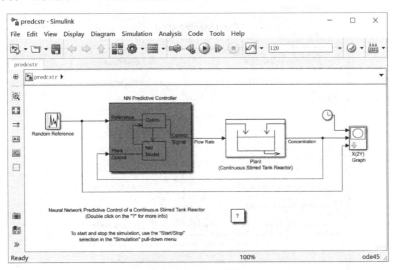

图 33-68　模型窗口

其中神经网络预测控制模块（NN Predctive Controller）和 X(2Y)Graph 模块由神经网络模块集（Neurai Network Blockset）中的控制系统模块库（Control Systems）复制而来。

图 33-68 中的 Plant（Continuous Stirred Tank Reactor）模块包含了搅拌器系统的 Simulink 模型。双击这个模块，可以得到具体的 Simulink 实现，此处不深入讨论。

Note

NN Predictive Controller 模块的 ControlSignal 端连接到搅拌器系统模型的输入端，同时搅拌器系统模型的输出端连接到 NN Predictive Controller 模块的 Plant Output 端，参考信号连接到 NN Predictive Controller 模块的 Reference 端。

双击 NNPredctiveController 模块，将会产生一个神经网络预测控制器参数设置窗口（Neural Network Predctive Control），如图 33-69 所示。这个窗口用于设计模型预测控制器。

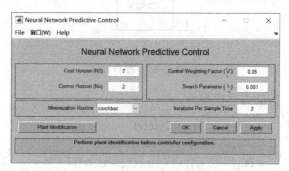

图 33-69　神经网络模型预测控制器参数设置窗口

在这个窗口中，有多项参数可以调整，用于改变预测控制算法中的有关参数。将鼠标移到相应的位置，就会出现对这一参数的说明。

（3）系统辨识。在神经网络预测控制器的窗口中单击 Plant Identification 按钮，将产生一个模型辨识参数设置窗口（Plant Identification），用于设置系统辨识的参数，如图 33-70 所示。

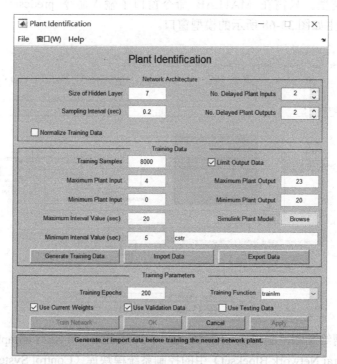

图 33-70　模型辨识参数设置窗口

（4）系统仿真。在 Simulink 模型窗口中，选择 Simulation→parameter 命令设置相应

的仿真参数，然后选择 Start 命令开始仿真。仿真的过程需要一段时间。当仿真结束时，将会显示出系统的输出和参考信号，如图 33-71 所示。

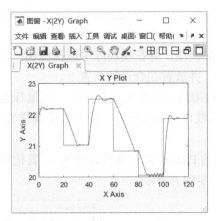

图 33-71　输出和参考信号

（5）数据保存。利用 Import Data 和 Export Data 命令，可以将设计好的网络和训练数据保存到工作空间中或保存到磁盘文件中。

神经网络预测控制是使用神经网络系统模型来预测系统未来的行为。优化算法用于确定控制输入，这个控制输入优化了系统在一个有限时间段里的性能。系统训练仅仅需要对于静态网络的成批训练算法，当然，训练速度非常快。

33.5.2　信号处理工具箱

以 Simulink 为基础的信号处理模块工具箱提供了信号处理中用到的各种子系统模型，它包含了十大类库，含有数十种模块类型。用户不需编程，直接在 Simulink 环境下调用仿真，从而分析和设计信号处理系统。

在 MATLAB 命令窗口内输入 Simulink，将出现 Simulink 所有的仿真模块工具箱，选择 DSP System Toolbox，系统就会自动载入信号处理模块工具箱，单击就会显示如图 33-72 所示的信号处理模块库。

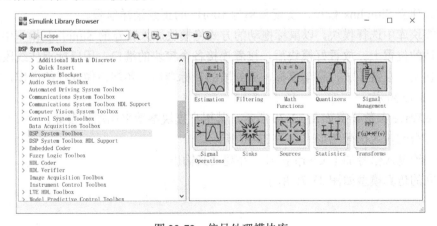

图 33-72　信号处理模块库

Note

通过信号处理模块库中的模块，可以产生各种类型的信号，下面举例说明信号产生的方法和信号处理模块的实际应用方法。

例 33-2　利用信号处理模块库中的 Source 模块和数学运算模块，产生信号
$$f(n) = \sin(n) - 3\cos(n) 。$$

解：（1）新建 Simulink 模型，并在模块库中选择模块，以鼠标拖动的方式将模块加入新建的 Simulink 模型中，并放置在合适的位置上。

（2）放置好模块后，接着连接各个模块的端口，用鼠标点住线段的开始端，按住鼠标左键不放，移动鼠标，到线段的目标端口。各端口做同样的操作，连接完后如图 33-73 所示。

图中 Sine Wave1 模块的 Phase offset 属性设置为 1，其他模块参数都按照模块的默认设定。运行仿真结果如图 33-74 所示。

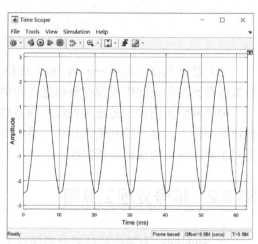

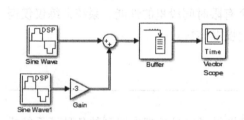

图 33-73　仿真框图界面　　　　　　　图 33-74　VectorScope 显示的信号结果

例 33-3　在 Simulink 环境下，利用 DSP System Toolbx 的滤波器设计模块库中的 FDATool 模块实现滤波器的设计。仿真输入信号用频率为 100Hz 的正弦采样信号，在该信号上叠加 Chirp 信号模拟，要求设计数字滤波器滤去 Chirp 信号的成分。

解：

（1）建立 Simulink 模型，实现频率为 100Hz 的正弦采样信号。

在模块库中选择模块，以鼠标拖动的方式将模块加入新建的 Simulink 模型中，并放置在合适的位置上。放置好模块后，接着连接各个模块的端口，用鼠标点住线段的开始端，按住鼠标左键不放，移动鼠标，到线段的目标端口。各端口做同样的操作，连接完后如图 33-75 所示。

Sine Wave 参数设置如图 33-76 所示，其用户模块参数采用默认参数。

运行得到输入信号图形，如图 33-77 所示。

（2）给输入信号加上 Chirp 信号，并观察其输出。

建立的仿真模型如图 33-78 所示。

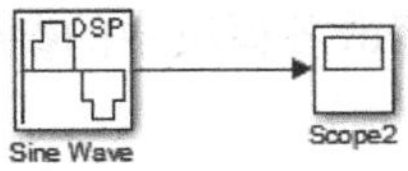

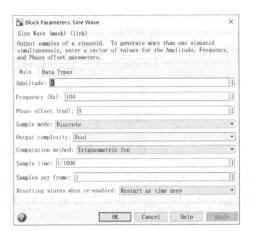

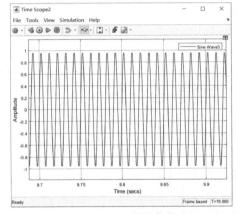

图 33-75 语音信号读入仿真框图界面

图 33-76 Sine Wave 模块参数设置

图 33-77 输入信号图形

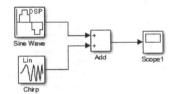

图 33-78 添加正弦噪声后的仿真框图界面

运行图 33-78 得到如图 33-79 所示的结果。比较图 33-77 和图 33-79 所示的图形，可以看出，增加 Chirp 信号后，输出波形毛刺变多。

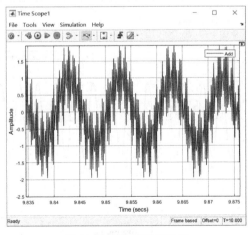

图 33-79 模型运行结果

（3）在图 33-78 中增加数字滤波设计模块，如图 33-80 所示。

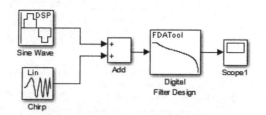

图 33-80　添加数字低通滤波器滤波的模型

（4）接着添加模块的参数。通过双击，逐个打开模块，修改各模块中的参数。在本例中，Digital Filter Design 模块参数如图 33-81 所示。

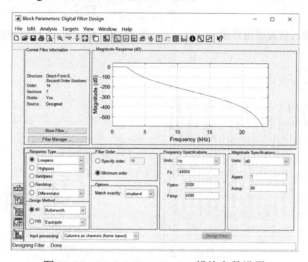

图 33-81　Digital Filter Design 模块参数设置

（5）保存并运行模型。运行系统，得到如图 33-82 所示的仿真结果。可见混合信号中的 Chirp 信号大部分被滤除。

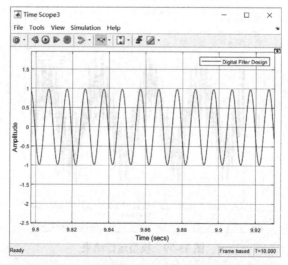

图 33-82　经数字低通滤波器滤波后的信号波形